U0496402

编程改变生活

用PySide6/PyQt6创建GUI程序 进阶篇·微课视频版

邢世通 编著

清華大學出版社
北京

内 容 简 介

本书以 PySide6/PyQt6 的实际应用为主线，以理论基础为核心，引导读者渐进式地学习 PySide6/PyQt6 的编程基础和实际应用。

本书共 12 章，分为 5 部分。第一部分（第 1 章和第 2 章）介绍基于项的控件和基于模型/视图的控件，第二部分（第 3 章和第 4 章）介绍 PySide6 处理数据库、文件、路径、缓存相关的类和处理方法，第三部分（第 5～7 章）介绍使用 Graphics/View 框架绘图、绘制二维图表和三维图表的相关类和处理方法，第四部分（第 8～11 章）介绍 PySide6 处理网络、多媒体、打印机、QML 相关的类和处理方法，第五部分（第 12 章）以案例的形式介绍如何使用 PySide6 和其他 Python 模块编写实用程序的方法，附录介绍制作程序安装包的方法。

本书示例代码丰富，实用性和系统性较强，并配有视频讲解，助力读者透彻理解书中的重点、难点。本书适合初学者入门，精心设计的案例对于工作多年的开发者也具有一定的参考价值，也可作为高等院校和培训机构相关专业的教学参考书。

图书在版编目（CIP）数据

编程改变生活：用 PySide6/PyQt6 创建 GUI 程序. 进阶篇：微课视频版/邢世通编著. —北京：清华大学出版社，2024. 3

ISBN 978-7-302-65855-9

Ⅰ. ①编…　Ⅱ. ①邢…　Ⅲ. ①软件工具－程序设计　Ⅳ. ①TP311.561

中国国家版本馆 CIP 数据核字（2024）第 060781 号

责任编辑：赵佳霓
封面设计：刘　键
责任校对：郝美丽
责任印制：刘海龙

出版发行：清华大学出版社
网　　址：https://www.tup.com.cn，https://www.wqxuetang.com
地　　址：北京清华大学学研大厦 A 座　　**邮　　编**：100084
社 总 机：010-83470000　　**邮　　购**：010-62786544
投稿与读者服务：010-62776969，c-service@tup.tsinghua.edu.cn
质量反馈：010-62772015，zhiliang@tup.tsinghua.edu.cn
课件下载：https://www.tup.com.cn，010-83470236
印 装 者：三河市科茂嘉荣印务有限公司
经　　销：全国新华书店
开　　本：186mm×240mm　　**印　张**：30.5　　**字　　数**：686 千字
版　　次：2024 年 4 月第 1 版　　**印　　次**：2024 年 4 月第1 次印刷
印　　数：1～2000
定　　价：119.00 元

产品编号：104346-01

前言

PREFACE

Python 作为一门优秀的编程语言，由于其语法简洁、优雅、明确，因此受到很多程序员和编程爱好者的青睐。GUI（用户图形界面开发）是 Python 的一个非常重要的方向。PySide6 和 PyQt6 都是跨平台、高效的 GUI 框架，是使用 Python 开发 GUI 程序时最常用、最高效的技术。使用 PySide6 或 PyQt6 开发的程序可以运行在 Windows、Linux、macOS 等桌面系统上，也可以运行在 Android、iOS、嵌入式设备上。

也许会有人问："既然 PySide6/PyQt6 功能强大，是否需要非常多的时间才能学会这个 GUI 框架？"其实这样的担心是多余的。任何一个 GUI 框架都是帮助开发者提高开发效率的工具，PySide6/PyQt6 也不例外。学习 PySide6/PyQt6 的目的不是为了学习而学习，而是编写实用、稳定的 GUI 程序。如果我们用最短的时间掌握 PySide6/PyQt6 的必要知识，然后持续地应用这些知识创建不同的 GUI 程序，则我们的学习效率会非常高，而且会体会到 PySide6/PyQt6 的强大之处，在实际开发中可以引入 Python 的内置模块和第三方模块，这会明显地提高开发效率。

本书提供丰富的案例，并将语法知识和编程思路融入大量的典型案例，带领读者学会 PySide6/PyQt6，同时应用 PySide6/PyQt6 解决实际问题。

本书主要内容

本书共 12 章，分为 5 部分。

第一部分（第 1 章和第 2 章）主要讲解基于项的控件和基于模型/视图的控件。使用这两类控件都可以处理列表数据、二维表格数据、树结构数据。

第二部分（第 3 章和第 4 章）主要讲解 PySide6 处理数据库、文件、路径、缓存相关的类和处理方法。重点讲解处理 SQLite 和 MySQL 数据库的相关类和方法。

第三部分（第 5～7 章）主要讲解使用 Graphics/View 框架绘图的相关类和方法，并介绍绘制二维图表和三维图表的相关类和处理方法。其中第 7 章的实例使用 PySide6 和 NumPy 模块绘制三维图表，这是本书的一个难点，需要的必备知识比较多。

第四部分（第 8～11 章）主要讲解 PySide6 处理网络、多媒体、打印机、QML 相关的类和处理方法。

第五部分（第 12 章）以案例的形式介绍如何使用 PySide6 和其他 Python 模块编写实用程序的方法。

附录 A 介绍根据可执行文件制作程序安装包的方法。读者可编写 Python 代码,生成可执行文件,并制作程序安装包。

阅读建议

本书是一本基础加实战的书籍,既有基础知识,又有丰富的典型案例。这些典型案例贴近工作、学习和生活,应用性强。

建议读者先掌握 Python 的基础知识和 PySide6 必备的基础知识后,再阅读本书。本书中的有些案例比较复杂,应用到 Python 的内置模块和第三方模块,需要的必备知识较多。

第一部分的内容比较有规律,分别使用基于项的控件和基于模型/视图的控件处理不同类型的数据。该部分的个别案例应用了 Python 的内置模块 CSV 和第三方模块 openpyxl。

第二部分的内容比较分散,读者可根据自己的应用需求,选择性地阅读该部分的内容。该部分的个别案例应用了 Python 的第三方模块 PyMySQL。

第三部分属于比较有规律的部分,介绍了使用 PySide6 绘制各种图形、二维图表、三维图表的相关类和方法。绘制二维图表的案例应用了 Python 的内置模块 math,绘制三维图表的案例应用了第三方模块 NumPy。

第四部分属于比较分散的部分,读者可根据自己的应用需求,选择阅读该部分的内容。

第五部分属于需要实际操作的部分,以案例的形式介绍了使用 PySide6 和其他 Python 模块创建实用程序的方法,并可以根据可执行文件创建程序安装包。

资源下载提示

素材(源码)等资源:扫描目录上方的二维码下载。

视频等资源:扫描封底的文泉云盘防盗码,再扫描书中相应章节的二维码,可以在线学习。

致谢

感谢我的家人、朋友,尤其感谢我的父母,由于你们的辛勤付出,我才可以全身心地投入写作工作。

感谢清华大学出版社赵佳霓编辑,在书稿的出版过程中给我提出了非常有意义的建议,没有你们的策划和帮助,我难以顺利完成本书。

感谢我的老师、同学,尤其感谢我的导师,在我的求学过程中,你们曾经给我很大的帮助。感谢为这本书付出辛勤工作的每个人!

由于作者水平有限,书中难免存在不足之处,请读者见谅,并提出宝贵意见。

作　者

2024 年 1 月

目录

CONTENTS

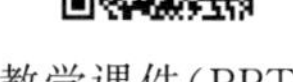
教学课件(PPT)

本书源码

第一部分

第 二 部 分

第三部分

第四部分

第五部分

第 一 部 分

第 1 章

基于项的控件

在实际编程中，有时程序需要处理各种类型的数据，例如列表数据、二维表格数据、树结构数据，如何使用 PySide6 显示和处理这些数据？PySide6 中是否有专门处理这些数据的控件？答案是有的，PySide6 中基于项的控件和基于模型的控件都可以显示、处理各种类型的数据。本章主要介绍基于项的控件。

在 PySide6 中，可以使用基于项的控件处理各种类型的数据，例如使用列表控件(QListWidget)处理列表数据，使用表格控件(QTableWidget)处理二维表格数据，使用树结构控件(QTreeWidget)处理树结构数据。QListWidget、QTableWidget、QTreeWidget 的继承关系如图 1-1 所示。

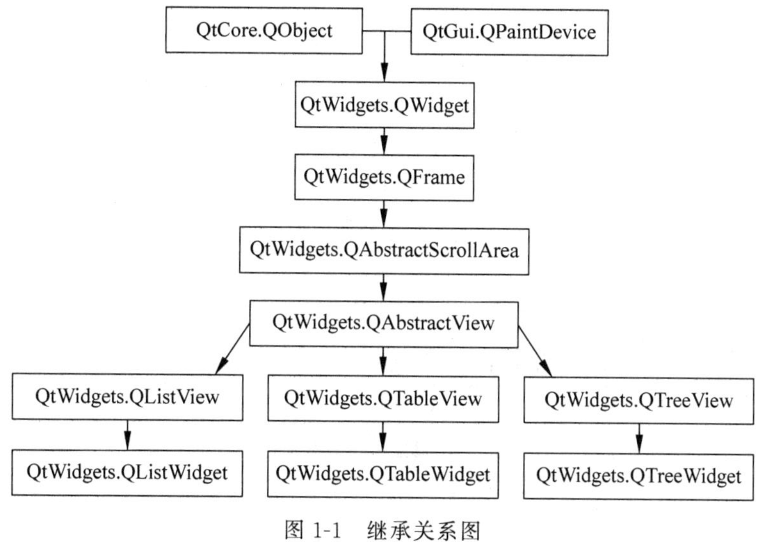

图 1-1　继承关系图

1.1　列表控件 QListWidget 及其项 QListWidgetItem

在 PySide6 中，使用 QListWidget 类表示列表控件，列表控件由一行多列构成，每行称为项。可以在列表控件中添加、删除列表中的项。项(Item)为列表控件的基本单位。使用

QListWidgetItem 类表示列表控件的项。

▷ 23min

1.1.1 列表控件 QListWidget

在 PySide6 中，使用 QListWidget 类创建列表控件。QListWiget 类是 QListView 类的子类，位于 PySide6 的 QWidgets 子模块下。QListWidget 类的构造函数如下：

```
QListWidget(parent:QWidget = None)
```

其中，parent 表示父窗口或父控件。

QListWidget 类的常用方法见表 1-1。

表 1-1 QListWidget 类的常用方法

方法及参数类型	说　　明	返回值的类型
[slot]clear()	清空所有的项	None
[slot]scrollToItem(QListWidgetItem)	滚动到指定项，使其可见	None
addItem(item:QListWidgetItem)	向列表中添加项	None
addItem(label:str)	用文本创建项，并向列表中添加项	None
addItems(labels:Sequence[str])	用文本列表创建多个项，并添加多个项	None
InsertItem(row:int,item:QListWidgetItem)	根据指定行数向列表中插入项	None
InsertItem(row:int,label:str)	用文本创建项，并根据指定行数向列表中插入项	None
InsertItems(row:int,labels:Sequence[str])	用文本列表创建多个项，并根据指定行数插入多个项	None
setCurrentItem(QListWidgetItem)	设置当前项	None
currentItem()	获取当前项	QListWidgetItem
count()	获取列表控件中项的数量	int
takeItem(row:int)	移除指定行的项，并返回该项	QListWidgetItem
openPersistenceEditor(QListWidgetItem)	打开指定项的编辑框，用于编辑文本	None
isPersistenceEditorOpen (QListWidgetItem)	获取指定的编辑框是否已打开	bool
closePersistenceEditor(QListWidgetItem)	关闭指定编辑框	None
currentRow()	获取当前行的索引	int
item(row:int)	获取指定行的项	QListWidgetItem
itemAt(QPoint)	获取指定位置的项	QListWidgetItem
itemAt(x:int,y:int)	获取指定位置的项	QListWidgetItem
itemFromIndex(QModelIndex)	获取指定模型索引 QModelIndex 的项	QListWidgetItem
indexFromItem(QListWidgetItem)	获取指定项的模型索引 QModelIndex	QModelIndex
setItemWidget(QListWidgetItem,QWidget)	把某个控件显示在指定项所在的位置	None

续表

方法及参数类型	说　　明	返回值的类型
removeItemWidget(QListWidgetItem)	移除指定项的控件	None
itemWidget(QListWidgetItem)	获取指定项所在的位置的控件	QWidget
findItems(text:str,flags:Qt.MatchFlags)	查找满足匹配规则的项	List[QListWidgetItem]
selectedItems()	获取选中项的列表	List[QListWidgetItem]
setCurrentRow(int)	将某一行的项指定为当前项	None
row(QListWidgetItem)	获取指定项所在的行号	int
visualItemRect(item:QListWidgetItem)	获取指定项占据的区域	QRect
setSortingEnabled(bool)	设置是否可以进行排序	None
isSortingEnabled()	获取是否可以进行排序	bool
sortItems(order=Qt.AscendingOrder)	按照排序方式进行项的排序,order 的取值为 Qt.AscendingOrder(升序)或 Qt.DescendingOrder(降序)	None
supportedDropAction()	获取支持的拖放动作	Qt.DropAction
setModel(model:QAbstractItemModel)	设置数据模型	None
setSelectionModel(QItemSelectionModal)	设置选择模型	None
clearSelection()	清除选择	None
setAlternatingRowColors(enable:bool)	是否设置交替色	None
mimeData(items:Sequence[QListWidgetItem])	获取多个项的 mime 数据	QMimeData
mimeTypes()	获取 mime 数据的类型	List[str]

在表 1-1 中,Qt.MatchFlags 的枚举值为 Qt.MatchExactly、Qt.MatchFixedString、Qt.MatchContains、Qt.MatchStartsWith、Qt.MatchEndsWith、Qt.MatchCaseSensitive、Qt.MatchRegularExpression、Qt.MatchWildcard、Qt.MatchWrap、Qt.MatchRecursive。

Qt.DropAction 的枚举值为 Qt.CopyAction(复制)、Qt.MoveAction(移动)、Qt.LinkAction(链接)、Qt.IgnoreAction(什么都不做)、Qt.TargetMoveAction(目标对象接管)。

【实例 1-1】 创建一个窗口,该窗口包含一个列表控件。要求在列表控件中显示项,设置背景色,代码如下:

```
# === 第 1 章 代码 demo1.py === #
import sys
from PySide6.QtWidgets import (QApplication,QWidget,
    QVBoxLayout,QListWidget)
from PySide6.QtGui import QFont

class Window(QWidget):
    def __init__(self):
            super().__init__()
            self.setGeometry(200,200,560,220)
            self.setWindowTitle('QListWidget')
            vbox = QVBoxLayout()
            self.setLayout(vbox)
            #创建列表控件
            self.listWidget = QListWidget()
            self.listWidget.setFont(QFont("黑体",14))
```

```
            self.listWidget.setStyleSheet('background-color:yellowgreen')
            vbox.addWidget(self.listWidget)
            #插入项
            self.listWidget.insertItem(0,"Python")
            self.listWidget.insertItem(1,"C++")
            self.listWidget.insertItem(2,"Java")
            self.listWidget.insertItem(3,"PHP")
            self.listWidget.insertItem(4,"JavaScript")


if __name__ == '__main__':
    app = QApplication(sys.argv)
    win = Window()
    win.show()
    sys.exit(app.exec())
```

运行结果如图 1-2 所示。

图 1-2　代码 demo1.py 的运行结果

在 PySide6 中,可以使用 Qt Designer 在窗口中创建列表控件。

【实例 1-2】 使用 Qt Designer 设计一个包含列表控件的窗口,向列表控件中添加比较流行的计算机编程语言。操作步骤如下:

(1) 打开 Qt Designer 软件,创建一个 Widget 类型的窗口,如图 1-3 所示。

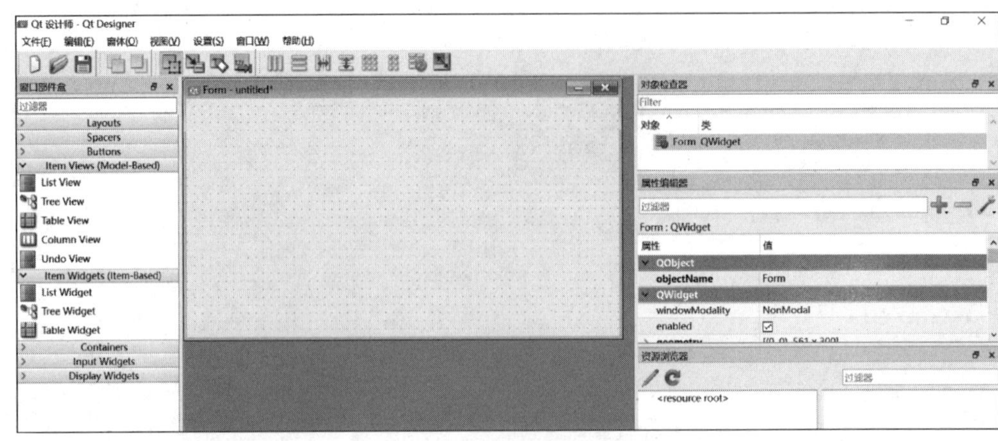

图 1-3　创建的窗口

（2）将工具箱中的 List Widget 控件拖曳到主窗口，如图 1-4 所示。

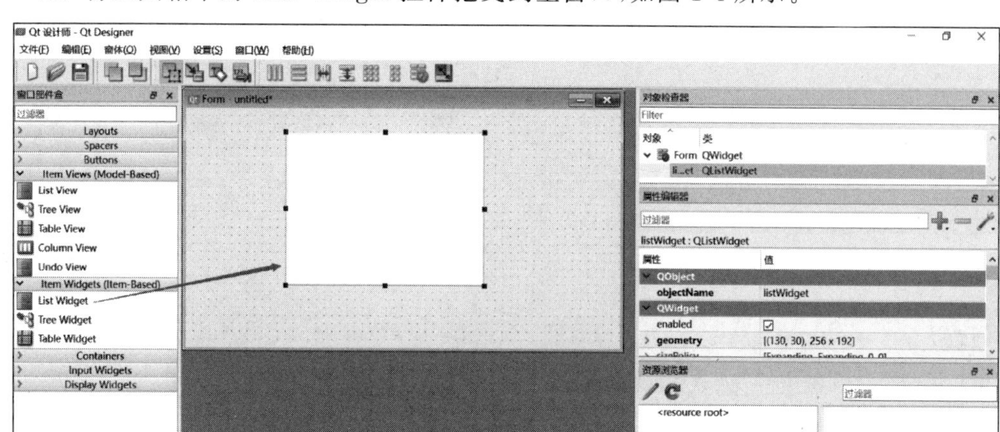

图 1-4　拖曳 List Widget 控件

（3）选中主窗口上的 List Widget 控件，右击，在弹出的菜单栏中选择“编辑项目”，此时会弹出一个“编辑列表窗口部件”对话框，如图 1-5 和图 1-6 所示。

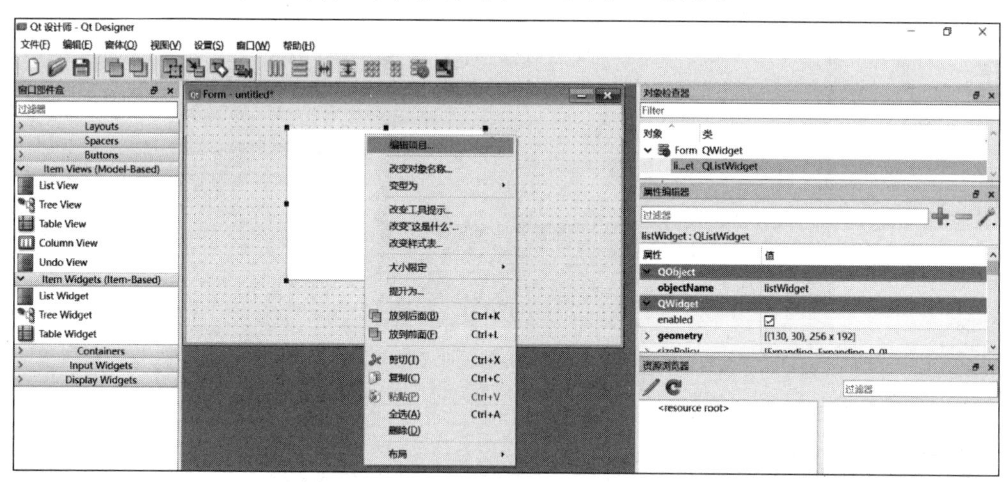

图 1-5　右击后弹出的菜单

（4）在“编辑列表窗口部件”对话框中单击左下角的加号图标可以为列表控件添加项，单击左下角的减号图标可以删除当前项。添加完毕后，单击“确定”按钮，如图 1-7 和图 1-8 所示。

（5）将主窗口的布局设置为水平布局，将列表控件的字体设置为黑体，将字号设置为 14，将列表控件的背景色设置为 PaleGreen，如图 1-9 所示。

（6）将主窗口的标题修改为 QListWidget，然后将设计的窗口文件命名为 demo2. ui，并保存在 D 盘的 Chapter1 文件夹下，然后在 Windows 命令行窗口将 demo2. ui 文件转换为 demo2. py，操作过程如图 1-10 所示。

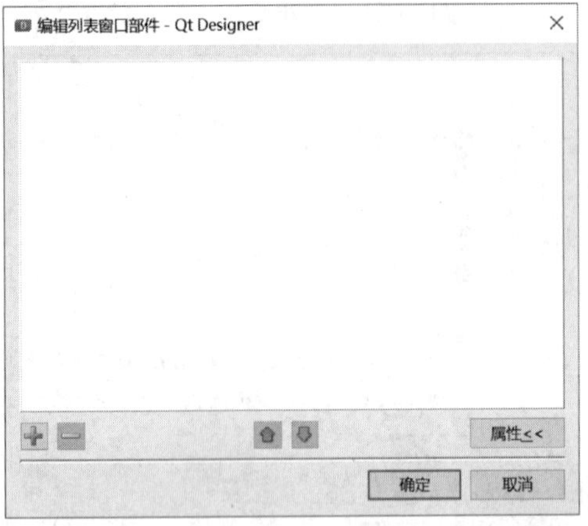

图 1-6 “编辑列表窗口部件”对话框

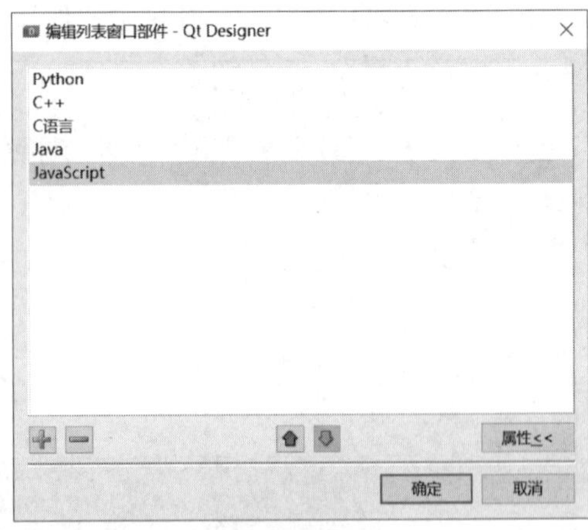

图 1-7 为列表控件添加项

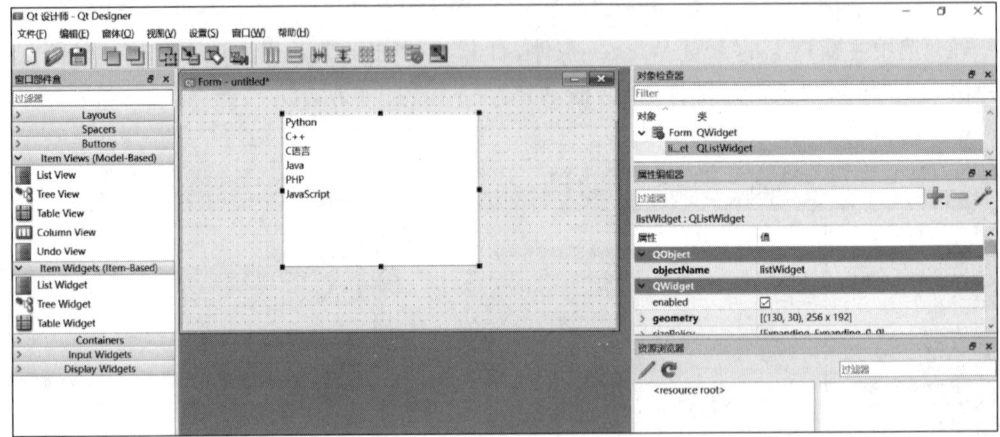

图 1-8 添加项的列表控件

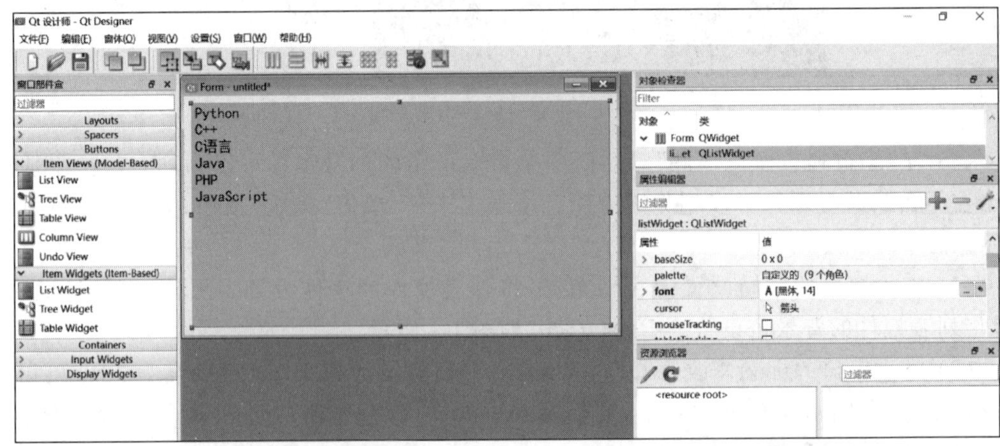

图 1-9 修改属性后的主窗口

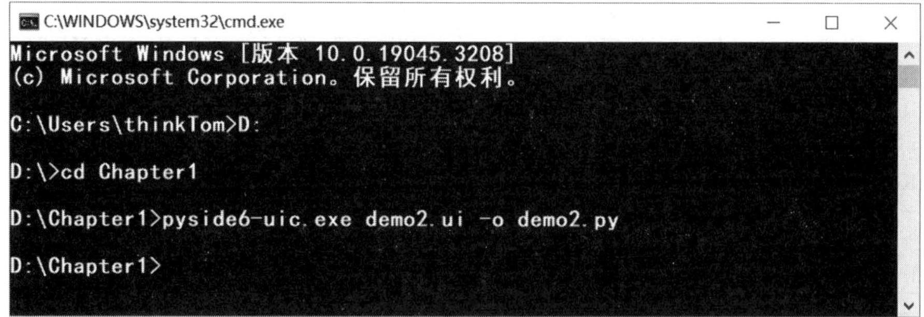

图 1-10　将 demo2.ui 文件转换为 demo2.py

(7) 编写业务逻辑代码，代码如下：

```
# === 第 1 章 代码 demo2_main.py === #
import sys
from PySide6.QtWidgets import QApplication,QWidget
from demo2 import Ui_Form

class Window(Ui_Form,QWidget): #多重继承
    def __init__(self):
            super().__init__()
            self.setupUi(self)


if __name__ == '__main__':
    app = QApplication(sys.argv)
    win = Window()
    win.show()
    sys.exit(app.exec())
```

运行结果如图 1-11 所示。

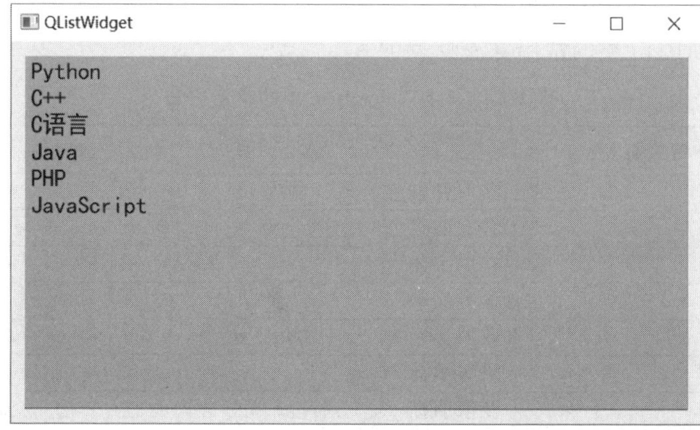

图 1-11　代码 demo2_main.py 的运行结果

在 PySide6 中，QListWidget 类的信号见表 1-2。

表 1-2 QListWidget 类的信号

信号及参数类型	说明
currentItemChanged(currentItem:QListWidgetItem, previousItem: QListWidgetItem)	当前项发生改变时发送信号
currentRowChanged(currentRow:int)	当前行发生改变时发送信号
currentTextChanged(currentText:str)	当前项的文本发生改变时发送信号
itemActivated(QListWidgetItem)	单击或双击项，当该项成为活跃项时发送信号
itemChanged(QListWidgetItem)	当项的数据发生改变时发送信号
itemClicked(QListWidgetItem)	当单击某个项时发送信号
itemDoubleClicked(QListWidgetItem)	当双击某个项时发送信号
itemEntered(QListWidgetItem)	当光标进入某个项时发送信号
itemPressed(QListWidgetItem)	当鼠标在某个项上并按下按键时发送信号
itemSelectionChanged()	当项的选择状态发生改变时发送信号

12min

1.1.2 QListWidgetItem 类

在 PySide6 中，使用 QListWidgetItem 类表示列表控件中的项。QListWidgetItem 类位于 PySide6 的 QtWidgets 子模块下，其构造函数如下：

```
QListWidgetItem(listview:QListWidget = None,type:int = QListWidgetItem.Type)
QListWidgetItem(text:str,listview:QListWidget = None,type:int = QListWidgetItem.Type)
QListWidgetItem(icon:Union[QIcon,QPixmap],text:str,listview:QListWidget = None,type:int =
QListWidgetItem.Type)
```

其中，listview 表示列表控件；type 的取值为 QListWidgetItem.Type(默认值，值为 1)或 QListWidgetItem.UserType(值为 1000)，QListWidgetItem.UserType 也是用户自定义类型的最小值；text 表示项的文本；icon 表示项的图标。

QListWidgetItem 类的常用方法见表 1-3。

表 1-3 QListWidgetItem 类的常用方法

方法及参数类型	说明	返回值的类型
background()	获取背景色	QBrush
foreground()	获取前景色	QBrush
font()	获取字体	QFont
setText(str)	设置文字	None
text()	获取文字	str
setIcon(QIcon)	设置图标	None
icon()	获取图标	QIcon
setTextAlignment(Qt.Alignment)	设置文字的对齐方式	None
setForeground(QColor)	设置前景色	None
setBackground(QColor)	设置背景色	None

续表

方法及参数类型	说　　明	返回值的类型
setCheckState(Qt.CheckState)	设置勾选状态	None
checkState()	获取勾选状态	Qt.CheckState
setFlags(Qt.ItemFlags)	设置标识	None
setFont()	设置字体	None
setHidden(bool)	设置是否隐藏	None
isHidden()	获取是否隐藏	bool
setSelected(bool)	设置是否被选中	None
isSelected()	获取是否被选中	bool
setStatusTip(str)	设置状态提示信息,需激活 mouseTracking 属性	None
setToolTip(str)	设置提示信息	None
setWhatsThis(str)	设置按键 Shift+F1 的提示信息	None
write(QDataStream)	将项写入数据流	None
read (QDataStream)	从数据流中读取项	None
setData(role:int,value:Any)	设置某角色的数据	None
data(role:int)	获取某角色的数据	object
clone()	克隆出新的项	None
listWidget()	获取所在的列表控件	QListWidget

在 PySide6 中,Qt.ItemFlags 的枚举值见表 1-4。

表 1-4　Qt.ItemFlags 的枚举值

枚　举　值	说　　明	枚　举　值	说　　明
Qt.NoItemFlags	没有标识符	Qt.ItemIsEnabled	项被激活
Qt.ItemIsSelectable	项可以选择	Qt.ItemIsAutoTristate	若有子项,则有第 3 种状态
Qt.ItemIsEditable	项可以编辑		
Qt.ItemIsDragEnabled	项可以拖曳	Qt.ItemNeverHasChildren	项没有子项
Qt.ItemIsDropEnabled	项可以拖放	Qt.ItemIsUserTristate	可在 3 种状态之间循环切换
Qt.ItemIsUserCheckable	项可以勾选		

【实例 1-3】 创建一个窗口,该窗口包含一个列表控件、4 个按钮控件。这 4 个按钮分别实现添加项、编辑项、删除项、排序的作用,代码如下:

```
# === 第 1 章 代码 demo3.py === #
import sys
from PySide6.QtWidgets import (QApplication,QWidget,QPushButton,
    QVBoxLayout,QListWidget,QHBoxLayout,QInputDialog,
    QLineEdit,QMessageBox)
from PySide6.QtGui import QFont

class Window(QWidget):
    def __init__(self):
```

```
        super().__init__()
        self.setGeometry(200,200,560,260)
        self.setWindowTitle('QListWidget、QListWidgetItem')
        vbox = QVBoxLayout()
        self.setLayout(vbox)
        #创建 4 个按钮
        btn_add = QPushButton("添加")
        btn_edit = QPushButton("编辑")
        btn_remove = QPushButton("删除")
        btn_sort = QPushButton("排序")
        hbox = QHBoxLayout()
        hbox.addWidget(btn_add)
        hbox.addWidget(btn_edit)
        hbox.addWidget(btn_remove)
        hbox.addWidget(btn_sort)
        vbox.addLayout(hbox)
        #使用信号/槽
        btn_add.clicked.connect(self.add_item)
        btn_edit.clicked.connect(self.edit_item)
        btn_remove.clicked.connect(self.remove_item)
        btn_sort.clicked.connect(self.sort_item)
        #创建列表控件
        self.listWidget = QListWidget()
        self.listWidget.setFont(QFont("黑体",14))
        vbox.addWidget(self.listWidget)

    def add_item(self):
        row = self.listWidget.currentRow()
        title = "添加项"
        data,ok = QInputDialog.getText(self,title,title)
        if ok and data is not None:
            self.listWidget.insertItem(row,data)

    def edit_item(self):
        item = self.listWidget.currentItem()
        if item is not None:
            title = "编辑项"
            data,ok = QInputDialog.getText(self,title,title,
QLineEdit.EchoMode.Normal,item.text())
            if ok and data is not None:
                item.setText(data)

    def remove_item(self):
        row = self.listWidget.currentRow()
        item = self.listWidget.item(row)
        if item == None:
            return
        title1 = "删除项"
        title2 = "确定要删除?"
        reply = QMessageBox.question(self,title1,title2,
            QMessageBox.Yes|QMessageBox.No)
        if reply == QMessageBox.Yes:
```

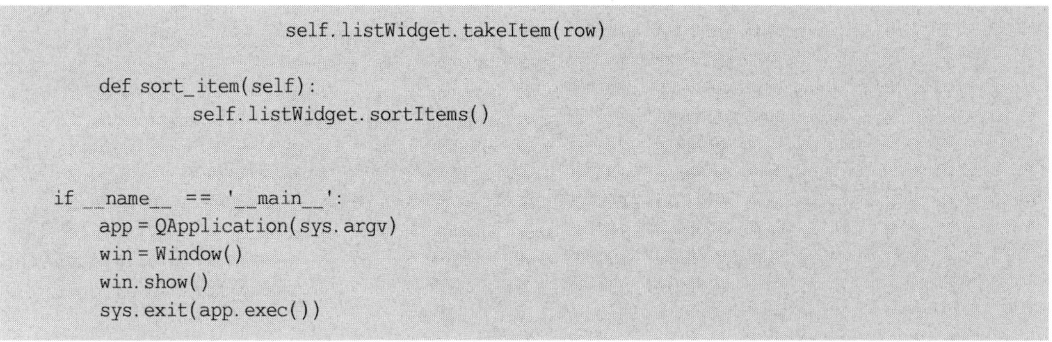

```
                    self.listWidget.takeItem(row)

        def sort_item(self):
                self.listWidget.sortItems()


if __name__ == '__main__':
        app = QApplication(sys.argv)
        win = Window()
        win.show()
        sys.exit(app.exec())
```

运行结果如图 1-12 所示。

图 1-12　代码 demo3.py 的运行结果

1.1.3　典型应用

【实例 1-4】　创建一个窗口，该窗口包含一个列表控件。在列表控件中右击会弹出上下文菜单，菜单命令包含添加、编辑、删除、全选、反选、全不选，代码如下：

```
# === 第 1 章 代码 demo4.py === #
import sys
from PySide6.QtWidgets import (QApplication,QWidget,QMenu,
    QVBoxLayout,QListWidget,QInputDialog,QMessageBox,
    QLineEdit)
from PySide6.QtGui import QFont
from PySide6.QtCore import Qt

class Window(QWidget):
    def __init__(self):
        super().__init__()
        self.setGeometry(200,200,560,220)
        self.setWindowTitle('QListWidget、QListWidgetItem')
        vbox = QVBoxLayout()
        self.setLayout(vbox)
        #创建列表控件
        self.listWidget = QListWidget()
        self.listWidget.setFont(QFont("黑体",14))
```

```
        vbox.addWidget(self.listWidget)

    def contextMenuEvent(self,event):
        contextMenu = QMenu(self)
        contextMenu.addAction("添加").triggered.connect(self.add_item)
        contextMenu.addAction("编辑").triggered.connect(self.edit_item)
        contextMenu.addAction("删除").triggered.connect(self.remove_item)
        contextMenu.addSeparator()
        contextMenu.addAction("全选").triggered.connect(self.select_all)
        contextMenu.addAction("反选").triggered.connect(self.inverse_select)
        contextMenu.addAction("全不选").triggered.connect(self.select_none)
        contextMenu.exec(event.globalPos())

    def add_item(self):
        row = self.listWidget.currentRow()
        title = "添加项"
        data,ok = QInputDialog.getText(self,title,title)
        if ok and data is not None:
            self.listWidget.insertItem(row,data)

    def edit_item(self):
        item = self.listWidget.currentItem()
        if item is not None:
            title = "编辑项"
            data,ok = QInputDialog.getText(self,title,title,
                    QLineEdit.EchoMode.Normal,item.text())
            if ok and data is not None:
                item.setText(data)

    def remove_item(self):
        row = self.listWidget.currentRow()
        item = self.listWidget.item(row)
        if item == None:
            return
        title1 = "删除项"
        title2 = "确定要删除?"
        reply = QMessageBox.question(self,title1,title2,
            QMessageBox.Yes|QMessageBox.No)
        if reply == QMessageBox.Yes:
            self.listWidget.takeItem(row)

    def select_all(self):
        count = self.listWidget.count()
        for i in range(count):
            item = self.listWidget.item(i)
            item.setCheckState(Qt.Checked)

    def inverse_select(self):
        count = self.listWidget.count()
        for i in range(count):
            item = self.listWidget.item(i)
            if item.checkState() == Qt.Unchecked:
```

```
                item.setCheckState(Qt.Checked)
            else:
                item.setCheckState(Qt.Unchecked)

    def select_none(self):
        count = self.listWidget.count()
        for i in range(count):
            item = self.listWidget.item(i)
            item.setCheckState(Qt.Unchecked)


if __name__ == '__main__':
    app = QApplication(sys.argv)
    win = Window()
    win.show()
    sys.exit(app.exec())
```

运行结果如图 1-13 所示。

图 1-13 代码 demo4.py 的运行结果

1.2 表格控件 QTableWidget 及其项 QTableWidgetItem

在 PySide6 中，使用 QTableWidget 类表示表格控件，表格控件由多行多列组成，并且含有行表头和列表头。表格控件的每个单元格称为项，使用 QTableWidgetItem 表示表格控件的项。

1.2.1 表格控件 QTableWidget

在 PySide6 中，使用 QTableWidget 类创建表格控件。QTableWidget 类是 QTableView 类的子类，位于 PySide6 的 QtWidgets 子模块下，其继承关系如图 1-1 所示。QTableWidget 类的构造函数如下：

```
QTableWidget(parent:QWidget = None)
QTableWidget(rows:int,columns:int,parent:QWidget = None)
```

其中，parent 表示父窗口或父控件；rows 表示行的数量；columns 表示列的数量。

QTableWidget 类的常用方法见表 1-5。

表 1-5 QTableWidget 类的常用方法

方法及参数类型	说　明	返回值的类型
[slot]insertRow(row:int)	在指定的行位置插入行	None
[slot]insertColumn(column:int)	在指定的列位置插入列	None
[slot]removeRow(row:int)	移除指定的行	None
[slot]removeColumn(column:int)	移除指定的列	None
[slot]clear()	清空表格项和表头的内容	None
[slot]clearContents()	清空表格项的内容	None
[slot]scrollToItem(QTableWidgetItem)	滚动表格,使表格项可见	None
setRowCount(rows:int)	设置行数	None
setColumnCount(columns:int)	设置列数	None
rowCount()	获取行数	int
columnCount()	获取列数	int
setItem(row:int,column:int,QTableWidgetItem)	在指定的行和列所在的位置设置表格项	None
takeItem(row:int,column:int)	移除指定位置的表格项,并返回该表格项	QTableWidgetItem
setCurrentCell(row:int,column:int)	设置当前的单元格	None
setCurrentItem(QTableWidgetItem)	设置当前的表格项	None
currentItem()	获取当前的表格项	None
row(QTableWidgetItem)	获取指定表格项所在的行索引	int
column(QTableWidgetItem)	获取指定表格项所在的列索引	int
currentRow()	获取当前行索引	int
currentColumn()	获取当前列索引	int
setHorizontalHeaderItem(column:int,QTableWidgetItem)	设置水平表头	None
setHorizontalHeaderLabels(labels:Sequence[str])	用字符串序列设置水平表头	None
horizontalHeaderItem(column:int)	获取水平表头的表格项	QTableWidgetItem
takeHorizontalHeaderItem(column:int)	移除水平表头的表格项,并返回该表格项	QTableWidgetItem
setVerticallHeaderItem(row:int,QTableWidgetItem)	设置竖直表头	None
setVerticallHeaderLabels(labels:Sequence[str])	用字符串序列设置竖直表头	None
verticalHeaderItem(row:int)	获取竖直表头的表格项	QTableWidgetItem
takeVerticalHeaderItem(row:int)	移除竖直表头的表格项,并返回该表格项	QTableWidgetItem

续表

方法及参数类型	说　明	返回值的类型
editItem(QTableWidgetItem)	开始编辑指定表格项	None
findItems(text:str,flags:Qt. MatchFlags)	获取满足条件的表格项列表	List(QTable-WidgetItem)
item(row:int,column:int)	获取指定行和列处的表格项	QTableWidgetItem
itemAt(QPoint)	获取指定位置的表格项	QTableWidgetItem
itemAt(x:int,y:int)	获取指定位置的表格项	QTableWidgetItem
openPersistentEditor(QTableWidgetItem)	打开指定表格项的编辑框	None
isPersistentEditor(QTableWidgetItem)	获取指定表格项的编辑框是否已经打开	bool
closePersistentEditor(QTableWidgetItem)	关闭指定表格项的编辑框	None
selectedItems()	获取选中的表格项列表	List[QTable-WidgetItem]
setCellWidget(row:int,column:int,QWidget)	设置指定单元格的控件	None
cellWidget(row:int,column:int)	获取指定单元格上的控件	QWidget
removeCellWidget(row:int,column)	移除指定单元格上的控件	None
setSortingEnabled(bool)	设置是否可以排序	None
isSortingEnabled()	获取是否可以排序	bool
sortItem(column:int,order=Qt. AscendingOrder)	按列排序	None
supportedDropActions()	获取支持的拖放动作	Qt. DropAction

【实例 1-5】 创建一个窗口,该窗口包含一个表格控件。设置表格控件的表头,并添加两行数据,代码如下:

```
# === 第 1 章 代码 demo5.py === #
import sys
from PySide6.QtWidgets import (QApplication,QWidget,
    QVBoxLayout,QTableWidget,QTableWidgetItem)
from PySide6.QtGui import QFont

class Window(QWidget):
    def __init__(self):
            super().__init__()
            self.setGeometry(200,200,560,220)
            self.setWindowTitle('QTableWidget')
            vbox = QVBoxLayout()
            self.setLayout(vbox)
            #创建表格控件
```

```
        tableWidget = QTableWidget()
        tableWidget.setRowCount(3)
        tableWidget.setColumnCount(5)
        tableWidget.setFont(QFont('黑体',12))
        vbox.addWidget(tableWidget)
        #设置表头
        tableWidget.setItem(0,0,QTableWidgetItem("学号"))
        tableWidget.setItem(0,1,QTableWidgetItem("姓名"))
        tableWidget.setItem(0,2,QTableWidgetItem("语文成绩"))
        tableWidget.setItem(0,3,QTableWidgetItem("数学成绩"))
        tableWidget.setItem(0,4,QTableWidgetItem("总分"))
        #插入第1行数据
        tableWidget.setItem(1,0,QTableWidgetItem("001"))
        tableWidget.setItem(1,1,QTableWidgetItem("孙悟空"))
        tableWidget.setItem(1,2,QTableWidgetItem("90"))
        tableWidget.setItem(1,3,QTableWidgetItem("90"))
        tableWidget.setItem(1,4,QTableWidgetItem("180"))
        #插入第2行数据
        tableWidget.setItem(2,0,QTableWidgetItem("002"))
        tableWidget.setItem(2,1,QTableWidgetItem("猪八戒"))
        tableWidget.setItem(2,2,QTableWidgetItem("80"))
        tableWidget.setItem(2,3,QTableWidgetItem("80"))
        tableWidget.setItem(2,4,QTableWidgetItem("160"))


if __name__ == '__main__':
    app = QApplication(sys.argv)
    win = Window()
    win.show()
    sys.exit(app.exec())
```

运行结果如图 1-14 所示。

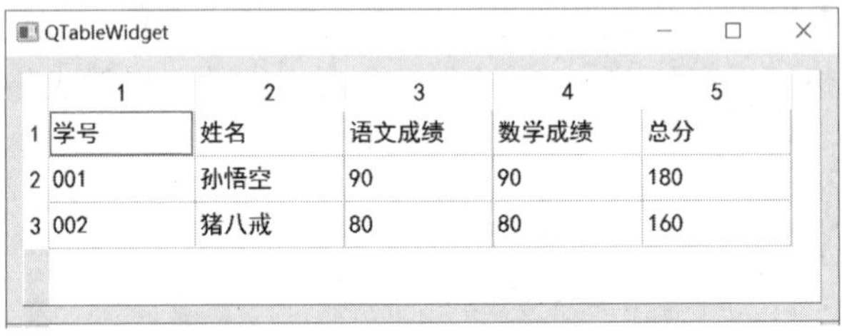

图 1-14 代码 demo5.py 的运行结果

在 PySide6 中,可以使用 Qt Designer 在窗口中创建表格控件。

【实例 1-6】 使用 Qt Designer 设计一个包含表格控件的窗口,向表格控件中添加 3 行数据。操作步骤如下:

(1) 打开 Qt Designer 软件,创建一个 Widget 类型的窗口,如图 1-15 所示。

(2) 将工具箱中的 Table Widget 控件拖曳到主窗口,如图 1-16 所示。

(3) 选中主窗口上的 Table Widget 控件,右击,在弹出的菜单栏中选择“编辑项目”,此时会弹出一个“编辑表格窗口部件”对话框,如图 1-17 和图 1-18 所示。

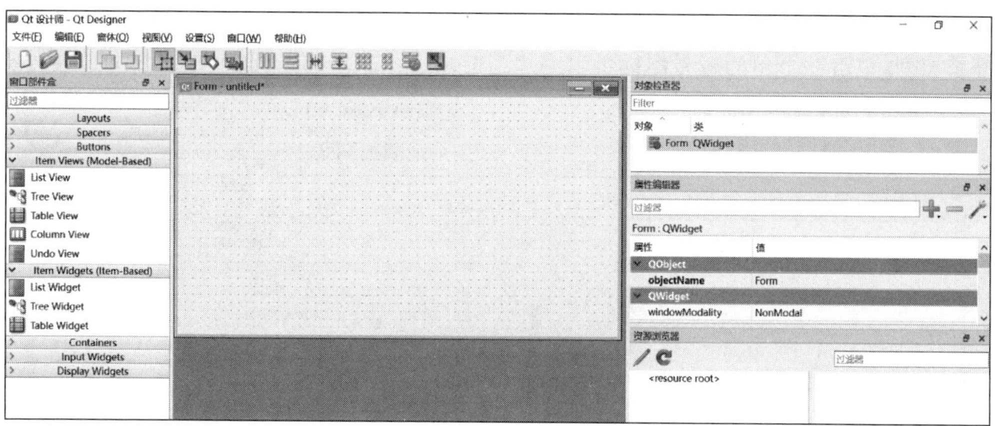

图 1-15　创建的窗口

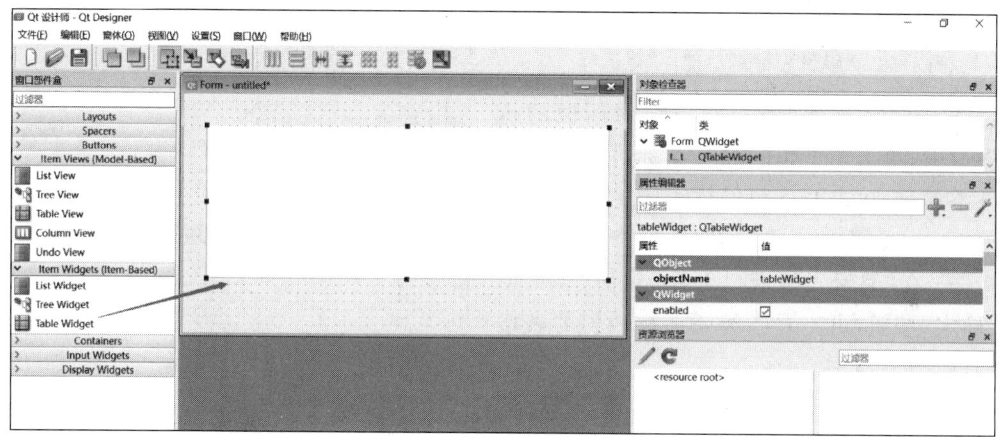

图 1-16　拖曳 Table Widget 控件

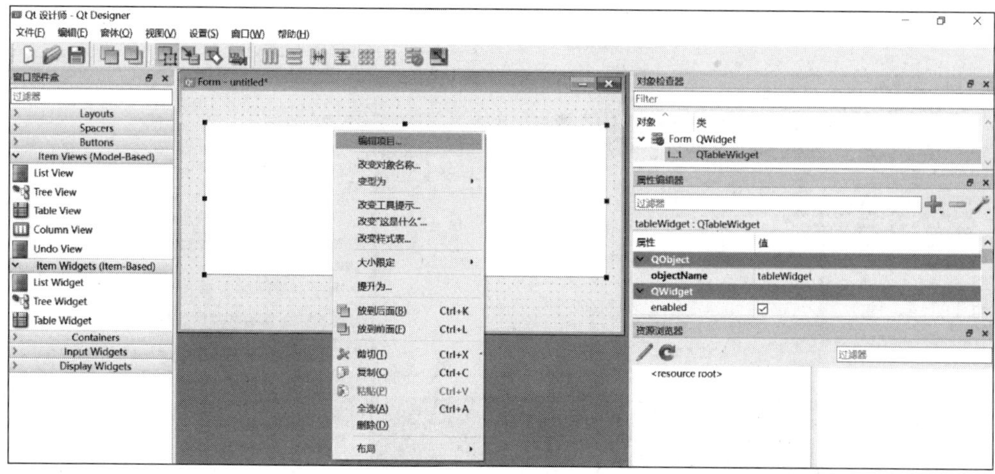

图 1-17　右击后弹出的菜单

(4) 在“编辑表格窗口部件”对话框的“列”选项卡中，单击左下角的加号图标可以为表格控件添加列，单击左下角的减号图标可以删除当前列。依次添加5列表头，如图1-19所示。

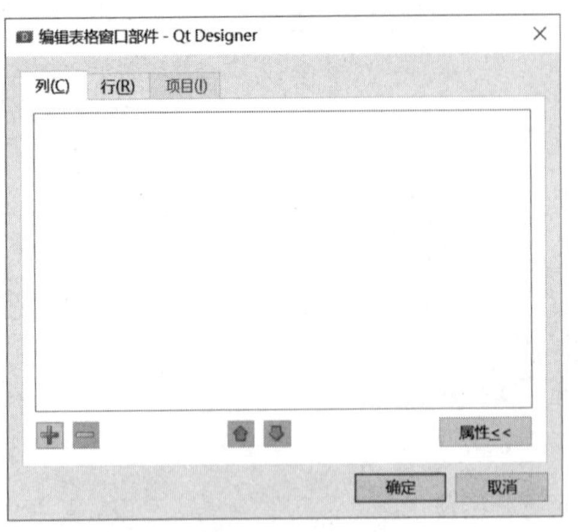

图1-18 “编辑表格窗口部件”对话框

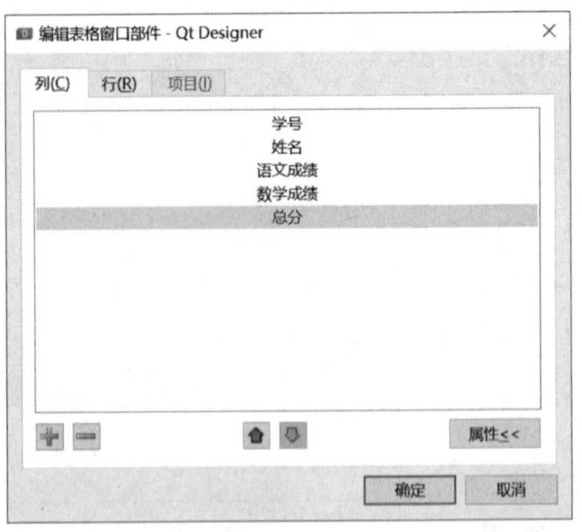

图1-19 为表格控件添加表头

(5) 在“编辑表格窗口部件”对话框的行选项卡中，单击左下角的加号图标可以为表格控件添加行，单击左下角的减号图标可以删除当前行。依次添加3行，如图1-20所示。

(6) 在“编辑表格窗口部件”对话框中，单击“确定”按钮，可查看已经添加行和列的表格控件，如图1-21所示。

(7) 再次打开“编辑表格窗口部件”对话框，然后在项目选项卡下依次添加3行数据，添加完数据后，单击“确定”按钮，如图1-22和图1-23所示。

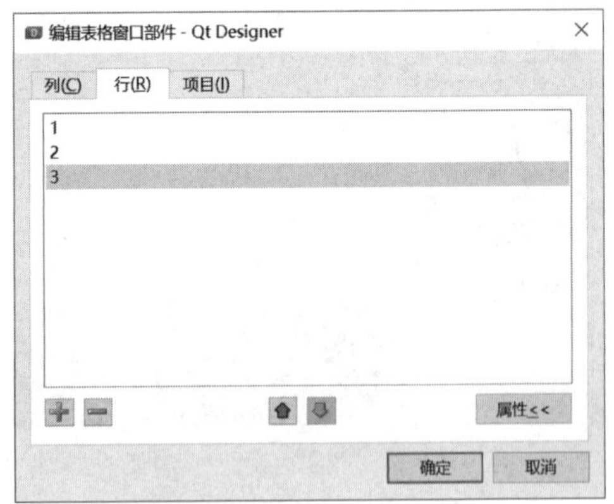

图1-20 为表格控件添加行

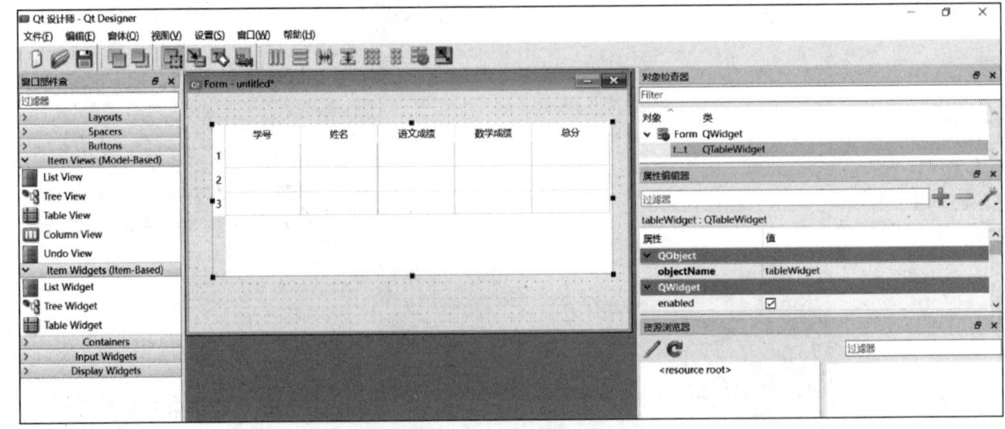

图1-21 已经添加行和列的表格控件

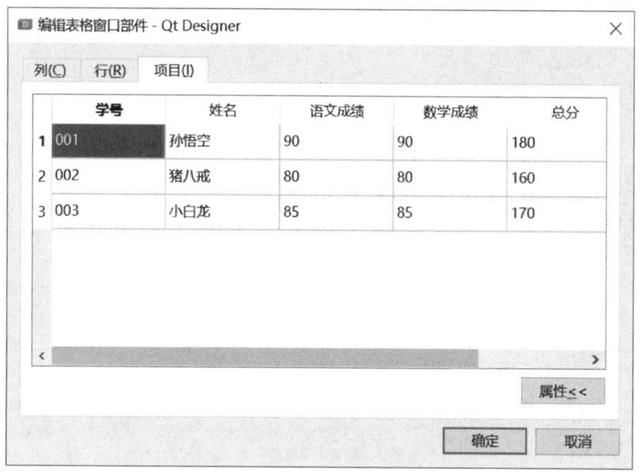

图 1-22　表格控件的 3 行数据

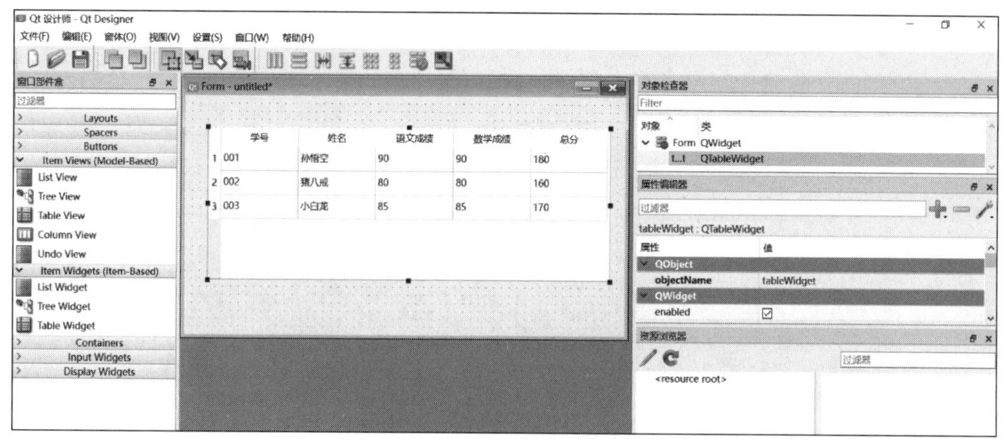

图 1-23　添加数据后的主窗口

(8) 将主窗口的标题修改为 QTableWidget，将主窗口的布局设置为水平布局，然后将设计的窗口文件命名为 demo6. ui，并保存在 D 盘的 Chapter1 文件夹下，在 Windows 命令行窗口将 demo6. ui 文件转换为 demo6. py，操作过程如图 1-24 所示。

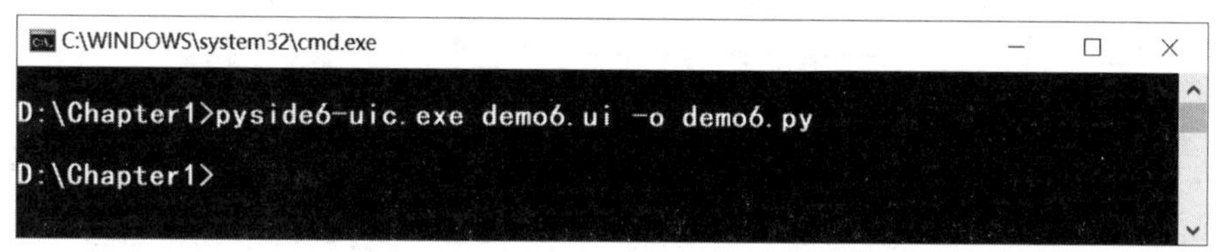

图 1-24　将 demo6. ui 文件转换为 demo6. py

(9) 编写业务逻辑代码，代码如下：

```
# === 第 1 章 代码 demo6_main.py === #
import sys
```

```
from PySide6.QtWidgets import QApplication,QWidget
from demo6 import Ui_Form

class Window(Ui_Form,QWidget): #多重继承
    def __init__(self):
            super().__init__()
            self.setupUi(self)


if __name__ == '__main__':
    app = QApplication(sys.argv)
    win = Window()
    win.show()
    sys.exit(app.exec())
```

运行结果如图 1-25 所示。

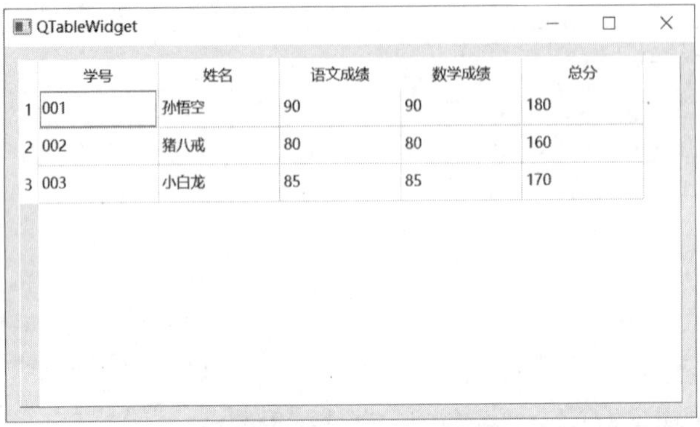

	学号	姓名	语文成绩	数学成绩	总分
1	001	孙悟空	90	90	180
2	002	猪八戒	80	80	160
3	003	小白龙	85	85	170

图 1-25　代码 demo6_main.py 的运行结果

在 PySide6 中,QTableWidget 类的信号见表 1-6。

表 1-6　QTableWidget 类的信号

信号及参数类型	说　明
cellActivated(row:int,column:int)	当单元格活跃时发送信号
cellChanged(row:int,column:int)	当单元格的数据变化时发送信号
cellClicked(row:int,column:int)	当单击单元格时发送信号
cellDoubleClicked(row:int,column:int)	当双击单元格时发送信号
cellEntered(row:int,column:int)	当光标进入单元格时发送信号
cellPressed(row:int,column:int)	当光标在单元格上并按下按键时发送信号
currentCellChanged(currentRow:int,currentColumn:int,previousRow:int,previousColumn:int)	当前单元格发生改变时发送信号
currentItemChanged(currentItem,previousItem)	当前表格项发生改变时发送信号
itemActivated(QTableWidgetItem)	当表格项活跃时发送信号
itemChanged(QTableWidgetItem)	当表格项的数据发生变化时发送信号
itemClicked(QTableWidgetItem)	当单击表格项时发送信号

续表

信号及参数类型	说　　明
itemDoubleClicked(QTableWidgetItem)	当双击表格项时发送信号
itemEntered(QTableWidgetItem)	当光标进入表格项时发送信号
itemPressed(QTableWidgetItem)	当光标在表格项上并按下按键时发送信号
itemSelectionChanged()	当选择的表格项发生改变时发送信号

1.2.2　QTableWidgetItem 类

13min

在 PySide6 中，使用 QTableWidgetItem 类创建表格控件的表格项。QTableWidgetItem 类的构造函数如下：

```
QTableWidgetItem(type = QTableWidgetItem.Type)
QTableWidgetItem(str,type = QTableWidgetItem.Type)
QTableWidgetItem(QIcon,str,type = QTableWidgetItem.Type)
```

其中，type 的取值为 QTableWidgetItem.Type（默认值，值为 1）或 QTableWidgetItem.UserType（值为 1000），QTableWidgetItem.UserType 也是用户自定义类型的最小值；str 表示表格项的文本；QIcon 表示表格项的图标。

QTableWidgetItem 类的常用方法见表 1-7。

表 1-7　QTableWidgetItem 类的常用方法

方法及参数类型	说　　明	返回值的类型
background()	获取背景色	QBrush
foreground()	获取前景色	QBrush
font()	获取字体	QFont
setText(str)	设置文字	None
text()	获取文字	str
setIcon(QIcon)	设置图标	None
icon()	获取图标	QIcon
setTextAlignment(Qt.Alignment)	设置文字的对齐方式	None
setForeground(QColor)	设置前景色	None
setBackground(QColor)	设置背景色	None
setCheckState(Qt.CheckState)	设置勾选状态	None
checkState()	获取勾选状态	Qt.CheckState
setFlags(Qt.ItemFlags)	设置标识	None
setFont()	设置字体	None
row()	获取所在的行	int
column()	获取所在的列	int
setSelected(bool)	设置是否被选中	None
isSelected()	获取是否被选中	bool

续表

方法及参数类型	说　　明	返回值的类型
setStatusTip(str)	设置状态提示信息,需激活 mouseTracking 属性	None
setToolTip(str)	设置提示信息	None
setWhatsThis(str)	设置按键 Shift+F1 的提示信息	None
write(QDataStream)	将项写入数据流	None
read (QDataStream)	从数据流中读取项	None
setData(role:int,value:Any)	设置某角色的数据	None
data(role:int)	获取某角色的数据	object
clone()	克隆出新的项	QTableWidgetItem
tableWidget()	获取所在的表格控件	QTableWidget

【实例 1-7】 创建一个窗口,该窗口包含一个表格控件、5 个按钮控件。这 5 个按钮分别实现添加列、删除列、添加行、删除行、全选含有文本的表格项的功能,代码如下:

```
# === 第 1 章 代码 demo7.py === #
import sys
from PySide6.QtWidgets import (QApplication,QWidget,QPushButton,
    QVBoxLayout,QTableWidget,QHBoxLayout,QMessageBox)
from PySide6.QtGui import QFont,Qt

class Window(QWidget):
    def __init__(self):
            super().__init__()
            self.setGeometry(200,200,560,260)
            self.setWindowTitle('QTableWidget、QTableWidgetItem')
            vbox = QVBoxLayout()
            self.setLayout(vbox)
            #创建 5 个按钮
            btnAddColumn = QPushButton("添加列")
            btnRemoveColumn = QPushButton("删除列")
            btnAddRow = QPushButton("添加行")
            btnRemoveRow = QPushButton("删除行")
            btnSelectAll = QPushButton("全选")
            hbox = QHBoxLayout()
            hbox.addWidget(btnAddColumn)
            hbox.addWidget(btnRemoveColumn)
            hbox.addWidget(btnAddRow)
            hbox.addWidget(btnRemoveRow)
            hbox.addWidget(btnSelectAll)
            vbox.addLayout(hbox)
            #使用信号/槽
            btnAddColumn.clicked.connect(self.add_column)
            btnRemoveColumn.clicked.connect(self.remove_column)
            btnAddRow.clicked.connect(self.add_row)
            btnRemoveRow.clicked.connect(self.remove_row)
            btnSelectAll.clicked.connect(self.select_all)
            #创建表格控件
```

```
            self.tableWidget = QTableWidget()
            self.tableWidget.setFont(QFont("黑体",14))
            vbox.addWidget(self.tableWidget)

    def add_column(self):
            count = self.tableWidget.columnCount()
            if count == 0:
                    self.tableWidget.insertColumn(0)
            else:
                    self.tableWidget.insertColumn(count)

    def add_row(self):
            count = self.tableWidget.rowCount()
            if count == 0:
                    self.tableWidget.insertRow(0)
            else:
                    self.tableWidget.insertRow(count)

    def remove_column(self):
            num = self.tableWidget.currentColumn()
            if num == None:
                    return
            title1 = "删除列"
            title2 = "确定要删除这一列?"
            reply = QMessageBox.question(self,title1,title2,
                    QMessageBox.Yes|QMessageBox.No)
            if reply == QMessageBox.Yes:
                    self.tableWidget.removeColumn(num)

    def remove_row(self):
            num = self.tableWidget.currentRow()
            if num == None:
                    return
            title1 = "删除行"
            title2 = "确定要删除这一行?"
            reply = QMessageBox.question(self,title1,title2,
                    QMessageBox.Yes|QMessageBox.No)
            if reply == QMessageBox.Yes:
                    self.tableWidget.removeRow(num)

    def select_all(self):
            rowNum = self.tableWidget.rowCount()
            columnNum = self.tableWidget.columnCount()
            for i in range(rowNum):
                    for j in range(columnNum):
                            item = self.tableWidget.item(i,j)
                            if item == None:
                                    return
                            item.setCheckState(Qt.Checked)


if __name__ == '__main__':
```

```
    app = QApplication(sys.argv)
    win = Window()
    win.show()
    sys.exit(app.exec())
```

运行结果如图 1-26 所示。

图 1-26　代码 demo7.py 的运行结果

15min

1.2.3　使用表格控件处理 CSV 文件

在 PySide6 中,可以使用表格控件(QTableWidget)处理 CSV 文件,不过这需要应用 Python 内置模块 CSV。如果读者不了解 CSV 模块,则可以查看《编程改变生活——用 Python 提升你的能力(进阶篇·微课视频版)》的第 2 章内容。

【实例 1-8】 创建一个窗口,该窗口包含一个表格控件、两个按压按钮。这两个按钮分别实现打开 CSV 文件、保存 CSV 文件的功能,代码如下:

```
# === 第 1 章 代码 demo8.py === #
import sys,os,csv
from PySide6.QtWidgets import (QApplication,QWidget,QPushButton,
    QVBoxLayout,QTableWidget,QHBoxLayout,QFileDialog,
    QTableWidgetItem)
from PySide6.QtGui import QFont,Qt

class Window(QWidget):
    def __init__(self):
        super().__init__()
        self.setGeometry(200,200,560,260)
        self.setWindowTitle('处理 CSV 文件')
        vbox = QVBoxLayout()
        self.setLayout(vbox)
        #创建两个按钮
        btnOpen = QPushButton("打开 CSV 文件")
        btnSave = QPushButton("保存 CSV 文件")
        hbox = QHBoxLayout()
        hbox.addWidget(btnOpen)
        hbox.addWidget(btnSave)
        vbox.addLayout(hbox)
```

```
        #使用信号/槽
        btnOpen.clicked.connect(self.open_csv)
        btnSave.clicked.connect(self.save_csv)
        #创建表格控件
        self.tableWidget = QTableWidget()
        self.tableWidget.setFont(QFont("黑体",14))
        vbox.addWidget(self.tableWidget)

    def open_csv(self):
        src_file,fil = QFileDialog.getOpenFileName(self,"打开文件","D:\\Chapter1\\",
"CSV 文件(*.csv)")
        if os.path.exists(src_file) == False:
            return
        self.tableWidget.clear()
        #可根据文件类型将编码方式设置为 gbk 或 utf-8
        with open(src_file,mode='r') as f:
            reader = csv.reader(f)
            data = list()
            #将 reader 的数据添加到二维列表 data 中
            for row in reader:
                temp = list()
                for j in row:
                    temp.append(str(j))
                data.append(temp)
            #根据二维列表的行数、列数创建表格控件
            rowNum = len(data) - 1
            columnNum = len(data[0])
            self.tableWidget.setRowCount(rowNum)
            self.tableWidget.setColumnCount(columnNum)
            self.tableWidget.setHorizontalHeaderLabels(data[0])
            for i in range(rowNum):
                for j in range(columnNum):
                    cell = QTableWidgetItem()
                    cell.setText(data[i+1][j])
                    self.tableWidget.setItem(i,j,cell)

    def save_csv(self):
        data_list = list()
        fileName,fil = QFileDialog.getSaveFileName(self,"保存文件","D:\\Chapter1\\",
"CSV 文件(*.csv)")
        if fileName == "":
            return
        temp1 = list()
        columnNum = self.tableWidget.columnCount()
        rowNum = self.tableWidget.rowCount()
        #将表头数据添加到 data_list 列表中
        for j in range(columnNum):
            temp1.append(self.tableWidget.horizontalHeaderItem(j).text())
        data_list.append(temp1)
        #将表格数据添加到 data_list 列表中
        for i in range(rowNum):
            temp2 = list()
```

```
                for j in range(columnNum):
                    temp2.append(self.tableWidget.item(i,j).text())
                data_list.append(temp2)
            #向 CSV 文件中写入数据
            with open(fileName,mode='w',encoding='utf-8-sig',newline="") as f:
                writer=csv.writer(f)
                writer.writerows(data_list) #写入多行数据


if __name__ == '__main__':
    app=QApplication(sys.argv)
    win=Window()
    win.show()
    sys.exit(app.exec())
```

运行结果如图 1-27 所示。

处理CSV文件

打开CSV文件 保存CSV文件

	序号	作者	著作
1	1	曹雪芹	红楼梦
2	2	老舍	骆驼祥子
3	3	罗贯中	三国演义
4	4	施耐庵	水浒传

图 1-27 代码 demo8.py 的运行结果

注意：中文的编码方式主要有 GBK 和 UTF-8，根据文件的编码方式，需要设置对应的编码方式才能打开包含中文的 CSV 文件。

12min

1.2.4 使用表格控件处理 Excel 文件

在 PySide6 中，可以使用表格控件(QTableWidget)处理 Excel 文件(扩展名为.xlsx 的文件)，不过这需要应用 Python 第三方模块 openpyxl。如果读者不了解 openpyxl 模块，则可以查看《编程改变生活——用 Python 提升你的能力(进阶篇·微课视频版)》的第 1 章内容。

【实例 1-9】 创建一个窗口，该窗口包含一个表格控件、两个按压按钮。这两个按钮分别实现打开 Excel 文件、保存 Excel 文件的功能，代码如下：

```
# === 第 1 章 代码 demo9.py === #
import sys,os
from PySide6.QtWidgets import (QApplication,QWidget,QPushButton,
```

```
    QVBoxLayout,QTableWidget,QHBoxLayout,QFileDialog,
    QTableWidgetItem)
from PySide6.QtGui import QFont,Qt
from openpyxl import load_workbook,Workbook

class Window(QWidget):
    def __init__(self):
        super().__init__()
        self.setGeometry(200,200,560,260)
        self.setWindowTitle('处理 Excel 文件')
        vbox = QVBoxLayout()
        self.setLayout(vbox)
        #创建两个按钮
        btnOpen = QPushButton("打开 Excel 文件")
        btnSave = QPushButton("保存 Excel 文件")
        hbox = QHBoxLayout()
        hbox.addWidget(btnOpen)
        hbox.addWidget(btnSave)
        vbox.addLayout(hbox)
        #使用信号/槽
        btnOpen.clicked.connect(self.open_xlsx)
        btnSave.clicked.connect(self.save_xlsx)
        #创建表格控件
        self.tableWidget = QTableWidget()
        self.tableWidget.setFont(QFont("黑体",12))
        vbox.addWidget(self.tableWidget)

    def open_xlsx(self):
        data = list()
        src_file,fil = QFileDialog.getOpenFileName(self,"打开文件","D:\\Chapter1\\",
"Excel 文件(*.xlsx)")
        if os.path.exists(src_file) == False:
            return
        wbook = load_workbook(src_file)
        wsheet = wbook.active
        #获取按行排列的单元格对象元组
        cell_range = wsheet[wsheet.dimensions]
        #将 Excel 中的数据添加到二维列表 data 中
        for row in cell_range:
            temp = list()
            for j in row:
                temp.append(str(j.value))
            data.append(temp)
        #根据二维列表的行数、列数创建表格控件
        rowNum = len(data) - 1
        columnNum = len(data[0])
        self.tableWidget.setRowCount(rowNum)
        self.tableWidget.setColumnCount(columnNum)
        self.tableWidget.setHorizontalHeaderLabels(data[0])
        for i in range(rowNum):
            for j in range(columnNum):
                cell = QTableWidgetItem()
```

```
                cell.setText(data[i+1][j])
                self.tableWidget.setItem(i,j,cell)

    def save_xlsx(self):
        data_list=list()
        fileName,fil=QFileDialog.getSaveFileName(self,"保存文件","D:\\Chapter1\\",
"Excel 文件(*.xlsx)")
        if fileName=="":
            return
        temp1=list()
        columnNum=self.tableWidget.columnCount()
        rowNum=self.tableWidget.rowCount()
        #将表头数据添加到 data_list 列表中
        for j in range(columnNum):
            temp1.append(self.tableWidget.horizontalHeaderItem(j).text())
        data_list.append(temp1)
        #将表格数据添加到 data_list 列表中
        for i in range(rowNum):
            temp2=list()
            for j in range(columnNum):
                temp2.append(self.tableWidget.item(i,j).text())
            data_list.append(temp2)
        #向 Excel 文件中写入数据
        wbook=Workbook()
        wsheet=wbook.create_sheet("Sheet1",0)
        for i in data_list:
            wsheet.append(i)
        wbook.save(fileName)


if __name__ == '__main__':
    app=QApplication(sys.argv)
    win=Window()
    win.show()
    sys.exit(app.exec())
```

运行结果如图 1-28 所示。

图 1-28　代码 demo9.py 的运行结果

1.3　树结构控件 QTreeWidget 及其项 QTreeWidgetItem

在 PySide6 中，使用 QTreeWidget 类表示树结构控件，树结构控件由一列或多列组成。树结构控件有一个或多个顶层项，顶层项下面有任意多个子项，子项下面可以继续有子项，顶层项没有父项。与列表控件和表格控件不同，树结构的各个项之间有层级关系，可以折叠和展开。

使用 QTreeWidgetItem 类表示树结构控件的项，使用 QTreeWidgetItem 类可以定义项中的文字和图标。

1.3.1　树结构控件 QTreeWidget

14min

在 PySide6 中，使用 QTreeWidget 类创建树结构控件。QTreeWidget 类是 QTreeView 类的子类，其继承关系图如图 1-1 所示。QTreeWidget 类的构造函数如下：

```
QTreeWidget(parent:QWidget = None)
```

其中，parent 表示父窗口或父控件

QTreeWidget 类的常用方法见表 1-8。

表 1-8　QTreeWidget 类的常用方法

方法及参数类型	说　明	返回值的类型
[slot]clear()	清空所有的项	None
[slot]expandItem(QTreeWidgetItem)	展开项	None
[slot]scrollToItem(QTreeWidgetItem)	滚动树结构，使指定的项可见	None
[slot]collapseItem(QTreeWidgetItem)	折叠项	None
setColumnCount(column:int)	设置列数	None
columnCount()	获取列数	int
currentColumn()	获取当前列	int
setColumnWidth(column:int,width:int)	设置指定列的宽度	None
setColumnHidden(column:int,hide:bool)	设置指定列是否隐藏	None
addTopLevelItem(QTreeWidgetItem)	添加顶层项	None
addTopLevelItems(Sequence[QTreeWidgetItem])	添加多个顶层项	None
insertTopLevelItem(index:int,QTreeWidgetItem)	根据索引插入顶层项	None
insertTopLevelItems(index:int,Sequence[QTreeWidgetItem])	根据索引插入多个顶层项	None
takeTopLevelItem(index:int)	移除顶层项，并返回移除的项	QTreeWidgetItem
topLevelItem(index:int)	获取索引为 int 的顶层项	QTreeWidgetItem
topLevelItemCount()	获取顶层项的数量	int

续表

方法及参数类型	说　明	返回值的类型
setCurrentItem(QTreeWidgetItem)	将指定项设置为当前项	None
setCurrentItem(QTreeWidgetItem,column:int)	设置当前项和当前列	None
currentItem()	获取当前项	QTreeWidgetItem
editItem(QTreeWidgetItem,column:int=0)	开始编辑项	None
findItems(str,Qt.MatchFlag,column:int=0)	搜索项,并返回项的列表	List(QTreeWidgetItem)
setHeaderItem(QTreeWidgetItem)	设置表头	None
setHeaderLabel(label:str)	设置表头的第 1 列的文字	None
setHeaderLabels(labels:Sequence[str])	设置表头文字	None
headerItem()	获取表头项	QTreeWidgetItem
indexOfTopLevelItem(QTreeWidgetItem)	获取顶层项的索引	int
invisibleRootItem()	获取不可见的根项	QTreeWidgetItem
itemAbove(QTreeWidgetItem)	获取指定项之前的项	QTreeWidgetItem
itemBelow(QTreeWidgetItem)	获取指定项之后的项	QTreeWidgetItem
itemAt(QPoint)	获取指定位置的项	QTreeWidgetItem
itemAt(x:int,y:int)	获取指定位置的项	QTreeWidgetItem
openPersistentEditor(QTreeWidgetItem,column=0)	打开指定项的编辑框	None
isPersistentEditorOpen(QTreeWidgetItem,column=0)	获取指定项的编辑框是否已经打开	bool
closePersistentEditor(QTreeWidgetItem,column=0)	关闭指定项编辑框	None
selectedItems()	获取选中的项列表	List(QTreeWidgetItem)
setFirstItemColumnSpanned(QTreeWidgetItem,bool)	设置是否只显示指定项的第 1 列的值	None
isFirstItemColumnSpanned(QTreeWidgetItem)	获取是否只显示第 1 列的值	bool
setItemWidget(QTreeWidgetItem,column:int,QWidget)	在指定项的指定列设置控件	None
itemWidget(QTreeWidgetItem,column:int)	获取指定项上的控件	QWidget
removeItemWidget(QTreeWidgetItem,column:int)	移除指定项上的控件	None
collapseAll()	折叠所有的项	None
expandAll()	展开所有的项	None

在 PySide6 中,QTreeWidget 类的信号见表 1-9。

表 1-9　QTreeWidget 类的信号

信号及参数类型	说　明
currentItemChanged(currentItem: QTreeWidgetItem, previousItem: QTreeWidgetItem)	当前项发生改变时发送信号
itemActivated(item:QTreeWidgetItem,column:int)	当项变成活跃项时发送信号
itemChanged(item:QTreeWidgetItem,column:int)	当项发生改变时发送信号

续表

信号及参数类型	说　明
itemClicked(item:QTreeWidgetItem,column:int)	当单击项时发送信号
itemDoubleClicked(item:QTreeWidgetItem,column:int)	当双击项时发送信号
itemEntered(item:QTreeWidgetItem,column:int)	当光标进入项时发送信号
itemPressed(item:QTreeWidgetItem,column:int)	当在项上按下鼠标按键时发送信号
itemExpanded(item:QTreeWidgetItem)	当展开项时发送信号
itemCollapsed(item:QTreeWidgetItem)	当折叠项时发送信号
itemSelectionChanged()	当选择的项发生改变时发送信号

1.3.2 QTreeWidgetItem 类

在 PySide6 中，使用 QTreeWidgetItem 类创建树结构的项，QTreeWidgetItem 类的构造函数如下：

```
QTreeWidgetItem(type = QTreeWidgetItem.Type)
QTreeWidgetItem(QTreeWidget, type = QTreeWidgetItem.Type)
QTreeWidgetItem(Sequence[str], type = QTreeWidgetItem.Type)
QTreeWidgetItem(QTreeWidget, Sequence[str], type = QTreeWidgetItem.Type)
QTreeWidgetItem(QTreeWidgetItem, type = QTreeWidgetItem.Type)
QTreeWidgetItem(QTreeWidget, QTreeWidgetItem, type = QTreeWidgetItem.Type)
QTreeWidgetItem(QTreeWidgetItem, Sequence[str], type = QTreeWidgetItem.Type)
QTreeWidgetItem(QTreeWidgetItem, QTreeWidgetItem, type = QTreeWidgetItem.Type)
```

其中，type 的取值为 QTreeWidgetItem.Type（默认值，值为 1）或 QTreeWidgetItem.UserType（值为 1000），QTreeWidgetItem.UserType 也是用户自定义类型的最小值；Sequence[str] 表示字符串序列，即各列上的文字；当第 1 个参数为 QTreeWidget 时表示项添加到树结构控件中；当第 1 个参数为 QTreeWidgetItem 时表示父项，新创建的项作为子项添加到父项下；当第 2 个参数为 QTreeWidgetItem 时表示将新创建的项插入该项的下面。

QTreeWidgetItem 类的常用方法见表 1-10。

表 1-10　QTreeWidgetItem 类的常用方法

方法及参数类型	说　明	返回值的类型
addChild(QTreeWidgetItem)	添加子项	None
addChildren(Sequence[QTreeWidgetItem])	添加多个子项	None
insertChild(index:int,QTreeWidgetItem)	根据索引插入子项	None
insertChildren(int,Sequence[QTreeWidgetItem])	在指定索引处插入多个子项	None
background(column:int)	获取指定列的背景色	QBrush
foreground(column:int)	获取指定列的前景色	QBrush
child(index:int)	获取指定索引的子项	QTreeWidgetItem
childCount()	获取子项的数量	int

续表

方法及参数类型	说　明	返回值的类型
takeChild(index:int)	根据索引移除子项,并返回该子项	QTreeWidgetItem
takeChildren()	移除所有子项,并返回子项列表	List(QTreeWidgetItem)
removeChild(QTreeWidgetItem)	移除指定的子项	None
setCheckState(column:int,Qt. ChecIState)	设置勾选状态	None
checkState(column:int)	获取勾选状态	Qt. CheckState
setText(column:int,text:str)	设置指定列的文本	None
text(column:int)	获取指定列的文本	str
setTextAlignment(column:int,Alignment)	设置列的对齐方式	None
setIcon(column:int,QIcon)	设置指定列的图标	None
setFont(column:int,QFont)	设置指定列的字体	None
font(column:int)	获取列的字体	QFont
setData(column:int,role:int,Any)	设置指定列的角色值	None
data(column:int,role:int)	获取指定列的角色值	object
setBackground(column:int,QColor)	设置指定列的背景色	None
setForeground(column:int,QColor)	设置指定列的前景色	None
columnCount()	获取列的数量	int
indexOfChild(QTreeWidgetItem)	获取子项的索引	int
setChildIndicatorPolicy(QTreeWidgetItem. ChildIndicatorPolicy)	设置展开/折叠标识的显示策略	None
childIndicatorPolicy()	获取展开策略	ChildIndicatorPolicy
setDisabled(bool)	设置是否激活	None
isDisabled()	获取是否激活	bool
setExpanded(bool)	设置是否展开	None
isExpanded()	获取是否已经展开	bool
setFirstColumnSpanned(bool)	设置是否只显示第1列的内容	None
setFlags(Qt. ItemFlag)	设置标识	None
setHidden(bool)	设置是否隐藏	None
setSelected(bool)	设置是否选中	None
setStatusTip(column:int,str)	设置状态信息	None
setToolTip(column:int,str)	设置提示信息	None
setWhatsThisTip(column:int,str)	设置按Ctrl+F1键显示的信息	None
sortChildren(column:int,Qt. SortOrder)	对子项进行排序	None
parent()	获取项的父项	QTreeWidgetItem
treeWidget()	获取项所在的树结构控件	QTreeWidget

在表1-10中,QTreeWidgetItem. ChildIndictorPolicy 的枚举值为 QTreeWidgetItem. ShowIndicator(无论是否有子项都显示标识)、QTreeWidgetItem. DontShowIndicator(使有子项,也不显示标识)、QTreeWidgetItem. DontShowIndicatorWhenChildless(当没有子项时,不显示标识)。

【实例 1-10】 创建一个窗口，该窗口包含一个树结构控件、一个标签控件。向树结构控件中添加两列数据，如果选中包含两列数据的项，则标签显示对应的信息，代码如下：

```
# === 第 1 章 代码 demo10.py === #
import sys
from PySide6.QtWidgets import(QApplication,QWidget,
    QVBoxLayout,QTreeWidget,QTreeWidgetItem,QLabel)
from PySide6.QtGui import QFont,Qt

class Window(QWidget):
    def __init__(self):
            super().__init__()
            self.setGeometry(200,200,580,300)
            self.setWindowTitle('QTreeWidget、QTreeWidgetItem')
            vbox = QVBoxLayout()
            self.setLayout(vbox)
            #创建树结构控件
            self.treeWidget = QTreeWidget()
            self.treeWidget.setFont(QFont("黑体",12))
            self.label = QLabel("提示：")
            self.label.setFont(QFont('楷体',14))
            vbox.addWidget(self.treeWidget)
            vbox.addWidget(self.label)
            #向树结构中添加表头数据
            self.treeWidget.setColumnCount(2)
            header = QTreeWidgetItem()
            header.setText(0,"地区范围")
            header.setText(1,"人口数量(万人)")
            header.setTextAlignment(0,Qt.AlignLeft)
            header.setTextAlignment(1,Qt.AlignLeft)
            self.treeWidget.setHeaderItem(header)
            #添加顶层项
            self.topItem1 = QTreeWidgetItem(self.treeWidget)
            self.topItem1.setText(0,"东北")
            child_1 = QTreeWidgetItem(self.topItem1,["黑龙江","3099"])
            child_2 = QTreeWidgetItem(self.topItem1,["吉林","2407"])
            child_3 = QTreeWidgetItem(self.topItem1,["辽宁"])
            child_4 = QTreeWidgetItem(child_3,["沈阳","907"])
            child_5 = QTreeWidgetItem(child_3,["大连","599"])
            #添加顶层项
            self.topItem2 = QTreeWidgetItem(self.treeWidget)
            self.topItem2.setText(0,"华东")
            child_6 = QTreeWidgetItem(self.topItem2,["江苏","8475"])
            child_7 = QTreeWidgetItem(self.topItem2,["上海","2489"])
            self.treeWidget.expandAll()
            #使用信号/槽
            self.treeWidget.itemClicked.connect(self.clicked_treeWiget)

    def clicked_treeWiget(self,item,column):
            if item.text(1)!= "":
                    string = f"地区范围：{item.text(0)},人口数量(万人)：{item.text(1)}"
                    self.label.setText(string)
```

```
if __name__ == '__main__':
    app = QApplication(sys.argv)
    win = Window()
    win.show()
    sys.exit(app.exec())
```

运行结果如图 1-29 所示。

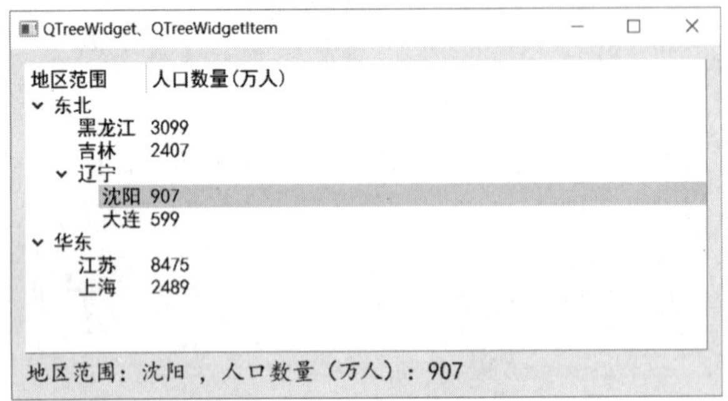

图 1-29　代码 demo10.py 的运行结果

11min

1.3.3　使用 Qt Designer 创建树结构控件

在 PySide6 中,可以使用 Qt Designer 在窗口中创建树结构控件。

【实例 1-11】 使用 Qt Designer 设计一个包含树结构控件的窗口,向树结构控件中添加两列数据。操作步骤如下:

(1) 打开 Qt Designer 软件,创建一个 Widget 类型的窗口,如图 1-30 所示。

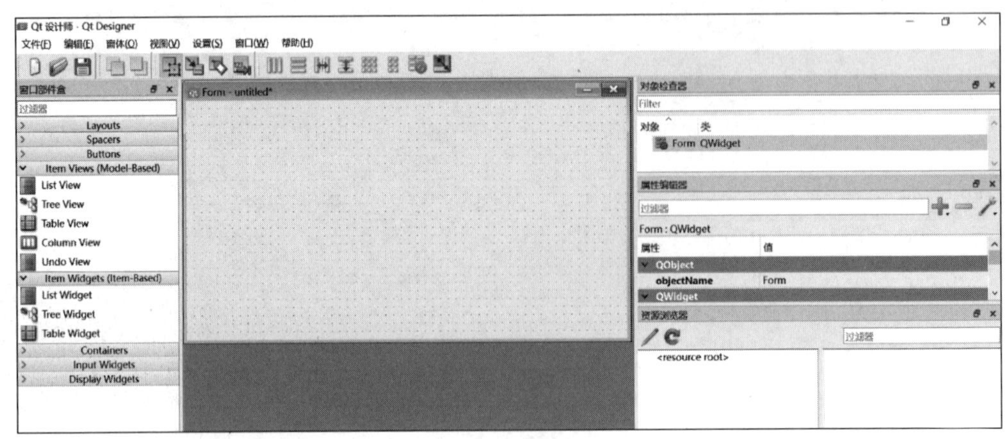

图 1-30　创建的窗口

(2) 将工具箱中的 Tree Widget 控件拖曳到主窗口,如图 1-31 所示。

(3) 选中主窗口上的 Tree Widget 控件,右击,在弹出的菜单栏中选择"编辑项目",此时会弹出一个"编辑树窗口部件"对话框,如图 1-32 和图 1-33 所示。

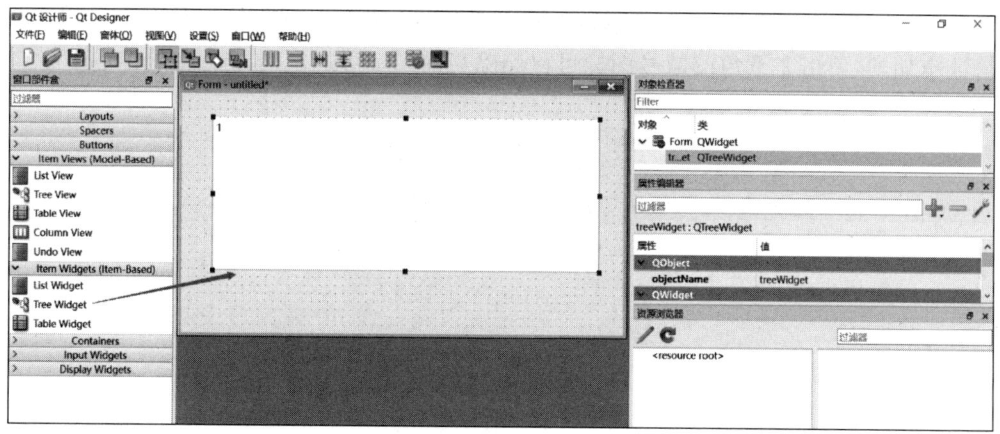

图 1-31　拖曳 Tree Widget 控件

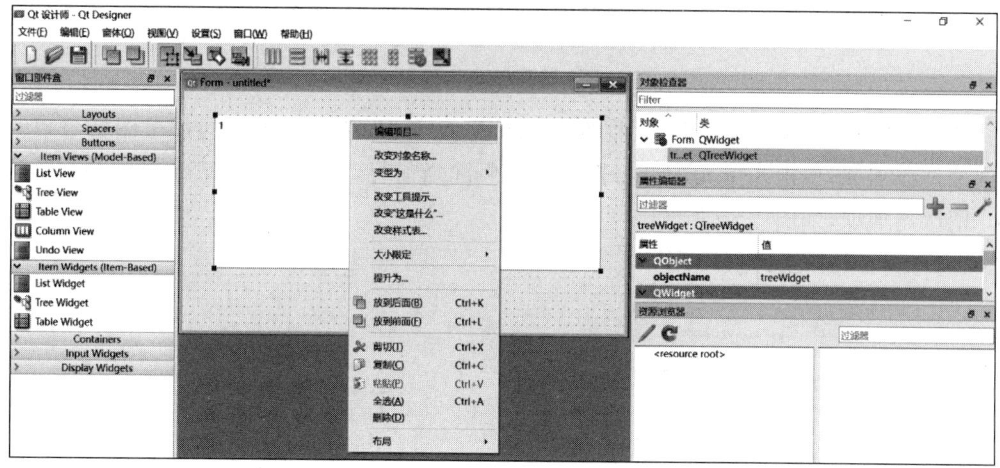

图 1-32　右击后弹出的菜单

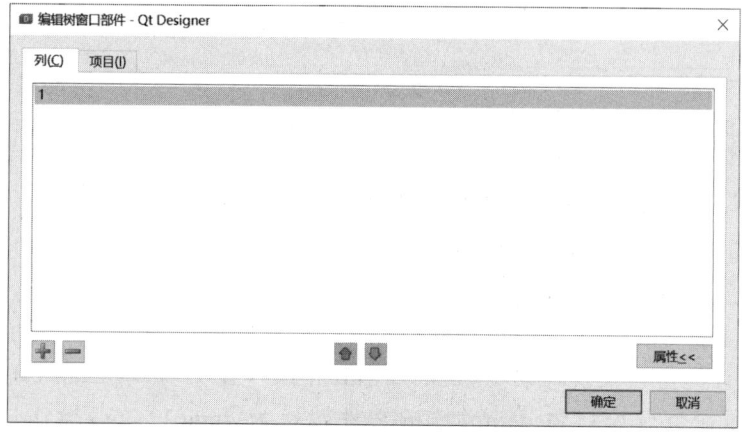

图 1-33　“编辑树窗口部件”对话框

(4) 在"编辑树窗口部件"对话框的"列"选项卡中,单击左下角的加号图标可以为树结构控件添加列,单击左下角的减号图标可以删除当前列。添加两列,如图1-34所示。

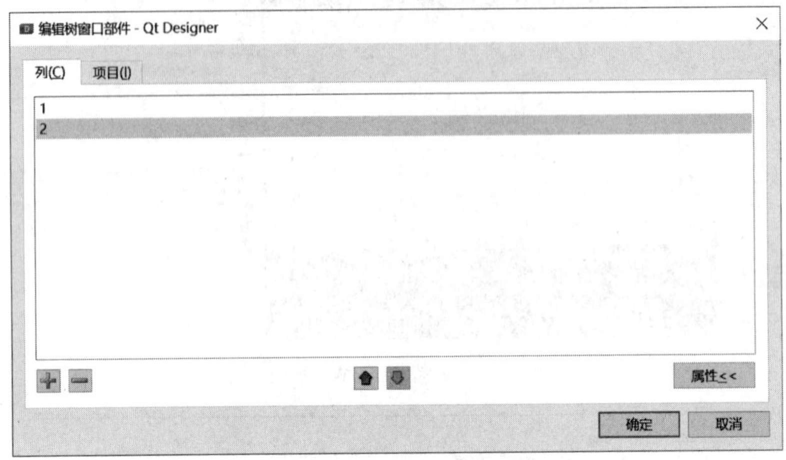

图1-34 为树结构控件添加列

(5) 在"编辑树窗口部件"对话框的"项目"选项卡中,单击左下角的加号图标可以为树结构控件添加项,单击左下角的减号图标可以删除当前行,中间的图标表示添加当前项的子项。依次添加项,如图1-35所示。

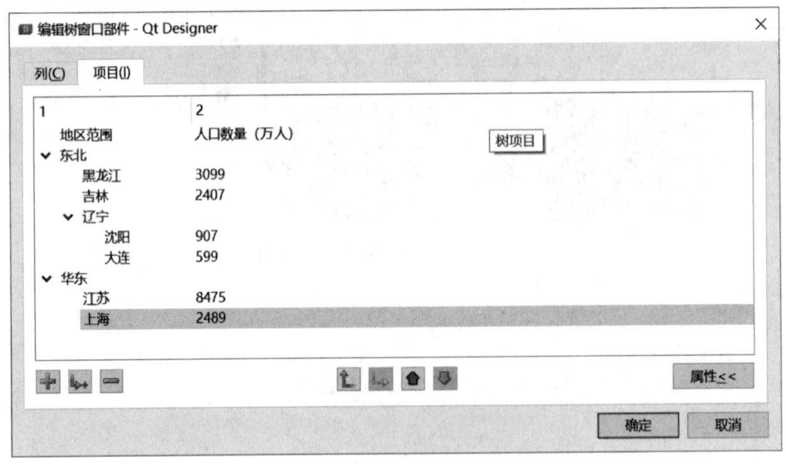

图1-35 为树结构控件添加项

(6) 在"编辑树窗口部件"对话框中,单击"确定"按钮,可查看已经添加项的树结构控件,如图1-36所示。

(7) 修改主窗口的标题,将主窗口的布局设置为水平布局,如图1-37所示。

(8) 将设计的窗口文件命名为demo11.ui,并保存在D盘的Chapter1文件夹下,然后在Windows命令行窗口将demo11.ui文件转换为demo11.py,操作过程如图1-38所示。

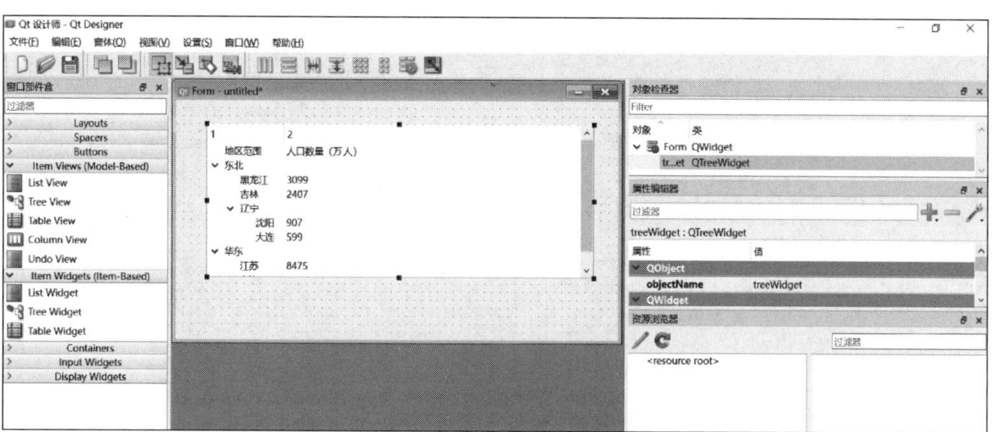

图 1-36　已经添加项的树结构控件

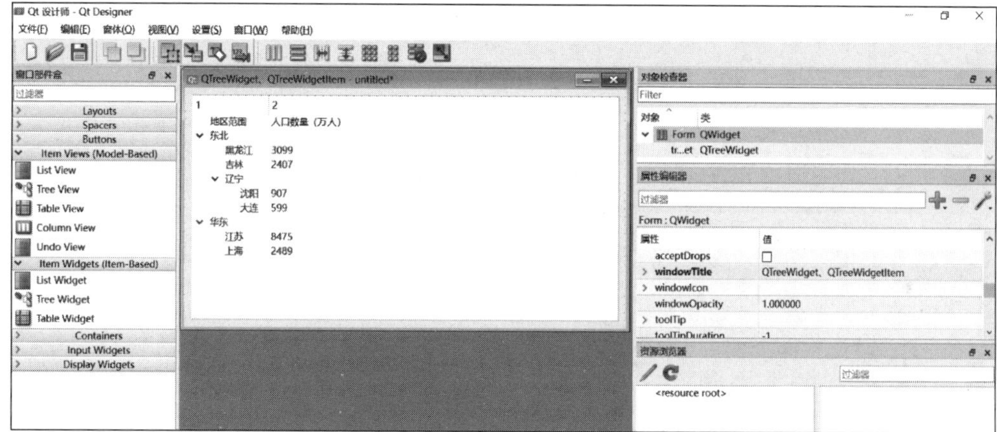

图 1-37　设置布局后的主窗口

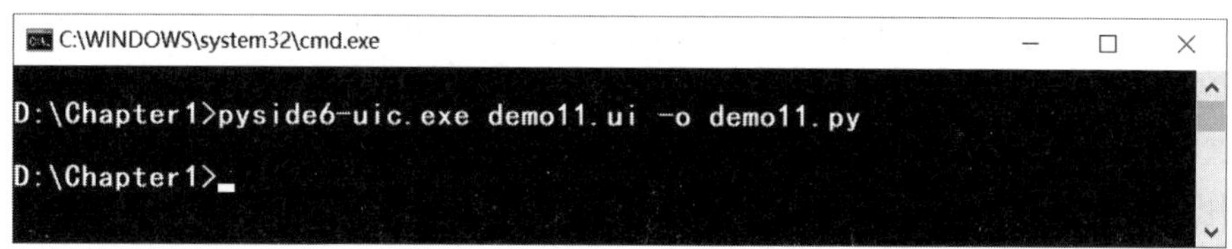

图 1-38　将 demo11.ui 文件转换为 demo11.py

(9) 编写业务逻辑代码，代码如下：

```
# === 第 1 章 代码 demo11_main.py === #
import sys
from PySide6.QtWidgets import QApplication,QWidget
from demo11 import Ui_Form

class Window(Ui_Form,QWidget):        #多重继承
```

```
    def __init__(self):
        super().__init__()
        self.setupUi(self)


if __name__ == '__main__':
    app = QApplication(sys.argv)
    win = Window()
    win.show()
    sys.exit(app.exec())
```

运行结果如图 1-39 所示。

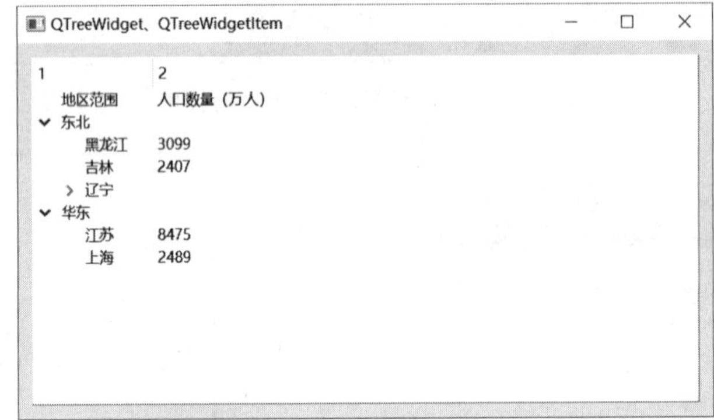

图 1-39 代码 demo11_main.py 的运行结果

1.4 小结

本章主要介绍了 PySide6 中基于项的控件，可以使用基于项的控件处理不同类型的数据。

首先介绍了列表控件 QListWidget 及其项 QListWidgetItem，可以使用列表控件处理列表数据；然后介绍了表格控件 QTableWidget 及其项 QTableWidgetItem，可以使用表格控件处理二维表格数据；最后介绍了树结构控件 QTreeWidget 及其项 QTreeWidgetItem，可以使用树结构控件处理树结构的数据。

第 2 章

基于模型/视图的控件

在实际编程中，有时程序需要处理各种类型的数据，例如列表数据、二维表格数据、树结构数据。可以使用 PySide6 中的基于模型/视图的控件显示、处理不同类型的数据。本章主要介绍基于模型/视图的控件。

2.1 模型/视图简介

在 PySide6 中，基于模型/视图的控件采用了数据与显示相分离的技术。这种技术起源于 Smalltalk 的设计模式——Model/View/Controller(MVC，模型/视图/控制器)，一般应用在显示界面的程序中。与前者不同，PySide6 主要采用了 Model/View/Delegate(模型/视图/代理)框架，简称为 Model/View 框架。

2.1.1 Model/View/Delegate 框架

在 PySide6 中，可以使用 Model/View/Delegate 框架技术来显示、处理不同类型的数据。Model/View/Delegate 框架如图 2-1 所示。

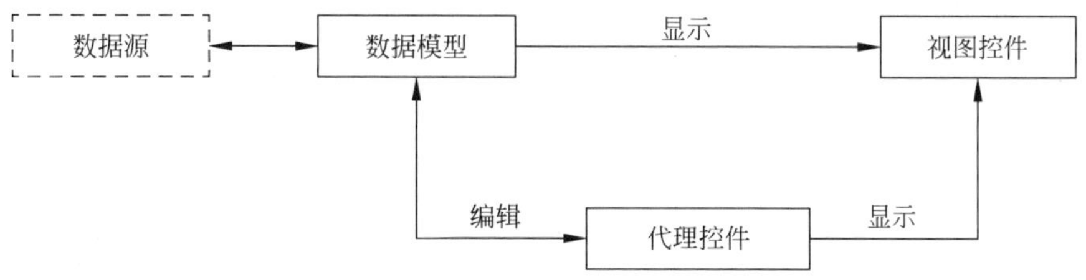

图 2-1 Model/View/Delegate 框架

在 Model/View/Delegate 框架中，使用数据模型(Model)从数据源(Data)中读、写数据，使用视图控件(View)显示数据模型中获取的数据。如果用户要编辑数据，则可以使用代理控件(Delegate)编辑或修改数据，并将修改后的数据传递给数据模型(Model)，PySide6 的视图控件提供了默认的代理控件，例如 QTableView 中提供了 QLineEdit 编辑框，所以 Model/View/Delegate 可以简写为 Model/View 框架。

在 PySide6 中,数据模型、视图控件、代理控件通过信号/槽机制进行通信。

2.1.2 数据模型 Model

PySide6 提供了多种类型的数据模型,如图 2-2 所示。

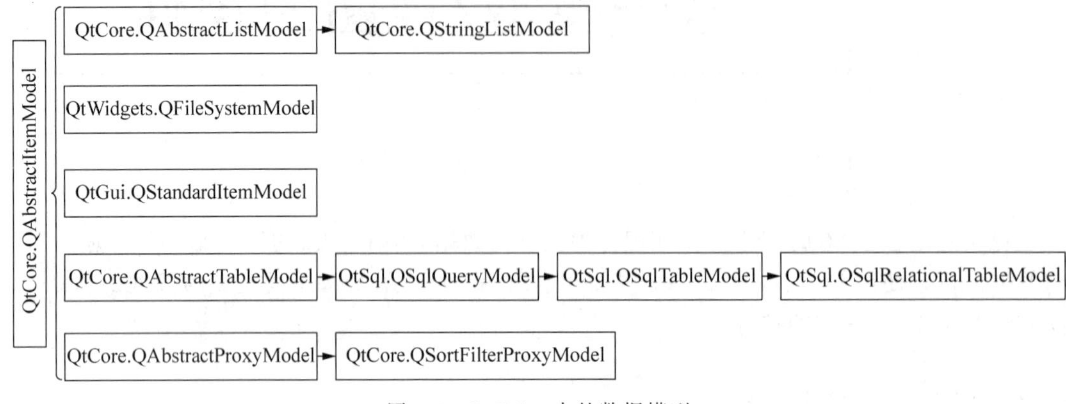

图 2-2 PySide6 中的数据模型

在实际编程中会根据不同的功能选择不同类型的数据模型。PySide6 提供的数据模型类的功能见表 2-1。

表 2-1 PySide6 提供的数据模型类

Model 类	说　明
QAbstractItemModel	抽象类,所有数据模型类的基类,不能直接使用
QStringListModel	用于处理字符串、列表等数据的数据模型类
QStandardItemModel	标准的基于项数据的数据模型类,每个项可以为任何数据类型
QFileSystemModel	计算机文件系统的数据模型类
QSortFilterProxyModel	与其他数据模型结合,提供排序和过滤功能的数据模型类
QSqlQueryModel	用于数据库 SQL 查询结果的数据模型类
QSqlTableModel	用于数据库的一个数据表的数据模型类
QSqlRelationalTableModel	用于关系型数据表的数据模型类

本章将重点讲述 QAbstractItemModel、QStringListModel、QStandardItemModel、QFileSystemModel。

2.1.3 视图控件 View

视图控件是用来显示数据模型的显示控件,PySide6 提供了多种视图控件,如图 2-3 所示。

在实际编程中会根据不同的功能选择不同类型的视图控件。PySide6 提供的视图控件类的功能见表 2-2。

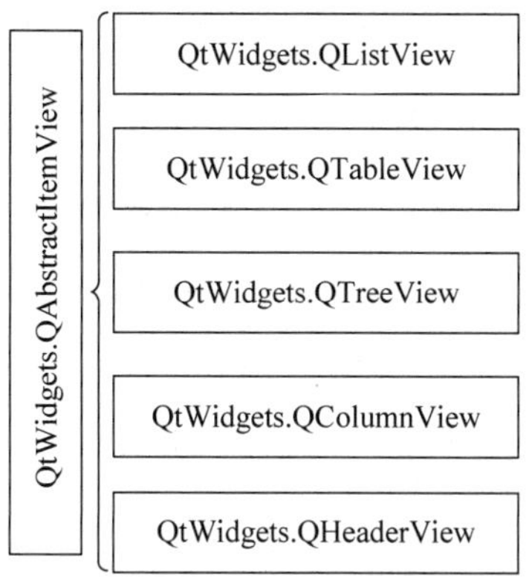

图 2-3 PySide6 中的视图控件

表 2-2 PySide6 提供的视图控件类

View 类	说 明
QListView	用于显示单列的列表数据,适用于一维数据的操作
QTableView	用于显示表格数据,适用于二维表格数据的操作
QTreeView	用于显示树结构数据,适用于树结构数据的操作
QColumnView	使用多个 QListView 显示树层次结构,树结构的一层使用 QListView 表示
QHeaderView	提供行表头或列表头的视图控件,例如 QTableView 的行表头和列表头

本章将重点介绍 QListView、QTableView、QTreeView 的应用。

2.1.4 代理控件 Delegate

代理控件就是视图控件上为编辑数据提供的临时编辑器。例如当在 QTableView 控件上编辑一个单元格的数据时,默认提供一个 QLineEdit 编辑框。代理控件负责从数据模型获取相应的数据,并显示在编辑器里,修改数据后可以将数据保存到数据模型中。

在 PySide6 中,QAbstractItemDelegate 类是所有代理控件类的基类,是一个抽象类,不能直接使用。其子类 QStyledItemDelegate 类是 PySide6 中视图控件类的默认代理控件类,默认提供 QLineEdit 类作为编辑器。如果开发者使用 QComboBox、QSpinBox 作为代理控件,则要继承 QStyledItemDelegate 类创建自定义代理控件类。

2.1.5 数据项索引 QModelIndex

在数据模型 Model 中,数据存储的基本单元为 item,每个 item 都对应了唯一的索引值(QModelIndex)。

在 PySide6 中,使用 QModelIndex 类表示数据索引,每个数据索引都有 3 个属性,分别为行、列、父索引。对于一维数据模型只会用到行,例如列表;对于二维数据模型会用到行和列,例如 Table;对于三维数据模型会用到行、列、父索引,例如树。这 3 种数据如图 2-4 所示。

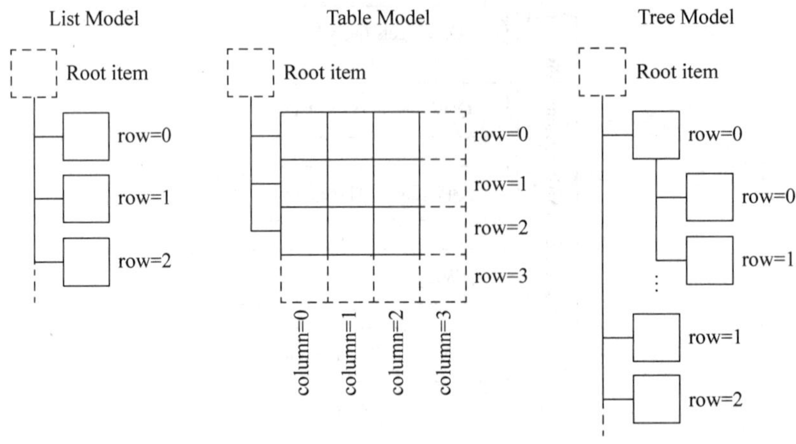

图 2-4 不同的数据类型

在 PySide6 中,QModelIndex 类的常用方法见表 2-3。

表 2-3 QModelIndex 类的常用方法

方法及参数类型	说 明	返回值的类型
model()	获取数据模型	QAbstractItemModel
parent()	获取父索引	QModelIndex
sibling(row:int,column:int)	根据行和列获取同级别的索引	QModelIndex
siblingAtColumn(column:int)	根据列获取同级别的索引	QModelIndex
siblingAtRow(row:int)	根据行获取同级别的索引	QModelIndex
row()	获取索引指向的行	int
column()	获取索引指向的列	int
data(role:Qt.ItemDataRole)	获取数据项指定角色的数据	Any
flags()	获取标识	Qt.ItemFlag
isValid()	获取索引是否有效	bool

2.1.6 抽象数据模型 QAbstractItemModel

在 PySide6 中,QAbstractItemModel 类为其他数据模型类的基类,该类提供了数据模型与视图控件的数据接口。QAbstractItemModel 类是抽象类,不能直接使用。QAbstractItemModel 类的方法被其子类继承。

QAbstractItemModel 类的常用方法见表 2-4。

表 2-4 QAbstractItemModel 类的常用方法

方法及参数类型	说 明	返回值的类型
submit()	将缓存信息提交到永久存储中	bool
revert()	放弃将缓存信息提交到永久存储中	None

续表

方法及参数类型	说　明	返回值的类型
index(row:int,column:int,parent:QModelIndex)	获取父索引下的指定行、列的数据项索引	QModelIndex
parent(QModelIndex)	获取父数据项的索引	QModelIndex
sibling(row:int,column:int,QModelIndex)	获取指定行、列的同级别的数据项索引	QModelIndex
flags(QModelIndex)	获取指定数据项的标识	Qt. ItemFlag
hasChildren(parent=QModelIndex())	获取是否有子数据项	bool
hasIndex(row:int,column:int,parent=QModelIndex())	获取是否能创建数据项索引	bool
insertColumn(column:int,parent= QModelIndex())	根据指定的列插入列,若成功,则返回值为 True	bool
insertColumns(column:int,count:int,parent=QModelIndex())	根据指定的列插入多列,若成功,则返回值为 True	bool
insertRow(row:int,parent=QModelIndex())	根据指定的行插入行,若成功,则返回值为 True	bool
insertRows(row:int,count:int,parent=QModelIndex())	根据指定的行插入多行,若成功,则返回值为 True	bool
setData(QModelIndex,Any,role=Qt. ItemDataRole)	设置数据项的角色,若成功,则返回值为 True	bool
data(QModelIndex,role=ItemDataRole)	获取数据项的角色值	Any
setItemData(QModelIndex,roles:Dict[int,Any]	用字典设置数据项的角色值,若成功,则返回值为 True	bool
itemData(QModelIndex)	获取数据项的角色值	Dict[int,Any]
moveColumn(sourceParent:QModelIndex,sourceColumn:int,destinationParent:QModelIndex,destinationChild:int)	将指定列移动到目标数据项索引的指定列处,若成功,则返回值为 True	bool
moveColumns(sourceParent:QModelIndex,sourceColumn:int,count:int,destinationParent:QModelIndex,destinationChild:int)	将多列移动到目标数据项索引的指定列处,若成功,则返回值为 True	bool
moveRow(sourceParent:QModelIndex,sourceRow:int,destinationParent:QModelIndex,destinationChild:int)	将指定行移动到目标数据项索引的指定行处,若成功,则返回值为 True	bool
moveRows(sourceParent:QModelIndex,sourceRow:int,count:int,destinationParent:QModelIndex,destinationChild:int)	将多行移动到目标数据项索引的指定行处,若成功,则返回值为 True	bool
removeColumn(column:int,parent:QModelIndex)	移除单列,若成功,则返回值为 True	bool
removeColumns(column:int,count:int,parent:QModelIndex)	移除多列,若成功,则返回值为 True	bool

续表

方法及参数类型	说 明	返回值的类型
removeRow(column:int,parent:QModelIndex)	移除单行,若成功,则返回值为True	bool
removeRow(column:int,count:int,parent:QModelIndex)	移除多行,若成功,则返回值为True	bool
rowCount(parent:QModelIndex)	获取行数	int
columnCount(parent:QModelIndex)	获取列数	int
setHeaderData(section:int, orientation:Qt. Orientation, value:Any, role:Qt. EditRole)	设置表头数据,若成功,则返回值为True	bool
headerData(section:int, orientation:Qt. Orientation, role:Qt. EditRole)	获取表头数据	Any
supportedDragActions()	获取支持的拖放动作	Qt. DropAction
sort(column:int,order:Qt. AscendingOrder)	对指定列进行排序	None

在PySide6中,Qt. ItemDataRole的枚举值见表2-5。

表2-5 Qt. ItemDataRole的枚举值

枚 举 值	说 明	对应的数据类型
Qt. DisplayRole	视图控件显示的文本	str
Qt. DecorationRole	图标	QIcon、QPixmap
Qt. EditRole	编辑视图控件时显示的文本	str
Qt. ToolTipRole	提示信息	str
Qt. StateTipRole	状态提示信息	str
Qt. WhatsThisRole	按下Shift+F1键时显示的数据	str
Qt. SizeHitRole	尺寸提示	QSize
Qt. FontRole	默认代理控件的字体	QFont
Qt. TextAlignmentRole	默认代理控件的对齐方式	Qt. AlignmentFlag
Qt. ForegroundRole	默认代理控件的背景色	QBrush、QColor、Qt. GlobalColor
Qt. BackgroundRole	默认代理控件的前景色	
Qt. CheckStateRole	勾选状态	Qt. CheckState
Qt. InitialSortOrderRole	初始排序	Qt. SortOrder
Qt. AccessibleTextRole	用于可访问插件扩展的文本	str
Qt. AccessibleDescriptionRole	用于可访问功能的描述	str
Qt. UserRole	自定义角色,可使用多个自定义角色,第1个为Qt. UserRole,第2个为Qt. UserRole+1,以此类推	Any(任意数据类型)

在PySide6中,QAbstractItemModel类的信号也会被其子类继承。QAbstractItemModel类的信号见表2-6。

表 2-6　QAbstractItemModel 类的信号

信号及参数类型	说　明
columnsAboutToBeInserted(parent:QModelIndex,first:int,last:int)	在插入列之前发送信号
columnsInserted(parent:QModelIndex,first:int,last:int)	在插入列之后发送信号
columnsAboutToBeMoved(sourceParent:QModelIndex, sourceStart:int, sourceEnd:int, destinationParent:QModelIndex, destinationColumn:int)	在移动列之前发送信号
columnsMoved(sourceParent:QModelIndex, sourceStart:int, sourceEnd:int, destinationParent:QModelIndex, destinationColumn:int)	在移动列之后发送信号
columnsAboutToBeRemoved(parent:QModelIndex, first:int, last:int)	在移除列之前发送信号
columnsRemoved(parent:QModelIndex, first:int, last:int)	在移除列之后发送信号
rowsAboutToBeInserted(parent:QModelIndex, first:int, last:int)	在插入行之前发送信号
rowsInserted(parent:QModelIndex, first:int, last:int)	在插入行之后发送信号
rowsAboutToBeMoved(sourceParent:QModelIndex, sourceStart:int, sourceEnd:int, destinationParent:QModelIndex, destinationRow:int)	在移动行之前发送信号
rowsMoved(sourceParent:QModelIndex, sourceStart:int, sourceEnd:int, destinationParent:QModelIndex, destinationRow:int)	在移动行之后发送信号
rowsAboutToBeRemoved(parent:QModelIndex, first:int, last:int)	在移除行之前发送信号
rowsRemoved(parent:QModelIndex, first:int, last:int)	在移除行之后发送信号
dataChanged(topLeft:QModelIndex, bottomRight:QModelIndex, roles:List)	当数据发生改变时发送信号
headerDataChanged(orientation:Qt.Orientation, first:int, last:int)	当表头数据发生改变时发送信号
modelAboutToBeReset()	在重置模型前发送信号
modelReset()	在重置模型后发送信号

2.1.7　典型应用

前面介绍了模型/视图的基础知识，下面将通过例题来演示如何使用模型/视图来创建控件，并显示数据。

【实例 2-1】　创建一个窗口，该窗口包含 1 个 QListView 视图控件，该视图控件将数据模型设置为 QStringListModel，代码如下：

```
# === 第 2 章 代码 demo1.py === #
import sys
from PySide6.QtWidgets import (QApplication,QWidget,
    QVBoxLayout,QListView)
from PySide6.QtCore import QStringListModel

class Window(QWidget):
    def __init__(self):
            super().__init__()
            self.setGeometry(200,200,560,220)
            self.setWindowTitle('QListView、QStringListModel')
```

```
        vbox = QVBoxLayout()
        self.setLayout(vbox)
        #创建视图控件
        self.listView = QListView()
        vbox.addWidget(self.listView)
        #创建数据模型
        self.listModel = QStringListModel(self)
        string = ["三国演义","水浒传","西游记","红楼梦"]
        self.listModel.setStringList(string)
        #设置数据模型
        self.listView.setModel(self.listModel)


if __name__ == '__main__':
    app = QApplication(sys.argv)
    win = Window()
    win.show()
    sys.exit(app.exec())
```

运行结果如图 2-5 所示。

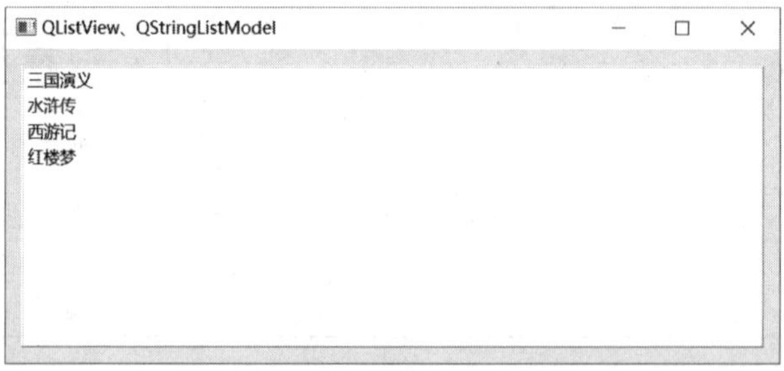

图 2-5　代码 demo1.py 的运行结果

注意：与 QListWidget、QTableWidget、QTreeWidget 创建的控件相同，可以通过双击视图控件的文本来修改内容。

2.2　QStringListModel 与 QListView 的用法

在 PySide6 中，QStringListModel 数据模型通常与 QListView 视图控件搭配使用。QStringListModel 数据模型可以被称为文本列表模型或字符串列表模型，QListView 视图控件可以被称为列表视图控件。

2.2.1　文本列表模型 QStringListModel

在 PySide6 中，使用 QStringListModel 类创建文本列表模型。文本列表模型用于存储一维文本列表，即由一行多列文本数据构成的列表。用于显示文本列表模型中的数据的控件为 QListView 视图控件。

QStringListModel 类位于 PySide6 的 QtCore 子模块下,其构造函数如下:

```
QStringListModel(parent:QObject = None)
QStringListModel(string:Sequence[str],parent:QObject = None)
```

其中,parent 表示 QObject 类及其子类创建的实例对象;string 表示字符串构成的列表或元组,用于确定文本列表模型中显示角色和编辑角色的数据。

QStringListModel 类的常用方法见表 2-7。

表 2-7 QStringListModel 类的常用方法

方法及参数类型	说　明	返回值的类型
setStringList(strings:Sequence[str])	设置列表模型显示和编辑角色的文本数据	None
stringList()	获取文本列表	List[str]
rowCount(parent=QModelIndex())	获取行的数量	int
parent()	获取模型所在的父对象	QObject
parent(child:QModelIndex)	获取父索引	QModelIndex
index(row:int,column=0,parent:QModelIndex)	获取指定行的模型数据索引	QModelIndex
sibling(row:int,column=0,idx:QModelIndex)	获取同级别的模型数据索引	QModelIndex
setData(QModelIndex,Any,role:Qt.EditRole)	按角色设置数据	None
data(QModelIndex,role:Qt.DisplayRole)	获取指定角色的值	Any
setItemData(QModelIndex,Dict[int,Any])	用字典设置角色值	None
itemData(QModelIndex)	获取字典角色值	Dict[int,Any]
flags(QModelIndex)	获取数据的标识	Qt.ItemFlag
insertRows(row:int,count:int,parent: QModelIndex)	在指定的行位置插入多行,若成功,则返回值为 True	bool
moveRows(sourceParent: QModelIndex, sourceRow: int, destinationParent:QModelIndex, destinationChild: int)	移动多行,若成功,则返回值为 True	bool
removeRows(row:int,count:int,parent:QModelIndex)	在指定的行位置移除多行,若成功,则返回值为 True	bool
clearItemData(index:QModelIndex)	清空角色数据,若成功,则返回值为 True	bool
sort(column:int,order:Qt.AscendingOrder)	对列进行排序	None

2.2.2 列表视图控件 QListView

在 PySide6 中,使用 QListView 类创建列表视图控件。列表视图控件用于显示文本列表模型 QStringListModel 中的文本数据。

QListView 类位于 PySide6 的 QtWidgets 子模块下,其构造函数如下:

```
QListView(parent:QWidget = None)
```

其中,parent 表示父窗口或父容器。

列表视图控件不仅可以显示文本列表模型 QStringListModel 中的数据,也可以显示其他模型中的数据,例如 QStandardItemModel 数据模型中的数据。QListView 类的常用方法见表 2-8。

表 2-8 QListView 类的常用方法

方法及参数类型	说　明	返回值的类型
clearSelection()	取消选择	None
clearPropertyFlags()	清空属性标签	None
contentsSize()	获取包含的内容所占据的宽和高	QSize
setModel(QAbstractItemModel)	设置数据模型	None
setSelectionModel(QItemSelectionModel)	设置选择模型	None
selectionModel()	获取选择模型	QItemSelectionModel
setSelection(rect:QRect,command:QItemSelectionModel.SelectionFlags)	选择指定范围内的数据项	Any
indexAt(QPoint)	获取指定位置处的数据项的数据索引	QModelIndex
selectedIndexes()	获取选中的数据项的索引列表	List[QModelIndex]
resizeContents(width:int,height:int)	重新设置宽和高	None
scrollTo(QModelIndex)	使数据项可见	None
setModelColumn(int)	设置数据模型中要显示的列	None
modelColumn()	获取模型中显示的列	int
setFlow(QListView.Flow)	设置显示的方向	None
setGridSize(QSize)	设置数据项的宽和高	None
setItemAlignment(Qt.Alignment)	设置对齐方式	None
setLayoutMode(QListView.LayoutMode)	设置数据的显示方式	None
setBatchSize(int:100)	设置批量显示的数量,默认为100	None
setMovement(QListView.MoveMent)	设置数据项的移动方式	None
setResizeMode(QListView.ResizeMode)	设置尺寸调整模式	None
setRootIndex(QModelIndex)	设置根目录的数据项索引	None
setRowHidden(int,bool)	设置是否隐藏	None
setSpacing(int)	设置数据项之间的间距	None
setUniformItemSize(bool)	设置数据项是否统一宽和高	None
setViewMode(QListView.ViewMode)	设置显示模式	None
setWordWrap(bool)	设置单词是否可以写到两行上	None

续表

方法及参数类型	说　　明	返回值的类型
setWrapping(bool)	设置文本是否可以写到两行上	None
setAlternatingRowColors(bool)	设置是否用交替颜色	None
setSelectionMode(QAbstractItemView.SelectionMode)	设置选择模式	None
setSelectionModel(QItemSelectionModel)	设置选择模型	None
selectionModel()	获取选择模型	QItemSelectionModel
setPositionForIndex(position:QPoint,index:QModelIndex)	将指定索引的项放到指定位置	None

在表 2-8 中，QListView. Flow 的枚举值为 QListView. LeftToRight、QListView. TopToBottom。QListView. LayoutMode 的枚举值为 QListView. SinglePass(全部显示)、QListView. Batched(分批显示)。

QListView. Movement 的枚举值为 QListView. Static(不能移动)、QListView. Free(可以移动)、QListView. Snap(捕捉到数据项的位置)。QListView. ResizeMode 的枚举值为 QListView. Fixed、QListView. Adjust。

QListView. ViewMode 的枚举值见表 2-9。

表 2-9　QListView. ViewMode 的枚举值

枚　举　值	说　　明
QListView. ViewMode	采用 QListView. TopToBottom 排列、小尺寸、QListView. Static 不能移动
QListView. IconMode	采用 QListView. LeftToRight 排列、大尺寸、QListView. Free 可以移动

在 QListView 类中，可以使用 setSelectionMode(QAbstractItemView. SelectionMode)方法设置选择模式，QAbstractItemView. SelectionMode 的枚举值见表 2-10。

表 2-10　QAbstractItemView. SelectionMode 的枚举值

枚　举　值	说　　明
QAbstractItemView. NoSelection	禁止选择模式
QAbstractItemView. SingleSelection	单选模式，当选择一个数据项时，其他已经选中的数据项都变成未选择项
QAbstractItemView. MultiSelection	多选模式，当单击一个数据项时，将改变该项的选中状态，其他未被单击的数据项状态不变
QAbstractItemView. ExtendedSelection	当单击某数据项时，清除已经选择的数据项；当按下 Ctrl 键选择时，会改变被单击数据项的选中状态；当按下 Shift 键选择两个数据项时，这两个数据项之间的选择状态发生改变
QAbstractItemView. ContiguousSelection	当单击一个数据项时，清除已经选择的项；当按下 Shift 键或 Ctrl 键选择两个数据项时，两个数据项之间的选择状态发生改变

在 PySide6 中,QListView 类的信号见表 2-11。

表 2-11 QListView 类的信号

信号及参数类型	说　明
activated(QModelIndex)	当数据项活跃时发送信号
clicked(QModelIndex)	当单击数据项时发送信号
doubleClicked(QModelIndex)	当双击数据项时发送信号
entered(QModelIndex)	当光标进入数据项时发送信号
iconSizeChanged(QSize)	当图标大小发生变化时发送信号
indexesMoved(List[QModelIndex])	当数据索引发生移动时发送信号
pressed(QModelIndex)	当按下鼠标按键时发送信号
viewportEntered()	当光标进入视图时发送信号

2.2.3 典型应用

【实例 2-2】 创建一个窗口,该窗口包含两个 QListView 视图控件,这两个视图控件共用一个列表数据模型。当修改一个视图控件中的文本时,另一个视图控件的文本也发生改变,代码如下:

```
# === 第 2 章 代码 demo2.py === #
import sys
from PySide6.QtWidgets import (QApplication,QWidget,QHBoxLayout,QListView)
from PySide6.QtCore import QStringListModel

class Window(QWidget):
    def __init__(self):
            super().__init__()
            self.setGeometry(200,200,560,220)
            self.setWindowTitle('QListView、QStringListModel')
            hbox = QHBoxLayout()
            self.setLayout(hbox)
            #创建视图控件
            self.listView1 = QListView()
            self.listView2 = QListView()
            hbox.addWidget(self.listView1)
            hbox.addWidget(self.listView2)
            #创建数据模型
            self.listModel = QStringListModel(self)
            string = ["四世同堂","水浒传","西游记","红楼梦"]
            self.listModel.setStringList(string)
            #设置数据模型
            self.listView1.setModel(self.listModel)
            self.listView2.setModel(self.listModel)


if __name__ == '__main__':
```

```
    app = QApplication(sys.argv)
    win = Window()
    win.show()
    sys.exit(app.exec())
```

运行结果如图 2-6 所示。

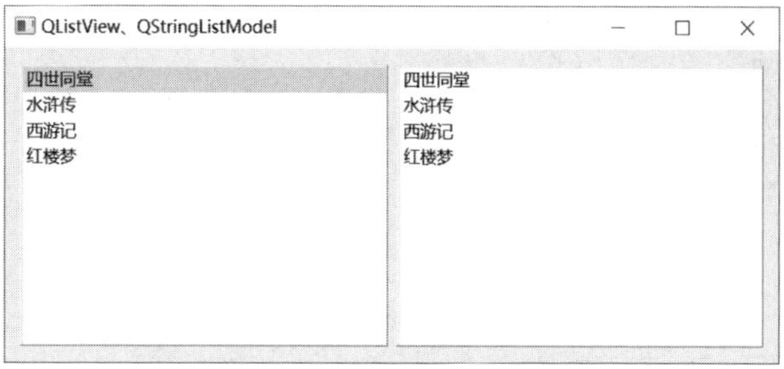

图 2-6 代码 demo2.py 的运行结果

【实例 2-3】 创建一个窗口,该窗口包含 1 个 QListView 视图控件。使用该视图控件显示 CSV 文件中的数据,代码如下:

```
# === 第 2 章 代码 demo3.py === #
import sys,csv
from PySide6.QtWidgets import (QApplication,QWidget,
    QVBoxLayout,QListView)
from PySide6.QtCore import QStringListModel

class Window(QWidget):
    def __init__(self):
            super().__init__()
            self.setGeometry(200,200,560,220)
            self.setWindowTitle('QListView、QStringListModel')
            vbox = QVBoxLayout()
            self.setLayout(vbox)
            #创建视图控件
            self.listView = QListView()
            vbox.addWidget(self.listView)
            #创建数据模型
            self.listModel = QStringListModel(self)
            self.open_csv()

    def open_csv(self):
            src_file = "D:\\Chapter2\\data1.csv"
            with open(src_file,mode = 'r') as f:
                    reader = csv.reader(f)
                    data = list()
                    #将 reader 的数据添加到一维列表 data 中
                    for row in reader:
                            temp = ""
                            for j in row:
```

```
                    temp = temp + str(j) + " "
                data.append(temp.strip())
            self.listModel.setStringList(data)
            self.listView.setModel(self.listModel)


if __name__ == '__main__':
    app = QApplication(sys.argv)
    win = Window()
    win.show()
    sys.exit(app.exec())
```

运行结果如图 2-7 所示。

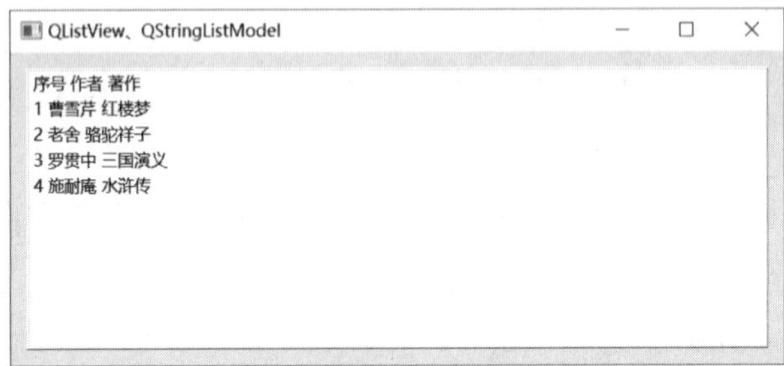

图 2-7 代码 demo3. py 的运行结果

【实例 2-4】 创建一个窗口,该窗口包含 1 个 QListView 视图控件。使用该视图控件显示 Excel 文件中的数据,代码如下:

```
# === 第 2 章 代码 demo4.py === #
import sys
from PySide6.QtWidgets import (QApplication,QWidget,QVBoxLayout,QListView)
from PySide6.QtCore import QStringListModel
from openpyxl import load_workbook,Workbook

class Window(QWidget):
    def __init__(self):
        super().__init__()
        self.setGeometry(200,200,560,220)
        self.setWindowTitle('QListView、QStringListModel')
        vbox = QVBoxLayout()
        self.setLayout(vbox)
        #创建视图控件
        self.listView = QListView()
        vbox.addWidget(self.listView)
        #创建数据模型
        self.listModel = QStringListModel(self)
        self.open_xlsx()
```

```
    def open_xlsx(self):
        src_file = "D:\\Chapter2\\销售数据.xlsx"
        data = list()
        wbook = load_workbook(src_file)
        wsheet = wbook.active
        #获取按行排列的单元格对象元组
        cell_range = wsheet[wsheet.dimensions]
        #将 Excel 中的数据添加到一维列表 data 中
        for row in cell_range:
            temp = ""
            for j in row:
                temp = temp + str(j.value) + " "
            data.append(temp)
        self.listModel.setStringList(data)
        self.listView.setModel(self.listModel)


if __name__ == '__main__':
    app = QApplication(sys.argv)
    win = Window()
    win.show()
    sys.exit(app.exec())
```

运行结果如图 2-8 所示。

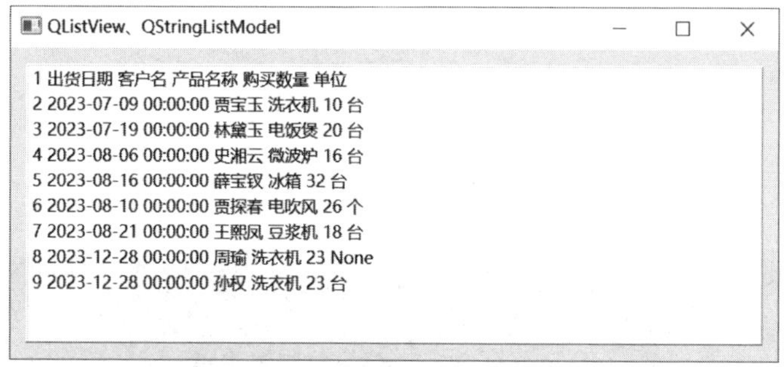

图 2-8　代码 demo4.py 的运行结果

【实例 2-5】 创建一个窗口，该窗口包含 2 个 QListView 视图控件、4 个按钮控件。第 1 个视图控件对应"打开"按钮，可以使用该按钮打开 Excel 文件中的数据。第 2 个视图控件对应着"添加""插入""删除"按钮。使用"添加"按钮可将视图控件 1 中的选项添加到视图控件 2 中，并删除原视图控件中的选项。使用"删除"按钮可删除视图控件 2 中的选项，并在视图控件 1 中复原。使用"插入"按钮可向视图控件 2 中插入选项。操作步骤如下：

(1) 使用 Qt Designer 设计窗口界面，如图 2-9 所示。

(2) 窗口界面中各个控件对应的对象名如图 2-10 所示。

(3) 将设计的窗口文件命名为 demo5.ui，并保存在 D 盘的 Chapter2 文件夹下，然后在 Windows 命令行窗口将 demo5.ui 文件转换为 demo5.py，操作过程如图 2-11 所示。

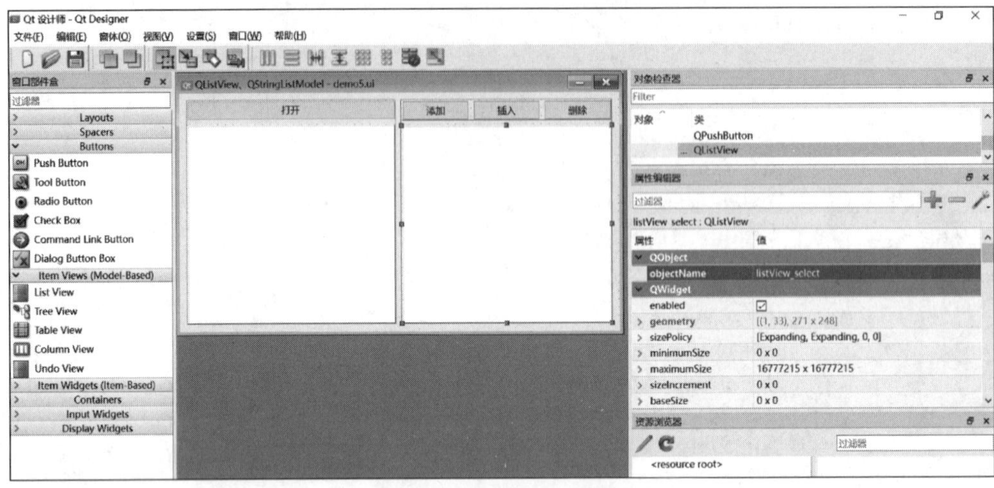

图 2-9　设计的窗口界面

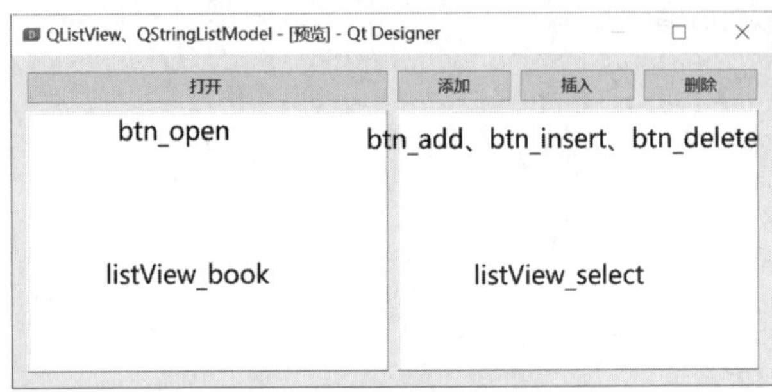

图 2-10　各个控件对应的对象名

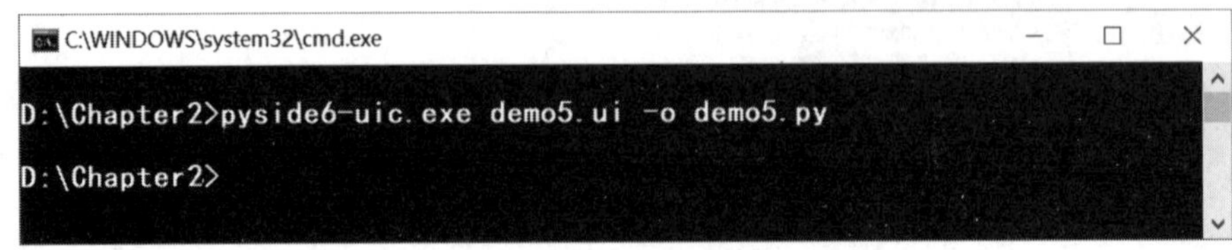

图 2-11　将 demo5.ui 文件转换为 demo5.py

（4）编写业务逻辑代码，代码如下：

```
# === 第 2 章 代码 demo5_main.py === #
import sys,os
from PySide6.QtWidgets import (QApplication,QWidget,QFileDialog,QListView)
from demo5 import Ui_Form
from PySide6.QtCore import QStringListModel,Qt,QModelIndex
from openpyxl import load_workbook,Workbook

class Window(Ui_Form,QWidget):          #多重继承
```

```
    def __init__(self):
        super().__init__()
        self.setupUi(self)
        #设置选择模式
        self.listView_book.setSelectionMode(QListView.ExtendedSelection)
        self.listView_select.setSelectionMode(QListView.ExtendedSelection)
        #创建模型
        self.model_book = QStringListModel()
        self.model_select = QStringListModel()
        #设置模型
        self.listView_book.setModel(self.model_book)
        self.listView_select.setModel(self.model_select)
        #使用信号/槽
        self.btn_open.clicked.connect(self.btn_open_clicked)
        self.btn_add.clicked.connect(self.btn_add_clicked)
        self.btn_delete.clicked.connect(self.btn_delete_clicked)
        self.btn_insert.clicked.connect(self.btn_insert_clicked)

    def btn_open_clicked(self):
        data = list()
        src_file,fil = QFileDialog.getOpenFileName(self,"打开文件","D:\\Chapter2\\",
"Excel 文件(*.xlsx)")
        if os.path.exists(src_file) == False:
            return
        wbook = load_workbook(src_file)
        wsheet = wbook.active
        #获取按行排列的单元格对象元组
        cell_range = wsheet[wsheet.dimensions]
        #将 Excel 中的数据添加到一维列表 data 中
        for row in cell_range:
            temp = ""
            for j in row:
                temp = temp + str(j.value) + " "
            data.append(temp)
        self.model_book.setStringList(data)

    def btn_add_clicked(self):
        while len(self.listView_book.selectedIndexes()):
            selectedIndexes = self.listView_book.selectedIndexes()
            index = selectedIndexes[0]
            #获取数据
            string = self.model_book.data(index,Qt.DisplayRole)
            self.model_book.removeRow(index.row(),QModelIndex())
            #获取行的数量
            count = self.model_select.rowCount()
            #在末尾插入数据
            self.model_select.insertRow(count)
            #获取末尾的索引
```

```
                last_index = self.model_select.index(count,0,QModelIndex())
                #设置末尾的数据
                self.model_select.setData(last_index,string,Qt.DisplayRole)

    def btn_delete_clicked(self):
        while len(self.listView_select.selectedIndexes()):
            selectedIndexes = self.listView_select.selectedIndexes()
            index = selectedIndexes[0]
            string = self.model_select.data(index, Qt.DisplayRole)
            self.model_select.removeRow(index.row(), QModelIndex())
            count = self.model_book.rowCount()
            self.model_book.insertRow(count)
            last_index =  self.model_book.index(count,0,QModelIndex())
            self.model_book.setData(last_index,string,Qt.DisplayRole)
            self.model_book.sort(0)

    def btn_insert_clicked(self):
        if len(self.listView_select.selectedIndexes()) == 0:
            return
        while len(self.listView_book.selectedIndexes()):
            #获取视图控件 listView_book 中选中的数据项的索引
            selectedIndexs_1 = self.listView_book.selectedIndexes()
            #获取视图控件 listView_select 选中的数据项的索引
            selectedIndex_2 = self.listView_select.selectedIndexes()
            index = selectedIndexs_1[0]
            string = self.model_book.data(index,Qt.DisplayRole)
            self.model_book.removeRow(index.row(),QModelIndex())
            row = selectedIndex_2[0].row()
            self.model_select.insertRow(row)
            index = self.model_select.index(row)
            self.model_select.setData(index,string,Qt.DisplayRole)


if __name__ == '__main__':
    app = QApplication(sys.argv)
    win = Window()
    win.show()
    sys.exit(app.exec())
```

运行结果如图 2-12 所示。

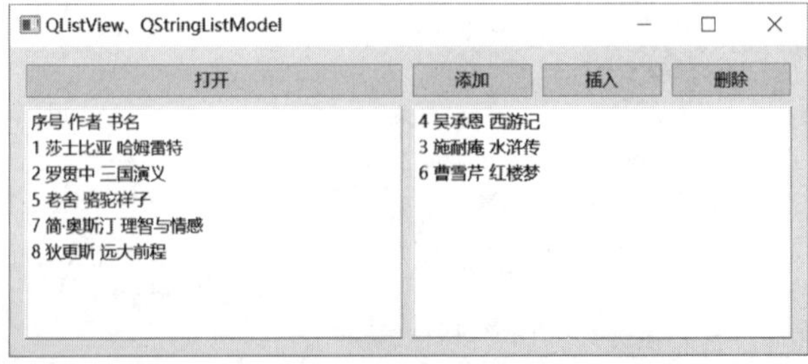

图 2-12　代码 demo5_main.py 的运行结果

2.3 QFileSystemModel 与 QTreeView 的用法

16min

在 PySide6 中,使用文件系统模型 QFileSystemModel 可以访问计算机的文件系统,可以获得目录、文件等信息。文件系统模型 QFileSystemModel 通常与树视图控件 QTreeView 搭配使用。树视图控件 QTreeView 能够以树结构的形式显示与文件系统模型 QFileSystemModel 关联的文件系统。

2.3.1 文件系统模型 QFileSystemModel

在 PySide6 中,使用 QFileSystemModel 类创建文件系统模型。应用文件系统模型可以访问计算机的文件系统,可以获得文件目录、文件名称、文件大小,也可以新建目录、删除目录、移动文件、重命名文件。

QFileSystemModel 类位于 PySide6 的 QtWidgets 子模块下,其构造函数如下:

```
QFileSystemModel(parent:QObject = None)
```

其中,parent 表示 QObject 类及其子类创建的实例对象。

QFileSystemModel 类的常用方法见表 2-12。

表 2-12 QFileSystemModel 类的常用方法

方法及参数类型	说　明	返回值的类型
fileIcon(QModelIndex)	根据数据项索引获取文件的图标	QIcon
fileInfo(QModelIndex)	根据数据项索引获取文件信息	QFileInfo
fileName(QModelIndex)	根据数据项索引获取文件名	str
filePath(QModelIndex)	根据数据项索引获取路径和文件名	str
setRootPath(path:str)	设置模型的根目录,并返回指向该目录的模型数据项索引	QModelIndex
setData(QModelIndex,Any,role:Qt.EditRole)	设置角色数据,若成功,则返回值为 True	bool
data(index:QModelIndex,role:Qt.DisplayRole)	根据数据项索引获取角色数据	Any
setFilter(filter:QDir.Filter)	设置路径过滤器	None
setNameFilters(filter:Sequence[str])	设置名称过滤器	None
nameFilters()	获取名称过滤器	List[str]
setNameFilterDisables(enable:bool)	设置名称过滤器是否激活	None
nameFilterDisables()	获取名称过滤器是否激活	bool
setOption(QFileSystemModel.Option,on=True)	设置文件系统模型的参数	None
setReadOnly(enable:bool)	设置是否为只读	None
isReadOnly()	获取是否有只读属性	bool

续表

方法及参数类型	说　明	返回值的类型
headerData(int,Qt. Orientation,role=Qt. DisplayRole)	获取表头	Any
index(row:int,column:int,parent:QModelIndex)	获取数据项索引	QModelIndex
index(path:str,column:int=0)	获取数据项索引	QModelIndex
hasChildren(parent:QModelIndex)	获取是否有子目录或文件	bool
isDir(QModelIndex)	获取是否为路径	bool
lastModified(QModelIndex)	获取最后修改时间	QDateTime
mkdir(QModelIndex,str)	创建目录,并返回指向该目录的模型数据项索引	QModelIndex
myComputer(role=Qt. DisplayRole)	获取 myComputer 下的数据	Any
parent(child:QModelIndex)	获取父模型数据项索引	QModelIndex
remove(QModelIndex)	删除文件或目录,若成功,则返回值为 True	bool
rmdir(QModelIndex)	删除目录,若成功,则返回值为 True	bool
rootDirectory()	获取根目录	QDir
rootPath()	获取根目录文件	str
rowCount(parent:QModelIndex)	获取目录下的文件数量	int
sibling(row:int,column:int,idx:QModelIndex)	获取同级别的模型数据项索引	QModelIndex
type(index:QModelIndex)	根据数据项索引获取路径和文件类型,例如"Directory"、"PNG file"	str
size(QModelIndex)	根据数据项索引获取文件的大小	int
columnCount(parent:QModelIndex)	获取父索引下的列数	int

在表 2-12 中,QFileSystemModel. Option 的枚举值为 QFileSystemModel. DontWatchForChanges(不使用监控器)、QFileSystemModel. DontResolveSymlinks(不解析链接)、QFileSystemModel. DontUseCustomDirectoryIcons(不使用自定义目录图标),这些选项在默认状态下都是关闭的。

QDir. Filter 的枚举值见表 2-13。

表 2-13　QDir. Filter 的枚举值

枚　举　值	枚　举　值	枚　举　值	枚　举　值
QDir. Dirs	QDir. NoSymLinks	QDir. AllEntries	QDir. Modified
QDir. AllDirs	QDir. NoDotAndDotDot	QDir. Readable	QDir. Hidden
QDir. Files	QDir. NoDot	QDir. Writable	QDir. System
QDir. Drives	QDir. NoDotDot	QDir. Excutable	QDir. CaseSensitive

在 QFileSystemModel 类中,使用 setFilter(filters:QDir. Filter)一定要包括 Qt. AllDirs,否则无法识别路径结构。

在 PySide6 中，QFileSystemModel 类的信号见表 2-14。

表 2-14　QFileSystemModel 类的信号

信号及参数类型	说　明
directoryLoaded(path:str)	当加载路径时发送信号
rootPathChanged(newPath:str)	当根路径发生改变时发送信号
fileRenamed(path:str,oldName:str,newname:str)	当更改文件名时发送信号

2.3.2　树视图控件 QTreeView

在 PySide6 中，使用 QTreeView 类创建树视图控件。树视图控件能以树结构的形式显示文件系统模型 QFileSystemModel，也可以以层级结构的形式显示其他类型的数据模型。

QTreeView 类位于 PySide6 的 QtWidgets 子模块下，其构造函数如下：

```
QTreeView(parent:QWidget = None)
```

其中，parent 表示父窗口或父容器。

QTreeView 类的常用方法见表 2-15。

表 2-15　QTreeView 类的常用方法

方法及参数类型	说　明	返回值的类型
[slot]collapse(QModelIndex)	折叠节点	None
[slot]collapseAll()	折叠所有节点	None
[slot]expand(QModelIndex)	展开节点	None
[slot]expandAll()	展开所有节点	None
[slot]expandRecursively(QModelIndex,depth=-1)	逐级展开，展开深度为 depth，其中值为 -1 表示展开所有节点，0 表示展开本层节点	None
[slot]expandToDepth(depth:int)	展开到指定的深度	None
[slot]hideColumn(column:int)	隐藏列	None
[slot]showColumn(column:int)	显示列	None
[slot]sortByColumn(int,Qt.SortOrder)	按列进行排序	None
[slot]resizeColumnToContents(column:int)	根据内容调整列的尺寸	None
setModel(QAbstractItemModel)	设置数据模型	None
setSelectionModel(QItemSelectionModel)	设置选择模型	None
selectionModel()	获取选择模型	QItemSelectionModel
setSelection(rect:QRect,command:QItemSelectionModel.SelectionFlags)	选择指定范围内的数据项	Any
setRootIndex(QModelIndex)	设置根部的索引	None
setRootIsDecorated(bool)	设置根部是否有折叠或展开标识	None

续表

方法及参数类型	说　明	返回值的类型
rootIsDecorated()	获取根部是否有折叠或展开标识	bool
isExpanded(QModelIndex)	获取节点是否已经展开	bool
indexAbove(QModelIndex)	获取某索引之前的索引	QModelIndex
indexAt(QPoint)	获取某个点的索引	QModelIndex
indexBelow(QModelIndex)	获取某索引之后的索引	QModelIndex
selectAll()	全部选择	None
selectedIndexes()	获取选中项的行列表	List[int]
setAnimated(bool)	设置展开或折叠时是否比较连贯	None
isAnimated()	获取展开或折叠时是否比较连贯	bool
setColumnHidden(column:int,hide:bool)	设置是否隐藏指定列	None
isColumnHidden(column:int)	获取是否隐藏指定列	bool
setRowHidden(row:int,parent:QModelIndex,hide:bool)	设置相对于 QModelIndex 的第 i 行是否隐藏	None
isRowHidden(row:int, parent:QModelIndex)	获取行是否隐藏	bool
setColumnWidth(column:int,width:int)	设置列的宽度	None
columnWidth(column:int)	获取列的宽度	int
rowHeight(index:QModelIndex)	根据索引获取行的高度	int
setItemsExpandable(enable:bool)	设置是否可以展开节点	None
itemsExpandable()	获取是否可以展开节点	bool
setExpanded(QModelIndex,bool)	设置是否展开某节点	None
setExpandsOnDoubleClick(bool)	设置双击时是否展开节点	None
setFirstColumnSpanned(row:int,parent:QModelIndex,span:bool)	设置某行的第 1 列的内容是否占据所有列	None
isFirstColumnSpanned(int,QModelIndex)	获取某行的第 1 列的内容是否占据所有列	bool
setHeader(QHeaderView)	设置表头	None
header()	获取表头	QHeaderView
setHeaderHidden(bool)	设置是否隐藏表头	None
setIndentation(int)	设置缩进量	None
indentation()	获取缩进量	int
resetIndentation()	重置缩进量	None
setAutoExpandedDelay(delay:int)	设置拖放操作中项打开的延迟时间(毫秒)	None
autoExpandedDelay()	获取拖放操作中项打开的延迟时间(毫秒)	int

续表

方法及参数类型	说　明	返回值的类型
setAllColumnsShowFocus(enable:bool)	设置所有列是否显示键盘焦点	None
allColumnsShowFocus()	获取所有列是否显示键盘焦点	bool
setItemsExpandable(bool)	设置是否可以展开节点	None
setUniformRowHeights(uniform:bool)	设置项是否有相同的高度	None
uniformRowHeights()	获取项是否有相同的高度	bool
setWordWrap(on:bool)	设置一个单词是否可以写到两行上	None
setTextElideMode(mode:Qt.TextElideMode)	设置省略号"..."的位置	None
setTreePosition(logicalIndex:int)	设置树的位置	None
treePosition()	获取树的位置	logicalIndex
setSortingEnabled(bool)	设置是否可以进行排序	None
isSortingEnabled()	获取是否可以进行排序	bool
scrollContentsBy(dx:int,dy:int)	将内容移动到指定的距离	None
setUniformRowHeights(bool)	设置行是否有统一高度	None

在表 2-15 中，Qt.TextElideMode 的枚举值为 Qt.ElideLeft、Qt.ElideRight、Qt.ElideMiddle、Qt.ElideNone。

在 PySide6 中，QTreeView 类的信号见表 2-16。

表 2-16　QTreeView 类的信号

信号及参数类型	说　明
collapsed(QModelIndex)	当折叠节点时发送信号
expanded(QModelIndex)	当展开节点时发送信号
activated(QModelIndex)	当数据项活跃时发送信号
clicked(QModelIndex)	当单击数据项时发送信号
doubleClicked(QModelIndex)	当双击数据项时发送信号
entered(QModelIndex)	当光标进入数据项时发送信号
iconSizeChanged(QSize)	当图标大小发生变化时发送信号
pressed(ModelIndex)	当按下鼠标按键时发送信号
viewportEntered()	当光标进入树视图控件时发送信号

2.3.3　典型应用

【实例 2-6】 创建一个窗口，该窗口包含一个 QTreeView 视图控件、一个标签控件。使用该视图控件显示计算机的文件系统。如果单击文件系统的文件，则标签控件显示该文件的路径和名称，代码如下：

```
# === 第 2 章 代码 demo6.py === #
import sys
from PySide6.QtWidgets import (QApplication,QWidget,
    QVBoxLayout,QTreeView,QFileSystemModel,QLabel)

class Window(QWidget):
    def __init__(self):
        super().__init__()
        self.setGeometry(200,200,560,260)
        self.setWindowTitle('QTreeView、QFileSystemModel')
        vbox = QVBoxLayout()
        self.setLayout(vbox)
        #创建视图控件
        self.treeView = QTreeView()
        vbox.addWidget(self.treeView)
        #创建数据模型
        self.fileModel = QFileSystemModel(self)
        #设置根路径
        rootIndex = self.fileModel.setRootPath("C:\\")
        self.treeView.setModel(self.fileModel)
        #创建标签控件
        self.label = QLabel()
        vbox.addWidget(self.label)
        #使用信号/槽
        self.treeView.clicked.connect(self.tree_view)

    def tree_view(self,index):
        path = self.fileModel.filePath(index)
        self.label.setText(path)


if __name__ == '__main__':
    app = QApplication(sys.argv)
    win = Window()
    win.show()
    sys.exit(app.exec())
```

运行结果如图 2-13 所示。

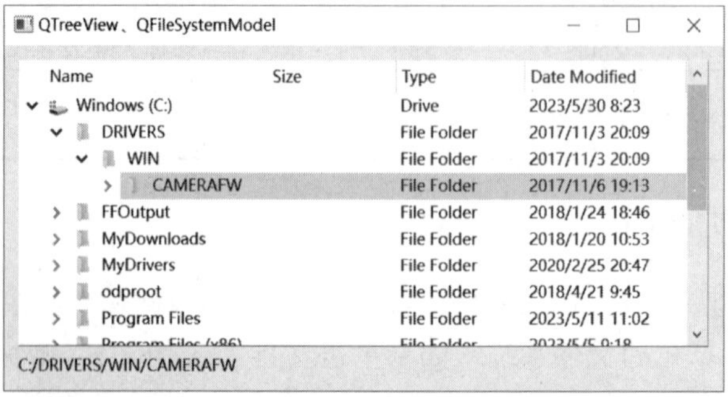

Name	Size	Type	Date Modified
Windows (C:)		Drive	2023/5/30 8:23
DRIVERS		File Folder	2017/11/3 20:09
WIN		File Folder	2017/11/3 20:09
CAMERAFW		File Folder	2017/11/6 19:13
FFOutput		File Folder	2018/1/24 18:46
MyDownloads		File Folder	2018/1/20 10:53
MyDrivers		File Folder	2020/2/25 20:47
odproot		File Folder	2018/4/21 9:45
Program Files		File Folder	2023/5/11 11:02

QTreeView、QFileSystemModel

C:/DRIVERS/WIN/CAMERAFW

图 2-13　代码 demo6.py 的运行结果

【实例 2-7】 创建一个窗口，该窗口包含一个 QTreeView 视图控件、一个框架控件。使用该视图控件显示计算机的文件系统。如果单击文件系统的图像文件，则框架控件显示该图像文件，代码如下：

```
# === 第 2 章 代码 demo7.py === #
import sys
from PySide6.QtWidgets import (QApplication,QWidget,QFrame,QSplitter,QHBoxLayout,
    QFileSystemModel,QTreeView)
from PySide6.QtGui import QPainter,QPixmap
from PySide6.QtCore import Qt

#因为要显示图片，所以重写 paintEvent()事件
class MyFrame(QFrame):
    def __init__(self, parent = None):
        super().__init__(parent)
        self.resize(300,300)
        self.setFrameShape(QFrame.Box)
        self.__path = ""        #用于记录图像文件
    def setPath(self,path):     #获取图像文件
        self.__path = path
    def paintEvent(self, event):
        painter = QPainter(self)
        pixmap = QPixmap(self.__path)
        painter.drawPixmap(self.rect(), pixmap)
        super().paintEvent(event)

class Window(QWidget):
    def __init__(self,parent = None):
        super().__init__(parent)
        self.setGeometry(200,200,620,300)
        self.setWindowTitle("显示图像文件")
        #创建系统文件模型
        self.fileModel = QFileSystemModel(self)
        #设置根路径
        rootIndex = self.fileModel.setRootPath("C:\\")
        #创建树视图控件
        self.treeView = QTreeView()
        #设置模型
        self.treeView.setModel(self.fileModel)
        #创建自定义的框架控件
        self.frame = MyFrame() #建立框架控件
        #创建分割器
        splitter_h = QSplitter(Qt.Horizontal)
        #向分割器中添加控件
        splitter_h.addWidget(self.treeView)
        splitter_h.addWidget(self.frame)
        #设置窗口的布局
        hbox =  QHBoxLayout(self)
        hbox.addWidget(splitter_h)
        #使用信号/槽
        self.treeView.clicked.connect(self.view_clicked)
```

```
    def view_clicked(self,index):
        #如果为文件夹,则展开文件夹,否则传递文件路径
        if self.fileModel.isDir(index):
            self.treeView.expand(index)
            self.treeView.setCurrentIndex(index)
        else:
            self.frame.setPath(self.fileModel.filePath(index))
            self.frame.update() #刷新屏幕,绘制图片

if __name__ == '__main__':
    app = QApplication(sys.argv)
    win = Window()
    win.show()
    sys.exit(app.exec())
```

运行结果如图 2-14 所示。

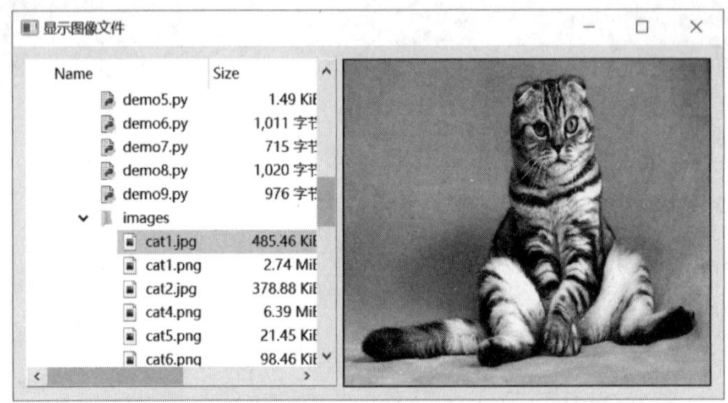

图 2-14 代码 demo7.py 的运行结果

【实例 2-8】 创建一个窗口,该窗口包含 1 个树视图控件、1 个列表视图控件。使用该视图控件显示计算机的文件系统。如果单击文件系统的文件夹,则列表控件显示该文件夹下的文件,代码如下:

```
# === 第 2 章 代码 demo8.py === #
import sys
from PySide6.QtWidgets import (QApplication,QWidget,QSplitter,QListView, QHBoxLayout,
    QFileSystemModel,QTreeView)
from PySide6.QtCore import Qt

class Window(QWidget):
    def __init__(self,parent = None):
        super().__init__(parent)
        self.setGeometry(200,200,620,300)
        self.setWindowTitle("QTreeView、QListView、QFileSystemModel")
        #创建系统文件模型
        self.fileModel = QFileSystemModel(self)
        #设置根路径
```

```
        rootIndex = self.fileModel.setRootPath("C:\\")
        #创建树视图控件
        self.treeView = QTreeView()
        #设置模型
        self.treeView.setModel(self.fileModel)
        #创建列表视图控件
        self.listView = QListView()
        #设置模型
        self.listView.setModel(self.fileModel)
        #创建分割器
        splitter_h = QSplitter(Qt.Horizontal)
        #向分割器中添加控件
        splitter_h.addWidget(self.treeView)
        splitter_h.addWidget(self.listView)
        #设置窗口的布局
        hbox =  QHBoxLayout(self)
        hbox.addWidget(splitter_h)
        #使用信号/槽
        self.treeView.clicked.connect(self.view_clicked)
    def view_clicked(self,index):
        #如果为文件夹,则展开文件夹,否则传递文件路径
        if self.fileModel.isDir(index):
            self.listView.setRootIndex(index)
            self.treeView.expand(index)
            self.treeView.setCurrentIndex(index)


if __name__ == '__main__':
    app = QApplication(sys.argv)
    win = Window()
    win.show()
    sys.exit(app.exec())
```

运行结果如图 2-15 所示。

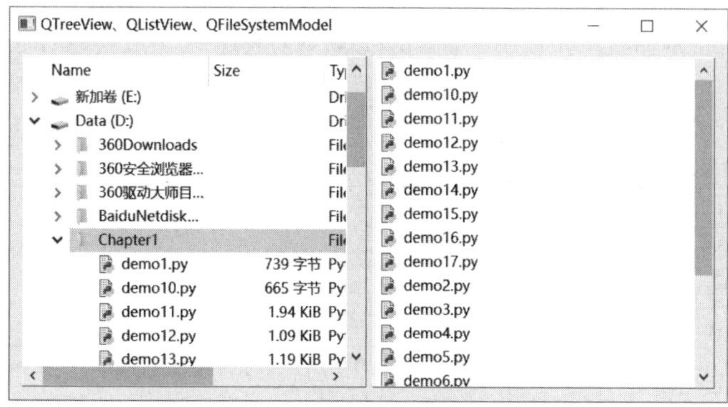

图 2-15 代码 demo8.py 的运行结果

14min

2.4 QStandardItemModel 与 QTableView 的用法

在 PySide6 中，使用标准数据模型 QStandardItemModel 可以存储二维表格数据，表格数据的每个数据称为数据项 QStandardItem。每个数据项下面还可以存储二维表格数据，并形成层级关系。

标准数据模型 QStandardItemModel 通常与表格视图控件 QTableView 搭配使用。表格视图控件 QTableView 能够以多行多列的单元格的形式显示标准数据模型中的数据项，也能够显示其他数据模型。

2.4.1 标准数据模型 QStandardItemModel

1. QStandardItemModel 类

在 PySide6 中，使用 QStandardItemModel 类创建标准数据模型。应用标准数据模型可以存储多行多列的表格数据。QStandardItemModel 类位于 PySide6 的 QtGui 子模块下，其构造函数如下：

```
QStandardItemModel(parent:QObject = None)
QStandardItemModel(rows:int,columns:int,parent:QObject = None)
```

其中，parent 表示 QObject 类及其子类创建的实例对象；rows 表示行数；columns 表示列数。

QStandardItemModel 类的常用方法见表 2-17。

表 2-17 QStandardItemModel 类的常用方法

方法及参数类型	说　明	返回值的类型
clear()	清除所有的数据项	None
clearItemData(index:QModelIndex)	根据索引清除项中的数据	bool
setColumnCount(columns:int)	设置列的数量	None
setRowCount(rows:int)	设置行的数量	None
columnCount(parent:QModelIndex)	获取列的数量	int
rowCount(parent:QModelIndex)	获取行的数量	int
appendColumn(Sequence[QStandardItem])	添加列	None
appendRow(Sequence[QStandardItem])	添加行	None
appendRow(QStandardItem)	添加行	None
insertColumn(column:int, Sequence[QStandardItem])	在指定的列位置插入列	None
insertColumn(column:int, parent:QModelIndex)	在指定的列位置插入列	bool
insertColumns(column:int, count:int, parent:QModelIndex)	在指定的列位置插入多列	bool
insertRow(row:int,items:Sequence[QStandardItem])	在指定的行位置插入行	None
insertRow(row:int,item:QStandardItem)	在指定的行位置插入行	None

续表

方法及参数类型	说　明	返回值的类型
insertRow(row:int,parent:QModelIndex)	在指定的行位置插入行	bool
insertRows(row:int,count:int,parent:QModelIndex)	在指定的行位置插入多行	bool
takeColumn(column:int)	移除列	List[QStandardItem]
takeRow(row:int)	移除行	List[QStandardItem]
removeColumns(column:int,count:int,parent:QModelIndex)	根据给定的列位置移除多列	bool
removeRows(column:int,count:int,parent:QModelIndex)	根据给定的行位置移除多行	bool
setItem(row:int,column:int,item:QStandardItem)	根据行和列设置数据项	None
setItem(row:int,item:QStandardItem)	根据行设置数据项	None
item(row:int,column:int=0)	根据行和列获取项	QStandardItem
takeItem(row:int,column:int=0)	根据行和列移除数据项	QStandardItem
setData(QModelIndex,Ant,role:Qt. EditRole)	根据索引设置角色值	bool
data(QModelIndex,role:Qt. DisplayRole)	根据索引获取角色值	Any
setItemData(QModelIndex,Dict[int,Any])	用字典设置项的值	bool
itemData(QModelIndex)	获取多个项的值	Dict[int,Any]
setHeaderData(int,Qt. Orientation,Any,role:Qt. EditRole)	设置表头值	bool
headerData(int,Qt. Orientation,Any,role:Qt. DisplayRole)	获取表头值	Any
setHorizontalHeaderItem(column:int,QStandardItem)	设置水平表头的项	None
setHorizontalHeaderLabels(labels:Sequence[str])	设置水平表头的文本内容	None
horizontalHeaderItem(column:int)	获取水平表头的项	QStandardItem
setVerticalHeaderItem(column:int,QStandardItem)	设置竖直表头的项	None
setVerticalHeaderLabels(labels:Sequence[str])	设置竖直表头的文本内容	None
verticalHeaderItem(row:int)	获取竖直表头的项	QStandardItem
takeHorizontalHeaderItem(column:int)	移除水平表头的项	QStandardItem
takeVerticalHeaderItem(row:int)	移除竖直表头的项	QStandardItem
index(row:int,column:int,parent:QModelIndex)	根据行和列获取数据项索引	QModelIndex
indexFromItem(QStandardItem)	根据项获取数据项索引	QModelIndex
sibling(row:int,column:int,idx:QModelIndex)	获取同级别的索引	QModelIndex
invisibleRootItem()	获取根目录的项	QStandardItem
findItems(str,Qt. MatchFlag,column=0)	获取满足条件的数据项列表	List[QStandardItem]
flags(QModelIndex)	获取数据项的标识	Qt. ItemFlags
hasChildren(parent:QModelIndex)	获取是否有子项	bool
itemFromIndex(QModelIndex)	根据索引获取项	QStandardItem
parent(child: QModelIndex)	获取父项的索引	QModelIndex
setSortRole(role:int)	设置排序角色	None
sortRole()	获取排序角色	int
sort(column:int,order:Qt. AscendingOrder)	根据角色值排序	None

2. QStandardItem 类

在 PySide6 中，使用 QStandardItem 类创建数据项。使用数据项不仅可以存储文本、图标、勾选状态等信息，也可以存储多行多列的子表格数据。

QStandardItem 类位于 PySide6 的 QtGui 子模块下，其构造函数如下：

```
QStandardItem()
QStandardItem(text:str)
QStandardItem(icon:Union[QIcon,QPixmap],text:str)
QStandardItem(rows:int,columns:int = 1)
```

其中，text 表示文本；icon 表示图标；rows 表示行数；columns 表示列数。

QStandardItem 类的常用方法见表 2-18。

表 2-18 QStandardItem 类的常用方法

方法及参数类型	说　明	返回值的类型
appendColumn(Sequence[QStandardItem])	添加列	None
appendRow(Sequence[QStandardItem])	添加行	None
appendRow(QStandardItem)	添加行	None
appendRow(Sequence[QStandardItem])	添加多行	None
index()	获取数据项的索引	QModelIndex
setColumnCount(int)	设置列数	None
columnCount()	获取列数	int
setRowCount(int)	设置行数	None
rowCount()	获取行数	int
setChild(row:int,column:int,QStandardItem)	根据行和列设置子数据项	None
setChild(row:int,QStandardItem)	根据行设置子数据项	None
hasChildren()	获取是否有子数据项	bool
child(row:int,column:int=0)	根据行和列获取子数据项	QStandardItem
takeChild(row:int,column:int=0)	移除并返回子数据项	QStandardItem
row()	获取数据项所在的行	int
column()	获取数据项所在的列	int
insertColumn(column:int, Sequence[QStandardItem])	在指定的列位置插入列	None
insertColumns(column:int,count:int)	在指定的列位置插入多列	None
insertRow(row:int, Sequence[QStandardItem])	在指定的行位置插入行	None
insertRow(row:int, QStandardItem)	在指定的行位置插入行	None
insertRows(row:int, Sequence[QStandardItem])	在指定的行位置插入多行	None
insertRows(row:int,count:int)	在指定的行位置插入多行	None
removeColumn(column:int)	移除列	None
removeColumn(column:int,count:int)	移除多列	None
removeRow(row:int)	移除行	None
removeRows(row:int,count:int)	移除多行	None

续表

方法及参数类型	说　明	返回值的类型
takeColumn(column:int)	移除列,并返回被移除的数据项列表	List[QStandardItem]
takeRow(row:int)	移除行,并返回被移除的数据项列表	List[QStandardItem]
model()	获取数据模型	QStandardItemModel
parent()	获取父数据项	QStandardItem
setAutoTristate(bool)	设置自动有第 3 种状态	None
isAutoTristate()	获取自动有第 3 种状态	bool
setTristate(bool)	设置是否有第 3 种状态	None
setForeground(brush:Union[QBrush,Qt.BrushStyle,Qt.GlobalColor,QGradient,QColor,QPixmap,QImage]	设置前景色	None
foreground()	获取前景色	QBrush
setCheckable(bool)	设置是否可以勾选	None
setCheckState(Qt.CheckState)	设置勾选状态	None
checkState()	获取勾选状态	Qt.CheckState
isCheckable()	获取是否可以勾选	bool
setData(value:Any,role:int=257)	设置数据	None
data(role:int=257)	获取数据	Any
clearData()	清空数据	None
setDragEnabled(bool)	设置是否可以拖曳	None
isDragEnabled()	获取是否可以拖曳	bool
setDropEnabled(bool)	设置是否可以拖放	None
isDropEnabled()	获取是否可以拖放	bool
setEditable(bool)	设置是否可以编辑	None
setEnabled(bool)	设置是否激活	None
setFlags(Qt.ItemFlag)	设置标识	None
isEditable()	获取是否可编辑	bool
isEnabled()	获取是否激活	bool
isSelectable()	获取是否可选择	bool
isUserTristate()	获取用户是否有第 3 种状态	bool
setFont(QFont)	设置字体	None
setIcon(QIcon)	设置图标	None
setSelectable(bool)	设置选中状态	None
setStatusTip(str)	设置状态信息	None
setText(str)	设置文本	None
text()	获取文本	str
setTextAlignment(Qt.Alignment)	设置文本对齐方式	None
setToolTip(str)	设置提示信息	None

续表

方法及参数类型	说　明	返回值的类型
setWhatsThis(str)	设置按 Shift+F1 键的信息	None
write(QDataStream)	把项写入数据流中	None
read(QDataStream)	从数据流中读取项	None
sortChildren(column:int,order:Qt.AscendingOrder)	对列进行排序	None

2.4.2 表格视图控件 QTableView

在 PySide6 中,使用 QTableView 类创建表格视图控件。应用表格视图控件可以显示标准数据模型,也可以显示其他类型的数据模型。QTableView 类位于 PySide6 的 QtWidgets 子模块下,其构造函数如下:

```
QTableView(parent:QWidget = None)
```

其中,parent 表示父窗口或父容器。

QTableView 类的常用方法见表 2-19。

表 2-19　QTableView 类的常用方法

方法及参数类型	说　明	返回值的类型
setModel(QAbstractItemModel)	设置关联的数据模型	None
columnAt(x:int)	获取 x 轴坐标位置的列号	int
rowAt(y:int)	获取 y 轴坐标位置的行号	int
columnViewportPosition(column:int)	获取指定列的 x 轴坐标值	int
rowViewportPosition(row:int)	获取指定行的 y 轴坐标值	int
indexAt(QPoint)	获取指定位置的索引	QModelIndex
setRootIndex(QModelIndex)	设置根目录的数据模型	None
setSelectionModel(QItemSelectionModel)	设置选择模型	None
selectionModel()	获取选择模型	QItemSelectionModel
setSelection(rect:QRect,command:QItemSelectionModel.SelectionFlags)	设置指定范围内的数据项	None
selectedIndexes()	获取选中项的索引列表	List[int]
resizeColumnToContents(column:int)	自动调整指定列的宽度	None
resizeColumnsToContents()	根据内容自动调整列的宽度	None
resizeRowToContents(row:int)	自动调整指定行的高度	None
resizeRowsToContents()	根据内容自动调整行的高度	None
scrollTo(QModelIndex)	滚动表格使指定内容可见	None
selectColumn(column:int)	选择列	None
selectRow(row:int)	选择行	None
setColumnHidden(column:int,bool)	设置是否隐藏列	None
hideColumn(column:int)	隐藏列	None

续表

方法及参数类型	说　明	返回值的类型
setRowHidden(row:int,bool)	设置是否隐藏行	None
hideRow(row:int)	隐藏行	None
showColumn(column:int)	显示列	None
showRow(row:int)	显示行	None
isColumnHidden(column:int)	获取指定列是否隐藏	bool
isRowHidden(row:int)	获取指定行是否隐藏	bool
isIndexHidden(QModelIndex)	获取某索引对应的单元格是否隐藏	bool
setShowGrid(bool)	设置是否显示表格线条	None
showGrid()	获取表格线条是否已显示	bool
setGridStyle(Qt.PenStyle)	设置表格线的样式	None
setColumnWidth(column:int,width:int)	设置列的宽度	None
columnWidth(column:int)	获取列的宽度	int
setRowHeight(row:int,height:int)	设置行的高度	None
rowHeight(row:int)	获取行的高度	int
setCornerButtonEnabled(bool)	设置是否激活右下角按钮	None
isCornerButtonEnabled()	获取是否激活右下角按钮	bool
setVerticalHeader(QHeaderView)	设置竖直表头	None
verticalHeader()	获取竖直表头	QHeaderView
setHorizontalHeader(QHeaderView)	设置水平表头	None
horizontalHeader()	获取水平表头	QHeaderView
setSpan(row:int,column:int,rowSpan:int,columnSpan:int)	设置单元格的行跨度和列跨度	None
columnSpan(row:int,column:int)	获取单元格的列跨度	int
rowSpan(row:int,column:int)	获取单元格的行跨度	int
clearSpans()	清除跨度	None
setWordWrap(bool)	设置单词是否可以写到多行上	None
setSortingEnabled(bool)	设置是否可以排序	None
isSortingEnabled()	获取是否可以排序	bool
sortByColumn(int,Qt.SortOrder)	按列进行排序	None
scrollContentsBy(dx:int,dy:int)	把表格移动指定的距离	None
scrollTo(index:QModelIndex,hint:QAbstractItemView.EnsureVisible)	使指定的项可见	None
setAlternatingRowColors(enable:bool)	是否将行的颜色设置为交替变化	None

在表 2-19 中，Qt.PenStyle 的枚举值为 Qt.NoPen(没有表格线条)、Qt.SolidLine、Qt.DashLine、Qt.DotLine、Qt.DashDotLine、Qt.DashDotDotLine、Qt.CustomDashLine

(使用 setDashPattern()方法自定义的线条)。

在 PySide6 中,QTableView 类的信号见表 2-20。

表 2-20 QTableView 类的信号

信号及参数类型	说　明
activated(QModelIndex)	当数据项活跃时发送信号
clicked(QModelIndex)	当单击数据项时发送信号
doubleClicked(QModelIndex)	当双击数据项时发送信号
entered(QModelIndex)	当光标进入数据项时发送信号
iconSizeChanged(QSize)	当图标大小发生变化时发送信号
pressed(ModelIndex)	当按下鼠标按键时发送信号
viewportEntered()	当光标进入树视图控件时发送信号

2.4.3 典型应用

【实例 2-9】 创建一个窗口,该窗口包含 1 个表格视图控件。使用表格视图控件显示 CSV 文件中的数据,代码如下:

```
# === 第 2 章 代码 demo9.py === #
import sys,csv
from PySide6.QtWidgets import (QApplication,QWidget,QTableView, QHBoxLayout)
from PySide6.QtGui import QStandardItemModel,QStandardItem
from PySide6.QtCore import Qt

class Window(QWidget):
    def __init__(self,parent = None):
        super().__init__(parent)
        self.setGeometry(200,200,560,220)
        self.setWindowTitle("QTableView、QStandardItemModel")
        #设置窗口的布局
        hbox = QHBoxLayout()
        self.setLayout(hbox)
        #创建表格视图控件
        self.tableView = QTableView()
        hbox.addWidget(self.tableView)
        #创建标准数据模型
        self.standardModel = QStandardItemModel()
        self.open_csv()

    def open_csv(self):
        self.standardModel.clear()
        src_file = "D:\\Chapter2\\data1.csv"
        data = list()
        with open(src_file,mode = 'r') as f:
            reader = csv.reader(f)
            #将 reader 的数据添加到二维列表 data 中
```

```
            for row in reader:
                temp = list()
                for j in row:
                    temp.append(j)
                data.append(temp)
        #将二维列表转换为数据项,并添加到标准数据模型下
        for i in range(1,len(data)):
            items_temp = list()
            for j in data[i]:
                child_item = QStandardItem(j)
                child_item.setTextAlignment(Qt.AlignCenter)
                items_temp.append(child_item)
            self.standardModel.appendRow(items_temp)
        self.standardModel.setHorizontalHeaderLabels(data[0])
        self.tableView.setModel(self.standardModel)


if __name__ == '__main__':
    app = QApplication(sys.argv)
    win = Window()
    win.show()
    sys.exit(app.exec())
```

运行结果如图 2-16 所示。

QTableView、QStandardItemModel

	序号	作者	著作
1	1	曹雪芹	红楼梦
2	2	老舍	骆驼祥子
3	3	罗贯中	三国演义
4	4	施耐庵	水浒传

图 2-16　代码 demo9.py 的运行结果

【实例 2-10】 创建一个窗口,该窗口包含 1 个表格视图控件。使用表格视图控件显示 Excel 文件中的数据,代码如下:

```
# === 第 2 章 代码 demo10.py === #
import sys
from PySide6.QtWidgets import (QApplication,QWidget,QTableView, QHBoxLayout)
from PySide6.QtGui import QStandardItemModel,QStandardItem
from PySide6.QtCore import Qt,QModelIndex
from openpyxl import load_workbook,Workbook

class Window(QWidget):
    def __init__(self,parent = None):
        super().__init__(parent)
        self.setGeometry(200,200,620,300)
```

```
        self.setWindowTitle("QTableView、QStandardItemModel")
        #设置窗口的布局
        hbox = QHBoxLayout()
        self.setLayout(hbox)
        #创建表格视图控件
        self.tableView = QTableView()
        hbox.addWidget(self.tableView)
        #创建标准数据模型
        self.standardModel = QStandardItemModel()
        self.open_xlsx()

    def open_xlsx(self):
        self.standardModel.clear()
        src_file = "D:\\Chapter2\\销售数据.xlsx"
        data = list()
        wbook = load_workbook(src_file)
        wsheet = wbook.active
        #获取按行排列的单元格对象元组
        cell_range = wsheet[wsheet.dimensions]
        #将 Excel 中的数据添加到二维列表 data 中
        for row in cell_range:
            temp = list()
            for j in row:
                temp.append(str(j.value))
            data.append(temp)
        #将二维列表转换为数据项,并添加到标准数据模型下
        for i in range(1,len(data)):
            items_temp = list()
            for j in data[i]:
                child_item = QStandardItem(j)
                child_item.setTextAlignment(Qt.AlignCenter)
                items_temp.append(child_item)
            self.standardModel.appendRow(items_temp)
        self.standardModel.setHorizontalHeaderLabels(data[0])
        self.tableView.setModel(self.standardModel)


if __name__ == '__main__':
    app = QApplication(sys.argv)
    win = Window()
    win.show()
    sys.exit(app.exec())
```

运行结果如图 2-17 所示。

【实例 2-11】 创建一个窗口,该窗口包含 1 个菜单栏、1 个列表视图控件、1 个表格视图控件。使用菜单栏的命令可以打开 Excel 文件。使用列表视图控件显示工作簿的名称,使用表格视图控件显示工作簿中的数据。如果单击工作簿的名称,则表格视图控件会显示对

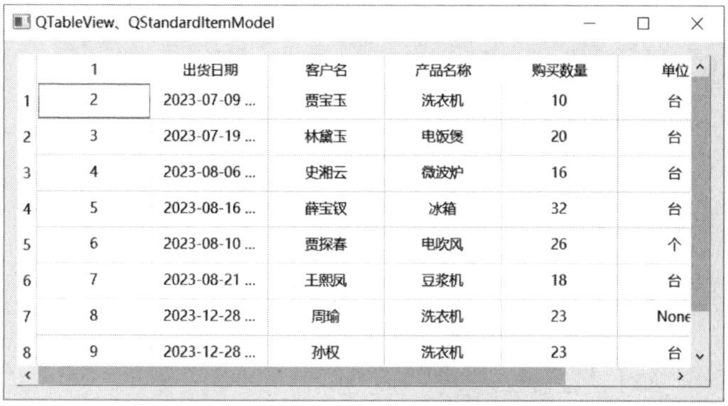

QTableView、QStandardItemModel

	1	出货日期	客户名	产品名称	购买数量	单位
1	2	2023-07-09 ...	贾宝玉	洗衣机	10	台
2	3	2023-07-19 ...	林黛玉	电饭煲	20	台
3	4	2023-08-06 ...	史湘云	微波炉	16	台
4	5	2023-08-16 ...	薛宝钗	冰箱	32	台
5	6	2023-08-10 ...	贾探春	电吹风	26	个
6	7	2023-08-21 ...	王熙凤	豆浆机	18	台
7	8	2023-12-28 ...	周瑜	洗衣机	23	None
8	9	2023-12-28 ...	孙权	洗衣机	23	台

图 2-17 代码 demo10.py 的运行结果

应的工作簿数据,代码如下:

```
# === 第 2 章 代码 demo11.py === #
import sys,os
from PySide6.QtWidgets import (QApplication,QMainWindow,QFrame,
    QTableView, QHBoxLayout,QListView,QMenuBar,QFileDialog,
    QSplitter)
from PySide6.QtGui import QStandardItemModel,QStandardItem
from PySide6.QtCore import Qt,QModelIndex
from openpyxl import load_workbook,Workbook

class Window(QMainWindow):
    def __init__(self,parent = None):
        super().__init__(parent)
        self.setGeometry(200,200,620,300)
        self.setWindowTitle("QListView、QTableView、QStandardItemModel")
        #创建菜单栏和命令
        menuBar = QMenuBar(self)
        fileMenu = menuBar.addMenu("文件")
        self.action_open = fileMenu.addAction("打开")
        self.action_save = fileMenu.addAction("保存")
        #创建包括两个视图控件、分割器的框架控件
        self.listView = QListView()
        self.tableView = QTableView()
        self.frame = QFrame()
        #创建分割器
        splitter_h = QSplitter(Qt.Horizontal)
        #向分割器中添加控件
        splitter_h.addWidget(self.listView)
        splitter_h.addWidget(self.tableView)
        hbox = QHBoxLayout(self.frame)
        hbox.addWidget(splitter_h)
        #设置主窗口的菜单栏和中心控件
        self.setMenuBar(menuBar)
        self.setCentralWidget(self.frame)
        #创建模型
```

```
        self.standardModel = QStandardItemModel()
        #使用信号/槽
        self.action_open.triggered.connect(self.action_open_triggered)
        self.action_save.triggered.connect(self.action_save_triggered)
        self.listView.clicked.connect(self.listView_clicked)

    def action_open_triggered(self):
        fileName,filt = QFileDialog.getOpenFileName(self,"打开文件","D:\\","Excel 文件(*.xlsx)")
        if os.path.exists(fileName):
            self.standardModel.clear()
            wbook = load_workbook(fileName)
            for sheetname in wbook.sheetnames:
                wsheet = wbook[sheetname]
                #获取按行排列的单元格对象元组
                cell_range = wsheet[wsheet.dimensions]
                data = list()
                #将 Excel 中的数据添加到二维列表 data 中
                for rowCells in cell_range:
                    temp = list()
                    for cell in rowCells:
                        temp.append(str(cell.value))
                    data.append(temp)
                #将二维列表数据转换为有层次的 QStandardItem 对象
                parent_item = QStandardItem(sheetname)          #根索引下的顶层数据项
                parent_item.setColumnCount(len(data[0]))        #设置列的数量
                for i in range(1,len(data)):
                    items_temp = list()
                    for j in data[i]:
                        child_item = QStandardItem(j)           #子数据项
                        child_item.setTextAlignment(Qt.AlignCenter)
                        items_temp.append(child_item)
                    parent_item.appendRow(items_temp)           #将子数据列表添加到顶层项中
                self.standardModel.appendRow(parent_item)
            #设置水平表头
            self.standardModel.setHorizontalHeaderLabels(data[0])
            #设置列表视图控件的数据模型
            self.listView.setModel(self.standardModel)
            self.tableView.setModel(self.standardModel)
            #设置表格视图控件的数据模型
            index = self.standardModel.index(0, 0)
            self.tableView.setRootIndex(index)
            self.listView_clicked(index)

    def listView_clicked(self,index):
        item = self.standardModel.itemFromIndex(index)
        if item.hasChildren():
            self.tableView.setRootIndex(index)
            row_count = item.rowCount()
            label = list()
            for i in range(1,row_count + 1):
                label.append(str(i))
            self.standardModel.setVerticalHeaderLabels(label)    #设置列表头显示的文字
```

```
    def action_save_triggered(self):
        #获取根索引下数据项的数量
        sheet_count = self.standardModel.rowCount(QModelIndex())
        wbook = Workbook()
        for i in range(sheet_count):
            #获取顶层索引
            parent_index = self.standardModel.index(i,0,QModelIndex())
            #获取顶层数据项
            parent_item = self.standardModel.itemFromIndex(parent_index)
            if parent_item.hasChildren():
                sheet_name = self.standardModel.data(parent_index,Qt.DisplayRole)
                #创建工作簿
                wsheet = wbook.create_sheet(sheet_name,i)
                #获取行数、列数
                row_count = self.standardModel.rowCount(parent_index)
                column_count = self.standardModel.columnCount(parent_index)
                horizontal_header = list()
                for column in range(column_count):
                    #获取水平表头的文本
                    header_name = self.standardModel.headerData(column,Qt.Horizontal,Qt.DisplayRole)
                    horizontal_header.append(header_name)
                #在工作表格中添加表头
                wsheet.append(horizontal_header)
                #获取除表头之外的数据
                for row in range(row_count):
                    data = list()
                    for column in range(column_count):                #获取每行的数据
                        child_item = parent_item.child(row,column)    #获取子项
                        data.append(child_item.data(Qt.DisplayRole))  #添加数据
                    wsheet.append(data)                               #在工作簿中添加数据
        fileName, filt = QFileDialog.getSaveFileName(self, "保存文件", "D:\\", "Excel 文件
(*.xlsx)")
        if fileName!= "":
            wbook.save(fileName)


if __name__ == '__main__':
    app = QApplication(sys.argv)
    win = Window()
    win.show()
    sys.exit(app.exec())
```

运行结果如图 2-18 所示。

注意：如果将代码 demo10.py 和 demo11.py 的数据模型做对比，则会发现 demo11.py 文件中的数据模型是有层次的标准数据模型，而 demo10.py 的标准数据模型是没有层次的。在 PySide6 中，也可以使用树视图控件显示有层次的标准数据模型。

图 2-18　代码 demo11.py 的运行结果

【实例 2-12】 创建一个窗口,该窗口包含 1 个菜单栏、1 个列表视图控件、1 个树视图控件。使用菜单栏的命令可以打开 Excel 文件,使用列表视图控件可以显示工作簿的名称,使用树视图控件可以显示工作表中的数据。如果单击列表视图控件中工作簿的名称,则树视图控件会展开对应的工作簿数据,代码如下:

```
# === 第 2 章 代码 demo12.py === #
import sys,os
from PySide6.QtWidgets import (QApplication,QMainWindow,QFrame,
    QTreeView, QHBoxLayout,QListView,QMenuBar,QFileDialog,
    QSplitter)
from PySide6.QtGui import QStandardItemModel,QStandardItem
from PySide6.QtCore import Qt,QModelIndex
from openpyxl import load_workbook,Workbook

class Window(QMainWindow):
    def __init__(self,parent = None):
        super().__init__(parent)
        self.setGeometry(200,200,620,300)
        self.setWindowTitle("QListView、QTreeView、QStandardItemModel")
        #创建菜单栏和命令
        menuBar = QMenuBar(self)
        fileMenu = menuBar.addMenu("文件")
        self.action_open = fileMenu.addAction("打开")
        #创建包括两个视图控件、分割器的框架控件
        self.listView = QListView()
        self.treeView = QTreeView()
        self.frame = QFrame()
        #创建分割器
        splitter_h = QSplitter(Qt.Horizontal)
        #向分割器中添加控件
        splitter_h.addWidget(self.listView)
        splitter_h.addWidget(self.treeView)
        hbox = QHBoxLayout(self.frame)
        hbox.addWidget(splitter_h)
```

```
        #设置主窗口的菜单栏和中心控件
        self.setMenuBar(menuBar)
        self.setCentralWidget(self.frame)
        #创建模型
        self.standardModel = QStandardItemModel()
        #使用信号/槽
        self.action_open.triggered.connect(self.action_open_triggered)
        self.listView.clicked.connect(self.listView_clicked)

    def action_open_triggered(self):
        fileName,filt = QFileDialog.getOpenFileName(self,"打开文件","D:\\","Excel 文件(*.xlsx)")
        if os.path.exists(fileName):
            self.standardModel.clear()
            wbook = load_workbook(fileName)
            for sheetname in wbook.sheetnames:
                wsheet = wbook[sheetname]
                #获取按行排列的单元格对象元组
                cell_range = wsheet[wsheet.dimensions]
                data = list()
                #将 Excel 中的数据添加到二维列表 data 中
                for rowCells in cell_range:
                    temp = list()
                    for cell in rowCells:
                        temp.append(str(cell.value))
                    data.append(temp)
                #将二维列表数据转换为有层次的 QStandardItem 对象
                parent_item = QStandardItem(sheetname)          #根索引下的顶层数据项
                parent_item.setColumnCount(len(data[0]))        #设置顶层数据项下列的数量
                for i in range(1,len(data)):
                    items_temp = list()
                    for j in data[i]:
                        child_item = QStandardItem(j)            #子数据项
                        child_item.setTextAlignment(Qt.AlignCenter)
                        items_temp.append(child_item)
                    parent_item.appendRow(items_temp)           #将子数据列表添加到顶层项中
                self.standardModel.appendRow(parent_item)
            #设置水平表头
            self.standardModel.setHorizontalHeaderLabels(data[0])
            #设置列表视图控件的数据模型
            self.listView.setModel(self.standardModel)
            self.treeView.setModel(self.standardModel)
            #设置表格视图控件的数据模型
            index = self.standardModel.index(0, 0)
            self.listView_clicked(index)

    def listView_clicked(self,index):
        item = self.standardModel.itemFromIndex(index)
        if item.hasChildren():
            self.treeView.collapseAll()
            self.treeView.expand(index)
            row_count = item.rowCount()
```

```
            label = list()
            for i in range(1,row_count + 1):
                label.append(str(i))
            self.standardModel.setVerticalHeaderLabels(label) #设置列表头显示的文字


if __name__ == '__main__':
    app = QApplication(sys.argv)
    win = Window()
    win.show()
    sys.exit(app.exec())
```

运行结果如图 2-19 所示。

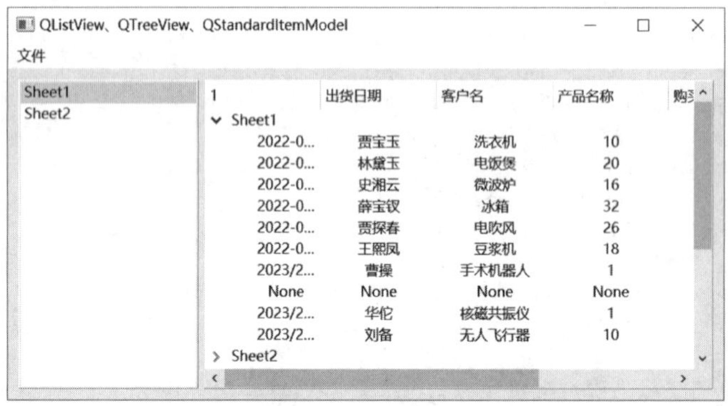

图 2-19 代码 demo12.py 的运行结果

13min

2.5 QItemSelectionModel 与 QStyledItemDelegate 的用法

在列表视图、树视图、表格视图控件中,可以选中数据项,被选中的数据项高亮或反色显示。这些被选中的数据项被记录在 QItemSelectionModel 对象中,如果多个视图控件关联一个数据模型,则被选中的数据项会形成数据选择集 QItemSelection。每种视图控件都有自己默认的选择模型。

在列表视图、树视图、表格视图控件中,当双击某个数据项时可以编辑并修改当前值,这是视图控件中的代理控件 QStyledItemDelegate 提供的 QLineEdit 控件。如果用户要使用其他编辑控件,则需要自定义默认控件。

2.5.1 选择模型 QItemSelectionModel

1. QItemSelectionModel 类

在视图控件中,使用 setSelectionModel(QItemSelectionModel)方法设置视图控件的选择模型,使用 selectionModel()获取选择模型。在实际编程中,可以使用 selectionModel()方法获取某个视图控件的选择模型,然后使用其他视图控件的 setSelectionModel()设置该选择模型，这样多个视图控件可以共享选择模型。

QItemSelectionModel 类位于 PySide6 的 QtCore 子模块下，其构造函数如下：

```
QItemSelectionModel(mode:QAbstractItemModel,parent:QObject)
QItemSelectionModel(mode:QAbstractItemModel = None)
```

其中，parent 表示 QObject 类及其子类的实例对象。

QItemSelectionModel 类的常用方法见表 2-21。

表 2-21 QItemSelectionModel 类的常用方法

方法及参数类型	说明	返回值的类型
[slot]clearSelection()	清空选择模型，发送 selctionChanged()信号	None
setModel(QAbstractItemModel)	设置数据模型	None
clear()	清空选择模型，发送 selctionChanged()和 currentChanged()信号	None
reset()	清空选择模型，不发送信号	None
clearCurrentIndex()	清空当前数据索引，发送 currentChanged()信号	None
setCurrentIndex(index:QModelIndex,command:QItemSelectionModel. SelctionFlags)	根据索引设置当前项，发送 currentChanged()信号	None
select (index:QModelIndex,command:QItemSelectionModel. SelctionFlags)	根据索引选择项，发送 selctionChanged()信号	None
rowIntersectsSelection(row:int,parent:QModelIndex)	如果选择的数据项与 parent 的子数据项的指定行有交集，则返回值为 True	bool
columnIntersectsSelection(column:int,parent:QModelIndex)	如果选择的数据项与 parent 的子数据项的指定列有交集，则返回值为 True	bool
currentIndex()	获取当前数据项的索引	QModelIndex
hasSelection()	获取是否有选择项	bool
isColumnSelected(column:int,parent:QModelIndex)	获取 parent 下的指定列是否被全部选中	bool
isRowSelected(row:int,parent:QModelIndex)	获取 parent 下的指定行是否被全部选中	bool
isSelected(index:QModelIndex)	获取某数据项是否被选中	bool
selectedRows(column:int)	获取某行中被选中的数据项的索引列表	List[int]
selectedColumns(row:int)	获取某列中被选中的数据项的索引列表	List[int]
selectedIndexes()	获取被选中的数据项的索引列表	List[int]
selection()	获取项的选择集	QItemSelection

在表 2-21 中，QItemSelectionModel. SelectionFlags 类的枚举值见表 2-22。

表 2-22 QItemSelectionModel. SelectionFlags 类的枚举值

枚举值	说明
QItemSelectionModel. NoUpdate	选择集没有变化
QItemSelectionModel. Clear	清空选择集

续表

枚举值	说明
QItemSelectionModel.Select	选择所有指定的项
QItemSelectionModel.Deselect	取消选择所有指定的项
QItemSelectionModel.Toggle	根据项的状态选择或不选择
QItemSelectionModel.Current	更新当前的选择
QItemSelectionModel.Rows	选择整行
QItemSelectionModel.Columns	选择整列
QItemSelectionModel.SelectCurrent	Select|Current
QItemSelectionModel.ToggleCurrent	Toggle|Current
QItemSelectionModel.ClearAndSelect	Clear|Select

在 PySide6 中,QItemSelectionModel 类的信号见表 2-23。

表 2-23 QItemSelectionModel 类的信号

信号及参数类型	说明
currentChanged(current:QModelIndex,previous:QModelIndex)	当前数据项发生改变时发送信号
currentColumnChanged(current:QModelIndex,previous:QModelIndex)	当前数据项的列发生改变时发送信号
currentRowChanged(current:QModelIndex,previous:QModelIndex)	当前数据项的行发生改变时发送信号
modelChanged(QAbstractItemModel)	当数据模型发生改变时发送信号
selectionChanged(selected:QItemSelection,deselected:QItemSelection)	当选择区域发生改变时发送信号

2. QItemSelection 类

在 PySide6 中,使用 QItemSelection 类表示数据模型中已经被选中的数据项的集合。QItemSelection 类位于 PySide6 的 QtCore 子模块下,其构造函数如下:

```
QItemSelection(topLeft:QModelIndex,bottomRight:QModelIndex)
```

其中,topLeft 表示左上角的数据项索引;bottomRight 表示右下角的数据项索引。

QItemSelection 类的常用方法见表 2-24。

表 2-24 QItemSelection 类的常用方法

方法及参数类型	说明	返回值的类型
contains(index:QModelIndex)	获取指定的项是否在选择集中	bool
clear()	清空选择集	None
count()	获取选择集中元素的个数	int
select(topLeft:QModelIndex,bottomRight:QModelIndex)	选择从左上角到右下角位置的所有项	None
merge(other:QItemSelection,command:QItemSelectionModel.SelectionFlags)	合并其他选择集	None
indexed()	获取选择集中的数据索引列表	List[QModelIndex]

2.5.2 代理控件 QStyledItemDelegate

在 PySide6 中，QAbstractItemDelegate 是所有代理控件的基类，这是个抽象类，不能直接使用。其子类 QStyledItemDelegate 类是所有视图控件的默认代理控件，并在创建视图控件时自动安装默认代理控件。默认代理控件 QStyledItemDelegate 提供了 QLineEdit 控件作为编辑器。QStyledItemDelegate 类的继承关系如图 2-20 所示。

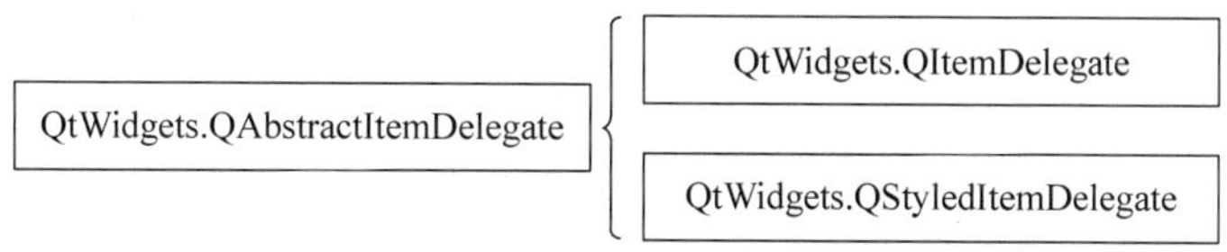

图 2-20 QStyledItemDelegate 类的继承关系

在视图控件中，如果开发者要修改默认代理控件提供的 QLineEdit 编辑器，则需要两步。

第 1 步，创建自定义代理控件类，自定义代理控件类为 QStyledItemDelegate 类或 QItemDelegate 类的子类，并重写其中的 4 种方法。重写的 4 种方法见表 2-25。

表 2-25 重写的 4 种方法

方法及参数类型	说 明	返回值的类型
createEditor(parent:QWidget,option:QStyleOptionViewItem,index:QModelIndex)	创建代理控件的实例对象，并返回该对象	QWidget
setEditorData(editor:QWidget,index:QModelIndex)	将视图控件中的数据项的值读取到代理控件中	None
setModelData(editor:QWidget,model:QAbstractItemModel,index:QModelIndex	将编辑后的代理控件的值写入数据模型中	None
updateEditorGeometry(editor:QWidget,option:QStyleOptionViewItem,index:QModelIndex)	设置代理控件显示的位置	None

在表 2-25 中，QStyleOptionViewItem 对象用于确定代理控件的外观和位置。QStyleOptionViewItem 对象关于外观的属性见表 2-26。

表 2-26 QStyleOptionViewItem 对象关于外观的属性

属 性	说 明	属性值的类型
backgroundBrush	背景画刷	QBrush
checkState	勾选状态	Qt.CheckState
decorationAlignment	图标对齐位置	Qt.Alignment
decorationPosition	图标位置	QStyleOptionViewItem.Position
decorationSize	图标大小	QSize
displayAlignment	文字对齐方式	Qt.Alignment
features	具有的特征	QStyleOptionViewItem.ViewItemFeatures
font	字体	QFont

续表

属　　性	说　　明	属性值的类型
icon	图标	QIcon
index	模型索引	QModelIndex
showDecorationSelected	是否显示图标	bool
text	显示的文本	str
textElideMode	省略号的模式	Qt. TextElideMode
viewItemPosition	在行中的位置	QStyleOptionViewItem. ViewItemPosition
direction	布局方向	Qt. LayoutDirection
palette	调色板	QPalette
rect	矩形区域	QRect
styleObject	窗口类型	QObject
version	版本	int

QStyleOptionViewItem 类关于位置的属性有 QStyleOptionViewItem. Position、QStyleOptionViewItem. ViewItemFeatures、QStyleOptionViewItem. ViewItemPosition，其枚举值见表 2-27。

表 2-27　QStyleOptionViewItem 类关于位置的属性枚举值

QStyleOptionViewItem. Position 的枚举值	QStyleOptionViewItem. ViewItemFeatures 的枚举值	QStyleOptionViewItem. ViewItemPosition 的枚举值
QStyleOptionViewItem. Left	QStyleOptionViewItem. None	QStyleOptionViewItem. Beginning
QStyleOptionViewItem. Right	QStyleOptionViewItem. WrapText	QStyleOptionViewItem. Middle
QStyleOptionViewItem. Top	QStyleOptionViewItem. Alternate	QStyleOptionViewItem. End
QStyleOptionViewItem. Bottom	QStyleOptionViewItem. hasCheckIndicator	QStyleOptionViewItem. OnlyOne
	QStyleOptionViewItem. HasDisplay	
	QStyleOptionViewItem. HasDecoration	

第 2 步，使用视图控件的 setItemDelegate(delegate:QAbstractItemDelegate)方法设置所有数据项的代理控件，或使用 setItemDelegateForColumn(column: int, delegate: QAbstractItemDelegate)设置列数据项的代理控件，或使用 setItemDelegateForRow(row: int,delegate:QAbstractItemDelegate)设置行数据项的代理控件。

2.5.3 典型应用

【实例 2-13】 创建一个窗口，该窗口包含 1 个菜单栏、1 个列表视图控件、1 个表格视图控件。使用菜单栏的命令可以打开 Excel 文件。如果工作簿中有“性别”这一列，则该列的编辑控件为下拉列表控件，代码如下：

```
# === 第 2 章 代码 demo13.py === #
import sys,os
from PySide6.QtWidgets import (QApplication,QMainWindow,QFrame,
   QTableView, QHBoxLayout,QListView,QMenuBar,QFileDialog,
```

```
    QSplitter,QComboBox,QStyledItemDelegate)
from PySide6.QtGui import QStandardItemModel,QStandardItem,QIcon
from PySide6.QtCore import Qt,QModelIndex
from openpyxl import load_workbook,Workbook

#自定义代理控件类
class comboBoxDelegate(QStyledItemDelegate):
    def __init__(self,parent = None):
        super().__init__(parent)
    #创建代理控件的对象,返回该对象
    def createEditor(self, parent, option, index):
        comBox = QComboBox(parent)
        male = QIcon("D:\\Chapter2\\male.png")
        female = QIcon("D:\\Chapter2\\female.png")
        comBox.addItem(male, "男")
        comBox.addItem(female, "女")
        comBox.setEditable(False)
        return comBox                        #返回代理控件
    #读取数据项的值,并设置代理控件中
    def setEditorData(self,comBox,index):
        model = index.model()                #获取模型
        if model.data(index,Qt.DisplayRole) == "男":
            comBox.setCurrentIndex(0)
        else:
            comBox.setCurrentIndex(1)
    #把代理控件的数据写入数据模型中
    def setModelData(self,editor,model,index):
        comboBox_index = editor.currentIndex()
        text = editor.itemText(comboBox_index)
        icon = editor.itemIcon(comboBox_index)
        model.setData(index,text,Qt.DisplayRole)
        model.setData(index,icon,Qt.DecorationRole)
    #设置代理控件的位置
    def updateEditorGeometry(self,editor, option, index):
        editor.setGeometry(option.rect)

class Window(QMainWindow):
    def __init__(self,parent = None):
        super().__init__(parent)
        self.setGeometry(200,200,620,300)
        self.setWindowTitle("自定义代理控件")
        #创建菜单栏和命令
        menuBar = QMenuBar(self)
        fileMenu = menuBar.addMenu("文件")
        self.action_open = fileMenu.addAction("打开")
        #创建包括两个视图控件、分割器的框架控件
        self.listView = QListView()
        self.tableView = QTableView()
        self.frame = QFrame()
        #创建分割器
        splitter_h = QSplitter(Qt.Horizontal)
        #向分割器中添加控件
```

```
        splitter_h.addWidget(self.listView)
        splitter_h.addWidget(self.tableView)
        hbox = QHBoxLayout(self.frame)
        hbox.addWidget(splitter_h)
        #设置主窗口的菜单栏和中心控件
        self.setMenuBar(menuBar)
        self.setCentralWidget(self.frame)
        #创建模型
        self.standardModel = QStandardItemModel()
        #使用信号/槽
        self.action_open.triggered.connect(self.action_open_triggered)
        self.listView.clicked.connect(self.listView_clicked)

    def action_open_triggered(self):
        fileName,filt = QFileDialog.getOpenFileName(self,"打开文件","D:\\","Excel 文件(*.xlsx)")
        if os.path.exists(fileName):
            self.standardModel.clear()
            wbook = load_workbook(fileName)
            for sheetname in wbook.sheetnames:
                wsheet = wbook[sheetname]
                #获取按行排列的单元格对象元组
                cell_range = wsheet[wsheet.dimensions]
                data = list()
                #将 Excel 中的数据添加到二维列表 data 中
                for rowCells in cell_range:
                    temp = list()
                    for cell in rowCells:
                        temp.append(str(cell.value))
                    data.append(temp)
                #将二维列表数据转换为有层次的 QStandardItem 对象
                parent_item = QStandardItem(sheetname)      #根索引下的顶层数据项
                #设置顶层数据项下列的数量
                parent_item.setColumnCount(len(data[0]))
                for i in range(1,len(data)):
                    items_temp = list()
                    for j in data[i]:
                        child_item = QStandardItem(j)       #子数据项
                        child_item.setTextAlignment(Qt.AlignCenter)
                        items_temp.append(child_item)
                    parent_item.appendRow(items_temp)      #将子数据列表添加到顶层项中
                self.standardModel.appendRow(parent_item)
            #设置水平表头
            self.standardModel.setHorizontalHeaderLabels(data[0])
            #设置列表视图控件的数据模型
            self.listView.setModel(self.standardModel)
            self.tableView.setModel(self.standardModel)
            #设置表格视图控件的数据模型
            index = self.standardModel.index(0, 0)
            self.tableView.setRootIndex(index)
            self.listView_clicked(index)

    def listView_clicked(self,index):
```

```
        item = self.standardModel.itemFromIndex(index)
        if item.hasChildren():
            self.tableView.setRootIndex(index)
            row_count = item.rowCount()
            label = list()
            for i in range(1,row_count + 1):
                label.append(str(i))
            self.standardModel.setVerticalHeaderLabels(label) #设置列表头显示的文字
        #创建自定义代理控件
        comBoxDelegate = comboBoxDelegate(self)
        #根据表头的名称设置代理类型
        header = self.tableView.horizontalHeader()
        for i in range(header.count()):
            header_text = self.standardModel.horizontalHeaderItem(i).
data(Qt.DisplayRole)
            if header_text == "性别":
                self.tableView.setItemDelegateForColumn(i,comBoxDelegate) #设置代理控件


if __name__ == '__main__':
    app = QApplication(sys.argv)
    win = Window()
    win.show()
    sys.exit(app.exec())
```

运行结果如图 2-21 所示。

图 2-21 代码 demo13.py 的运行结果

【实例 2-14】 创建一个窗口，该窗口包含 1 个菜单栏、1 个列表视图控件、1 个表格视图控件。使用菜单栏的命令可以打开 Excel 文件。如果工作簿中有语文、数学、英文列，则该列的编辑控件为数字输入控件，代码如下：

```
# === 第 2 章 代码 demo14.py === #
import sys,os
from PySide6.QtWidgets import (QApplication,QMainWindow,QFrame,
    QTableView, QHBoxLayout,QListView,QMenuBar,QFileDialog,
    QSplitter,QDoubleSpinBox,QStyledItemDelegate)
```

```
from PySide6.QtGui import QStandardItemModel,QStandardItem,QIcon
from PySide6.QtCore import Qt,QModelIndex
from openpyxl import load_workbook,Workbook

#自定义代理控件
class doubleSpinBoxDelegate(QStyledItemDelegate):
    def __init__(self,parent = None):
        super().__init__(parent)
    def createEditor(self, parent, option, index):
        editor = QDoubleSpinBox(parent)
        editor.setDecimals(2) #设置两位小数
        editor.setMinimum(0.00)
        editor.setMaximum(100.00)
        editor.setFrame(False)
        return editor
    def setEditorData(self,editor,index):
        model = index.model()
        text = model.data(index,Qt.DisplayRole)
        try:
            editor.setValue(float(text))
        except:
            editor.setValue(0.0)
    def setModelData(self,editor,model,index):
        value = editor.value()
        model.setData(index,str(value),Qt.DisplayRole)
    def updateEditorGeometry(self,editor, option, index):
        editor.setGeometry(option.rect)

class Window(QMainWindow):
    def __init__(self,parent = None):
        super().__init__(parent)
        self.setGeometry(200,200,620,300)
        self.setWindowTitle("自定义代理控件")
        #创建菜单栏和命令
        menuBar = QMenuBar(self)
        fileMenu = menuBar.addMenu("文件")
        self.action_open = fileMenu.addAction("打开")
        #创建包括两个视图控件、分割器的框架控件
        self.listView = QListView()
        self.tableView = QTableView()
        self.frame = QFrame()
        #创建分割器
        splitter_h = QSplitter(Qt.Horizontal)
        #向分割器中添加控件
        splitter_h.addWidget(self.listView)
        splitter_h.addWidget(self.tableView)
        hbox = QHBoxLayout(self.frame)
        hbox.addWidget(splitter_h)
        #设置主窗口的菜单栏和中心控件
        self.setMenuBar(menuBar)
        self.setCentralWidget(self.frame)
        #创建模型
```

```
        self.standardModel = QStandardItemModel()
        #使用信号/槽
        self.action_open.triggered.connect(self.action_open_triggered)
        self.listView.clicked.connect(self.listView_clicked)

    def action_open_triggered(self):
        fileName,filt = QFileDialog.getOpenFileName(self,"打开文件","D:\\","Excel 文件
(*.xlsx)")
        if os.path.exists(fileName):
            self.standardModel.clear()
            wbook = load_workbook(fileName)
            for sheetname in wbook.sheetnames:
                wsheet = wbook[sheetname]
                #获取按行排列的单元格对象元组
                cell_range = wsheet[wsheet.dimensions]
                data = list()
                #将 Excel 中的数据添加到二维列表 data 中
                for rowCells in cell_range:
                    temp = list()
                    for cell in rowCells:
                        temp.append(str(cell.value))
                    data.append(temp)
                #将二维列表数据转换为有层次的 QStandardItem 对象
                parent_item = QStandardItem(sheetname)      #根索引下的顶层数据项
                #设置顶层数据项下列的数量
                parent_item.setColumnCount(len(data[0]))
                for i in range(1,len(data)):
                    items_temp = list()
                    for j in data[i]:
                        child_item = QStandardItem(j)       #子数据项
                        child_item.setTextAlignment(Qt.AlignCenter)
                        items_temp.append(child_item)
                    parent_item.appendRow(items_temp)      #将子数据列表添加到顶层项中
                self.standardModel.appendRow(parent_item)
            #设置水平表头
            self.standardModel.setHorizontalHeaderLabels(data[0])
            #设置列表视图控件的数据模型
            self.listView.setModel(self.standardModel)
            self.tableView.setModel(self.standardModel)
            #设置表格视图控件的数据模型
            index = self.standardModel.index(0, 0)
            self.tableView.setRootIndex(index)
            self.listView_clicked(index)

    def listView_clicked(self,index):
        item = self.standardModel.itemFromIndex(index)
        if item.hasChildren():
            self.tableView.setRootIndex(index)
            row_count = item.rowCount()
            label = list()
            for i in range(1,row_count + 1):
                label.append(str(i))
```

```
            self.standardModel.setVerticalHeaderLabels(label) #设置列表头显示的文字
        #创建自定义代理控件
        doubleSpinDelegate = doubleSpinBoxDelegate(self)
        #根据表头的名称设置代理类型
        header = self.tableView.horizontalHeader()
        for i in range(header.count()):
            header_text = self.standardModel.horizontalHeaderItem(i).
data(Qt.DisplayRole)
            if header_text in ["语文","数学","英语"]:
                self.tableView.setItemDelegateForColumn(i, doubleSpinDelegate) #设置代理控件


if __name__ == '__main__':
    app = QApplication(sys.argv)
    win = Window()
    win.show()
    sys.exit(app.exec())
```

运行结果如图 2-22 所示。

图 2-22　代码 demo14.py 的运行结果

2.6　小结

本章主要介绍了基于模型/视图的控件，首先介绍了 PySide6 中模型/视图框架；然后介绍了 3 组对应的模型/视图组合；最后介绍了选择模型和代理控件。

基于模型/视图的控件与基于项的控件相同，它们都可以处理一维列表数据、二维表格数据、树结构数据，但基于模型/视图的控件比较灵活，也比较复杂。WPS 中的表格处理控件就是使用 Qt 编写的，思考一下应该选择哪一种控件才能满足业务的需求？

第二部分

第 3 章 数　据　库

数据库是一个以某种有组织的方式存储数据的容器。理解数据库最简单的方式是把数据库想象成一个文件柜，这个文件柜是用来存放数据的。数据库软件应该称为数据库管理系统（DBMS），数据库是通过 DBMS 创建和操作的容器，通常是 1 个文件或 1 组文件。

数据库由表组成。表（table）是用来存储某种特定类型数据的结构化清单，表可用来存储成交记录、网页索引、产品目录、客户信息等信息清单。数据库中的表由列与行构成。1 列（column）是表中的 1 个字段，表是由 1 个或多个列组成的。表中的数据是按行（row）存储的，所保存的每条记录存储在自己的行内。

如果要操作数据库中的数据，则需要使用 SQL。SQL 是结构化查询语言（Structured Query Language）的缩写，这是一种专门与数据库通信的语言。

在 Python 中，可以使用内置模块 sqlite3 操作 SQLite 数据库，使用第三方模块 PyMySQL 操作 MySQL 数据库，这两个模块与 SQL 的应用方法可参考《编程改变生活——用 Python 提升你的能力（进阶篇·微课视频版）》的第 6 章的内容。本章节主要介绍使用 PySide6 操作数据库的方法，重点讲解使用 PySide6 操作 SQLite、MySQL 数据库的方法。

3.1 使用 PySide6 操作数据库

如果开发者选择使用 PySide6 操作数据库，则需要使用数据库连接 QSqlDatabase 和数据库查询 QSqlQuery，即使用 QSqlDatabase 类建立对数据库的连接，然后使用 QSqlQuery 类执行 SQL 命令，从而实现对数据库的操作。本节将介绍这两个类的用法，并使用这两个类操作 SQLite 数据库。

3.1.1 数据库连接类 QSqlDatabase

5min

在 PySide6 中，使用 QSqlDatabase 类创建数据库连接对象。使用数据库连接对象可以建立对数据库的连接。QSqlDatabase 类位于 PySide6 的 QtSql 子模块下，其构造函数如下：

```
QSqlDatabase()
QSqlDatabase(type:str)
```

其中,type 表示数据库的驱动类型,PySide6 支持的数据库驱动类型见表 3-1。

表 3-1 PySide6 支持的数据库驱动类型

数据库驱动类型	说明
QSQLITE	SQLite 数据库
QMYSQL	MySQL 数据库
QDB2	IBM DB2 数据库,需要的最低版本为 7.1
QIBASE	Borland InterBase 数据库
QODBC	支持 ODBC 接口的数据库,包括 Microsoft SQL Server
QPSQL	PostgreSQL 数据库,需要的最低版本为 7.3
QOCI	Oracle 数据库,OCI 即 Oracle Call Interface

如果开发者要建立自定义的数据库驱动类型,则可以创建 QSqlDriver 的子类,有兴趣的读者可查看其官方文档。

QSqlDatabase 类的常用方法见表 3-2。

表 3-2 QSqlDatabase 类的常用方法

方法及参数类型	说明	返回值的类型
[static]drivers()	获取系统支持的驱动类型	List[str]
[static]isDriverAvailable(name:str)	获取是否支持某种类型的驱动	bool
[static]addDatabase(type:str,connectionName:str='qt_sql_default_connection')	添加数据库连接	QSqlDatabase
[static]database(connectionName:str='qt_sql_default_connection',open:bool=True)	根据连接名称获取数据库连接	QSqlDatabase
[static]removeDatabase(connectionName:str)	删除数据库连接	None
[static]connectionNames()	获取已经添加的连接名称	List[str]
[static]contains(connectionName:str='qt_sql_default_connection')	获取是否有指定的数据库连接	bool
connectionName()	获取连接的名称	str
driverName()	获取驱动连接的名称	str
setDatabaseName(name:str)	设置连接的数据库名称	None
databaseName()	获取连接的数据库名称	str
isOpen()	获取数据库是否已经打开	bool
isOpenError()	获取打开数据库时是否出错	bool
isValid()	获取连接是否有效	bool
setHostName(host:str)	设置主机名	None
hostName()	获取主机名	str
setPassword(password:str)	设置登录密码	None
password()	获取登录密码	str
setPort(p:int)	设置端口号	None
port()	获取端口号	str
setUserName(name:str)	设置用户名	None

续表

方法及参数类型	说　明	返回值的类型
userName()	获取用户名	str
setConnectOptions(options:str='')	设置连接参数	None
connectOptions()	获取连接参数	str
open()	打开数据库	bool
open(user:str,password:str)	打开数据库	bool
setNumericalPrecisionPolicy(precisionPolicy: QSql. NumericalPrecisionPolicy)	设置对数据库进行查询时默认的精确度	None
tables(type: QSql. TableType=QSql. TableType. Tables)	根据表格类型参数获取数据库中的表格名称	List[str]
transaction()	开启事务,若成功,则返回值为 True	bool
exec(query:str='')	执行 SQL 语句	QSqlQuery
commit()	提交事务,若成功,则返回值为 True	bool
rollback()	放弃当前事务,若成功,则返回值为 True	bool
lastError()	获取最后的出错信息	QSqlError
record(tablename:str)	获取含有字段名称的记录	QSqlRecord
close()	关闭连接	None

在表 3-2 中,QSql. NumericalPrecisionPolicy 的枚举值为 QSql. LowPrecisionInt32(32 位整数,忽略小数部分)、QSql. LowPrecisionInt64(64 位整数,忽略小数部分)、QSql. LowPrecisionDouble(双精度值,默认值)、QSql. HighPrecision(保持数据的原有精度)。

QSql. TableType 的枚举值为 QSql. Tables(对用户可见的所有表)、QSql. SystemTables(数据库使用的内部表)、QSql. Views(对用户可见的所有视图)、QSql. AllTables(包含以上 3 种表和视图)。

QSqlError. ErrorType 的枚举值为 QSqlError. NoError(没有错误)、QSqlError. ConnectionError(数据库连接错误)、QSqlError. StatementError(SQL 语句语法错误)、QSqlError. TransactionError(事务错误)、QSqlError. UnknownError(未知错误)。

在 QSqlDatabase 类中,可以使用 setConnectOptions(options:str= '')方法设置数据库的参数,不同驱动类型的数据库其参数也不同。如果数据库为 SQLite,则数据库的可选参数见表 3-3。

表 3-3　SQLite 数据库的可选参数

可选参数	可选参数
QSQLITE_BUSY_TIMEOUT	QSQLITE_ENABLE_REGEXP
QSQLITE_OPEN_READONLY	QSQLITE_NO_USE_EXTENDED_RESULT_CODES
QSQLITE_OPEN_URI	QSQLITE_ENABLE_SHARED_CACHE

如果要设置多个可选参数,则需要使用分号将各个参数值分开,语法格式如下:

```
setConnectOptions('QSQLITE_BUSY_TIMEOUT = 6.0;QSQLITE_OPEN_READONLY = True')
```

3.1.2 数据库查询类 QSqlQuery

在 PySide6 中,使用 QSqlQuery 类创建数据库查询对象。使用数据库查询对象可以执行标准的 SQL 语句,从而实现对数据库中数据表的增、删、改、查,以及对数据表中数据的增、删、改、查,使用数据库查询对象也可以执行非标准的特定的 SQL 语句。

QSqlQuery 类位于 PySide6 的 QtSql 子模块下,其构造函数如下:

```
QSqlQuery(db:QSqlDatabase)
QSqlQuery(other:QSqlQuery)
QSqlQuery(query:str = '',db:QSqlDatabase = Default(QSqlDatabase))
```

其中,db 表示数据库连接对象;other 表示 QSqlQuery 类创建的实例对象;query 表示 SQL 语句。

QSqlQuery 类的常用方法见表 3-4。

表 3-4 QSqlQuery 类的常用方法

方法及参数类型	说　明	返回值的类型
exec()	执行 prepare(query)准备的 SQL 语句	bool
execBatch(mode=QSqlQuery.ValueAsRows)	批处理 prepare()方法准备的命令	bool
exec(query:str)	执行 SQL 语句命令,若成功,则返回值为 True	bool
prepare(query:str)	准备 SQL 语句命令,若成功,则返回值为 True	bool
addBindValue(val:Any,type:QSql.ParamType=QSql.In)	如果 prepare(query)中有占位符,则按顺序依次设置占位符的值	None
bindValue(placeholder:str,val:Any,type:QSql.ParamType=QSql.In)	如果 prepare(query)中有占位符,则根据占位符的名称设置占位符的值	None
bindValue(pos:int,val:Any,type:QSql.ParamType=QSql.In)	如果 prepare(query)中有占位符,则根据占位符的位置设置占位符的值	None
boundValue(placeholder:str)	根据占位符名称获取绑定值	Any
boundValue(pos:int)	根据位置获取绑定值	Any
boundValues()	获取绑定值列表	List[Any]
finish()	完成查询,不再获取数据,通常不使用该方法	None
clear()	清空结果,释放所有资源,查询处于不活跃状态	None
excutedQuery()	返回最后正确执行的 SQL 语句	str
lastQuery()	返回当前查询使用的 SQL 语句	str
at()	获取查询的当前内部位置,第 1 个记录的位置为 0,若位置无效,则返回值为 QSql.BeforeFirstRow(值为 −1)或 QSql.AfterLastRow(值为−2)	int

续表

方法及参数类型	说　　明	返回值的类型
isSelect()	若当前的 SQL 语句为 SELECT 语句，则返回值为 True	bool
isValid()	若当前查询定位在有效记录上，则返回值为 True	bool
first()	将当前查询位置定位到第 1 个记录	bool
last()	将当前查询位置定位到最后一个记录	bool
previous()	将当前查询位置定位到前一个记录	bool
next()	将当前查询位置定位到下一个记录	bool
seek(index:int,relative:bool=False)	将当前查询位置定位到指定的记录	bool
setForwardOnly(forward:bool)	当 forward 的取值为 True 时，只能用 next()或 seek()方法定位结果，并且 seek()的参数为正值	None
isForwardOnly()	获取定位模式	bool
isActive()	获取查询是否处于活跃状态	bool
isNull(field:int)	如果查询处于非活跃状态或查询定位在无效记录或空字段上，则返回值为 True	bool
isNull(name:str)	如果查询处于非活跃状态或查询定位在无效记录或空字段上，则返回值为 True，name 表示字段名称	bool
lastError()	返回最近的出错信息	QSqlError
lastInsertId()	获取最近插入行的对象 ID	Any
nextResult()	放弃当前查询结果并定位到下一个结果	bool
record()	获取查询指向的当前记录(行)	QSqlRecord
size()	获取结果中行的数量，如果无法确定、非 SELECT 语句或数据库不支持功能，则返回−1	int
value(index:int)	根据字段索引获取当前记录的字段值	Any
value(name:str)	根据字段名称获取当前记录的字段值	Any
numRowAffected()	获取受影响的行的个数，如果无法确定或查询时处于非活跃状态，则返回−1	int
swap(other:QSqlQuery)	与其他查询交互数据	Any

3.1.3 操作 SQLite 数据库

20min

与 MySQL、Oracle 等数据库管理系统不同，SQLite 不是一个客户端/服务器结构的数据库引擎，而是一种嵌入式数据库，它的数据库就是一个文件。SQLite 将整个数据库，包括定义、表、索引及数据，作为一个单独的、可跨平台的文件存储在主机中。

由于 SQLite 本身是由 C 语言写的，而且体积很小，所以经常被集成在各种应用程序中。Python 内置了 SQLite3，因此在 Python 中使用 SQLite，不需要安装模块，可以直接使用。从 SQLite 数据库中读取或写入数据时，需要注意 Python 和 SQLite 的数据类型之间的转换。Python 和 SQLite 的数据类型转换见表 3-5。

表 3-5 Python 与 SQLite 的数据类型转换

Python 的数据类型	SQLite 的数据类型	Python 的数据类型	SQLite 的数据类型
None	NULL	str	TEXT
int	INTERGER	Bytes	BLOB
float	REAL		

【实例 3-1】 使用 PySide6 提供的方法创建一个 SQLite 数据库，并在其中创建一个数据表，代码如下：

```
# === 第 3 章 代码 demo1.py === #
from PySide6.QtSql import QSqlDatabase,QSqlQuery

#数据库的路径和名称
dbName = "D:\\Chapter3\\stuendt1.db"
db = QSqlDatabase.addDatabase('QSQLITE')
db.setDatabaseName(dbName)
#要输入的数据
information1 = ((202301,"孙悟空",79,88,89),(202302,"猪八戒",83,81.5,80),
               (202303,"小白龙",73.5,83,90),(202304,"沙僧",75.5,96,90.8))

if db.open():
    #创建数据表 score1
    db.exec('''CREATE TABLE score1
      (ID INTEGER,name TEXT,语文 REAL,数学 REAL,英语 REAL)''')
    print(db.tables())                              #打印数据表名
    #向数据表中插入数据
    if db.transaction():
            query = QSqlQuery(db)
            for i in information1:
                    query.prepare("INSERT INTO score1 VALUES (?,?,?,?,?)")
                    query.addBindValue(i[0])        #按顺序设置占位符(?)的值
                    query.addBindValue(i[1])
                    query.addBindValue(i[2])
                    query.bindValue(3,i[3])         #按索引设置占位符(?)的值
                    query.bindValue(4,i[4])
                    query.exec()
            db.commit()                             #提交事务
    db.close()                                      #关闭数据库
```

运行结果如图 3-1 和图 3-2 所示。

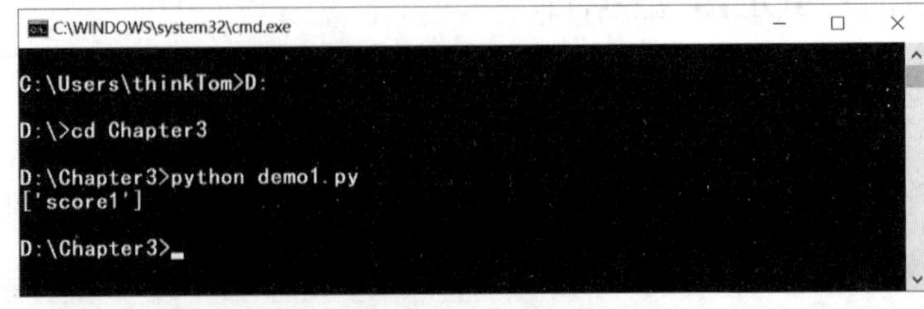

图 3-1 代码 demo1.py 的运行结果

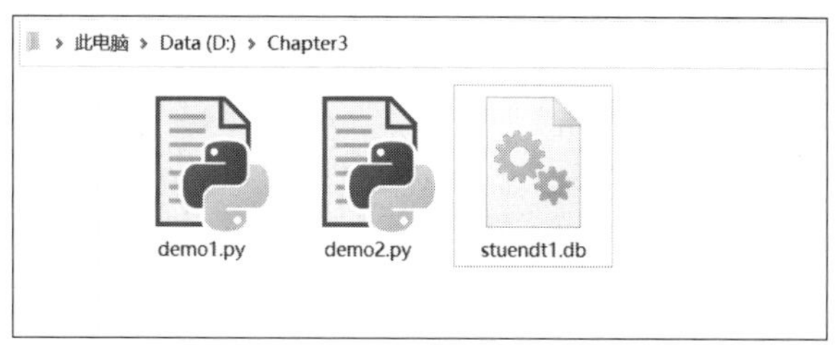

图 3-2 代码 demo1.py 创建的数据库文件 student1.db

【实例 3-2】 使用 PySide6 提供的方法打开 SQLite 数据库,并查询、打印该数据库中数据表的数据,代码如下:

```
# === 第 13 章 代码 demo2.py === #
from PySide6.QtSql import QSqlDatabase,QSqlQuery

#数据库的路径和名称
dbName = "D:\\Chapter3\\stuendt1.db"
db = QSqlDatabase.addDatabase('QSQLITE')
db.setDatabaseName(dbName)
if db.open():
    query = QSqlQuery(db)
    #打印当前查询的内部位置
    print(query.at())
    #查询所有数据
    if query.exec('SELECT * FROM score1'):
            while query.next():
                    tuple1 = (query.value("ID"),query.value("name"),query.value("语文"),
query.value("数学"),query.value("英语"))
                    print(tuple1)
    db.close()
```

运行结果如图 3-3 所示。

```
C:\WINDOWS\system32\cmd.exe

D:\Chapter3>python demo2.py
-1
(202301, '孙悟空', 79.0, 88.0, 89.0)
(202302, '猪八戒', 83.0, 81.5, 80.0)
(202303, '小白龙', 73.5, 83.0, 90.0)
(202304, '沙僧', 75.5, 96.0, 90.8)
(202301, '孙悟空', 79.0, 88.0, 89.0)
(202302, '猪八戒', 83.0, 81.5, 80.0)
(202303, '小白龙', 73.5, 83.0, 90.0)
(202304, '沙僧', 75.5, 96.0, 90.8)

D:\Chapter3>
```

图 3-3 代码 demo2.py 的运行结果

【实例 3-3】 使用 PySide6 提供的方法创建一个 SQLite 数据库 student2.db,并在其中创建一个数据表 score1,要求在添加数据时使用名称索引和位置索引的方法,代码如下:

```
# === 第 3 章 代码 demo3.py === #
from PySide6.QtSql import QSqlDatabase,QSqlQuery

#数据库的路径和名称
dbName = "D:\\Chapter3\\stuendt2.db"
db = QSqlDatabase.addDatabase('QSQLITE')
db.setDatabaseName(dbName)
#要输入的数据
information1 = ((202401,"鲁智深",79,88,89),(202402,"武二郎",83,81.5,80),
                (202403,"豹子头",73.5,83,90),(202404,"卢俊义",75.5,96,90.8))


if db.open():
    #创建数据表 score1
    db.exec('''CREATE TABLE score1
      (ID INTEGER,name TEXT,语文 REAL,数学 REAL,英语 REAL)''')
    print(db.tables())
    if db.transaction():
            query = QSqlQuery(db)
            for i in information1:
                query.prepare("INSERT INTO score1 VALUES (:ID,:name,:chinese,:math,:english)")
                query.bindValue(0,i[0])              #按索引设置占位符的值
                query.bindValue(1,i[1])
                query.bindValue(":chinese",i[2])     #按名称设置占位符的值
                query.bindValue(":math",i[3])
                query.bindValue(":english",i[4])
                query.exec()
            db.commit()
    db.close()
```

运行结果如图 3-4 所示。

图 3-4　代码 demo3.py 的运行结果

【实例 3-4】 创建一个窗口,该窗口中有一个表格控件。使用表格控件显示数据库文件 student2.db 中数据表 score1 的信息,代码如下:

```
# === 第 3 章 代码 demo4.py === #
import sys,os,csv
from PySide6.QtWidgets import (QApplication,QWidget,
    QVBoxLayout,QTableWidget,QHBoxLayout,QTableWidgetItem)
from PySide6.QtGui import QFont,Qt
from PySide6.QtSql import QSqlDatabase,QSqlQuery

class Window(QWidget):
    def __init__(self):
        super().__init__()
```

```
        self.setGeometry(200,200,560,260)
        self.setWindowTitle('显示数据表')
        vbox = QVBoxLayout()
        self.setLayout(vbox)
        #创建表格控件
        self.tableWidget = QTableWidget()
        self.tableWidget.setFont(QFont("黑体",14))
        vbox.addWidget(self.tableWidget)
        self.open_database()

    def open_database(self):
        src_file = dbName = "D:\\Chapter3\\stuendt2.db"
        #连接数据库
        db = QSqlDatabase.addDatabase('QSQLITE')
        db.setDatabaseName(dbName)
        if db.open():
            query = QSqlQuery(db)
            data = list()
            print(query.at())
            #将数据表中的数据转存到二维列表 data 中
            if query.exec('SELECT * FROM score1'):
                while query.next():
                    temp = [query.value("ID"),query.value("name"),
query.value("语文"),query.value("数学"),query.value("英语")]
                    data.append(temp)
            db.close()
            #根据二维列表的行数、列数创建表格控件
            rowNum = len(data)
            columnNum = len(data[0])
            label_list = ['学号','姓名','语文','数学','英语']
            self.tableWidget.setRowCount(rowNum)
            self.tableWidget.setColumnCount(columnNum)
            self.tableWidget.setHorizontalHeaderLabels(label_list)
            for i in range(rowNum):
                for j in range(columnNum):
                    cell = QTableWidgetItem()
                    cell.setText(str(data[i][j]))
                    self.tableWidget.setItem(i,j,cell)


if __name__ == '__main__':
    app = QApplication(sys.argv)
    win = Window()
    win.show()
    sys.exit(app.exec())
```

运行结果如图 3-5 所示。

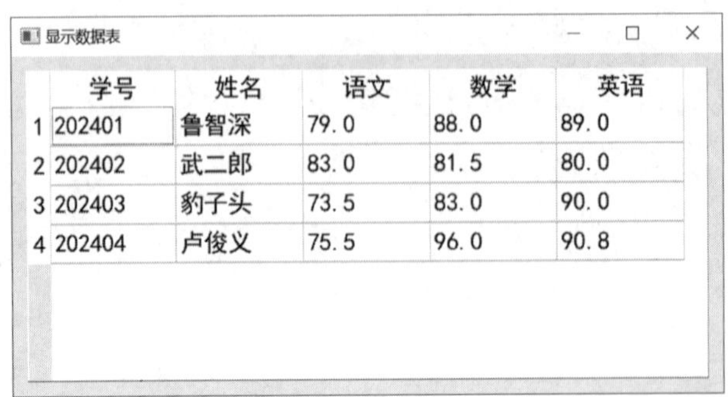

	学号	姓名	语文	数学	英语
1	202401	鲁智深	79.0	88.0	89.0
2	202402	武二郎	83.0	81.5	80.0
3	202403	豹子头	73.5	83.0	90.0
4	202404	卢俊义	75.5	96.0	90.8

图 3-5　代码 demo4.py 的运行结果

13min

3.2 操作 MySQL 数据库

数据库管理系统(DBMS)可分为两类,第一类是基于共享文件系统的 DBMS,例如 Microsoft Access、FileMaker,主要应用于桌面用途;第二类是基于客户机-服务器的 DBMS,例如 MySQL、Oracle、Microsoft SQL Server,主要应用在服务器上。

MySQL 是一款开源的数据库软件系统,由于其免费、性能高、方便等特性,MySQL 在世界范围内得到了广泛应用(包括互联网大厂),是目前使用人数最多的数据库软件系统。

开发者如果要使用 MySQL,则要安装 MySQL 或 MySQL 的集成开发环境,然后才能使用 PySide6 提供的方法连接并使用 MySQL 数据库。如果读者喜欢直接安装 MySQL 软件,以及其管理软件 Navicate For MySQL,则可以查看《编程改变生活——用 Python 提升你的能力(进阶篇·微课视频版)》第 6 章第 2 节的内容。本书将介绍使用 MySQL 集成开发环境的方法。

3.2.1 安装 MySQL 数据库的集成开发环境

MySQL 数据库的集成开发环境包括 WampServer、phpStudy,如果读者只是使用集成开发环境中的 MySQL 数据库,则推荐使用配置和选项比较简单的 WampServer 集成开发环境。

1. 安装 WampServer

读者可登录其官网或其他网络地址下载并安装,官网如图 3-6 所示。下载的安装文件如图 3-7 所示。

在 Windows 64 位系统上,安装 WampServer 的步骤如下。

(1) 双击下载的 MySQL 安装文件 wampserver3.3.0_x64.exe,之后会弹出选择安装语言对话框,选择 English,然后单击 OK 按钮进入下一个对话框,如图 3-8 所示。

(2) 在弹出的 License Agreement 对话框中,勾选 I accept the agreement 选项,然后单击 Next 按钮进入下一个对话框,如图 3-9 所示。

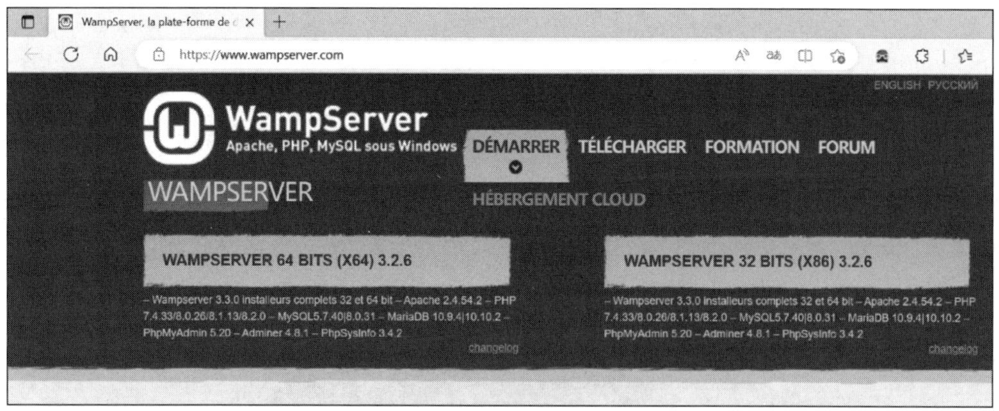

图 3-6　WampServer 的官网

图 3-7　WampServer 的安装文件

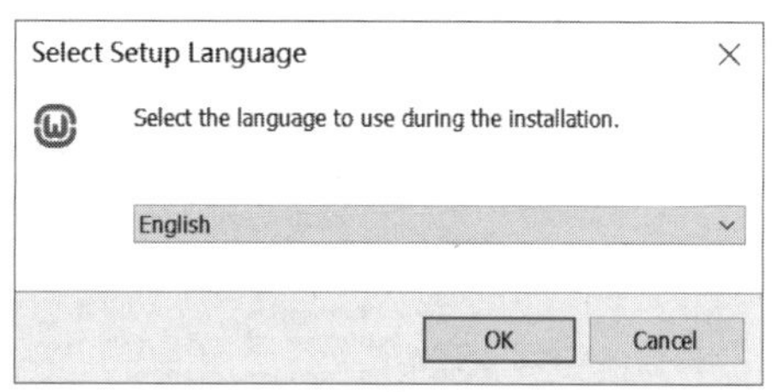

图 3-8　选择安装语言对话框

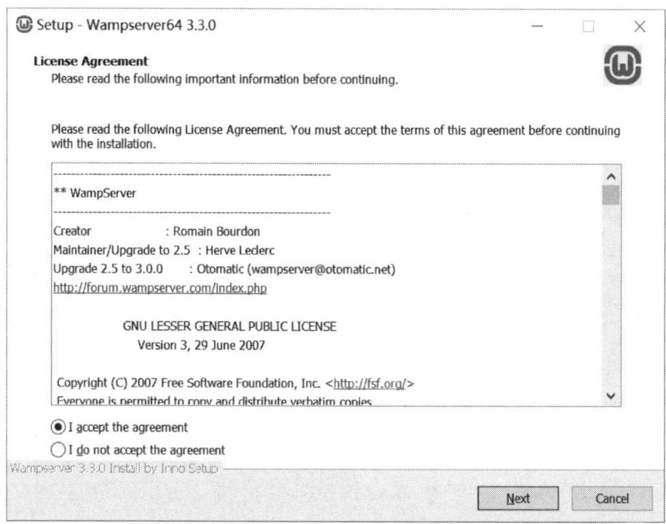

图 3-9　License Agreement 对话框

(3) 在弹出的对话框中，单击 Next 按钮，将进入 Select Destination Location 对话框，在此对话框中将安装路径设置为 D 盘的 wamp64 文件夹(读者可自行设置安装路径)，如图 3-10 所示。

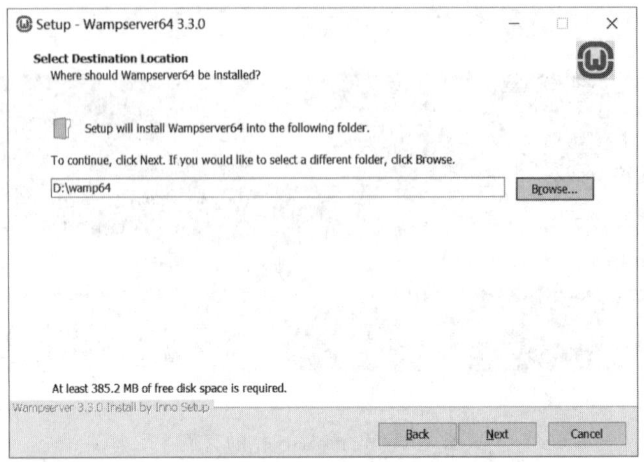

图 3-10　Select Destination Location 对话框

(4) 单击 Next 按钮,进入 Select Components 对话框,该对话框显示要安装的软件组合。保持默认状态,然后单击 Next 按钮,如图 3-11 所示。

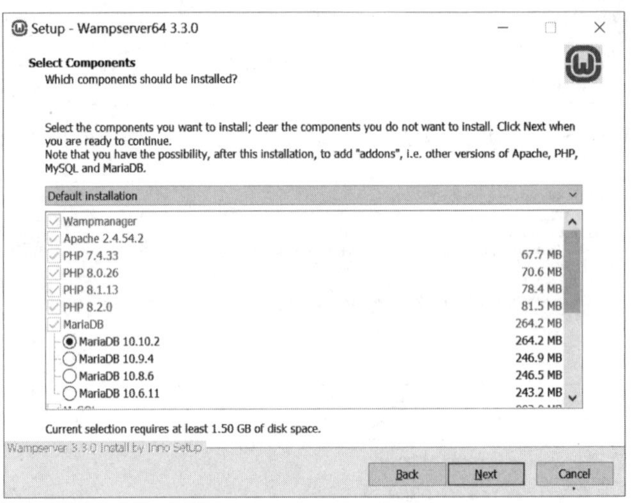

图 3-11　Select Components 对话框

注意:MariaDB 数据库管理系统是 MySQL 的一个分支,主要由开源社区在维护,采用 GPL 授权许可,MariaDB 的目的是完全兼容 MySQL,包括 API 和命令行,使之能轻松成为 MySQL 的代替品。

---

(5) 在弹出的 Select Start Menu Folder 对话框中,保持默认状态,单击 Next 按钮,如图 3-12 所示。

(6) 在弹出的 Ready to Install 对话框中,单击 Install 按钮就可以进行安装了,如图 3-13 所示。

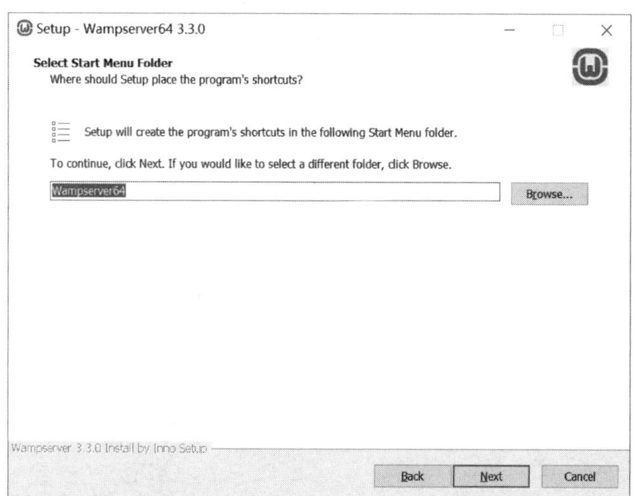

图 3-12 Select Start Menu Folder 对话框

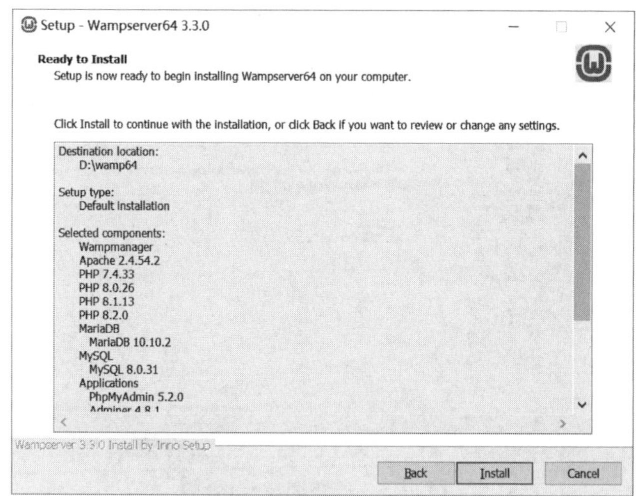

图 3-13 Ready to Install 对话框

(7) 安装完毕后会弹出 Information 对话框,主要介绍 WampServer 的应用方法。单击 Information 对话框中的 Next 按钮后会弹出最后一个对话框,单击 Finish 按钮,即可完成安装,如图 3-14 和图 3-15 所示。

2. 应用 WampServer 中的 MySQL 数据库

在计算机的桌面上双击 WampServer 的桌面图标就可以运行 WampServer。在计算机的右下角会显示运行的 WampServer 图标,如果右击该图标,则可弹出该软件的快捷菜单,可退出、重启该软件,如图 3-16 所示。

如果单击该图标,则可弹出该软件的选项,可以选择操作 MySQL 数据库的方式,如图 3-17 所示。

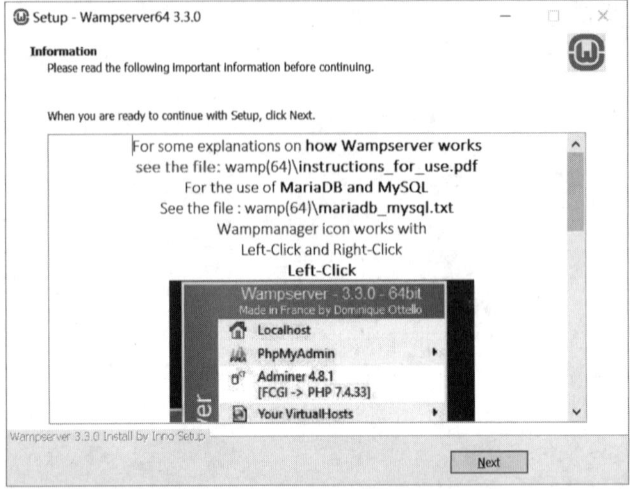

图 3-14　Information 对话框

图 3-15　安装完成对话框

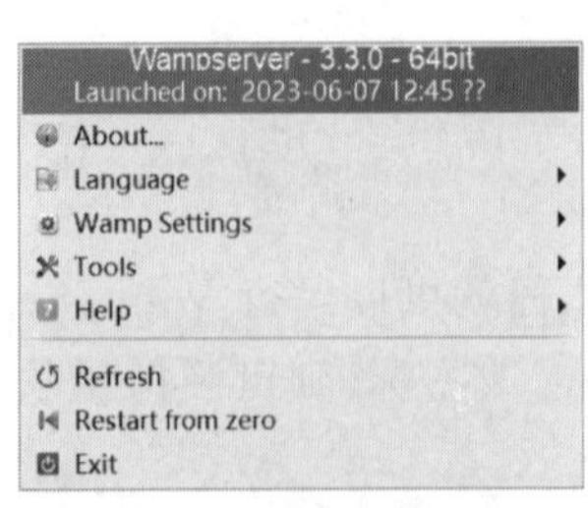

图 3-16　右击后弹出的菜单

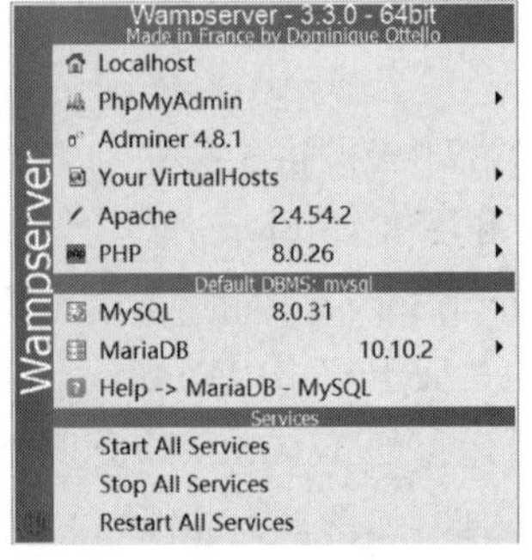

图 3-17　单击弹出的菜单

在弹出的菜单中，当将鼠标放置在 PhpMyAdmin 选项上时会弹出子菜单，如果选择 phpMyAdmin 5.2.0 选项，则可以打开 phpMyAdmin 窗口，如图 3-18 和图 3-19 所示。

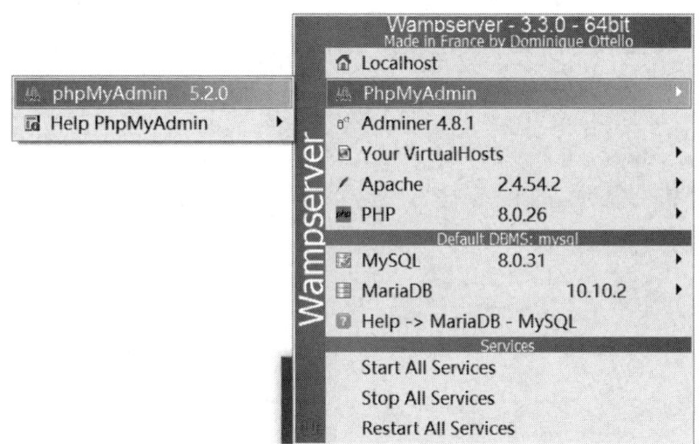

图 3-18　选择 phpMyAdmin 5.2.0

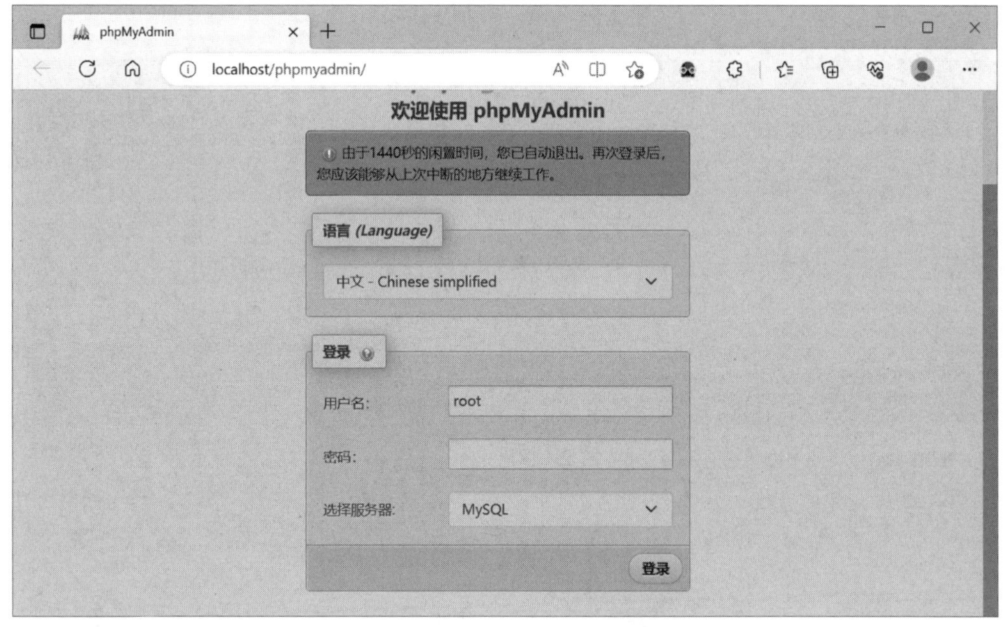

图 3-19　phpMyAdmin 窗口

phpMyAdmin 就是 MySQL 的管理窗口，默认的用户名为 root，密码为空。输入用户名就可以进入 MySQL 管理窗口，开发者可以在管理窗口中新建数据库、新建数据表，如图 3-20 所示。

在 MySQL 管理窗口底部的控制台中，开发者可输入 SQL 语句，然后按快捷键 Ctrl+Enter 执行，如图 3-21 所示。

开发者如果更喜欢使用命令行的方式操作 MySQL 数据库，则可以单击正在运行的

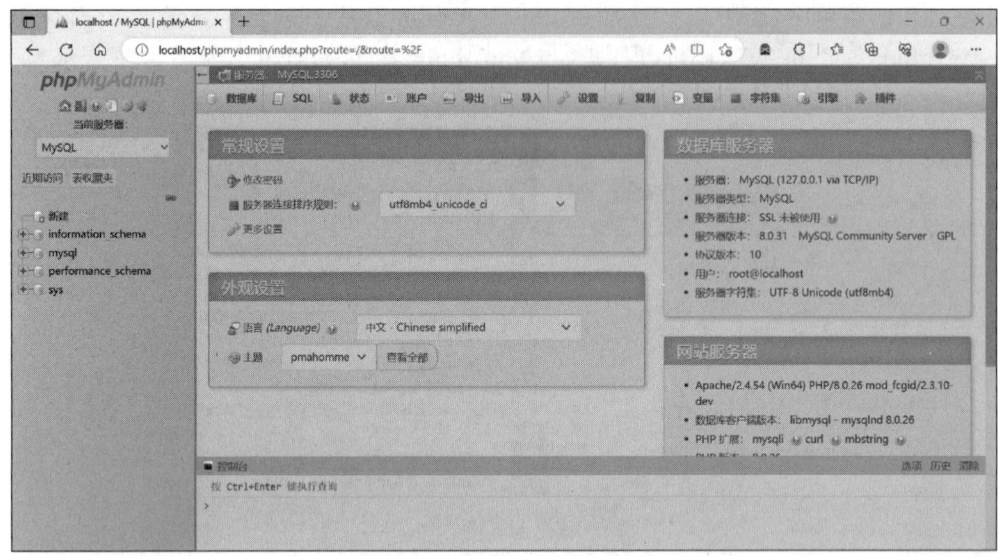

图 3-20 MySQL 的管理窗口

图 3-21 在控制台中输入并执行 SQL 语句

WampServer 图标,当将鼠标放置在 MySQL 选项上时会弹出子菜单,选择子菜单的 MySQL console 选项就可以打开 MySQL 的命令行窗口,如图 3-22 和图 3-23 所示。

由于 MySQL 数据库的密码为空,按 Enter 键即可实现与 MySQL 数据库的连接,如图 3-24 所示。

在命令行窗口中,输入以下 SQL 语句:

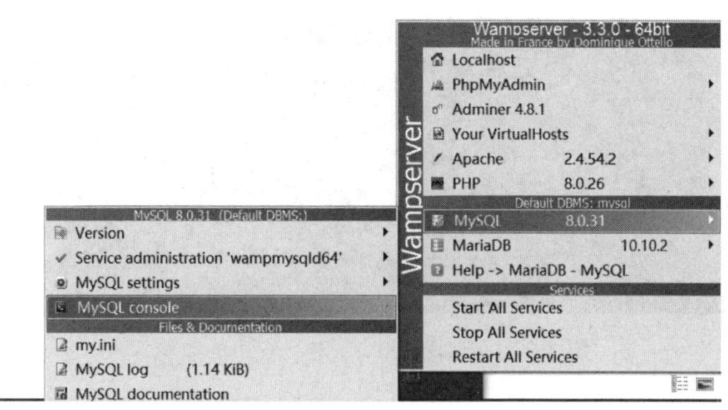

图 3-22　打开 MySQL 的命令行窗口

图 3-23　MySQL 的命令行窗口

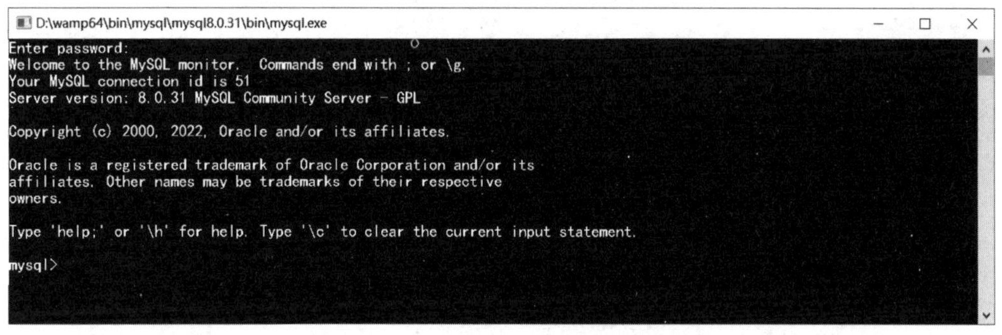

图 3-24　连接 MySQL 数据库

```
show databases;
```

然后按 Enter 键就可以查看 MySQL 内部使用的数据库，如图 3-25 所示。

在命令行窗口中，输入“exit;”就可以关闭命令行窗口。

3. 使用 phpMyAdmin 创建 company 数据库

第 1 步，运行 WampServer 软件，接着打开 phpMyAdmin，然后单击 phpMyAdmin 窗口右侧的“新建”，在弹出的单行文本框中输入 company，如图 3-26 所示。

第 2 步，其他选项保持默认，单击“创建”按钮就可以创建数据库了，可以在窗口的右侧查看创建的数据库，如图 3-27 所示。

图 3-25　查看 MySQL 内部使用的数据库

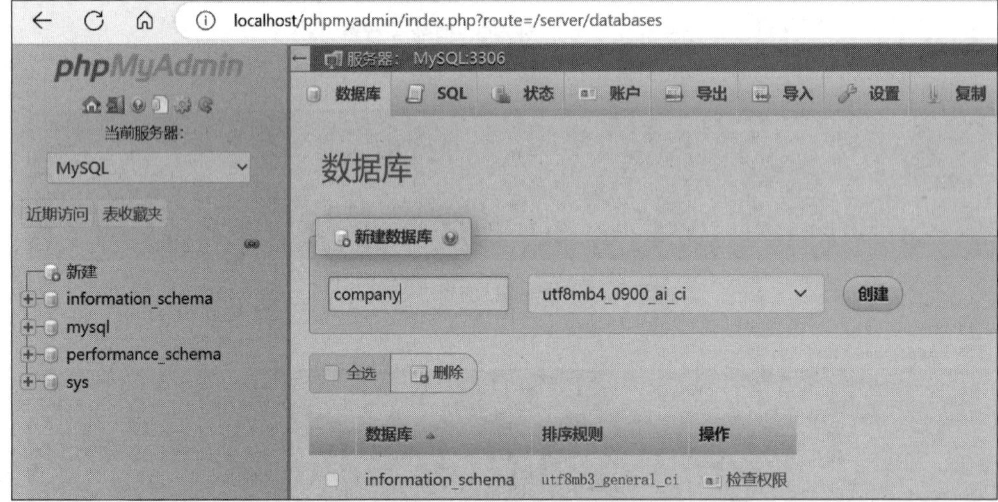

图 3-26　输入新建数据库的名字

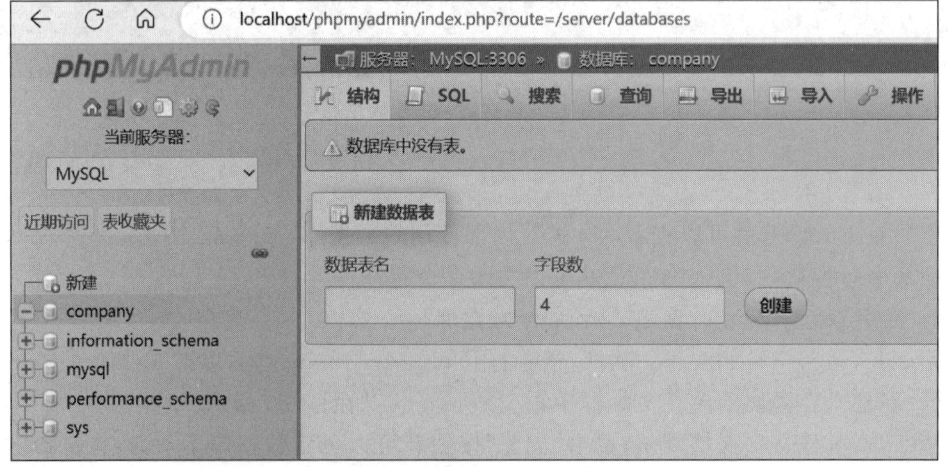

图 3-27　创建的 company 数据库

3.2.2 安装、应用 PyMySQL 模块

由于 MySQL 服务器以独立的进程运行并通过网络对外服务，所以需要使用 Python 的 MySQL 驱动连接 MySQL 服务器。由于 PySide6 提供的方法连接 MySQL 数据库比较复杂，所以笔者推荐使用 Python 的第三方模块 PyMySQL。在 PySide6 程序中可以使用 PyMySQL 模块连接 MySQL 数据库。由于该模块是第三方模块，所以需要安装此模块。安装 PyMySQL 模块需要在 Windows 命令行窗口中输入的命令如下：

```
pip install PyMySQL -i https://pypi.tuna.tsinghua.edu.cn/simple
```

然后按 Enter 键，即可安装 PyMySQL 模块，如图 3-28 所示。

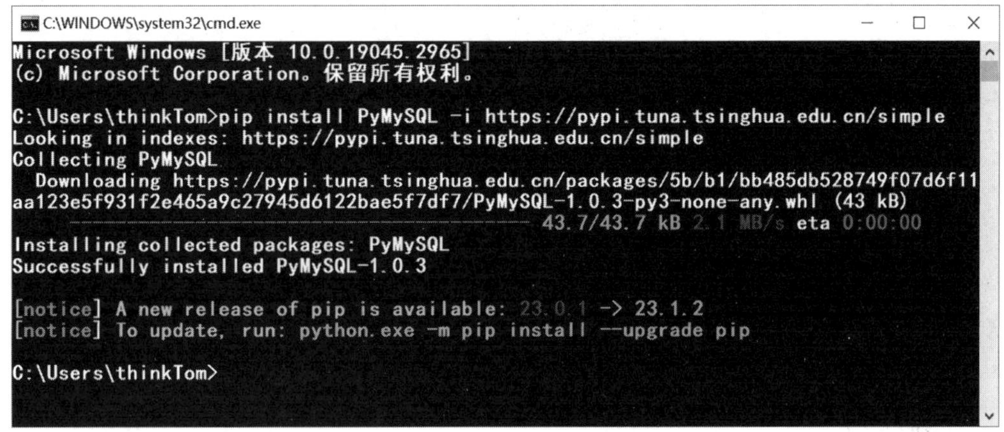

图 3-28 安装 PyMySQL 模块

使用数据库的第 1 步是要连接数据库，可以使用 PyMySQL 模块连接 MySQL 数据库。MySQL 遵循 Python Database API 2.0 规范，操作 MySQL 数据库的流程如图 3-29 所示。

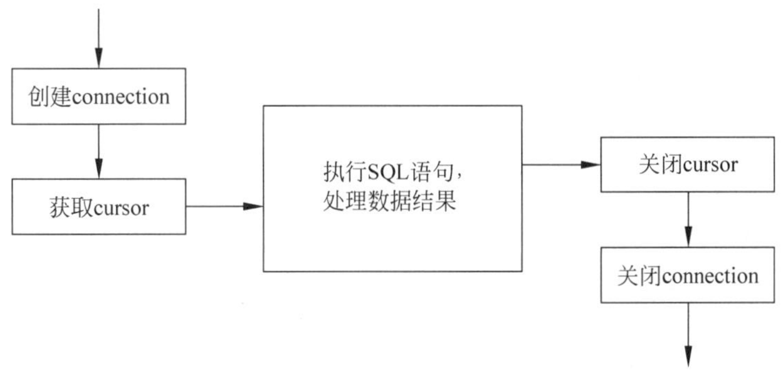

图 3-29 使用 PyMySQL 模块操作 MySQL 数据库的流程

【实例 3-5】 在前面的操作中，已经安装了 MySQL 服务器，并设置了用户名、密码，创建了一个名称为 company 的数据库。启动 MySQL 服务器后，使用 PyMySQL 模块连接数

据库，获取并打印 MySQL 数据库的版本，代码如下：

```
# === 第 3 章 代码 demo5.py === #
import pymysql

#创建数据库连接对象,参数分别为主机名或 IP、用户名、密码、数据库名、字符编码
db = pymysql.connect(host = 'localhost',user = 'root',password = '',db = 'company',charset = 'utf8')
#创建游标对象 cursor
cursor = db.cursor()
#使用 execute()方法执行 SQL 语句查询
cursor.execute('select version()')
#使用 fetchone()方法获取单条数据
data = cursor.fetchone()
print('Database version',data)
#关闭游标对象
cursor.close()
#关闭数据库连接对象
db.close()
```

运行结果如图 3-30 所示。

```
C:\WINDOWS\system32\cmd.exe
D:\Chapter3>python demo5.py
Database version ('8.0.31',)

D:\Chapter3>
```

图 3-30　代码 demo5.py 的运行结果

3.2.3　操作数据表

数据库连接成功后就可以为数据库创建数据表了。下面将介绍使用 PyMySQL 模块为数据库创建数据表的方法。

【实例 3-6】 使用 PyMySQL 模块，在 company 的数据库下创建一个数据表 clients。数据表 clients 包含 id(主键)、name(姓名)、address(地址)、email(邮件地址)共 4 个字段，代码如下：

```
# === 第 13 章 代码 demo6.py === #
import pymysql

#创建数据库连接对象,参数分别为主机名或 IP、用户名、密码、数据库名、字符编码
db = pymysql.connect(host = 'localhost',user = 'root',password = '',db = 'company',charset = 'utf8')
#创建游标对象 cursor
cursor = db.cursor()
#使用 execute()方法执行 SQL 语句
sql = """CREATE TABLE clients(
id int NOT NULL AUTO_INCREMENT,
name char(50) NOT NULL,
```

```
address char(50) NULL,
email char(50) NULL,
PRIMARY KEY (id)
)ENGINE = InnoDB AUTO_INCREMENT = 1 DEFAULT CHARSET = UTF8;
"""
cursor.execute(sql)

#关闭游标对象
cursor.close()
#关闭数据库连接对象
db.close()
```

运行代码 demo6.py 后，company 数据库下便创建了一个 clients 表。可以通过 phpMyAdmin 查看数据表 clients，如图 3-31 所示。

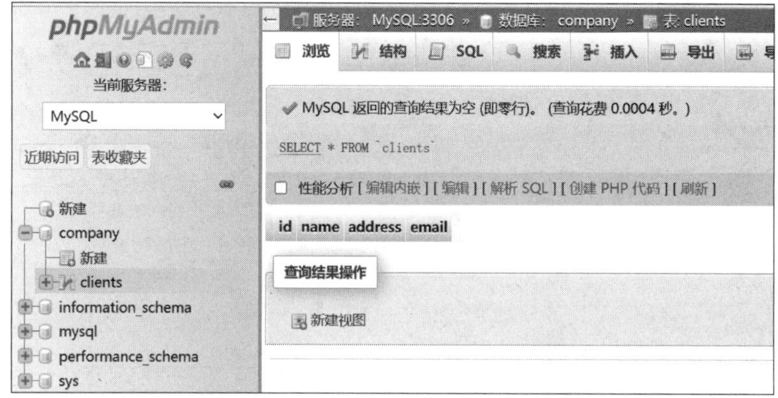

图 3-31　代码 demo6.py 的运行结果

【实例 3-7】 使用 PyMySQL 模块向数据库 company 下的数据表 clients 插入 5 条数据，代码如下：

```
# === 第 3 章 代码 demo7.py === #
import pymysql

#创建数据库连接对象,参数分别为主机名或 IP、用户名、密码、数据库名、字符编码
db = pymysql.connect(host = 'localhost',user = 'root',password = '',db = 'company',charset = 'utf8')
#创建游标对象 cursor
cursor = db.cursor()
#数据列表
data = [('唐僧','东土大唐','tangs@ts.com'),
('孙悟空','花果山','wukong@wk.com'),
('猪八戒','高老庄','bajie@bj.com'),
('沙僧','流沙河','shaseng@ss.com'),
('小白龙','东海','bailong@bl.com')]
#执行 SQL 语句,插入多条数据
try:
    #执行 SQL 语句,插入多条数据
    cursor.executemany("INSERT INTO clients(name,address,email) VALUES( %s, %s, %s)",data)
```

```
    #提交事务
    db.commit()
except:
    #发生错误时回滚
    db.rollback()

#关闭游标对象
cursor.close()
#关闭数据库连接对象
db.close()
```

运行结果如图 3-32 所示。

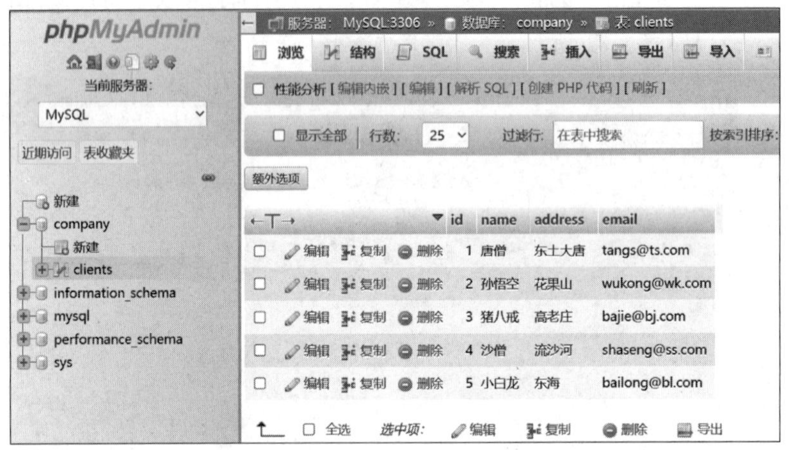

图 3-32 代码 demo7.py 的运行结果

【实例 3-8】 使用 Qt Designer 设计一个窗口,可以通过窗口中的控件向 company 数据库下的 clients 插入数据。操作步骤如下:

(1) 使用 Qt Designer 设计窗口,该窗口包含 3 个标签控件、3 个单行文本输入框、一个按钮,如图 3-33 所示。

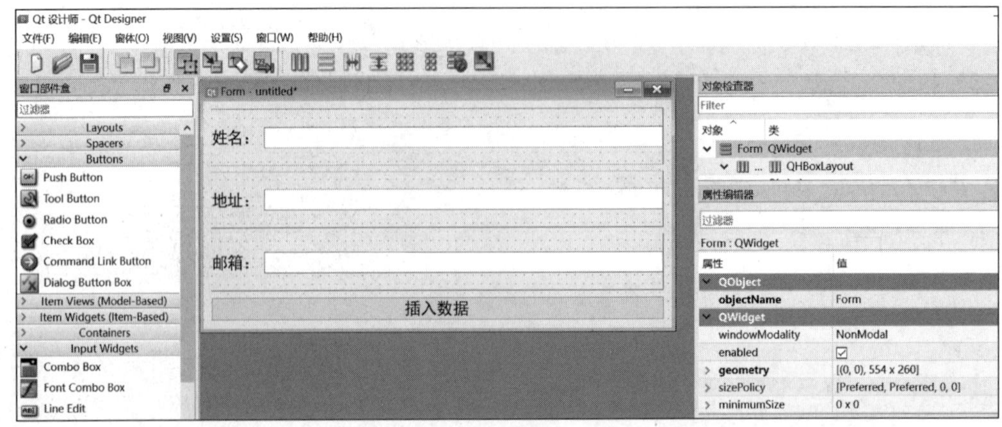

图 3-33 设计的主窗口界面

(2) 按快捷键 Ctrl+R,可查看预览窗口。预览窗口及其 3 个单行文本框、1 个按钮的对象名称如图 3-34 所示。

图 3-34 预览窗口及控件对象的名称

(3) 关闭预览窗口,将窗口的标题修改为插入数据,按快捷键 Ctrl+S 将设计的窗口界面保存在 D 盘的 Chapter3 文件夹下并命名为 demo8.ui,然后在 Windows 命令行窗口将 demo8.ui 文件转换为 demo8.py,操作过程如图 3-35 所示。

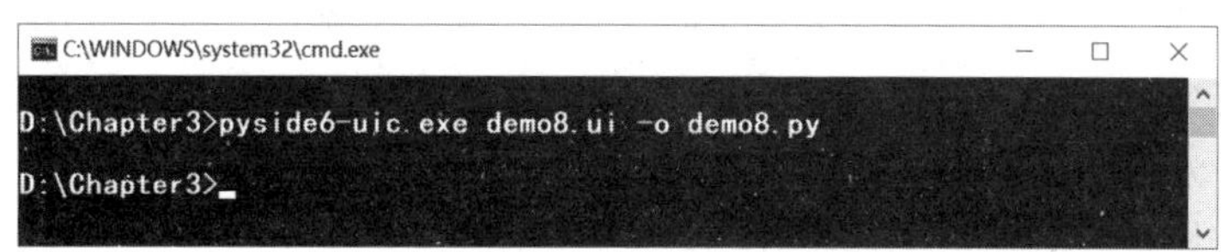

图 3-35 将 demo8.ui 转换为 demo8.py

(4) 编写业务逻辑代码,代码如下:

```
# === 第 3 章 代码 demo8_main.py === #
import sys
from PySide6.QtWidgets import QApplication,QWidget
from demo8 import Ui_Form
import pymysql

class Window(Ui_Form,QWidget): #多重继承
    def __init__(self):
        super().__init__()
        self.setupUi(self)
        #使用信号/槽
        self.pushButton.clicked.connect(self.pushButton_clicked)

    def pushButton_clicked(self):
        name = self.lineEdit_name.text()
        address = self.lineEdit_address.text()
        email = self.lineEdit_email.text()
        if name == "" or address == "" or email == "":
            return
        #创建数据库连接对象
        db = pymysql.connect(host = 'localhost',user = 'root',password = '',
db = 'company',charset = 'utf8')
        #创建游标对象 cursor
        cursor = db.cursor()
        #SQL 语句
        sql = f'INSERT INTO clients (name, address, email) VALUES ("{name}","{address}",
"{email}")'
        #执行 SQL 语句,插入 1 条数据
        try:
            cursor.execute(sql)
```

```
                #提交事务
                db.commit()
            except:
                #发生错误时回滚
                db.rollback()
            #关闭游标对象
            cursor.close()
            #关闭数据库连接对象
            db.close()


if __name__ == '__main__':
    app = QApplication(sys.argv)
    win = Window()
    win.show()
    sys.exit(app.exec())
```

运行结果如图 3-36 和图 3-37 所示。

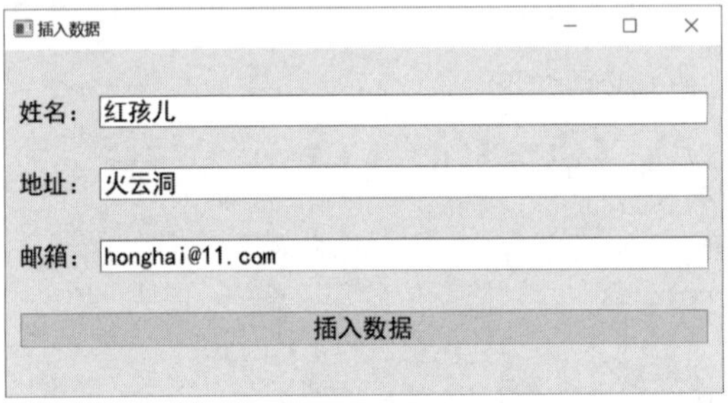

图 3-36 代码 demo8_main.py 的运行结果

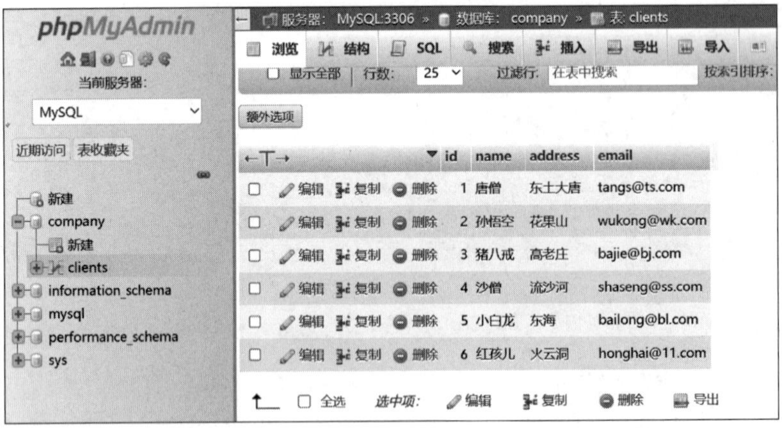

图 3-37 插入数据表中的数据

【实例 3-9】 使用 Qt Designer 设计一个窗口,在窗口中可以输入数据库名、数据表名,单击按钮后可以查询数据表中的数据。操作步骤如下:

(1) 使用 Qt Designer 设计窗口,该窗口包含两个标签控件、两个单行文本输入框、一个按钮、一个表格控件，如图 3-38 所示。

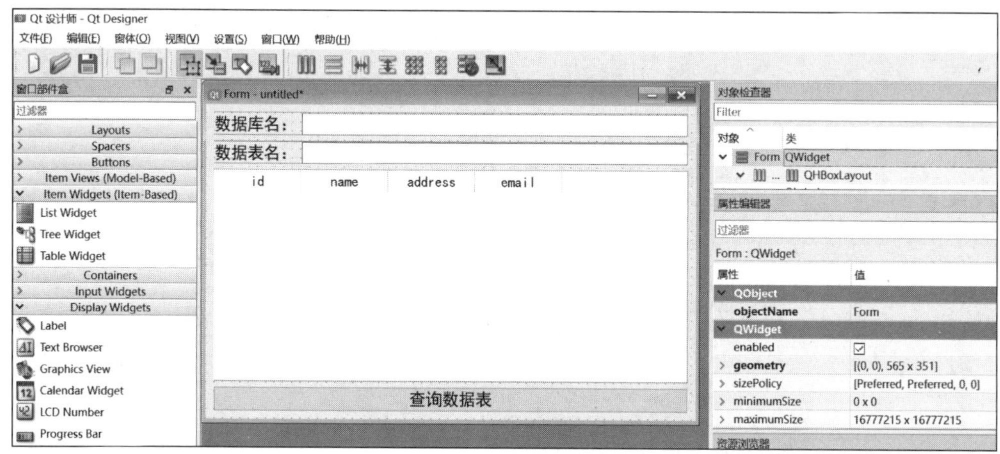

图 3-38 设计的主窗口界面

(2) 按快捷键 Ctrl+R 可查看预览窗口。预览窗口及其两个单行文本框、一个按钮、一个表格控件的对象名称如图 3-39 所示。

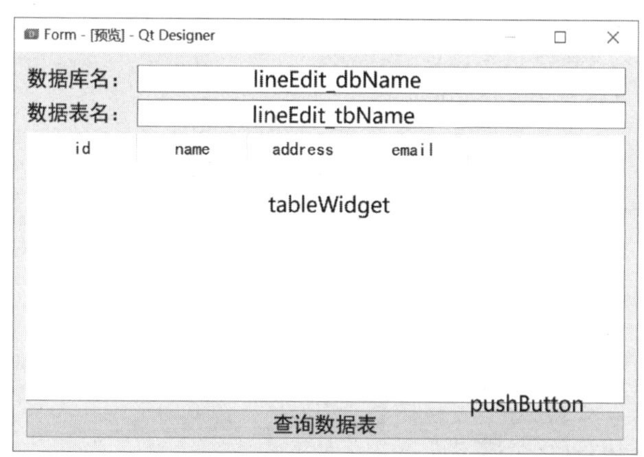

图 3-39 预览窗口及控件对象的名称

(3) 关闭预览窗口，将窗口的标题修改为插入数据，按快捷键 Ctrl+S 将设计的窗口界面保存在 D 盘的 Chapter3 文件夹下并命名为 demo9. ui，然后在 Windows 命令行窗口将 demo9. ui 文件转换为 demo9. py，操作过程如图 3-40 所示。

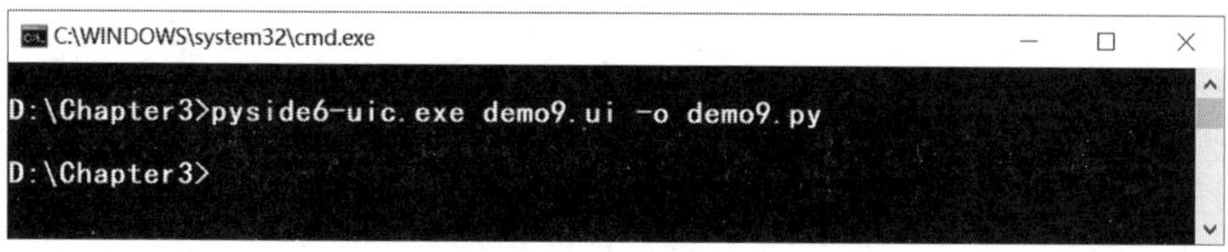

图 3-40 将 demo9. ui 转换为 demo9. py

(4) 编写业务逻辑代码,代码如下:

```
# === 第 3 章 代码 demo9_main.py === #
import sys
from PySide6.QtWidgets import QApplication,QWidget,QTableWidgetItem
from demo9 import Ui_Form
import pymysql

class Window(Ui_Form,QWidget): #多重继承
    def __init__(self):
        super().__init__()
        self.setupUi(self)
        #使用信号/槽
        self.pushButton.clicked.connect(self.pushButton_clicked)

    def pushButton_clicked(self):
        dbName = self.lineEdit_dbName.text()
        tbName = self.lineEdit_tbName.text()
        if dbName == "" or tbName == "":
            return
        #创建数据库连接对象
        db = pymysql.connect(host = 'localhost',user = 'root',password = '',
db = dbName,charset = 'utf8')
        #创建游标对象 cursor
        cursor = db.cursor()
        #SQL 语句
        sql = f'SELECT * FROM {tbName}'
        #执行 SQL 语句
        try:
            cursor.execute(sql)
            #获取查询结果
            result = cursor.fetchall()
        except:
            #发生错误时回滚
            db.rollback()
        #关闭游标对象
        cursor.close()
        #关闭数据库连接对象
        db.close()
        #根据列表 result 的行数、列数设置表格控件
        rowNum = len(result)
        columnNum = len(result[0])
        self.tableWidget.setRowCount(rowNum)
        self.tableWidget.setColumnCount(columnNum)
        for i in range(rowNum):
            for j in range(columnNum):
                cell = QTableWidgetItem()
                cell.setText(str(result[i][j]))
                self.tableWidget.setItem(i,j,cell)


if __name__ == '__main__':
```

```
app = QApplication(sys.argv)
win = Window()
win.show()
sys.exit(app.exec())
```

运行结果如图 3-41 所示。

查询数据

数据库名：company

数据表名：clients

	id	name	address	email
1	1	唐僧	东土大唐	tangs@ts.com
2	2	孙悟空	花果山	wukong@wk.com
3	3	猪八戒	高老庄	bajie@bj.com
4	4	沙僧	流沙河	shaseng@ss.com
5	5	小白龙	东海	bailong@bl.com
6	6	红孩儿	火云洞	honghai@11.com

查询数据表

图 3-41 代码 demo9_main.py 的运行结果

在 WampServer 中，开发者可以使用 phpMyAdmin 在数据库 company 下创建数据表，并添加数据。操作步骤如下：

(1) 在 phpMyAdmin 窗口左侧的 company 下方有一个“新建”按钮，如果单击该按钮，则窗口右侧会显示要填写的内容，数据表名为 customer，添加 4 列，如图 3-42 所示。

图 3-42 创建数据表 customer

(2) 向下滑动窗口,可以看到有两个按钮:“预览 SQL 语句”按钮与“保存”按钮,如图 3-43 所示。

图 3-43 phpMyAdmin 底部的按钮

(3) 单击“预览 SQL 语句”按钮会弹出一个窗口,在该窗口中可查看对应的 SQL 语句,如图 3-44 所示。

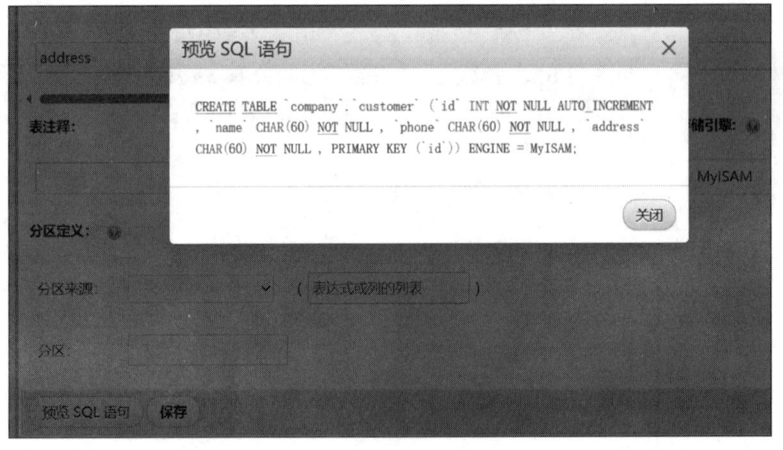

图 3-44 预览 SQL 语句

(4) 关闭预览 SQL 语句窗口,然后单击“保存”按钮,这样便可创建数据表 customer,如图 3-45 所示。

(5) 当单击窗口顶部的“插入”按钮时会显示一个新的窗口,在该窗口中可输入一条数据,如图 3-46 所示。

(6) 单击“执行”按钮就可以向数据表 customer 中插入此条数据,如图 3-47 所示。

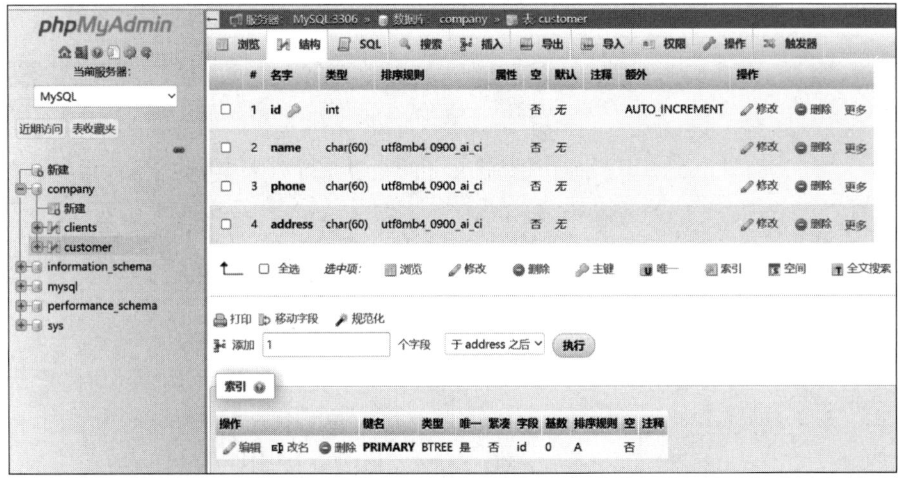

图 3-45 创建的数据表 customer

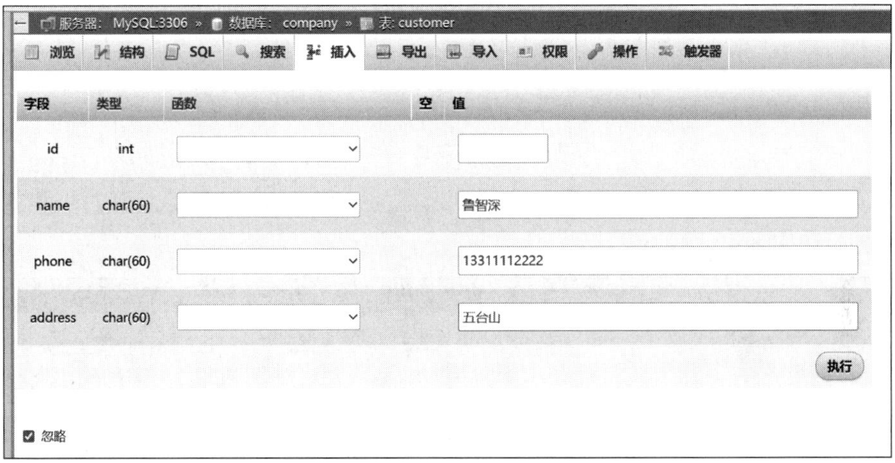

服务器: MySQL:3306 » 数据库: company » 表: customer
浏览 结构 SQL 搜索 插入 导出 导入 权限 操作 触发器
字段 类型 函数 空 值
id int
name char(60) 鲁智深
phone char(60) 13311112222
address char(60) 五台山
执行
忽略

图 3-46 输入一条数据

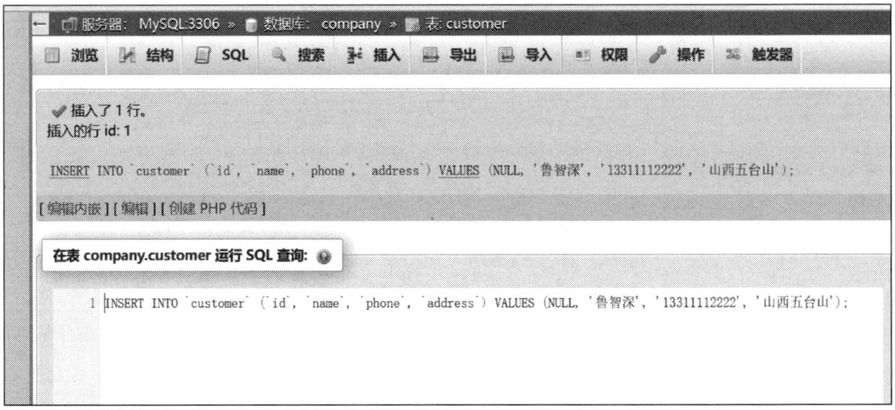

服务器: MySQL:3306 » 数据库: company » 表: customer
浏览 结构 SQL 搜索 插入 导出 导入 权限 操作 触发器
插入了 1 行。
插入的行 id: 1
INSERT INTO `customer` (`id`, `name`, `phone`, `address`) VALUES (NULL, '鲁智深', '13311112222', '山西五台山');
[编辑内嵌] [编辑] [创建 PHP 代码]
在表 company.customer 运行 SQL 查询:
1 INSERT INTO `customer` (`id`, `name`, `phone`, `address`) VALUES (NULL, '鲁智深', '13311112222', '山西五台山');

图 3-47 成功插入一条数据

(7) 单击窗口左侧的数据表 customer 就可以查看已经输入的数据，如图 3-48 所示。

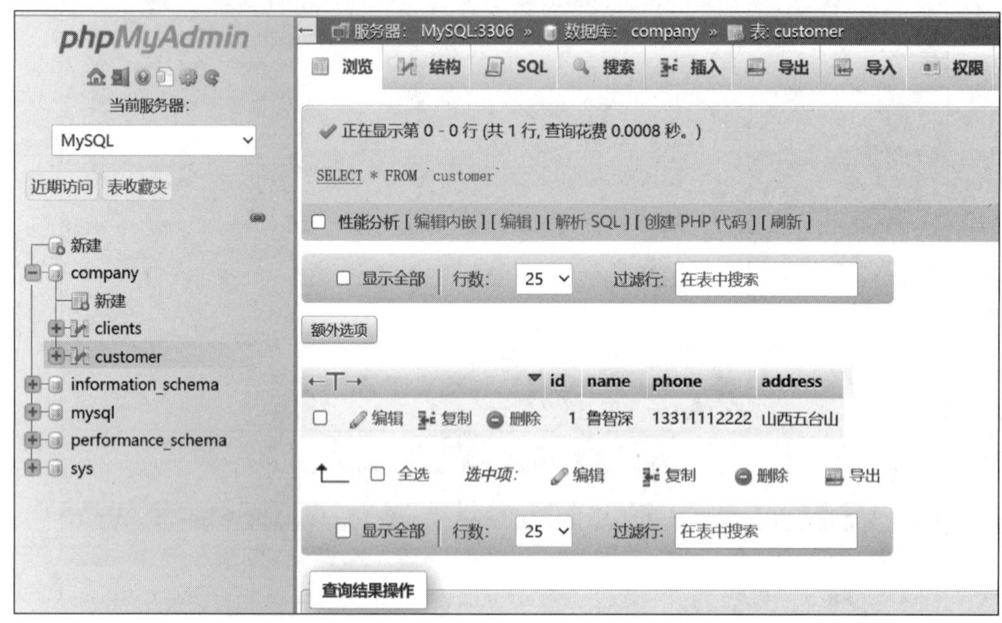

图 3-48　查看数据表 customer

(8) 如果要插入多条数据，则可单击窗口顶部的"插入"按钮，重复上面的步骤就可以插入多条数据，如图 3-49 所示。

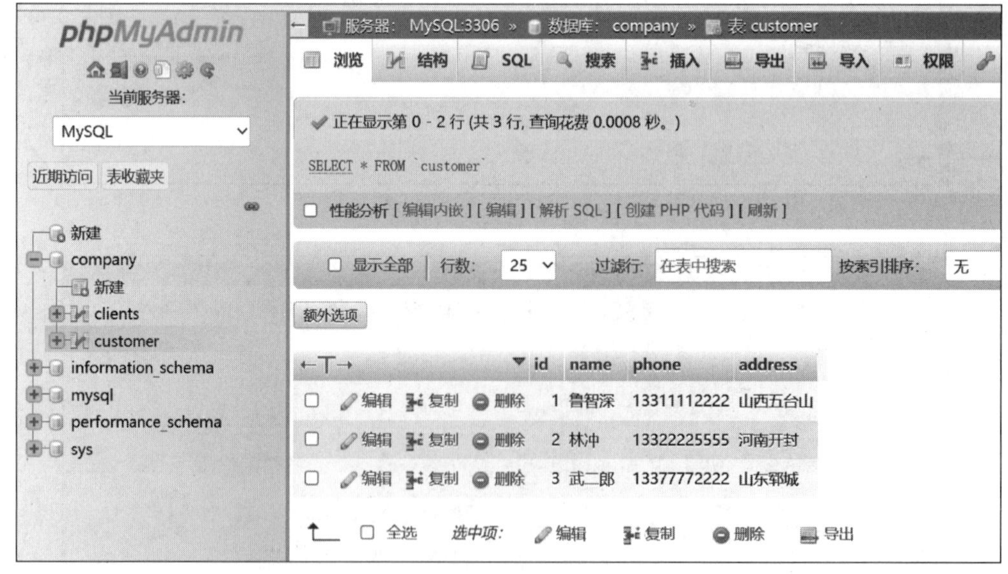

图 3-49　插入多条数据的数据表

3.3　数据库查询模型类 QSqlQueryModel

12min

在 PySide6 中，可以使用数据库查询模型 QSqlQueryModel 从数据库中读取数据，然后使用视图控件（例如 QTableView）显示数据库查询模型 QSqlQueryModel 中的数据。注意，数据库查询模型只能读取数据，而不能修改数据。

3.3.1　QSqlQueryModel 类

在 PySide6 中，使用 QSqlQueryModel 类创建数据库查询模型，其继承关系图如图 2-2 所示。QSqlQueryModel 类位于 PySide6 的 QtSql 子模块下，其构造函数如下：

```
QSqlQueryModel(parent:QObject = None)
```

其中，parent 表示 QObject 类及其子类创建的实例对象。

QSqlQueryModel 类的常用方法见表 3-6。

表 3-6　QSqlQueryModel 类的常用方法

方法及参数类型	说　明	返回值的类型
query()	获取数据库查询	QSqlQuery
setQuery(query: str, db: QSqlDatabase = Default(QSqlDatabase))	设置数据库查询	None
setHeaderData(section: int, orientation: Qt. orientation, value: Any, role: Qt. EditRole)	在显示数据的视图控件中设置表头某角色的值	bool
headerData(section: int, orientation: Qt. orientation, value: Any, role: Qt. ItemDataRole. DisplayRole)	获取显示数据的视图控件中表头某角色的值	Any
record()	获取包含字段信息的空记录	QSqlRecord
record(row: int)	获取指定的字段记录	QSqlRecord
rowCount(parent: QModelIndex=Invalid(QModelIndex)	获取数据表中记录或行的数量	int
columnCount(parent: QModelIndex=Invalid(QModelIndex)	获取数据表中字段或列的数量	int
clear()	清空查询模型中的数据	None

3.3.2　典型应用

【实例 3-10】　创建一个窗口，使用该窗口可以打开并显示 SQLite 数据库中数据表的内容，代码如下：

```
# === 第 3 章 代码 demo10.py === #
import sys
from PySide6.QtWidgets import (QApplication,QMainWindow,QFrame,
```

```
    QTableView, QHBoxLayout,QLabel,QMenuBar,QFileDialog,
    QVBoxLayout,QComboBox)
from PySide6.QtSql import QSqlDatabase,QSqlQueryModel
from PySide6.QtCore import Qt
from PySide6.QtGui import QFont

class Window(QMainWindow):
    def __init__(self,parent = None):
        super().__init__(parent)
        self.setGeometry(200,200,620,300)
        self.setWindowTitle("QSqlQueryModel")
        #创建菜单栏、菜单、动作
        menuBar = QMenuBar(self)
        fileMenu = menuBar.addMenu("文件")
        self.actionOpen = fileMenu.addAction("打开")
        self.actionClose = fileMenu.addAction("关闭")
        #创建 1 个标签、下拉列表、表格视图、框架控件
        self.label = QLabel('请选择要显示的数据表:')
        self.label.setFont(QFont('黑体',12))
        self.label.setAlignment(Qt.AlignCenter)
        self.combox = QComboBox()
        self.tableView = QTableView()
        self.frame = QFrame()
        #向框架控件中添加其他控件
        hbox = QHBoxLayout()
        hbox.addWidget(self.label)
        hbox.addWidget(self.combox)
        vbox = QVBoxLayout(self.frame)
        vbox.addLayout(hbox)
        vbox.addWidget(self.tableView)
        #设置主窗口的菜单栏和中心控件
        self.setMenuBar(menuBar)
        self.setCentralWidget(self.frame)
        #创建模型
        self.queryModel = QSqlQueryModel()
        #使用信号/槽
        self.actionOpen.triggered.connect(self.action_open)
        self.actionClose.triggered.connect(self.close)
        self.combox.currentTextChanged.connect(self.combox_changed)

    def action_open(self):
        dbFile,fil = QFileDialog.getOpenFileName(self, dir = 'D:\\Chapter3\\',
filter = "SQLite( * .db * .db3);; All File( * . * )")
        if dbFile:
            self.setWindowTitle(dbFile)
            self.combox.clear()
            #连接数据库
            self.db = QSqlDatabase.addDatabase('QSQLITE')
            self.db.setDatabaseName(dbFile)
            if self.db.open():
                tables = self.db.tables()
                if len(tables) > 0:
```

```
                self.combox.addItems(tables)

        def combox_changed(self):
            sql = f"SELECT * FROM {self.combox.currentText()}"
            #设置查询
            self.queryModel.setQuery(sql)
            #获取字段头部的记录
            header = self.queryModel.record()
            for i in range(header.count()):
                self.queryModel.setHeaderData(i,Qt.Horizontal,header.fieldName(i),Qt.DisplayRole)
            self.tableView.setModel(self.queryModel) #设置表格视图的数据模型


    if __name__ == '__main__':
        app = QApplication(sys.argv)
        win = Window()
        win.show()
        sys.exit(app.exec())
```

运行结果如图 3-50 所示。

D:/Chapter3/stuendt3.db

文件

请选择要显示的数据表: score2

	ID	Name	语文	数学	英语
1	202401	鲁智深	79	88	89
2	202402	武二郎	83	81.5	80
3	202403	豹子头	73.5	83	90

图 3-50　代码 demo10.py 的运行结果

3.4　数据库表格模型类 QSqlTableModel

在 PySide6 中,可以使用数据库表格模型 QSqlTableModel 从数据库中读取数据,然后使用视图控件(例如 QTableView)显示数据库表格模型 QSqlTableModel 中的数据,而且可以对数据进行插入、修改、删除、排序等操作,同时将修改的数据更新到数据库中。

3.4.1　QSqlTableModel 类

在 PySide6 中,使用 QSqlTableModel 类创建数据库表格模型。QSqlTableModel 类是 QSqlQueryTable 类的子类,其继承关系如图 2-2 所示。QSqlTableModel 类位于 PySide6 的 QtSql 子模块下,其构造函数如下:

```
QSqlTableModel(parent:QObject = None, db:QSqlDatabase = Default(QSqlDatabase))
```

其中，parent 表示 QObject 类及其子类创建的实例对象；db 表示使用 QSqlDatabase 类创建的实例对象。

QSqlTableModel 类常用的方法见表 3-7。

表 3-7 QSqlTableModel 类的常用方法

方法及参数类型	说　明	返回值的类型
[slot]revert()	撤销代理控件所做的更改并恢复原状	None
[slot]submit()	向数据库中提交在代理控件中对行做出的更改，若成功，则返回值为 True	bool
[slot]revertAll()	复原所有未提交的更改	None
[slot]submitAll()	提交所有更改，若成功，则返回值为 True	bool
database()	获取关联的数据库连接	QSqlDatabase
deleteRowFromTable(row:int)	删除数据表中指定的行或记录	bool
setEditStrategy(strategy: QSqlTableModel.EditStrategy)	设置修改提交模式	None
fieldIndex(fieldname:str)	获取指定字段的索引，返回值若为－1，则表示没有对应的字段	int
insertRecord(row:int,record:QSqlRecord)	在指定的行位置插入记录，若成功插入，则返回值为 True，row 取负值表示在末尾插入	bool
insertRowIntoTable(values:QSqlRecord)	直接在数据表中插入行，若成功，则返回值为 True	bool
insertRows(row:int,count:int)	插入多个空行，若成功，则返回值为 True，在 OnFieldChange 和 OnRowChange 模式下每次只能插入一行	bool
insertColumns(column:int,count:int)	插入多个空列，若成功，则返回值为 True	bool
isDirty()	获取模型中是否有脏数据，脏数据表示已经修改过但没有更新到数据库的数据	bool
isDirty(QModelIndex)	根据索引获取数据是否为脏数据	bool
primaryValues(row:int)	获取指定行含有表格字段的记录	QSqlRecord
record()	获取仅包含字段名称的空记录	QSqlRecord
record(row:int)	获取指定行的记录，如果模型没有初始化，则返回空记录	QSqlRecord
removeColumn(column:int)	删除指定的列，若成功，则返回值为 True	bool
removeColumns(column:int,count:int)	删除多列，若成功，则返回值为 True	bool

续表

方法及参数类型	说　　明	返回值的类型
removeRow(row:int)	删除指定的行,若成功,则返回值为 True	bool
removeRows(row:int,count:int)	删除多行,若成功,则返回值为 True	bool
revertRow(row:int)	复原指定行的更改	None
rowCount()	获取行的数量	int
columnCount()	获取列的数量	int
setData(index:QModelIndex,value:Any,role:Qt.ItemDataRole.EditRole)	根据索引设置数据项的角色值,若成功,则返回值为 True	bool
data(index:QModelIndex,role:Qt.ItemDataRole.DisplayRole)	根据索引获取数据项的角色值	Any
setQuery(query:QSqlQuery)	设置数据库查询	None
query()	获取数据库查询对象	QSqlQuery
setRecord(row:int,record:QSqlRecord)	设置指定行的记录	bool
setTable(tableName:str)	获取数据表中字段的名称	None
setFilter(filter:str)	设置 SELECT 查询语句中 WHERE 从句部分,但不包含 WHERE	None
filter()	获取 WHERE 从句	str
setSort(column:int,order:Qt.SortOrder)	设置 SELECT 查询语句中 ORDER BY 从句部分	None
orderByClause()	获取 ORDER BY 从句部分	str
select()	执行 SELECT 命令,获取查询结果	bool
selectRow(row:int)	用数据库中的行更新模型中的数据	bool
selectStatement()	获取"SELECT … WHERE … ORDER BY"	str
sort(column:int,order:Qt.SortOrder)	对查询结果进行排序	None
updateRowInTable(row:int,QSqlRecord)	用记录更新数据库中的行	bool
tableName()	获取数据库中数据表的名称	str
setHeaderData(section:int,orientation:Qt.Orientation,value:Any,role:Qt.ItemDataRole.EditRole)	设置视图控件表头某角色的值	bool
index(row:int,column:int,parent:QModelIndex=Invalid(QModelIndex))	获取子索引	QModelIndex
parent(child:QModelIndex)	获取子索引的父索引	QModelIndex
sibling(row:int,column:int,index:QModelIndex)	获取同级别索引	QModelIndex
clear()	清空模型中的数据	None
clearItemData(index:QModelIndex)	根据索引清除数据项中的数据	bool

在 QSqlTableModel 类中，使用 setEditStrategy(strategy:QSqlTableModel.EditStrategy)方法可设置修改提交模式，QSqlTableModel.EditStrategy 的枚举值见表 3-8。

表 3-8 QSqlTableModel.EditStrategy 的枚举值

枚举值	说明
QSqlTableModel.OnFieldChange	立即模式，即对模型的修改立即更新到数据库中
QSqlTableModel.OnRowChange	行模式，即修改完一行，在选择其他行之后把修改更新到数据库中
QSqlTableModel.OnManualSubmit	手动模式，即修改完后不会立即更新到数据库中，而是保存到缓存中，调用 submitAll()方法把修改更新到数据库中，调用 revertAll()撤销修改并恢复原状

在 PySide6 中，QSqlTableModel 类的信号见表 3-9。

表 3-9 QSqlTableModel 类的信号

信号及参数类型	说明
beforeDelete(row:int)	在调用 DeleteRowFromTable(row:int)方法删除指定的行之前发送信号
beforeInsert(record:QSqlRecord)	在调用 insertRowIntoTable(value:QSqlRecord)方法插入记录之前发送信号，可以在插入之前修改记录
beforeUpdate(row:int,record:QSqlRecord)	在调用 updateRowInTable(row:int,values:QSqlRecord)方法更新指定的记录之前发送信号
printInsert(row:int,record:QSqlRecord)	在调用 insertRows(row:int,count:int)方法对新插入的行进行初始化之前发送信号

3.4.2 记录类 QSqlRecord

在 PySide6 中，使用 QSqlRecord 类创建记录对象。记录表示数据表中的一行数据，这一行数据的每个字段有不同的值。QSqlRecord 类位于 PySide6 的 QtSql 子模块下，其构造函数如下：

```
QSqlRecord()
QSqlRecord(other:QSqlRecord)
```

可以使用 QSqlTableModel 类的 record(row:int)方法获取数据表中一行的数据，返回值为 QSqlRecord 对象。

QSqlRecord 类的常用方法见表 3-10。

表 3-10 QSqlRecord 类的常用方法

方法及参数类型	说明	返回值的类型
append(field:QSqlField)	在末尾添加字段	None
clearValues()	清空所有字段的值	None
contains(name:str)	获取是否包含指定的字段	bool

续表

方法及参数类型	说　　明	返回值的类型
count()	获取字段的个数	int
insert(pos:int,field:QSqlField)	在指定的位置插入字段	None
remove(pos:int)	移除指定位置的字段	None
replace(pos:int,field:QSqlField)	替换指定位置字段的值	None
setValue(i:int,val:Any)	根据字段索引设置字段的值	None
setValue(name:str,val:Any)	根据字段名称设置字段的值	None
value(i:int)	根据字段索引获取字段的值	Any
value(name:str)	根据字段名称获取字段的值	Any
setNull(i:int)	根据字段索引设置空值	None
setNull(name:str)	根据字段名称设置空值	None
isNull(i:int)	根据字段索引获取字段的值是否为空值	bool
isNull(name:str)	根据字段名称获取字段的值是否为空值	bool
clear()	删除所有字段	None
isEmpty()	获取是否含有字段	bool
field(i:int)	根据字段索引获取字段对象	QSqlField
field(name:str)	根据字段名称获取字段对象	QSqlField
fieldName(i:int)	获取字段的名称	str
indexOf(name:str)	根据字段名称获取对应的索引	int
keyValues(keyFields:QSqlRecord)	获取与指定的记录具有相同字段名称的记录	QSqlRecord
setGenerated(i:int,generated:bool)	根据索引或名称设置字段值是否已经生成，只有已经生成的字段值才能被更新到数据库中。generated 的默认值为 True	None
setGenerated(name:str,generated:bool)		None
isGenerated(i:int)	根据字段索引获取字段是否已经生成	bool
isGenerated(name:str)	根据字段名称获取字段是否已经生成	bool

3.4.3 字段类 QSqlField

在 PySide6 中，使用 QSqlField 类创建字段对象。字段表示数据表中的一列，数据表的一行（也称为记录）由多个字段组成。QSqlField 类位于 PySide6 的 QtSql 子模块下，其构造函数如下：

```
QSqlField(other:QSqlField)
QSqlField(fieldName:str = '',type:QMetaType = Default(QMetaType),tableName:str = '')
```

其中，fieldName 表示字段名称；tableName 表示数据表名称；type 表示字段的类型，可以是 PySide6 中的类，其参数值为 QMetaType 的枚举值，例如 QMetaType.Valid、QMetaType.Bool、

QMetaType.Int、QMetaType.UInt、QMetaType.Double、QMetaType.QChar、QMetaType.QString、QMetaType.QByteArray，QMetaType的枚举值非常多，有兴趣的读者可查看其官方文档。

在PySide6中，可以使用QSqlField类的field(i:int)方法根据字段索引获取QSqlField对象，使用field(name:str)方法根据字段名称获取QSqlField对象。

QSqlField类的常用方法见表3-11。

表3-11 QSqlField类的常用方法

方法及参数类型	说　明	返回值的类型
clear()	清空字段的值	None
setName(name:str)	设置字段的名称	None
name()	获取字段的名称	str
setValue(value:Any)	设置字段的值，只读模式下不能设置值	None
value()	获取字段的值	Any
setDefaultValue(value:Any)	设置字段的默认值	None
defaultValue()	获取字段的默认值	Any
setMetaType(type:QMetaType)	设置字段的类型	None
metaType()	获取存储在字段中的类型	QMetaType
setReadOnly(readOnly:bool)	设置是否为只读模式，只读模式下不能修改字段的值	None
isReadOnly()	获取是否为只读模式	bool
setRequired(requited:bool)	设置字段的值是必须输入的还是可选的	None
setRequiredStatus(status:QSqlField.RequiredStatus)	设置可选状态	None
setGenerated(gen:bool)	设置字段的生成状态	None
isGenerated()	获取字段的生成状态	bool
setLength(fieldLength:int)	设置字段的长度，当数据类型为字符串型时表示字符串的最大长度，其他类型无意义	None
length()	获取字段的长度，负值表示无法确定	bool
setPricision(precison:int)	设置浮点数的精度，仅针对数值类型	None
precision()	获取精度，负数表示不能确定精度	int
setTableName(tableName:str)	设置数据表名称	None
tableName()	获取数据表名称	str
setAutoValue(autoVal:bool)	将字段的值标记为由数据库自动生成	None
isAutoValue()	获取字段的值是否由数据库自动生成	bool
isValid()	获取字段的类型是否有效	bool
isNull()	如果字段的值为None，则返回值为True	bool

3.4.4 典型应用

【实例 3-11】 使用 Qt Designer 设计一个窗口，在窗口中可以打开 SQLite 数据库，显示数据库下的数据表及数据表对应的数据。用户可以在该窗口下向数据表添加记录。操作步骤如下：

(1) 使用 Qt Designer 设计窗口，该窗口包含 6 个标签控件、1 个下拉列表控件、1 个单行文本输入框、1 个整数数字输入控件、3 个浮点数数字输入控件、1 个按钮、1 个表格视图控件、1 个菜单栏、2 个菜单命令，如图 3-51 和图 3-52 所示。

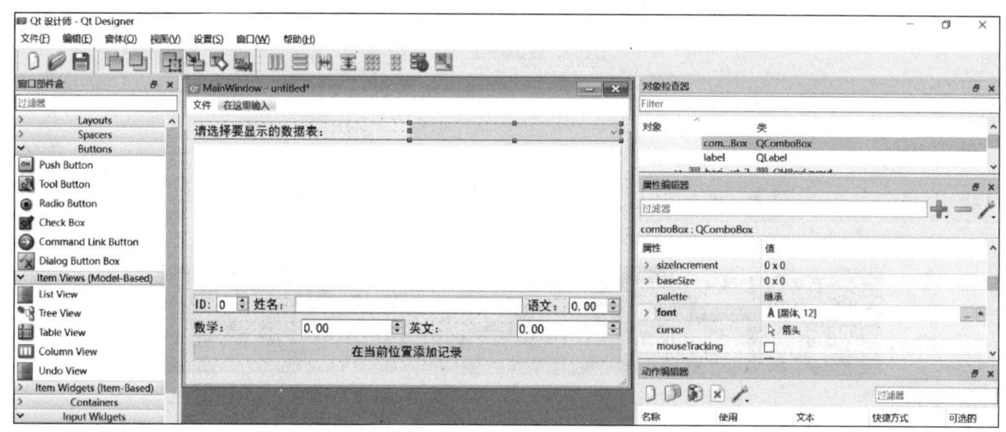

图 3-51 设计的主窗口界面

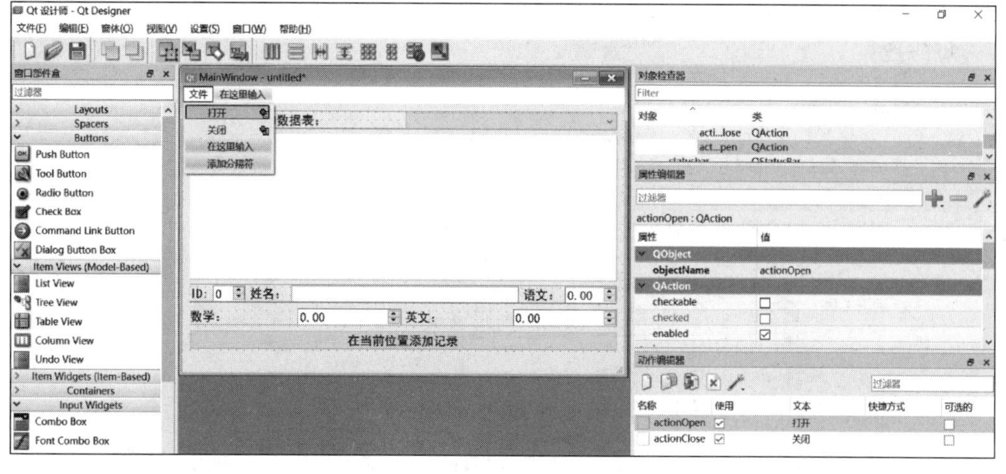

图 3-52 主窗口界面的菜单栏及其命令

(2) 按快捷键 Ctrl+R 可查看预览窗口。预览窗口及其 1 个下拉列表控件、1 个表格视图控件、1 个单行文本框、4 个数字输入控件、1 个按钮的对象名称，如图 3-53 所示。

(3) 关闭预览窗口，将窗口的标题修改为 QSqlTableModel，按快捷键 Ctrl+S 将设计的

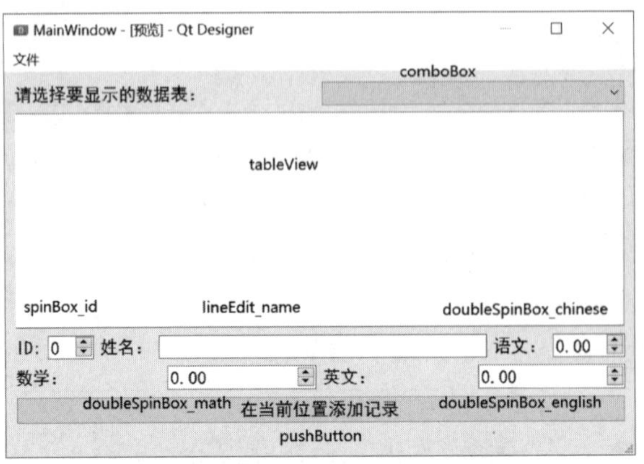

图 3-53 预览窗口及控件对象的名称

窗口界面保存在 D 盘的 Chapter3 文件夹下并命名为 demo11.ui，然后在 Windows 命令行窗口将 demo11.ui 文件转换为 demo11.py，操作过程如图 3-54 所示。

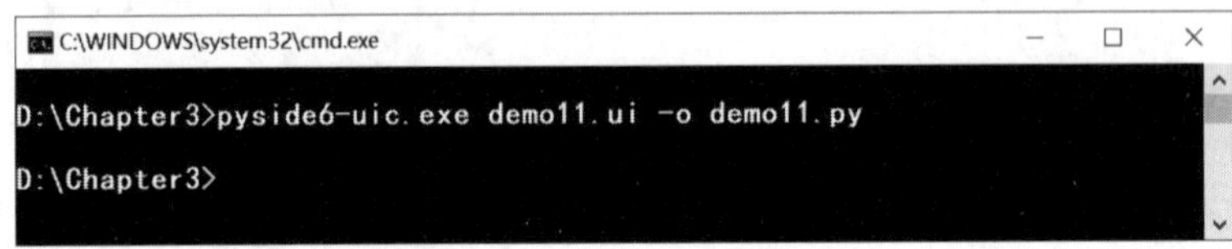

图 3-54 将 demo11.ui 文件转换为 demo11.py

(4) 编写业务逻辑代码，代码如下：

```
# === 第 3 章 代码 demo11_main.py === #
import sys
from PySide6.QtWidgets import QApplication,QMainWindow,QFileDialog
from demo11 import Ui_MainWindow
from PySide6.QtSql import QSqlDatabase,QSqlTableModel,QSqlRecord
from PySide6.QtCore import Qt

class Window(Ui_MainWindow,QMainWindow): #多重继承
    def __init__(self):
        super().__init__()
        self.setupUi(self)
        #使用信号/槽
        self.actionOpen.triggered.connect(self.action_open)
        self.actionClose.triggered.connect(self.close)
        self.comboBox.currentTextChanged.connect(self.comboBox_changed)
        self.pushButton.clicked.connect(self.pushButton_add)

    def action_open(self):
        dbFile,fil = QFileDialog.getOpenFileName(self, dir = 'D:\\Chapter3\\',filter = "SQLite(*.db *.db3);; All File(*.*)")
        if dbFile:
            self.setWindowTitle(dbFile)
```

```
                        self.comboBox.clear()
                        #连接数据库
                        self.db = QSqlDatabase.addDatabase('QSQLITE')
                        self.db.setDatabaseName(dbFile)
                        if self.db.open():
                                self.tableModel = QSqlTableModel(self, self.db) #数据库表格模型
                                self.tableModel.setEditStrategy(
QSqlTableModel.OnFieldChange)
                                self.tableView.setModel(self.tableModel)
                                tables = self.db.tables()
                                if len(tables) > 0:
                                        self.comboBox.addItems(tables)

    def comboBox_changed(self,text):
            self.tableModel.setTable(text)
            self.tableModel.select()
            #获取字段头部的记录
            header = self.tableModel.record()
            for i in range(header.count()):
                    self.tableModel.setHeaderData(i,Qt.Horizontal,
header.fieldName(i),Qt.DisplayRole)

    def pushButton_add(self):
            #创建记录对象
            record = QSqlRecord(self.tableModel.record())
            #设置记录对象的值
            record.setValue("ID",self.spinBox_id.value())
            record.setValue("Name",self.lineEdit_name.text())
            record.setValue("语文",self.doubleSpinBox_chinese.value())
            record.setValue("数学",self.doubleSpinBox_math.value())
            record.setValue("英文",self.doubleSpinBox_english.value())
            self.spinBox_id.setValue(self.spinBox_id.value() + 1)
            #获取当前行
            currentRow = self.tableView.currentIndex().row()
            if not self.tableModel.insertRecord(currentRow + 1, record): #插入行
                    self.tableModel.select()                             #重新查询数据


if __name__ == '__main__':
    app = QApplication(sys.argv)
    win = Window()
    win.show()
    sys.exit(app.exec())
```

运行结果如图 3-55 所示。

【实例 3-12】 使用 Qt Designer 设计一个窗口，在窗口中可以打开 SQLite 数据库，显示数据库下的数据表及数据表对应的数据。用户可以在该窗口下删除当前数据表记录，也可以删除指定的行。操作步骤如下：

(1) 使用 Qt Designer 设计窗口，该窗口包含 2 个标签控件、1 个下拉列表控件、1 个单行文本输入框、1 个整数数字输入控件、2 个按钮、1 个表格视图控件、1 个菜单栏、2 个菜单

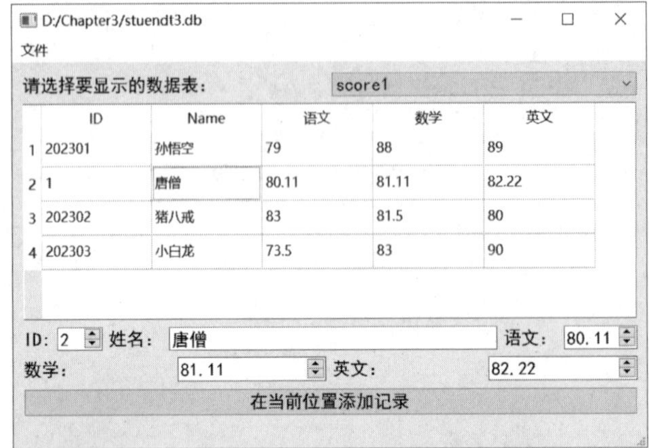

图 3-55 代码 demo11_main.py 的运行结果

命令，如图 3-56 和图 3-57 所示。

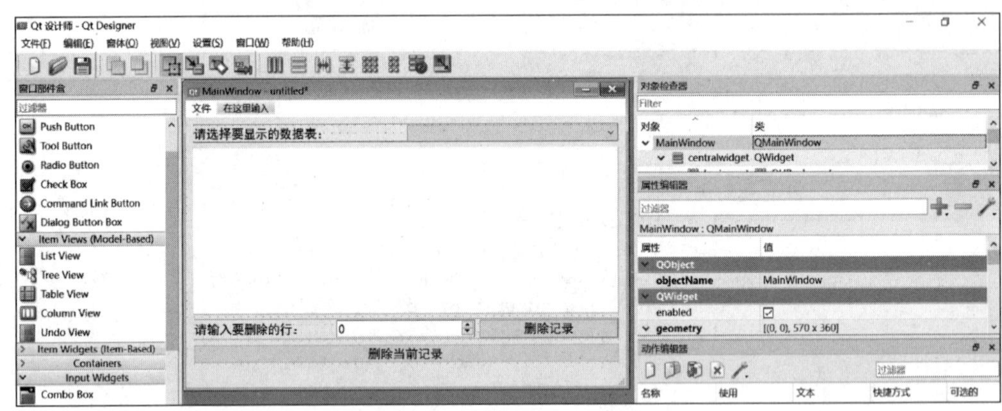

图 3-56 设计的主窗口界面

图 3-57 主窗口界面的菜单栏及其命令

(2) 按快捷键 Ctrl+R 可查看预览窗口。预览窗口及其 1 个下拉列表控件、1 个表格视图控件、1 个数字输入控件、2 个按钮的对象名字，如图 3-58 所示。

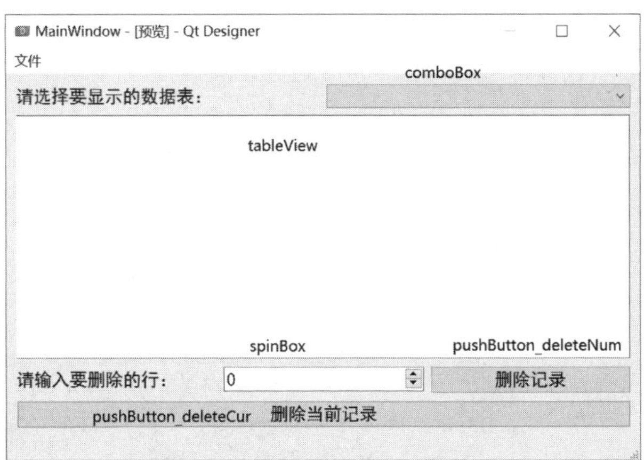

图 3-58 预览窗口及控件对象的名称

(3) 关闭预览窗口，将窗口的标题修改为 QSqlTableModel，按快捷键 Ctrl+S 将设计的窗口界面保存在 D 盘的 Chapter3 文件夹下并命名为 demo12.ui，然后在 Windows 命令行窗口将 demo12.ui 文件转换为 demo12.py，操作过程如图 3-59 所示。

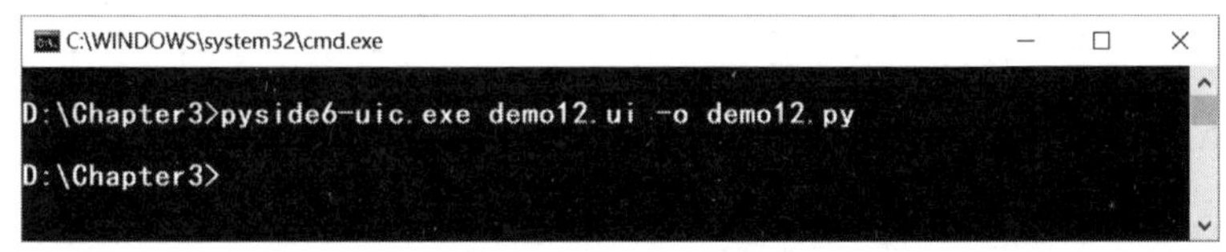

图 3-59 将 demo12.ui 文件转换为 demo12.py

(4) 编写业务逻辑代码，代码如下：

```
# === 第 3 章 代码 demo12_main.py === #
import sys
from PySide6.QtWidgets import QApplication,QMainWindow,QFileDialog
from demo12 import Ui_MainWindow
from PySide6.QtSql import QSqlDatabase,QSqlTableModel,QSqlRecord
from PySide6.QtCore import Qt

class Window(Ui_MainWindow,QMainWindow): #多重继承
    def __init__(self):
        super().__init__()
        self.setupUi(self)
        #使用信号/槽
        self.actionOpen.triggered.connect(self.action_open)
        self.actionClose.triggered.connect(self.close)
        self.comboBox.currentTextChanged.connect(self.comboBox_changed)
        self.pushButton_deleteNum.clicked.connect(self.pushButton_Num)
        self.pushButton_deleteCur.clicked.connect(self.pushButton_Cur)
```

```
    def action_open(self):
        dbFile,fil = QFileDialog.getOpenFileName(self, dir = 'D:\\Chapter3\\',filter =
"SQLite( *.db *.db3);; All File( *. * )")
        if dbFile:
            self.setWindowTitle(dbFile)
            self.comboBox.clear()
            #连接数据库
            self.db = QSqlDatabase.addDatabase('QSQLITE')
            self.db.setDatabaseName(dbFile)
            if self.db.open():
                self.tableModel = QSqlTableModel(self, self.db) #数据库表格模型
                self.tableModel.setEditStrategy(
QSqlTableModel.OnFieldChange)
                self.tableView.setModel(self.tableModel)
                tables = self.db.tables()
                if len(tables) > 0:
                    self.comboBox.addItems(tables)

    def comboBox_changed(self,text):
        self.tableModel.setTable(text)
        self.tableModel.select()
        #获取字段头部的记录
        header = self.tableModel.record()
        for i in range(header.count()):
            self.tableModel.setHeaderData(i,Qt.Horizontal,
header.fieldName(i),Qt.DisplayRole)

    def pushButton_Num(self):
        row = self.spinBox.value()
        if row > 0 and row <=  self.tableModel.rowCount():
            if self.tableModel.removeRow(row - 1):                  #删除行
                self.tableModel.select()                            #重新查询数据

    def pushButton_Cur(self):
        currentRow = self.tableView.currentIndex().row()
        if self.tableModel.removeRow(currentRow):                   #删除行
            self.tableModel.select()                                #重新查询数据


if __name__ == '__main__':
    app = QApplication(sys.argv)
    win = Window()
    win.show()
    sys.exit(app.exec())
```

运行结果如图 3-60 所示。

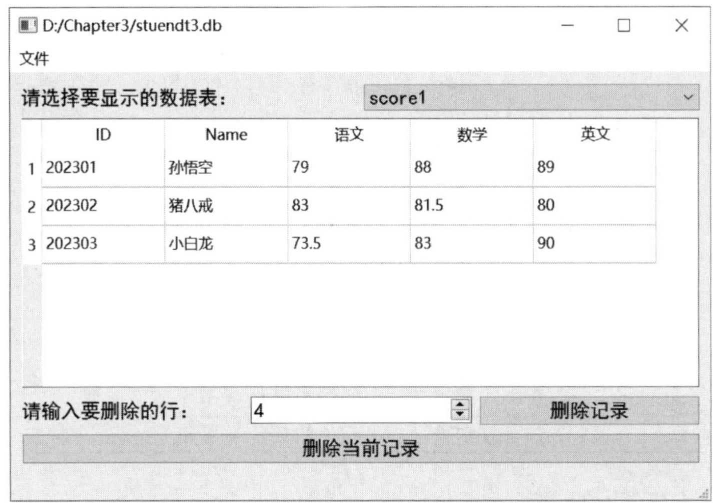

图 3-60 代码 demo12_main.py 的运行结果

3.5 关系表格模型类 QSqlRelationalTableModel

在 PySide6 中，可以使用关系表格模型 QSqlRelationalTableModel 实现联合查询功能。联合查询就是 SQL 语句的 SELECT 命令中的 INNER JOIN 和 LEFT JOIN 功能，其语法格式如下：

```
SELECT * FROM table1 INNER JOIN table2 ON table1.field1 = table2.field2
SELECT * FROM table1 LEFT JOIN table2 ON table1.field1 = table2.field2
```

3.5.1 QSqlRelationalTableModel 类

在 PySide6 中，使用 QSqlRelationalTableModel 类表示关系表格模型。QSqlRelationalTableModel 类是 QSqlTableModel 类的子类，其继承关系如图 2-2 所示。QSqlRelationalTableModel 类位于 PySide6 的 QtSql 子模块下，其构造函数如下：

```
QSqlRelationalTableModel(parent:QObject = None,db:QSqlDatabase = Default(QSqlDatabase))
```

其中，parent 表示 QObject 类及其子类创建的实例对象；db 表示使用 QSqlDatabase 类创建的实例对象。

QSqlRelationalTableModel 类除了继承了 QSqlTableModel 类的方法之外，还具有自己独有的方法，其独有的常用方法见表 3-12。

表 3-12 QSqlRelationalTableModel 类的常用方法

方法及参数类型	说　　明	返回值的类型
setRelation(column:int, relation:QSqlRelation)	设置当前数据表(例如 table1)的外键和映射关系，colum 表示 table1 的字段编号，用于确定 table1 当作外键的字段，relation 表示 QSqlRelation 的实例对象，用于确定另一个数据表(例如 table2)和对应的字段(例如 field2)	None
setJoinMode(joinMode: QSqlRelationalTableModel. joinMode)	设置两个数据表的数据映射方式，参数值为 QSqlRelationalTableModel. InnerJoin(内连接，只列出 table1 和 table2 中匹配的数据)、QSqlRelationalTableModel. LeftJoin(外连接，即使没有匹配也列出 table1 中的数据)	None
relationModel(column:int)	获取数据表某一字段的外键的数据库表格模型	QSqlTableModel
relation(column:int)	获取数据表某一字段的数据映射对象	QSqlRelation

3.5.2 数据映射类 QSqlRelation

在 PySide6 中，使用 QSqlRelation 类创建数据映射对象，其构造函数如下：

```
QSqlRelation(tableName:str,indexCol:str,display:str)
```

其中，tableName 表示第 2 个数据表格 table2；indexCol 用于指定 table2 的字段 field2；display 表示 table2 中显示在 table1 的 field1 位置的字段 field3，即用 field3 的值显示在 field1 位置，不显示 field1 的值。

QSqlRelation 类的常用方法见表 3-13。

表 3-13 QSqlRelation 类的常用方法

方法及参数类型	说　　明	返回值的类型
displayColumn()	获取 table2 中显示在 table1 的 field1 位置的字段 field3	str
indexColumn()	获取外键关联的字段	str
tableName()	获取外键关联的表格名称	str
isValid()	获取数据映射是否有效	bool
swap(other:QSqlRelation)	与其他数据映射对象交换	None

3.5.3 典型应用

【实例 3-13】 创建一个 SQLite 数据库 student4.db，该数据库下有两个数据表，这两个数据表可实现联合查询，代码如下：

```
# === 第 3 章 代码 demo13.py === #
from PySide6.QtSql import QSqlDatabase,QSqlQuery
```

```
#数据库的路径和名称
dbName = "D:\\Chapter3\\stuendt4.db"
db = QSqlDatabase.addDatabase('QSQLITE')
db.setDatabaseName(dbName)
#要输入的数据
information1 = ((202301,"孙悟空",79,202301,202301),
                (202302,"猪八戒",83,202302,202302),
                (202303,"小白龙",73.5,202303,202303),
                (202304,"沙僧",75.5,202304,202304))
information2 = ((202301,"孙悟空",88,89),(202302,"猪八戒",81.5,80),
                (202303,"小白龙",83,90),(202304,"沙僧",96,90.8))

if db.open():
    #创建数据表 score1
    db.exec('''CREATE TABLE score1
      (ID INTEGER,Name TEXT,语文 REAL,数学 REAL,英语 REAL)''')
    print(db.tables())                              #打印数据表名
    #向数据表中插入数据
    if db.transaction():
            query = QSqlQuery(db)
            for i in information1:
                    query.prepare("INSERT INTO score1 VALUES (?,?,?,?,?)")
                    query.addBindValue(i[0])        #按顺序设置占位符(?)的值
                    query.addBindValue(i[1])
                    query.addBindValue(i[2])
                    query.bindValue(3,i[3])         #按索引设置占位符(?)的值
                    query.bindValue(4,i[4])
                    query.exec()
            db.commit()                             #提交事务

    db.exec('''CREATE TABLE score2
      (ID INTEGER,Name REAL,数学 REAL,英语 REAL)''')
    print(db.tables())
    if db.transaction():
            query = QSqlQuery(db)
            for i in information2:
                    query.prepare("INSERT INTO score2 VALUES (:ID,:name,:math,:english)")
                    query.bindValue(0,i[0])         #按索引设置占位符的值
                    query.bindValue(1,i[1])
                    query.bindValue(":math",i[2])   #按名称设置占位符的值
                    query.bindValue(":english",i[3])
                    query.exec()
            db.commit()
    db.close()                                      #关闭数据库
```

运行结果如图 3-61 所示。

```
C:\WINDOWS\system32\cmd.exe
D:\Chapter3>python demo13.py
['score1']
['score1', 'score2']

D:\Chapter3>
```

图 3-61　代码 demo13.py 的运行结果

【实例 3-14】 使用 Qt Designer 设计一个窗口，在窗口中可以打开 SQLite 数据库，显示数据库下的两个数据表及关系表格模型的数据。操作步骤如下：

(1) 使用 Qt Designer 设计窗口，该窗口包含 3 个标签控件、3 个表格视图控件、1 个菜单栏、2 个菜单命令，如图 3-62 和图 3-63 所示。

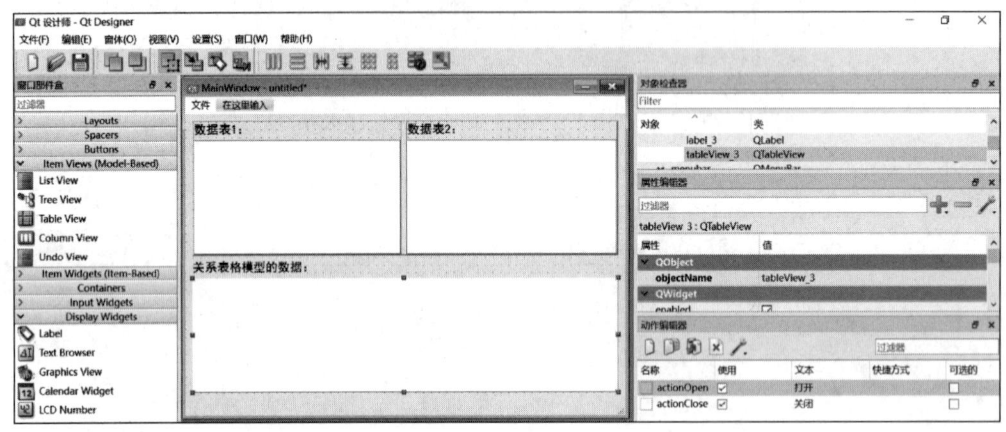

图 3-62 设计的主窗口界面

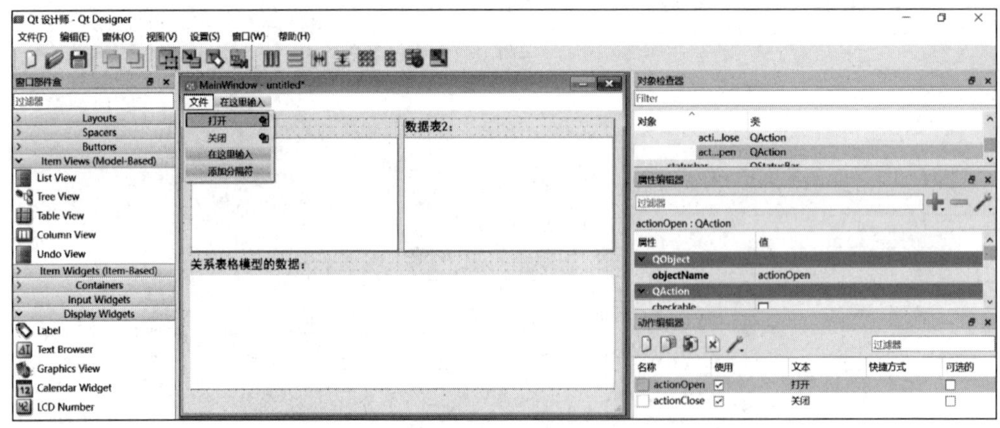

图 3-63 主窗口界面的菜单栏及其命令

(2) 按快捷键 Ctrl+R 可查看预览窗口。预览窗口及其 3 个表格视图控件的对象名称如图 3-64 所示。

(3) 关闭预览窗口，将窗口的标题修改为 QSqlRelationalTableModel，按快捷键 Ctrl+S 将设计的窗口界面保存在 D 盘的 Chapter3 文件夹下并命名为 demo14.ui，然后在 Windows 命令行窗口将 demo14.ui 文件转换为 demo14.py，操作过程如图 3-65 所示。

图 3-64　预览窗口及控件对象的名称

```
C:\WINDOWS\system32\cmd.exe

D:\Chapter3>pyside6-uic.exe demo14.ui -o demo14.py

D:\Chapter3>
```

图 3-65　将 demo14.ui 文件转换为 demo14.py

（4）编写业务逻辑代码，代码如下：

```
# === 第 3 章 代码 demo14_main.py === #
import sys
from PySide6.QtWidgets import QApplication,QMainWindow,QFileDialog
from demo14 import Ui_MainWindow
from PySide6.QtSql import (QSqlDatabase,QSqlQueryModel,QSqlRelation,
    QSqlRelationalTableModel)
from PySide6.QtCore import Qt

class Window(Ui_MainWindow,QMainWindow): #多重继承
    def __init__(self):
            super().__init__()
            self.setupUi(self)
            #使用信号/槽
            self.actionOpen.triggered.connect(self.action_open)
            self.actionClose.triggered.connect(self.close)

    def action_open(self):
            dbFile,fil = QFileDialog.getOpenFileName(self, dir = 'D:\\Chapter3\\',filter =
"SQLite(*.db *.db3);; All File(*.*)")
            if dbFile:
                    self.setWindowTitle(dbFile)
                    #连接数据库
                    self.db = QSqlDatabase.addDatabase('QSQLITE')
                    self.db.setDatabaseName(dbFile)
                    if self.db.open():
                            self.queryModel_1 = QSqlQueryModel(self)
```

```
                self.queryModel_1.setQuery("SELECT * FROM score1;")
                self.tableView_1.setModel(self.queryModel_1)
                self.queryModel_2 = QSqlQueryModel(self)
                self.queryModel_2.setQuery("SELECT * FROM score2;")
                self.tableView_2.setModel(self.queryModel_2)
                #创建关系表格模型
                self.sqlRelationTableModel =
QSqlRelationalTableModel(self,self.db)
                self.sqlRelationTableModel.
setEditStrategy(QSqlRelationalTableModel.OnFieldChange)
                #设置内连接模式
                self.sqlRelationTableModel.
setJoinMode(QSqlRelationalTableModel.InnerJoin)
                self.sqlRelationTableModel.
setTable('score1')
                #设置映射关系
                self.sqlRelationTableModel.
setRelation(3,QSqlRelation("score2","ID",'数学'))
                self.sqlRelationTableModel.
setRelation(4,QSqlRelation("score2","ID",'英语'))
                self.tableView_3.setModel(
self.sqlRelationTableModel)
                #重新查询数据
                self.sqlRelationTableModel.select()


if __name__ == '__main__':
    app = QApplication(sys.argv)
    win = Window()
    win.show()
    sys.exit(app.exec())
```

运行结果如图 3-66 所示。

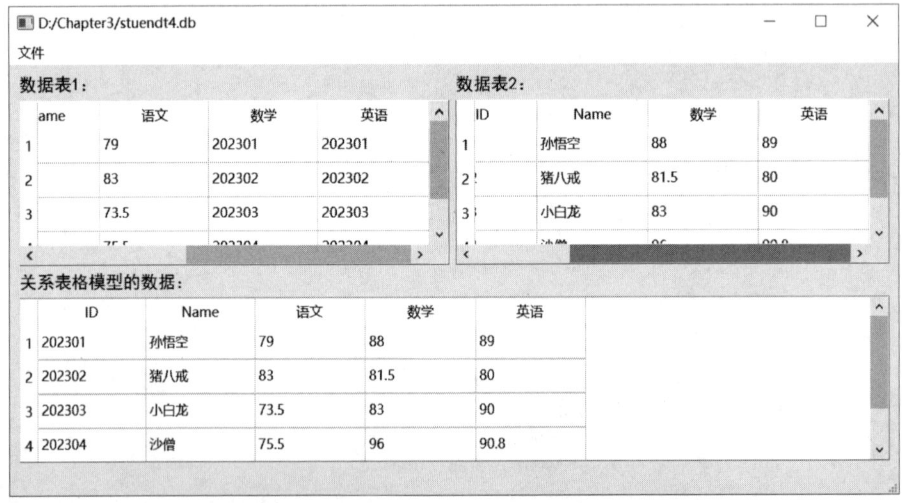

图 3-66 代码 demo14_main.py 的运行结果

3.6 小结

本章首先介绍了使用 PySide6 提供的方法连接数据库、操作数据库的方法，主要使用 QSqlDatabase 类、QSqlQuery 类两个类；其次介绍了使用 PyMySQL 模块连接、操作 MySQL 数据库的方法，以及使用 PySide6 和 PyMySQL 相结合编程的方法；最后介绍了 3 种数据库模型及其典型应用，这 3 种数据库分别为数据库查询模型 QSqlQueryModel、数据库表格模型 QSqlTableModel、关系表格模型 QSqlRelationalTableModel。

第 4 章

文件、路径与缓存

在 Python 中，可以使用内置函数 open()打开文本文件，使用 os 等模块操作文件路径。如果要处理复杂的二进制文件，则使用 Python 提供的方法实现起来就比较麻烦。PySide6 提供了一套功能完整的进行文件读写操作的类，以及对路径、缓存操作的类。本章将介绍使用 PySide6 处理文件、路径、缓存的方法。

4.1 使用 PySide6 读写文件

在 PySide6 中，可以使用 QFile 类对文件进行读写操作，该类提供了对文件读写的方法。QFile 的父类为 QFileDevice，该类提供了文件交互操作的底层能力。QFileDevice 的父类为 QIODevice，该类是所有输入、输出设备的基础类。文件操作相关类的继承关系如图 4-1 所示。

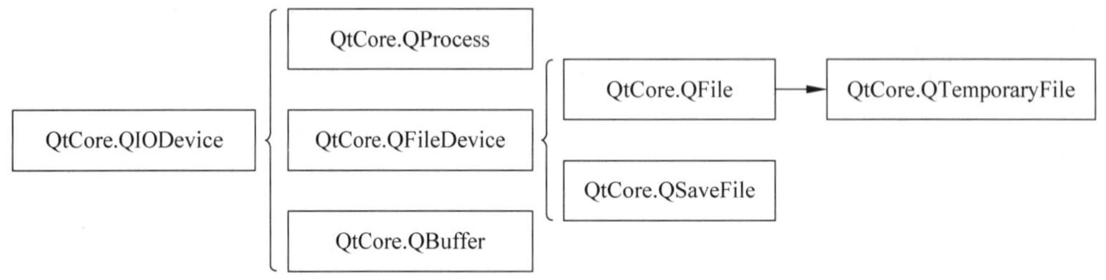

图 4-1 文件操作类的继承关系

当利用 QIODevice 的子类进行读写数据时，返回值或参数值通常是 QByteArray 类型的数据，因此有必要介绍字节数据 QByteArray 类的用法。

4.1.1 文件抽象类 QIODevice

在 PySide6 中，QIODevice 类是所有文件操作或数据读写类的基类，该类提供了读数据、写数据的接口函数。QIODevice 类是抽象类，不能直接使用 QIODevice 类中的方法对数据进行读写。开发者可以使用 QIODevice 子类（例如 QFile、QBuffer）继承的方法对数据进行读写。

在 Linux 系统中，由于所有的外围设备都被当作文件来处理，所以文件也可以当作一种设备来处理。QIODevice 类的常用方法见表 4-1。

表 4-1　QIODevice 类的常用方法

方法及参数类型	说　　明	返回值的类型
close()	关闭设备	None
currentReadChannel()	获取当前的读取通道	int
currentWriteChannel()	获取当前的写入通道	int
open(QIODevice.OpenMode)	打开设备，若成功，则返回值为 True	bool
isOpen()	获取设备是否已经打开	bool
setOpenMode (QIODevice.OpenMode)	打开设备后，重新设置打开模式	None
setTextModeEnabled(bool)	设置是否为文本模式	None
read(maxlen:int)	读取指定数量的字节数据	QByteArray
readAll()	读取所有数据	QByteArray
readLine(maxlen:int=0)	按行读取数据	QByteArray
getChar(c:Bytes)	读取一个字符，并存储到 c 中	bool
ungetChar(c:str)	将字符重新存储到设备中	None
peek(maxlen:int)	读取指定数量的字节	QByteArray
write(data:Union[QByteArray,Bytes])	写入字节数组，并返回实际写入的字节数量	int
putChar(c:str)	写入一个字符，若成功，则返回值为 True	bool
setCurrentReadChannel(int)	设置当前的读取通道	None
setCurrentWriteChannel(int)	设置当前的写入通道	None
readChannelCount()	获取读取数据的通道数量	int
writeChannelCount()	获取写入数据的通道数量	int
canReadLine()	获取是否可以按行读取	bool
BytesToWrite()	获取缓存中等待写入的字节数量	int
BytesAvailable()	获取可读取的字节数量	int
setErrorString(str)	设置设备的出错信息	None
errorString()	获取设备的出错信息	str
isReadable()	获取设备是否为可读	bool
isSequential()	获取设备是否为顺序设备	bool
isTextModeEnabled()	获取设备是否能以文本方式读写	bool
isWritable()	获取设备是否可写入	bool
atEnd()	获取是否已经到达设备的末尾	bool
seek(pos:int)	将当前位置设置为指定值	bool
pos()	获取当前位置	int
reset()	重置设备，并回到起始位置，若成功，则返回值为 True	bool
startTransaction()	对于随机设备，记录当前位置；对于顺序设备，在内部复制读取的数据以便恢复数据	None

续表

方法及参数类型	说　　明	返回值的类型
rollbackTransaction()	回到调用 startTransaction()的位置	None
commitTransaction()	对于顺序设备,丢弃记录的数据	None
isTransactionStarted()	获取是否已经开始记录位置	bool
size()	获取随机设备的字节数或顺序设备的 BytesAvailable()值	int
skip(int)	跳过指定数量的字节,并返回实际跳过的字节数	int
waitForBytesWritten(mesecs:int)	对于缓存设备,该方法需要将数据写入设备中或经过 mesec 毫秒后返回值	bool
waitForReadyRead (mesecs:int)	当有数据可以读取前或经过 mesecs 毫秒后会阻止设备的运行	bool

在实际编程中,QIODevice 类的子类(例如 QFile、QBuffer)可以使用 open(QIODeviceBase.OpenMode)打开设备,其参数值为 QIODeviceBase.OpenMode 的枚举值,如果要设置多个参数值,则可以使用"|"连接参数值。QIODeviceBase.OpenMode 的枚举值见表 4-2。

表 4-2　QIODeviceBase.OpenMode 的枚举值

枚　举　值	说　　明
QIODeviceBase.NotOpen	还未打开
QIODeviceBase.ReadOnly	以只读方式打开
QIODeviceBase.WriteOnly	以只写方式打开,若文件不存在,则创建新文件
QIODeviceBase.ReadWrite	以读写方式打开,若文件不存在,则创建新文件
QIODeviceBase.Append	以追加方式打开,新增加的内容将被追加到文件末尾
QIODeviceBase.Truncate	以重写方式打开,当写入新的数据时会将原有数据清除,指针指向文件开头
QIODeviceBase.Text	当读取数据时,将行结束符换成\n;当写入数据时,将行结束符换成本地格式,例如 Win32 平台上的\r\n
QIODeviceBase.Unbuffered	不使用缓存
QIODeviceBase.NewOnly	创建和打开新文件,仅适用于 QFile 设备,如果文件存在,则文件打开失败。该模式为只写方式
QIODeviceBase.ExistingOnly	与 NewOnly 相反,当打开文件时,如果文件不存在,则会出现错误。该模式仅适用于 QFile 设备

4.1.2　字节数组类 QByteArray

当使用 QIODevice 的子类进行读写数据时,返回值或参数值通常是 QByteArray 类创建的对象。可以使用 QByteArray 类创建字节数组对象,字节数组对象用于存储二进制数据,如果要确定二进制数据所表示的内容,则需要使用程序的解析方式。如果采用合适的字符编码方式,则字符串和字节数组可以相互转换。

QByteArray 类位于 PySide6 的 QtCore 子模块下，其构造函数如下：

```
QByteArray()
QByteArray(Bytes,size:int = -1)
QByteArray(Union[QByteArray,Bytes,Bytearray,str])
QByteArray(size:int,c:str)
```

在 Python 中，可以使用其内置函数 str(QByteArray,encoding= "utf-8")将 QByteArray 对象转换为 Python 的字符串类型数据。使用 QByteArray 类的 append(str)方法可以将字符串添加到 QByteArray 对象中，并返回包含该字符串的 QByteArray 对象。

QByteArray 类的常用方法见表 4-3。

表 4-3 QByteArray 类的常用方法

方法及参数类型	说　明	返回值的类型
[static]fromBase64(Union[QByteArray,Bytes],options=QByteArray.Base64Encoding)	从 Base64 编码中解码	QByteArray
[static]fromBase64Encoding(Union[QByteArray,Bytes],options)	从 Base64 编码中解码	QByteArray
[static]fromHex(Union[QByteArray,Bytes])	从十六进制数据中解码	QByteArray
[static]fromPercentEncoding(Union[QByteArray,Bytes],percent:str= '%')	从百分号编码中解码	QByteArray
[static]fromRawData(data:Bytes,size:int)	用前 size 个原生字节构建字节数组	QByteArray
[static]number(float,format='g',precision=6)	将浮点数转换为科学记数法数据	QByteArray
[static]number(int,base=10)	将整数转换为 base 进制数据	QByteArray
append(Union[QByteArray,Bytes])	在末尾添加数据	QByteArray
append(c:str)	在末尾添加文本数据	QByteArray
append(count:int,c:str)	在末尾添加 count 次文本数据	QByteArray
append(s:Bytes,len:int)	在末尾添加数据	QByteArray
at(i:int)	根据索引获取数据	str
chop(n:int)	从末尾移除 n 字节	None
chopped(len:int)	获取从末尾移除 len 字节后的字节数组	QByteArray
clear()	清空所有字节	None
contains(Union[QByteArray,Bytes])	获取是否包含指定的字节数组	bool
contains(c:str)	获取是否包含指定的字符	bool
count(Union[QByteArray,Bytes])	获取包含的字节数组的个数	int
size()、length()	获取长度	int
data()	获取字节串	Bytes
endsWith(Union[QByteArray,Bytes])	获取末尾是否为指定的字节数组	bool
endsWith(c:str)	获取末尾是否为指定的字符	bool
startsWith(Union[QByteArray,Bytes])	获取起始是否为指定的字节数组	bool

续表

方法及参数类型	说　明	返回值的类型
startsWith(c:str)	获取起始是否为指定的字符	bool
fill(str,size=-1)	将数组的每个数据填充为指定的字符,长度为 size	QByteArray
indexOf(Union[QByteArray,Bytes],from_=0)	获取索引	int
indexOf(str,from_:int=0)	获取索引	int
insert(int, Union[QByteArray,Bytes])	根据索引在指定位置插入字节数组	QByteArray
insert(i:int,c:str)	在指定的位置插入文本数据	QByteArray
insert(i:int,count:int,c:str)	在指定的位置插入 count 次文本数据	QByteArray
isEmpty()	如果长度为 0,则返回值为 True,否则返回值为 False	bool
isNull()	如果内容为空,则返回值为 True,否则返回值为 False	bool
isLower()	如果全部为小写字母,则返回值为 True	bool
isUpper()	如果全部为大写字母,则返回值为 True	bool
lastIndexOf(Union[QByteArray, Bytes], from_ = -1)	获取最后的索引	int
lastIndexOf(str,from_=-1)	获取最后的索引	int
mid(int,length=-1)	从指定的位置获取指定长度的数据	QByteArray
length()	获取长度,与 size()相同	int
prepend(Union[QByteArray,Bytes])	在起始位置添加数据	QByteArray
remove(index:int,len:int)	从指定位置移除指定长度的数据	QByteArray
repeated(times:int)	获取重复 times 次的数据	QByteArray
replace(index:int,len:int, s:str,Union[QByteArray, Bytes])	在指定的位置用数据替换指定长度的数据	QByteArray
replace (befort: Union [QByteArray, Bytes], after: Union[QByteArray,Bytes])	用数据替换指定的数据	QByteArray
resize(size:int)	调整长度,如果长度小于现有长度,则后面的数据被丢弃	None
setNum(float,format='g',precision=6)	将浮点数转换成科学记数法数据	QByteArray
setNum(int,base=10)	将整数转换为指定进制的数据	QByteArray
split(sep:str)	用分隔符将字节数组分割成列表	List[QByteArray]
squeeze()	释放不存储数据的内存	None
toBase64()	转换成 Base64 编码	QByteArray
toBase64(QByteArray. Base64Option)	转换成 Base64 编码	QByteArray

续表

方法及参数类型	说　明	返回值的类型
toDouble()	转换为浮点数	Tuple(float,bool)
toFloat()	转换为浮点数	Tuple(float,bool)
toHex()、toHex(separator:str='\x00')	转换成十六进制,separator 表示分隔符	QByteArray
toInt(base=10)	根据进制转换成整数,base 可以取 2～36 的整数或 0。若取值为 0,则根据以下规则自动确定基数:如果数据以 0x 开始,则 base 为 16;如果数据以 0b 开始,则 base 为 2;如果数据以 0 开始,则 base 为 8,其他情况 base 为 10	Tuple(int,bool)
toLong(base=10)		Tuple(int,bool)
toLongLong(base=10)		Tuple(int,bool)
toShort(base=10)		Tuple(int,bool)
toUInt(base=10)		Tuple(int,bool)
toULong(base=10)		Tuple(int,bool)
toULongLong(base=10)		Tuple(int,bool)
toUShort(base=10)		Tuple(int,bool)
toPercentEncoding(Excelude:QByteArray, include:QByteArray,percent='%')	转换成百分比编码,Excelude 和 include 都为 QByteArray 数据	QByteArray
toLower()	转换成小写字母	QByteArray
toUpper()	转换成大写字母	QByteArray
simplified()	移除内部、开始、末尾处的空格和转义字符,例如\t、\n、\v、\f、\r	QByteArray
trimmed()	移除两端的空格和转义字符	QByteArray
left(len:int)	从左侧获取指定长度的数据	QByteArray
right(len:int)	从右侧获取指定长度的数据	QByteArray
truncate(pos:int)	截取前 int 个字符数据	None

注意: Python 的整数类型只有 int,不区分 8 位、16 位、32 位、64 位、有符号整数、无符号整数,浮点数只有 float,不区分 single、double,而通用的二进制文件可能包含各种基本类型数据,QByteArray 提供了相应的方法进行数据转换。QByteArray 数据非常适合于网络传输,而且可以用来存储图片、声频等二进制数据。

4.1.3 使用 QFile 类读写文件

在 PySide6 中,使用 QFile 类创建文件对象。使用文件对象可以对文本文件进行读写操作,也可以对二进制文件进行读写操作,而且可以与 QTextStream、QDataStream 类一起使用。QFile 类的继承关系如图 4-1 所示。

QFile 类位于 PySide6 的 QtCore 子模块下,其构造函数如下:

```
QFile()
QFile(name:Union[str,Bytes,os.PathLike])
QFile(name:Union[str,Bytes,os.PathLike],parent:QObject)
QFile(parent:QObject)
```

其中,str 表示 QObject 类及其子类创建的实例对象;str 表示要打开的路径和文件名,文件路径的分隔符可以为"/"或"\\"。

QFile 类的常用方法见表 4-4。

表 4-4 QFile 类的常用方法

方法及参数类型	说　明	返回值的类型
[static]setPermissions(QFileDevice.Permission)	设置权限,若成功,则返回值为 True	bool
[static]exists()	获取用 fileName()返回的文件名是否存在	bool
[static]exists(str)	获取指定的文件是否存在	bool
[static]copy(newName:Union[str,Bytes])	将打开的文件复制到新文件中,若成功,则返回值为 True	bool
[static]copy(fileName:str,newName:str)	将指定的文件复制到新文件中,若成功,则返回值为 True	bool
[static]remove()	移除打开的文件,移除前先关闭文件,若成功,则返回值为 True	bool
[static]remove(fileName:str)	移除指定的文件,若成功,则返回值为 True	bool
[static]rename(newName:str)	重命名,重命名前先关闭文件,若成功,则返回值为 True	bool
[static] rename(oldName: str, newName: str)	重命名指定的文件,若成功,则返回值为 True	bool
open(flags:QIODeviceBase.OpenMode)	按照指定的方式打开文件,若成功,则返回值为 True	bool
setFileName(name: Union[str, Bytes, os.PathLike])	设置文件路径和名称	None
fileName()	获取文件名称	str
flush()	将缓存中的数据写入文件中	None
atEnd()	判断是否到达文件末尾	bool
close()	关闭设备	None

在实际编程中,可以使用 QFile 类的方法打开纯文本文件,包括 TXT 文件(扩展名为.txt)、Python 的代码文件(扩展名为.py)。HTML 文件和 XML 文件也是纯文本文件,但读取之后需要对内容进行解析才能显示其记录的内容。

【实例 4-1】 创建一个窗口,该窗口包含一个纯文本控件、一个菜单和两个菜单命令。其中一个菜单命令可以打开纯文本文件,另一个菜单命令可以保存纯文本文件。代码如下:

```
# === 第 4 章 代码 demo1.py === #
import sys
from PySide6.QtWidgets import (QApplication,QMainWindow,
    QPlainTextEdit,QMenuBar,QFileDialog)
```

```
from PySide6.QtCore import QFile,QByteArray

class Window(QMainWindow):
    def __init__(self):
        super().__init__()
        self.setGeometry(200,200,580,280)
        self.setWindowTitle("QFile、QByteArray")
        #创建菜单栏、菜单、动作
        menuBar = QMenuBar(self)
        fileMenu = menuBar.addMenu("文件")
        self.actionOpen = fileMenu.addAction("打开文本文件")
        self.actionSave = fileMenu.addAction("保存文本文件")
        self.setMenuBar(menuBar)
        #创建多行纯文本控件
        self.plainText = QPlainTextEdit()
        self.setCentralWidget(self.plainText)
        #创建状态栏
        self.status = self.statusBar()
        #使用信号/槽
        self.actionOpen.triggered.connect(self.action_open)
        self.actionSave.triggered.connect(self.action_save)

    def action_open(self):
        fileName,fil = QFileDialog.getOpenFileName(self,caption = "打开文本文件", filter =
"text(*.txt);;python(*.py);;所有文件(*.*)")
        file = QFile(fileName)
        if file.exists():
            file.open(QFile.ReadOnly|QFile.Text)                #打开文件
            self.plainText.clear()
            try:
                while not file.atEnd():
                    string = file.readLine()                    #按行读取数据
                    string = str(string,encoding = 'utf-8')     #转换成字符串
                    self.plainText.appendPlainText(string.rstrip('\n'))
            except:
                self.status.showMessage("打开文件失败!")
            else:
                self.status.showMessage("打开文件成功!")
        file.close()

    def action_save(self):
        fileName,fil = QFileDialog.getSaveFileName(self,caption = "另存为",
                filter = "text(*.txt);;python(*.py);;所有文件(*.*)")
        string = self.plainText.toPlainText()
        if fileName!= "" and string!= "":
            Byte = QByteArray(string)
            file = QFile(fileName)
            try:
                file.open(QFile.WriteOnly | QFile.Text)         #打开文件
                file.write(Byte)                                #写入文件
            except:
                self.status.showMessage("文件保存失败!")
```

```
            else:
                self.status.showMessage("文件保存成功!")
            file.close()


if __name__ == '__main__':
    app = QApplication(sys.argv)
    win = Window()
    win.show()
    sys.exit(app.exec())
```

运行结果如图 4-2 所示。

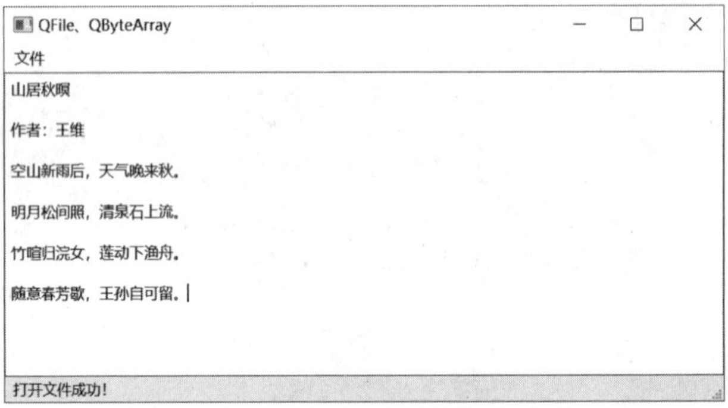

图 4-2　代码 demo1.py 的运行结果

在实际编程中，可以使用 QFile 类的方法保存、打开十六进制文件（扩展名为.hex），但不能打开其他程序保存的十六进制文件。

【实例 4-2】 创建一个窗口，该窗口包含一个纯文本控件、一个菜单和两个菜单命令。其中一个菜单命令可以打开十六进制文件，另一个菜单命令可以保存十六进制文件。代码如下：

```
# === 第 4 章 代码 demo2.py === #
import sys
from PySide6.QtWidgets import (QApplication,QMainWindow,
    QPlainTextEdit,QMenuBar,QFileDialog)
from PySide6.QtCore import QFile,QByteArray

class Window(QMainWindow):
    def __init__(self):
        super().__init__()
        self.setGeometry(200,200,580,280)
        self.setWindowTitle("QFile、QByteArray")
        #创建菜单栏、菜单、动作
        menuBar = QMenuBar(self)
        fileMenu = menuBar.addMenu("文件")
        self.actionOpen = fileMenu.addAction("打开十六进制文件")
        self.actionSave = fileMenu.addAction("保存十六进制文件")
        self.setMenuBar(menuBar)
```

```
        #创建多行纯文本控件
        self.plainText = QPlainTextEdit()
        self.setCentralWidget(self.plainText)
        #创建状态栏
        self.status = self.statusBar()
        #使用信号/槽
        self.actionOpen.triggered.connect(self.action_open)
        self.actionSave.triggered.connect(self.action_save)

    def action_open(self):
        fileName,fil = QFileDialog.getOpenFileName(self, caption = "打开 Hex 文件",filter =
"Hex 文件(*.hex);;所有文件(*.*)")
        file = QFile(fileName)
        if file.exists():
            file.open(QFile.ReadOnly)                           #打开文件
            self.plainText.clear()
            try:
                while not file.atEnd():
                    string = file.readLine()                    #按行读取数据
                    string = QByteArray.fromHex(string)         #从十六进制数据中解码
                    string = str(string,encoding = "utf-8")     #将字节转换成字符串
                    self.plainText.appendPlainText(string)
            except:
                self.status.showMessage("打开文件失败!")
            else:
                self.status.showMessage("打开文件成功!")
        file.close()

    def action_save(self):
        fileName,fil = QFileDialog.getSaveFileName(self, caption = "另存为",
                filter = "Hex 文件(*.hex);;所有文件(*.*)")
        string = self.plainText.toPlainText()
        if fileName != "" and string != "":
            Byte = QByteArray(string)
            hex_Byte = Byte.toHex()                             #转换成十六进制
            file = QFile(fileName)
            try:
                file.open(QFile.WriteOnly)                      #打开文件
                file.write(hex_Byte)                            #写入数据
            except:
                self.status.showMessage("文件保存失败!")
            else:
                self.status.showMessage("文件保存成功!")
            file.close()


if __name__ == '__main__':
    app = QApplication(sys.argv)
    win = Window()
    win.show()
    sys.exit(app.exec())
```

运行结果如图 4-3 所示。

图 4-3　代码 demo2.py 的运行结果

4.2　使用流方式读写文件

在 PySide6 中，可以使用流方式读写文件，也就是使用 QFile 类和 QTextStream 类结合的方式读写纯文本文件、使用 QFile 类和 QDataStream 类结合的方式读写二进制文件。

4.2.1　文本流类 QTextStream

13min

在 PySide6 中，可以使用 QTextStream 类创建文本流对象。将文本流对象连接到 QIODevice 或 QByteArray 创建的对象上，即可以将文本数据写入 QIODevice 或 QByteArray 创建的对象上，也可以从 QIODevice 或 QByteArray 创建的对象上读取文本数据，如同管道中的水流。

QTextStream 类位于 PySide6 的 QtCore 子模块下，其构造函数如下：

```
QTextStream()
QTextStream(array:Union[QByteArray,Bytes],openMode = QIODeviceBase.ReadWrite)
QTextStream(device:QIODevice)
```

其中，device 表示 QIODevice 类及其子类创建的实例对象；array 表示 QByteArray 类创建的实例对象。

QTextStream 类虽然没有专门的写入数据的方法，但可以使用“＜＜”操作符写入数据，操作符的左边为 QTextStream 对象，操作符的右边为要输入的数据，可以是字符串、整数、浮点数。如果要写入多个数据，则可以把多个“＜＜”写入同一行中，示例代码如下：

```
textStreamObj << 10 << 3.14 << "Welcome"<< "\n"
```

QTextStream 类的常用方法见表 4-5。

表 4-5 QTextStream 类的常用方法

方法及参数类型	说　明	返回值的类型
flush()	将缓存中的数据写到设备中	None
setDevice(QIODevice)	设置操作的设备	None
device()	获取设备	QIODevice
setEncoding(QStringConterter.Encoding)	设置文本流的编码	None
encoding()	获取编码	QStringConverter.Encoding
setAutoDetectUnicode(bool)	设置是否自动识别编码，如果能识别，则替换现有编码	None
setGenerateByteOrderMark(bool)	如果设置为 True 并且编码为 UTF，则在写入数据前会先写入 BOM(Byte Order Mark)	None
setFieldWidth(width:int=0)	设置数据流的宽度，如果值为 0，则宽度是数据的宽度	None
fieldWidth()	获取数据流的宽度	int
setFieldAlignment(QTextStream.FieldAlignment)	设置数据在数据流内的对齐方式	None
fieldAlignment()	获取对齐方式	QTextStream.FieldAlignment
setPadChar()	设置对齐时域内的填充字符	None
padChar()	获取填充字符	str
setIntegerBase(int)	设置整数的进位制	None
integerBase()	获取进位制	int
setNumberFlags(QTextStream.NumberFlag)	设置整数和浮点数的标识	None
numberFlags()	获取数值数据的标识	QTextStream.NumberFlag
setRealNumberNotation(QTextStream.RealNumberNotation)	设置浮点数的标记方法	None
RealNumberNotation()	获取浮点数的标记方法	QTextStream.RealNumberNotation
setRealNumberPrecison(int)	设置浮点数的小数数位	None
realNumberPrecison()	获取精度	int
setStatus(QTextStream.Status)	设置状态	None
status()	获取状态	QTextStream.Status
resetStatus()	重置状态	None
read(int)	读取指定数据的长度	str
readAll()	读取所有数据	str
readLine(maxLength=0)	按行读取数据，maxLength 表示一次允许读的最大长度	str

续表

方法及参数类型	说　明	返回值的类型
seek(int)	定位到指定位置,若成功,则返回值为 True	bool
pos()	获取位置	int
atEnd()	获取是否还有可读取的数据	bool
skipWhiteSpace()	忽略空字符,直到非空字符或到达末尾	None
reset()	重置除字符串和缓冲之外的其他设置	None

表 4-5 中 QStringConverter. Encoding 的枚举值见表 4-6。

表 4-6　QStringConverter. Encoding 的枚举值

枚　举　值	枚　举　值	枚　举　值
QStringConverter. Utf8	QStringConverter. Utf16BE	QStringConverter. Utf32BE
QStringConverter. Utf16	QStringConverter. Utf32	QStringConverter. Latin1
QStringConverter. Utf16LE	QStringConverter. Utf32LE	QStringConverter. System

在表 4-5 中,QTextStream. FieldAlignment 的枚举值为 QTextStream. AlignLeft(左对齐)、QTextStream. AlignRight(右对齐)、QTextStream. Alignment(居中)、QTextStream. AlignAccountingStyle(居中,数值的符号位靠左)。

QTextStream. RealNumberNotation 的枚举值为 QTextStream. ScientificNotation(科学记数法)、QTextStream. FixedNotation(固定小数位)、QTextStream. SmartNotation(根据情况选择合适的方法)。

QTextStream. Status 的枚举值为 QTextStream. OK(文本流正常)、QTextStream. ReadPastEnd(读取过末尾)、QTextStream. ReadCorruptData(读取了有问题的数据)、QTextStream. WriteFailed(不能写入数据)。

表 4-5 中 QTextStream. NumberFlag 的枚举值见表 4-7。

表 4-7　QTextStream. NumberFlag 的枚举值

枚　举　值	说　明
QTextStream. ShowBase	以进制为前缀,例如 16("0x")、8("0")、2("0b")
QTextStream. ForcePoint	强制显示小数点
QTextStream. ForceSign	强制显示正负号
QTextStream. UppercaseBase	进制显示成大写,例如"0X""0B"
QTextStream. UppercaseDigits	表示 10～15 的字母用大写

4.2.2　使用 QFile 和 QTextStream 读写文本文件

【实例 4-3】 创建一个窗口,该窗口包含一个多行纯文本控件、一个菜单和两个菜单命令。其中一个菜单命令可以打开文本文件，另一个菜单命令可以保存文本文件，需使用QFile类和QTextStream类。代码如下：

```
# === 第 4 章 代码 demo3.py === #
import sys
from PySide6.QtWidgets import (QApplication,QMainWindow,
    QPlainTextEdit,QMenuBar,QFileDialog)
from PySide6.QtCore import QFile,QTextStream,QStringConverter

class Window(QMainWindow):
    def __init__(self):
        super().__init__()
        self.setGeometry(200,200,580,280)
        self.setWindowTitle("QFile、QTextStream")
        #创建菜单栏、菜单、动作
        menuBar = QMenuBar(self)
        fileMenu = menuBar.addMenu("文件")
        self.actionOpen = fileMenu.addAction("打开文件")
        self.actionSave = fileMenu.addAction("保存文件")
        self.setMenuBar(menuBar)
        #创建多行纯文本控件
        self.plainText = QPlainTextEdit()
        self.setCentralWidget(self.plainText)
        #创建状态栏
        self.status = self.statusBar()
        #使用信号/槽
        self.actionOpen.triggered.connect(self.action_open)
        self.actionSave.triggered.connect(self.action_save)

    def action_open(self):
        fileName,fil = QFileDialog.getOpenFileName(self, caption = "打开文本文件",filter = "文
本文件(*.txt);;所有文件(*.*)")
        file = QFile(fileName)
        try:
            if file.open(QFile.ReadOnly|QFile.Text):        #打开文件
                self.plainText.clear()
                reader = QTextStream(file)
                reader.setEncoding(QStringConverter.Utf8)
                reader.setAutoDetectUnicode(True)
                string = reader.readAll()                   #读取所有数据
                self.plainText.appendPlainText(string)
        except:
            self.status.showMessage("打开文件失败!")
        else:
            self.status.showMessage("打开文件成功!")
        file.close()

    def action_save(self):
        fileName,fil = QFileDialog.getSaveFileName(self, caption = "另存为",
                filter = "文本文件(*.txt);;所有文件(*.*)")
        string = self.plainText.toPlainText()
        file = QFile(fileName)
```

```
        if fileName == "" and string == "":
            return
        if file.open(QFile.WriteOnly|QFile.Text|QFile.Truncate):
            writer = QTextStream(file)
            writer.setEncoding(QStringConverter.Utf8)
            writer.setFieldWidth(10)
            try:
                writer << string            #写入数据
            except:
                self.status.showMessage("文件保存失败!")
            else:
                self.status.showMessage("文件保存成功!")
        file.close()


if __name__ == '__main__':
    app = QApplication(sys.argv)
    win = Window()
    win.show()
    sys.exit(app.exec())
```

运行结果如图 4-4 所示。

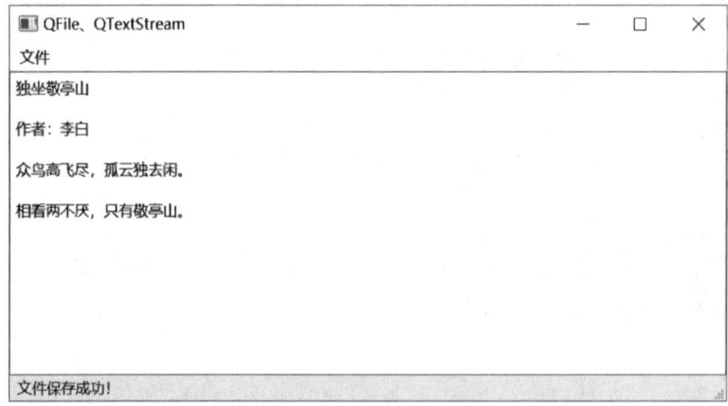

图 4-4　代码 demo3.py 的运行结果

17min

4.2.3　数据流类 QDataStream

在 PySide6 中，使用 QDataStream 类创建数据流对象。使用数据流对象可以读写二进制数据，也可以读写二进制网络通信数据。二进制数据具体表示的内容意义由读写方法和后续的编码确定，数据流的读写与具体的操作系统无关。

QDataStream 类位于 PySide6 的 QtCore 子模块下，其构造函数如下：

```
QDataStream()
QDataStream(QIODevice)
QDataStream(Union[QByteArray,Bytes])
QDataStream(Union[QByteArray,Bytes],flags:QIODeviceBase.OpenMode)
```

其中，QIODevice 表示数据流对象连接的 QIODevice 子类创建的对象；QByteArray 表示数据流对象连接的 QByteArray 对象。

1. QDataStream 类的常用方法

QDataStream 类的常用方法见表 4-8。

表 4-8　QDataStream 类的常用方法

方法及参数类型	说　明	返回值的类型
abortTransaction()	放弃对数据库的记录	None
atEnd()	获取是否还有数据可读	bool
setDevice(QIODevice)	设置设备	None
setByteOrder(QDataStream.ByteOrder)	设置字节序	None
ByteOrder()	获取字节序	QDataStream.ByteOrder
setFloatingPointPrecision(QDataStream.FloatingPointPrecision)	设置读写浮点数的精度	None
setStatus(QDataStream.Status)	设置状态	None
status()	获取状态	QDataStream.Status
resetStatus()	重置状态	None
setVersion(int)	设置版本号	None
version()	获取版本号	int
skipRawData(len:int)	跳过原生数据，返回跳过的字节数量	int
startTransaction()	开启记录一个数据块的起点	None
commitTransaction()	完成数据块，若成功，则返回值为 True	bool
rollbackTransaction()	回到数据库的记录点	None

在表 4-8 中，QDataStream.FloatingPointPrecision 的枚举值为 QDataStream.SinglePrecision（单精度浮点数）、QDataStream.DoublePrecision（双精度浮点数）。

QDataStream.ByteOrder 的枚举值为 QDataStream.BigEndian（默认值，大端字节序）、QDataStream.LittleEndian（小端字节序）。大端字节序表示高位字节在前，低位字节在后；小端字节序表示低位字节在前，高位字节在后。内存中的字节序与 CPU 类型、操作系统有关，Intel x86 和 AMD 的处理器采用的是小端字节序，而 MIPS 和 UNIX 采用的是大端字节序。

在 QDataStream 类中，使用 setVersion(int)方法可设置版本号，不同版本号（见表 4-9）的数据存储格式会有所不同，因此建议设置版本号。

表 4-9　QDataStream 类的版本号

版　本　号	版　本　号
QDataStream.Qt_1_0	QDataStream.Qt_3_3
QDataStream.Qt_2_0	QDataStream.Qt_4_0～QDataStream.Qt_4_9
QDataStream.Qt_3_0	QDataStream.Qt_5_0～QDataStream.Qt_5_15
QDataStream.Qt_3_1	QDataStream.Qt_6_0～QDataStream.Qt_6_4

2. 整数、浮点数、布尔值的读写方法

计算机使用二进制来存储数据,每个数位只有 0 或 1 两种数值。通常 8 位作为一字节,如果这 8 位全部用来记录正整数,则最大值为 $0b11111111=2^8-1=255$。如果要使用第 1 位来记录正负号,则使用 7 位记录的最大值为 $0b1111111=2^7-1$。

如果要读写二进制数据,则要知道每个存储数据的存储单位是多少字节,根据数值的存储字节数来读写数值。虽然 Python 对于数值的表示比较笼统,只分为 int 和 float 两种类型,但 PySide6 则对数值进行了精细划分。QDataStream 类中读取整数、浮点数、布尔值的方法见表 4-10。

表 4-10 QDataStream 类中读取整数、浮点数、布尔值的方法

方　法	说　明	数据的取值范围	返回值的类型
readInt8()	在 1 字节上读有正负号的整数	$-2^7\sim2^7-1$	int
readInt16()	在 2 字节上读有正负号的整数	$-2^{15}\sim2^{15}-1$	int
readInt32()	在 4 字节上读有正负号的整数	$-2^{31}\sim2^{31}-1$	int
readInt64()	在 8 字节上读有正负号的整数	$-2^{63}\sim2^{63}-1$	int
readUInt8()	在 1 字节上读无正负号的整数	$0\sim2^8-1$	int
readUInt16()	在 2 字节上读无正负号的整数	$0\sim2^{16}-1$	int
readUInt32()	在 4 字节上读无正负号的整数	$0\sim2^{32}-1$	int
readUInt64()	在 8 字节上读无正负号的整数	$0\sim2^{64}-1$	int
readFloat()	在 4 字节上读有正负号的浮点数	±3.40282E38(精确到6 位小数)	float
readDouble()	在 8 字节上读有正负号的浮点数	±1.79769E38(精确到15 位小数)	float
readBool()	在 1 字节上读布尔值		

QDataStream 类中写入整数、浮点数、布尔值的方法见表 4-11。

表 4-11 QDataStream 类中写入整数、浮点数、布尔值的方法

方　法	说　明	数据的取值范围	返回值的类型
writeInt8(int)	在 1 字节上写有正负号的整数	$-2^7\sim2^7-1$	None
writeInt16(int)	在 2 字节上写有正负号的整数	$-2^{15}\sim2^{15}-1$	None
writeInt32(int)	在 4 字节上写有正负号的整数	$-2^{31}\sim2^{31}-1$	None
writeInt64(int)	在 8 字节上写有正负号的整数	$-2^{63}\sim2^{63}-1$	None
writeUInt8(int)	在 1 字节上写无正负号的整数	$0\sim2^8-1$	None
writeUInt16(int)	在 2 字节上写无正负号的整数	$0\sim2^{16}-1$	None
writeUInt32(int)	在 4 字节上写无正负号的整数	$0\sim2^{32}-1$	None
writeUInt64(int)	在 8 字节上写无正负号的整数	$0\sim2^{64}-1$	None
writeFloat(float)	在 4 字节上写有正负号的浮点数	±3.40282E38(精确到6 位小数)	None
writeDouble(float)	在 8 字节上写有正负号的浮点数	±1.79769E38(精确到15 位小数)	None
writeBool(bool)	在 1 字节上写布尔值		

3. 字符串、字符的读写方法

使用 QDataStream 类的方法可以读写字符串，而且不需要指定字节数量，系统会根据字符串的大小确定使用的字节数。QDataStream 类中读写字符串、字符的方法见表 4-12。

表 4-12 QDataStream 类中读写字符串、字符的方法

方法及参数类型	说　明	返回值的类型
readQString()	读取文本	str
writeQString(str)	写入文本	None
readQStringList()	读取文本列表	List[str]
writeQStringList(List[str])	写入文本列表	None
readString()	读取文本	str
writeString(str)	写入文本	None
readQChar()	读取字符	QChar
writeQChar(Qchar)	写入字符	None

4. 类对象、原始数据的读写方法

QDataStream 类中读写类对象、原始数据的方法见表 4-13。

表 4-13 QDataStream 类中读写类对象、原始数据的方法

方法及参数类型	说　明	返回值的类型
readQVariant()	读取类对象	object
writeQVariant(object)	写入类对象	None
readRawData(int)	读取原始数据	int
writeRawData(str)	写入原始数据	int

4.2.4 使用 QFile 和 QDataStream 读写二进制文件

【实例 4-4】 创建一个窗口，该窗口包含一个多行纯文本控件、一个菜单和两个菜单命令。其中一个菜单命令可以打开数据类型为字符串型的二进制文件，另一个菜单命令可以保存数据类型为字符串的二进制文件，需使用 QFile 类和 QDataStream 类。代码如下：

```
# === 第 4 章 代码 demo4.py === #
import sys
from PySide6.QtWidgets import (QApplication,QMainWindow,
   QPlainTextEdit,QMenuBar,QFileDialog)
from PySide6.QtCore import QFile,QDataStream

class Window(QMainWindow):
    def __init__(self):
        super().__init__()
        self.setGeometry(200,200,580,280)
        self.setWindowTitle("QFile、QDataStream")
        #创建菜单栏、菜单、动作
        menuBar = QMenuBar(self)
```

```
        fileMenu = menuBar.addMenu("文件")
        self.actionOpen = fileMenu.addAction("打开二进制文件")
        self.actionSave = fileMenu.addAction("保存二进制文件")
        self.setMenuBar(menuBar)
        #创建多行纯文本控件
        self.plainText = QPlainTextEdit()
        self.setCentralWidget(self.plainText)
        #创建状态栏
        self.status = self.statusBar()
        #使用信号/槽
        self.actionOpen.triggered.connect(self.action_open)
        self.actionSave.triggered.connect(self.action_save)

    def action_open(self):
        fileName,fil = QFileDialog.getOpenFileName(self, caption = "打开二进制文件",filter =
"二进制文件(*.bin);;所有文件(*.*)")
        file = QFile(fileName)
        try:
            if file.open(QFile.ReadOnly|QFile.Text):          #打开文件
                self.plainText.clear()
                reader = QDataStream(file)
                reader.setVersion(QDataStream.Qt_6_2)
                reader.setByteOrder(QDataStream.BigEndian)
                if reader.readQString()!= "version:Qt_6_4":
                    return
                while not reader.atEnd():
                    string = reader.readQString()
                    self.plainText.appendPlainText(string)
        except:
            self.status.showMessage("打开文件失败!")
        else:
            self.status.showMessage("打开文件成功!")
        file.close()

    def action_save(self):
        fileName,fil = QFileDialog.getSaveFileName(self, caption = "另存为",
                filter = "二进制文件(*.bin);;所有文件(*.*)")
        string = self.plainText.toPlainText()
        file = QFile(fileName)
        if fileName == "" and string == "":
            return
        if file.open(QFile.WriteOnly|QFile.Truncate):
            writer = QDataStream(file)                          #创建数据流
            writer.setVersion(QDataStream.Qt_6_4)
            writer.setByteOrder(QDataStream.BigEndian)
            try:
                writer.writeQString("version:Qt_6_4")
                writer.writeQString(string)
            except:
                self.status.showMessage("文件保存失败!")
            else:
                self.status.showMessage("文件保存成功!")
```

```
        file.close()


if __name__ == '__main__':
    app = QApplication(sys.argv)
    win = Window()
    win.show()
    sys.exit(app.exec())
```

运行结果如图 4-5 所示。

图 4-5　代码 demo4.py 的运行结果

4.2.5　使用 QDataStream 读写类对象

15min

【实例 4-5】　创建一个窗口，该窗口包含 1 个多行纯文本控件、2 个菜单和 4 个菜单命令。其中 1 个菜单命令可以打开含有类对象的二进制文件或 TXT 文件，1 个菜单命令可以保存含有类对象的二进制文件或 TXT 文件，1 个菜单命令可以设置字体类型，1 个菜单命令可以设置字体颜色。代码如下：

```
# === 第 4 章 代码 demo5.py === #
import sys,os
from PySide6.QtWidgets import (QApplication,QMainWindow,
    QPlainTextEdit,QMenuBar,QFileDialog,QMessageBox,QFontDialog,
    QColorDialog)
from PySide6.QtCore import (QFile,QDataStream,QStringConverter,
    QTextStream)
from PySide6.QtGui import QPalette

class Window(QMainWindow):
    def __init__(self):
        super().__init__()
        self.setGeometry(200,200,580,280)
        self.setWindowTitle("QFile、QDataStream")
        #创建菜单栏、菜单、动作
        menuBar = QMenuBar(self)
        self.file = menuBar.addMenu("文件")
```

```
        self.actionOpen = self.file.addAction("打开文件")
        self.actionSave = self.file.addAction("保存文件")
        self.setting = menuBar.addMenu("设置")
        self.actionFont = self.setting.addAction("字体")
        self.actionColor = self.setting.addAction("颜色")
        self.setMenuBar(menuBar)
        #创建多行纯文本控件
        self.plainText = QPlainTextEdit()
        self.setCentralWidget(self.plainText)
        #创建状态栏
        self.status = self.statusBar()
        #使用信号/槽
        self.actionOpen.triggered.connect(self.action_open)
        self.actionSave.triggered.connect(self.action_save)
        self.actionFont.triggered.connect(self.action_font)
        self.actionColor.triggered.connect(self.action_color)
        self.plainText.textChanged.connect(self.plainText_changed)

    def action_open(self):
        fileName,fil = QFileDialog.getOpenFileName(self, caption = "打开二进制文件",filter =
"二进制文件(*.bin);;文本文件(*.txt);;所有文件(*.*)")
        if not os.path.isfile(fileName):
            return
        name,extension = os.path.splitext(fileName)      #获取文件名和扩展名
        file = QFile(fileName)
        try:
            if file.open(QFile.ReadOnly):                #打开文件
                if extension == ".bin":                  #根据扩展名识别二进制文件
                    reader = QDataStream(file)
                    reader.setVersion(QDataStream.Qt_6_4) #设置版本
                    reader.setByteOrder(QDataStream.BigEndian)
                    version = reader.readQString()       #读取版本号
                    if version != "version:Qt_6_4":
                        QMessageBox.information(self,"错误","版本不匹配。")
                        return
                    palette = reader.readQVariant()      #读取调色板信息
                    font = reader.readQVariant()         #读取字体信息

                    self.plainText.setPalette(palette)   #设置调色板
                    self.plainText.setFont(font)         #设置字体
                    if not file.atEnd():
                        string = reader.readQString()    #读取文本
                        self.plainText.clear()
                        self.plainText.appendPlainText(string)
                if extension == ".txt":                  #根据扩展名识别 TXT 文件
                    file.setTextModeEnabled(True)        #设置文本模式
                    reader = QTextStream(file)
                    reader.setEncoding(QStringConverter.Utf8)
                    reader.setAutoDetectUnicode(True)
                    string = reader.readAll()            #读取所有数据
                    self.plainText.clear()
                    self.plainText.appendPlainText(string)
```

```
        except:
            self.status.showMessage("文件打开失败!")
        else:
            self.status.showMessage("文件打开成功!")
        file.close()

    def action_save(self):
        fileName,fil = QFileDialog.getSaveFileName(self, caption = "另存为",
filter = "二进制文件(*.bin);;文本文件(*.txt);;所有文件(*.*)")
        string = self.plainText.toPlainText()
        if fileName == "" and string == "":
            return
        file = QFile(fileName)
        name,extension = os.path.splitext(fileName)          #获取文件名和扩展名
        try:
            if file.open(QFile.WriteOnly|QFile.Truncate):   #打开文件
                if extension == ".bin":                      #根据扩展名识别二进制文件
                    writer = QDataStream(file)                #创建数据流
                    writer.setVersion(QDataStream.Qt_6_4)     #设置版本
                    writer.setByteOrder(QDataStream.BigEndian)
                    writer.writeQString("version:Qt_6_4")     #写入版本
                    palette = self.plainText.palette()
                    font = self.plainText.font()
                    writer.writeQVariant(palette)             #写入调色板
                    writer.writeQVariant(font)                #写入字体
                    writer.writeQString(string)               #写入内容
            if extension == ".txt":                          #根据扩展名识别 TXT 文件
                    reader = QTextStream(file)
                    reader.setEncoding(QStringConverter.Utf8)
                    reader << string                          #写入内容
        except:
            self.status.showMessage("文件保存失败!")
        else:
            self.status.showMessage("文件保存成功!")
        file.close()

    def action_font(self):
        font = self.plainText.font()
        ok,font = QFontDialog.getFont(font,parent = self,title = "选择字体")
        if ok:
            self.plainText.setFont(font)

    def action_color(self):
        color = self.plainText.palette().color(QPalette.Text)
        colorDialog = QColorDialog(color,parent = self)
        if colorDialog.exec():
            color = colorDialog.selectedColor()
            palette = self.plainText.palette()
            palette.setColor(QPalette.Text,color)
            self.plainText.setPalette(palette)
    #设置动作是否有效
    def plainText_changed(self):
```

```
        if self.plainText.toPlainText() == "":
            self.actionSave.setEnabled(False)
        else:
            self.actionSave.setEnabled(True)


if __name__ == '__main__':
    app = QApplication(sys.argv)
    win = Window()
    win.show()
    sys.exit(app.exec())
```

运行结果如图 4-6 所示。

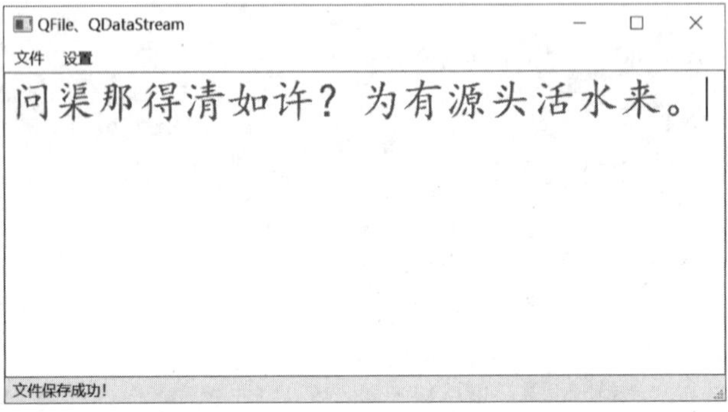

图 4-6 代码 demo5.py 的运行结果

4.3 文件信息与路径管理

在 Python 中，使用内置模块 os 或 pathlib 模块可以实现文件、路径、目录操作。针对此类问题，PySide6 提供了相关的类来操作文件、路径。使用 QFileInfo 类可以提取文件的信息，使用 QDir 类可以提取路径和文件信息，使用 QFileSystemWatcher 类可以监听文件和路径。

7min

4.3.1 文件信息类 QFileInfo

在 PySide6 中，使用 QFileInfo 类创建文件信息对象，使用文件信息对象可以获取文件的信息，包括路径、文件大小、文件权限、扩展名。

QFileInfo 类位于 PySide6 的 QtCore 子模块下，其构造函数如下：

```
QFileInfo()
QFileInfo(file:QFileDevice)
QFileInfo(file:Union[str,Bytes,os.PathLike])
QFileInfo(dir:Union[QDir,str],file:Union[str,Bytes,os.PathLike])
```

其中，file 表示要获取文件信息的文件路径和名称；最后一个构造函数表示使用 QDir 路径下的 file 文件创建文件信息对象。

QFileInfo 类的常用方法见表 4-14。

表 4-14 QFileInfo 类的常用方法

方法及参数类型	说明	返回值的类型
[static]exists(file:str)	获取指定的文件是否存在	bool
[static]exists()	获取文件是否存在	bool
setFile(file:QFileDevice)	设置需要获取文件信息的文件	None
setFile(file:Union[str,Bytes])	设置需要获取文件信息的文件	None
setFile(dir:Union[QDir,str],file:str)	设置需要获取文件信息的文件	None
setCashing(bool)	设置是否需要缓存	None
refresh()	重新获取文件信息	None
absoluteDir()	获取绝对路径	QDir
absoluteFilePath()	获取绝对路径和文件名	str
absolutePath()	获取绝对路径	str
baseName()	获取第 1 个"."之前的文件名	str
completeBaseName()	获取最后 1 个"."之前的文件名	str
suffix()	获取扩展名,包括"."	str
completeSuffix()	获取第 1 个"."之前的文件名,含扩展名	str
fileName()	获取文件名,包含扩展名,不含路径	str
path()	获取路径,不含文件名	str
filePath()	获取路径和文件名	str
canonicalPath()	获取绝对路径,路径中不含链接符号和多余的".."和"."	str
canonicalFilePath()	获取绝对路径和文件名,路径中不含链接符号和多余的".."和"."	str
birthTime()	获取创建时间,如果是快捷文件,则返回目录文件的创建时间	QDateTime
lastModified()	获取最后一次修改的日期和时间	QDateTime
lastRead()	获取最后一次读取的日期和时间	QDateTime
dir()	获取父类的路径	QDir
group()	获取文件所在的组	str
groupId()	获取文件所在组的 ID	int
isAbsolute()	获取是否为绝对路径	bool
isDir()	获取是否为路径	bool
isExecutable()	获取是否为可执行文件	bool
isFile()	获取是否为文件	bool
isHidden()	获取是否为隐藏文件	bool
isReadable()	获取文件是否可读	bool
isRelative()	获取使用的路径是否为相对路径	bool
isRoot()	获取是否为根路径	bool

续表

方法及参数类型	说　　明	返回值的类型
isShortcut()	获取是否为快捷方式或快捷链接	bool
isSymLink()	获取是否为连接符号或快捷方式	bool
isSymbolicLink()	获取是否为链接符号	bool
isWriable()	获取文件是否为可写文件	bool
makeAbsolute()	转换成绝对路径，若返回值为 False，则表示已经是绝对路径	bool
owner()	获取文件的所有者	str
ownerId()	获取文件所有者的 ID	int
size()	获取按字节计算的文件大小	int
symLinkTarget()	获取被链接文件的绝对路径	str

【实例 4-6】 使用 QFileInfo 类的方法获取并打印某个文件的扩展名、创建时间、文件所有者 ID、文件的大小(单位为字节)，代码如下：

```
# === 第 4 章 代码 demo6.py === #
from PySide6.QtCore import QFileInfo

fileInfo = QFileInfo('D:\\Chapter4\\004.bin')
print('扩展名: ',fileInfo.suffix())
print('创建时间: ',fileInfo.birthTime())
print('文件的所有者 ID: ',fileInfo.ownerId())
print('文件的大小: ',fileInfo.size())
```

运行结果如图 4-7 所示。

```
C:\WINDOWS\system32\cmd.exe

D:\Chapter4>python demo6.py
扩展名:  bin
创建时间:  PySide6.QtCore.QDateTime(2023, 6, 12, 11, 15, 39, 229, 0)
文件的所有者ID:  4294967294
文件的大小:  5443

D:\Chapter4>
```

图 4-7　代码 demo6.py 的运行结果

4.3.2　路径管理类 QDir

在 PySide6 中，使用 QDir 类创建路径管理对象，可以使用路径管理对象获取某个路径下的文件或文件路径列表，也可以删除文件、重命名文件。

QDir 类位于 PySide6 的 QtCore 子模块下，其构造函数如下：

```
QDir(Union[QDir,str])
QDir(path:Union[str,Bytes,os.PathLike])
QDir(path: Union[str, Bytes, os.PathLike], nameFilter: str, sort: QDir.SortFlags = QDir.
IgnoreCase,filter:QDir.Filters = QDir.AllEntries)
```

其中，path 表示路径；nameFilter 表示名称过滤器；sort 表示排序规则，参数值为 QDir.SortFlag 的枚举值；filter 表示属性过滤器，参数值为 QDir.Filter 的枚举值。

QDirSortFlag 的枚举值为 QDir.Name、QDir.Time、QDir.Size、QDir.Type、QDir.Unsorted、QDir.NoSort、QDir.DirsFirst、QDir.DirsLast、QDir.Reversed、QDir.IgnoreCase、QDir.LocaleAware。

QDir.Filter 的枚举值见表 4-15。

表 4-15 QDir.Filter 的枚举值

枚举值	说明	枚举值	说明
QDir.Dirs	列出满足条件的路径	QDir.AllEntries	所有路径、文件、驱动器
QDir.AllDirs	所有路径	QDir.Readable	可读文件
QDir.Files	文件	QDir.Writable	可写文件
QDir.Dirves	驱动器	QDir.Executable	可执行文件
QDir.NoSymLinks	没有链接文件	QDir.Modified	可修改文件
QDir.NoDot	没有“.”	QDir.Hidden	隐藏文件
QDir.NoDotDot	没有“..”	QDir.System	系统文件
QDir.NoDotAndDotDot	没有“.”和“..”	QDir.CaseSensitive	区分大小写

在 PySide6 中，QDir 类的某些功能与 QFileInfo 类相同。QDir 类的常用方法见表 4-16。

表 4-16 QDir 类的常用方法

方法及参数类型	说明	返回值的类型
[static]root()	获取根路径	QDir
[static]rootPath()	获取根路径	str
[static]separator()	获取路径分隔符	str
[static]setCurrent(str)	设置程序的当前工作路径	bool
[static]current()	获取程序的当前工作路径	QDir
[static]currentPath()	获取程序的当前绝对工作路径	str
[static]temp()	获取系统的临时路径	QDir
[static]tempPath()	获取系统的临时路径	str
[static]fromNativeSeparators(pathName:str)	获取使用“/”分割的路径	str
[static]toNativeSeparators(pathName:str)	转换成本机系统使用的分隔符分割的路径	str
[static]home	获取系统的用户路径	QDir
[static]homePath()	获取系统的用户路径	str
[static]isAbsolute()	获取是否为绝对路径	bool
[static]isAbsolutePath(path:str)	获取指定的路径是否为绝对路径	bool
[static]isRelativePath(path:str)	获取指定的路径是否为相对路径	bool

续表

方法及参数类型	说　明	返回值的类型
[static]listSeparator()	获取多个路径之间的分隔符，Windows 系统为"；"，UNIX 系统为"："	str
[static]cleanPath()	获取移除多余符号后的路径	str
[static]drives()	获取根文件信息列表	List[QFileInfo]
[static] setSearchPaths (prefix: str, searchPaths: Sequence[str])	设置搜索路径	None
setPath(path:Union[str,Bytes])	设置路径	None
path()	获取路径	str
absoluteFilePath(fileName:str)	获取指定文件的绝对路径	str
absolutePath()	获取绝对路径	str
canonicalPath()	获取不包含"."和".."的路径	str
cd(dirName:str)	更改路径，若路径存在，则返回值为 True	bool
cdUp()	从当前工作路径上移一级路径，如果新路径存在，则返回值为 True	bool
count()	获取文件和路径的数量	int
dirName()	获取最后一级的目录或文件名	str
setNameFilters(Sequence[str])	设置 entryList()、entryInfoList()使用的名称过滤器，可使用"*"和"?"通配符	None
setFilter(QDir. Filter)	设置属性过滤器	None
setSorting(QDir. SortFlag)	设置排序规则	None
entryList(filters,sort)	根据过滤器和排序规则，获取路径下的所有文件信息和子路径信息	List[str]
entryList(Sequence[nameFilters],filters,sort)		List[str]
entryInfoList (filters: QDir. Filters = QDir. NoFilter,sort:QDir. SortFlags=QDir. NoSort)		List[QFileInfo]
entryInfoList(Sequence[nameFilters], filters, sort)		List[QFileInfo]
exists()	获取文件或路径是否存在	bool
exists(name:str)	获取指定的文件或路径是否存在	bool
isRelative()	获取是否为相对路径	bool
isRoot()	获取是否为根路径	bool
isEmpty(filters=QDir. NoDotAndDotDot)	获取是否为空路径	bool
isReadable()	获取是否为可读文件	bool
makeAbsolute()	切换到绝对路径	bool
mkdir(str)	创建子路径，若路径已存在，则返回值为 False	bool

续表

方法及参数类型	说　明	返回值的类型
mkpath(str)	创建多级路径,若成功,则返回值为 True	bool
refresh()	重新获取路径信息	str
relativeFilePath(fileName:str)	获取相对路径	str
remove(fileName:str)	移除文件,若成功,则返回值为 True	bool
removeRecursively()	移除路径和路径下的文件、子路径	bool
rename(oldName:str,newName:str)	重命名文件或路径,若成功,则返回值为 True	bool
rmdir(dirName:str)	移除路径,若成功,则返回值为 True	bool
rmpath(dirPath:str)	移除路径和空的父路径,若成功,则返回值为 True	bool

【实例 4-7】 创建一个窗口,该窗口包含 1 个多行纯文本控件、1 个菜单和 2 个菜单命令。其中 1 个菜单命令可以选择文件路径,并在多行纯文本控件下列举显示路径下的文件名、文件大小、创建日期、修改日期,另一个菜单命令可以关闭窗口。代码如下:

```
# === 第 4 章 代码 demo7.py === #
import sys
from PySide6.QtWidgets import (QApplication,QMainWindow,
   QPlainTextEdit,QMenuBar,QFileDialog)
from PySide6.QtCore import QDir

class Window(QMainWindow):
   def __init__(self):
      super().__init__()
      self.setGeometry(200,200,580,280)
      self.setWindowTitle("QDir")
      #创建菜单栏、菜单、动作
      menuBar = QMenuBar(self)
      fileMenu = menuBar.addMenu("文件")
      self.actionOpen = fileMenu.addAction("打开路径")
      self.actionClose = fileMenu.addAction("关闭")
      self.setMenuBar(menuBar)
      #创建多行纯文本控件
      self.plainText = QPlainTextEdit()
      self.setCentralWidget(self.plainText)
      #创建状态栏
      self.status = self.statusBar()
      #使用信号/槽
      self.actionOpen.triggered.connect(self.action_open)
      self.actionClose.triggered.connect(self.close)

   def action_open(self):
```

```
        path = QFileDialog.getExistingDirectory(self,caption = "选择路径")
        dir1 = QDir(path)
        #只显示文件
        dir1.setFilter(QDir.Files)
        if dir1.exists(path) == False:
            return
        #获取文件信息列表
        fileInfo_list = dir1.entryInfoList()
        #获取文件数量
        num = len(fileInfo_list)
        #列举文件信息
        if num:
            self.status.showMessage("选择的路径: " + dir1.toNativeSeparators(path) + ",该路
径下有" + str(num) + "个文件。")
            self.plainText.clear()
            self.plainText.appendPlainText(dir1.toNativeSeparators(path) + "下的文件如下: ")
            for info in fileInfo_list:
                fileName = info.fileName()
                size = info.size()
                birthTime = info.birthTime().toString()
                ModifiedTime = info.lastModified().toString()
                string = f"文件名: {fileName},文件大小: {size},创建日期: {birthTime},修改日
期: {ModifiedTime}"
                self.plainText.appendPlainText(string)


if __name__ == '__main__':
    app = QApplication(sys.argv)
    win = Window()
    win.show()
    sys.exit(app.exec())
```

运行结果如图 4-8 所示。

QDir
文件
D:\Chapter4下的文件如下:
文件名: 0.py , 文件大小: 3719 , 创建日期: Tue Jun 13 19:38:31 2023 , 修改日期: Sun Mar 6 17:24:52 2022
文件名: 001.bin , 文件大小: 196 , 创建日期: Mon Jun 12 09:46:43 2023 , 修改日期: Mon Jun 12 09:46:43 2023
文件名: 001.hex , 文件大小: 362 , 创建日期: Sun Jun 11 08:43:25 2023 , 修改日期: Sun Jun 11 08:43:25 2023
文件名: 001.txt , 文件大小: 191 , 创建日期: Sun Jun 11 08:08:25 2023 , 修改日期: Sun Jun 11 08:10:21 2023
文件名: 002.bin , 文件大小: 5411 , 创建日期: Mon Jun 12 09:59:15 2023 , 修改日期: Mon Jun 12 09:59:15 2023
文件名: 002.hex , 文件大小: 446 , 创建日期: Sun Jun 11 09:01:37 2023 , 修改日期: Sun Jun 11 09:01:37 2023
文件名: 002.txt , 文件大小: 232 , 创建日期: Sun Jun 11 08:20:01 2023 , 修改日期: Sun Jun 11
选择的路径: D:\Chapter4, 该路径下有25个文件。

图 4-8　代码 demo7.py 的运行结果

4.3.3 文件和路径监视器类 QFileSystemWatcher

在 PySide6 中,使用 QFileSystemWatcher 类创建文件和路径监视器对象,可以使用文

件和路径监视器对象监视文件和路径，当被监视的文件或路径发生改变（如修改、添加、删除或重命名等事件）时会发送信号。

QFileSystemWatcher 类位于 PySide6 的 QtCore 子模块下，其构造函数如下：

```
QFileSystemWatcher(parent:QObject = None)
QFileSystemWatcher(paths:Sequence[str],parent:QObject = None)
```

其中，parent 表示 QObject 类及其子类创建的对象；paths 表示被监视的文件或路径列表，参数值为字符串列表。

QFileSystemWatcher 类的常用方法见表 4-17。

表 4-17 QFileSystemWatcher 类的常用方法

方法及参数类型	说明	返回值的类型
addPath(file:str)	添加被监视的路径或文件，若成功，则返回值为 True	bool
addPaths(files:Sequence[str])	添加被监视的路径或文件列表，返回值为没有添加成功的路径和文件列表	List[str]
directories()	获取被监视的路径列表	List[str]
files()	获取被监视的文件列表	List[str]
removePath(file:str)	将被监视的文件或路径从监视器中移除，若成功，则返回值为 True	bool
removePath(files:Sequence[str])	移除被监视的路径或文件，返回值为没有移除成功的路径和文件列表	List[str]

QFileSystemWatcher 类的信号见表 4-18。

表 4-18 QFileSystemWatcher 类的信号

信号及参数类型	说明
directoryChanged(path)	当被监视的路径发生改变（添加、删除文件或文件夹）时，发送信号
fileChanged(fileName)	当被监视的文件发生改变（修改、重命名、删除文件）时，发送信号

【实例 4-8】 创建一个窗口，该窗口包含 1 个多行纯文本控件、1 个菜单和 2 个菜单命令。其中 1 个菜单命令可以选择文件路径，当该文件发生改变（重命名、删除、修改）时多行纯文本控件显示提示信息，另一个菜单命令可以关闭窗口。代码如下：

```
# === 第 4 章 代码 demo8.py === #
import sys,os
from PySide6.QtWidgets import (QApplication,QMainWindow,
   QPlainTextEdit,QMenuBar,QFileDialog)
from PySide6.QtCore import QFileSystemWatcher

class Window(QMainWindow):
   def __init__(self):
      super().__init__()
      self.setGeometry(200,200,560,220)
```

```
        self.setWindowTitle("QFileSystemWatcher")
        #创建菜单栏、菜单、动作
        menuBar = QMenuBar(self)
        fileMenu = menuBar.addMenu("文件")
        self.actionOpen = fileMenu.addAction("添加被监视的文件路径")
        self.actionClose = fileMenu.addAction("关闭")
        self.setMenuBar(menuBar)
        #创建多行纯文本控件
        self.plainText = QPlainTextEdit()
        self.setCentralWidget(self.plainText)
        #创建状态栏
        self.status = self.statusBar()
        #创建文件和路径监视器
        self.watcher = QFileSystemWatcher(self)
        #使用信号/槽
        self.actionOpen.triggered.connect(self.action_open)
        self.actionClose.triggered.connect(self.close)
        self.watcher.fileChanged.connect(self.file_changed)

    def action_open(self):
        fileName,fil = QFileDialog.getOpenFileName(self, caption = "打开文件",filter = "所有文
件(*.*)")
        if fileName == "":
            return
        if os.path.isfile(fileName) == False:
            return
        self.watcher.addPath(fileName)
        self.status.showMessage("添加文件路径成功")

    def file_changed(self,path):
        string = f"路径为{path}的文件被修改"
        self.plainText.appendPlainText(string)


if __name__ == '__main__':
    app = QApplication(sys.argv)
    win = Window()
    win.show()
    sys.exit(app.exec())
```

运行结果如图 4-9 所示。

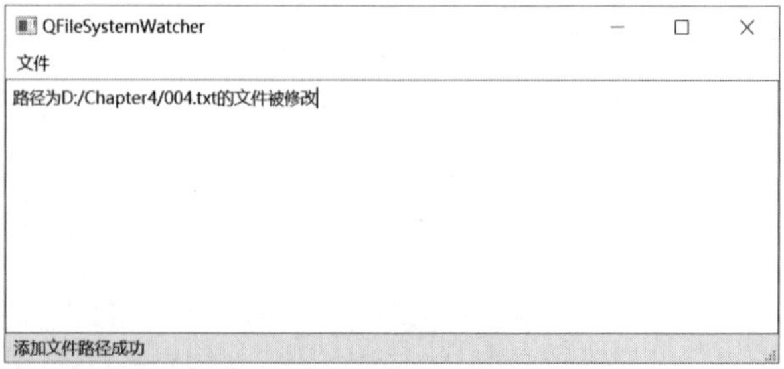

图 4-9 代码 demo8.py 的运行结果

4.4 临时数据

在应用程序时，通常会产生临时数据，包括临时文件、临时路径、缓存。如果产生的临时数据比较大，而且超过了内存容量，则可以使用 PySide6 提供的临时数据类处理此类问题。PySide6 提供的临时数据类有临时文件类 QTemporaryFile、临时路径类 QTempararyDir、存盘类 QSaveFile、缓存类 QBuffer。

4.4.1 临时文件类 QTemporaryFile

7min

在 PySide6 中，使用 QTemporaryFile 类创建临时文件对象。临时文件对象可存储程序在运行过程中产生的大量数据，而且不会覆盖现有文件。QTemporaryFile 类是 QFile 类的子类，其继承关系图如图 4-1 所示。

QTemporaryFile 类位于 PySide6 的 QtCore 子模块下，其构造函数如下：

```
QTemporaryFile()
QTemporaryFile(parent:QObject)
QTemporaryFile(templateName:str)
QTemporaryFile(templateName:str,parent:QObject)
```

其中，parent 表示 QObject 类及其子类创建的实例对象；templateName 表示文件名，可以使用模板名，也可以自己指定文件名。

如果开发者使用模板名称，则模板名称包括 6 个或 6 个以上的大写字母 X，扩展名可以自己指定，例如：

```
QTemporaryFile("XXXXXX1.aaa")
QTemporaryFile("ABXXXXXXC.bbb")
```

如果开发者自己指定文件名，则临时文件名是在原有文件的基础上添加新的扩展名；如果指定了父对象，则使用应用程序的名称(用 app. setApplicationName(str)设置)加上新的扩展名作为临时文件名。

如果使用了模板名或指定了文件名，则临时文件存放在当前路径下，可使用 QDir. currentPath()方法获取；如果没有使用模板名并且没有指定文件名，则临时文件存放在系统的临时路径下，可使用 QDir. tempPath()获取系统临时路径。

QTemporaryFile 类继承了 QIODevice 类的大部分方法，其独有的方法见表 4-19。

表 4-19 QTemporaryFile 类的独有方法

方法及参数类型	说 明	返回值的类型
[static]CreateNativeFile(file:QFile)	创建一个本地文件	QTemporaryFile
[static]CreateNativeFile(fileName:str)	创建一个本地文件	QTemporaryFile
open()	创建并打开临时文件，使用读写方式(QIODevice. ReadWrite)	bool

续表

方法及参数类型	说　明	返回值的类型
fileName()	获取临时文件名和路径	str
setAutoRemove(bool)	设置是否自动删除临时文件	None
autoRemove()	获取是否自动删除临时文件	bool
setFileTemplate(name:str)	设置临时文件的模板	None
fileTemplate()	获取临时文件的模板	str

【实例 4-9】 应用模板名创建一个临时文件,向该文件中写入数据,打印该文件和文件名,代码如下:

```
# === 第 4 章 代码 demo9.py === #
from PySide6.QtCore import QTemporaryFile,QByteArray

temporary = QTemporaryFile('XXXXXX.aaa')
Byte1 = QByteArray()
Byte1.insert(0,"hello world.")
if temporary.open() == True:
    temporary.write(Byte1)
    print(temporary)
    print(temporary.fileName())
```

运行结果如图 4-10 所示。

```
C:\WINDOWS\system32\cmd.exe

D:\Chapter4>python demo9.py
<PySide6.QtCore.QTemporaryFile(0x1d4ff808560) at 0x000001D4F6D03340>
D:/Chapter4/wnAnvv.aaa

D:\Chapter4>
```

图 4-10　代码 demo9.py 的运行结果

4.4.2　临时路径类 QTemporaryDir

在 PySide6 中,使用 QTemporaryDir 类创建临时路径对象。临时路径对象可存储程序在运行过程中产生的临时路径。QTemporaryDir 类位于 PySide6 的 QtCore 子模块下,其构造函数如下:

```
QTemporaryDir()
QTemporaryDir(templateName:str)
```

其中,templateName 表示模板名,如果模板中有路径,则相对于当前的工作路径;如果模板名中含有“XXXXXX”,则必须放到路径名称的末尾,“XXXXXX”表示临时路径的动态部分。

如果开发者不使用模板名创建临时路径,则可使用应用程序的名称(用 app.setApplicationName(str)方法获取)和随机名作为路径名称,随机路径保存到系统默认的路径(用 Dir.tempPath()方法获取)下。

QTemporaryDir 类的常用方法见表 4-20。

表 4-20 QTemporaryDir 类的常用方法

方法及参数类型	说　明	返回值的类型
autoRemove()	获取是否自动移除路径	bool
path()	获取创建的临时路径	str
isValid()	获取临时路径是否创建成功	bool
errorString()	如果临时路径创建不成功,则返回出错信息	str
filePath(fileName:str)	获取临时路径中文件的路径	str
setAutoRemove(bool)	设置是否自动移除临时路径	None
remove()	移除临时路径	bool
swap(other:QTemporaryDir)	交换临时路径	None

【实例 4-10】 使用两种方法创建临时路径对象,并打印各自的临时路径,代码如下:

```
# === 第 4 章 代码 demo10.py === #
from PySide6.QtCore import QTemporaryDir

dir1 = QTemporaryDir()
dir2 = QTemporaryDir("abcXXXXXX")
if dir1.isValid():
    print(dir1.path())
if dir2.isValid():
    print(dir2.path())
```

程序的运行结果如图 4-11 所示。

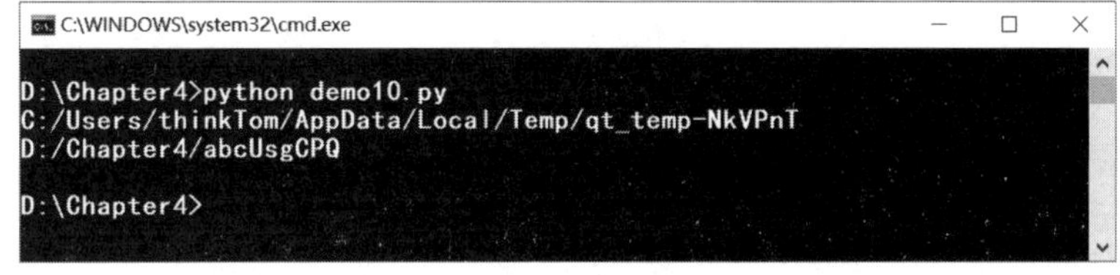

图 4-11 代码 demo10.py 的运行结果

4.4.3 存盘类 QSaveFile

在 PySide6 中,使用 QSaveFile 类创建存盘对象。存盘对象可以保存文本文件和二进制文件,并且在写入操作失败时不会导致已经存在的数据丢失。QSaveFile 类为 QFileDevice 类的子类,其继承关系如图 4-1 所示。

QSaveFile 类位于 PySide6 的 QtCore 子模块下,其构造函数如下:

```
QSaveFile(name:str)
QSaveFile(parent:QObject)
QSaveFile(name:str,parent:QObject)
```

其中,name 表示文件名; parent 表示 QObject 类及其子类创建的实例对象。

当使用 QSaveFile 类执行写入操作时,首先将内容写入存盘对象的临时文件中,如果没有错误发生,则调用 commit()方法将临时文件的内容移到目标文件中。该方法可以确保当向目标文件中写入数据时,即使发生错误,也不会丢失数据。QSaveFile 类会自动检测写入过程中出现的错误,当调用 commit()方法时放弃临时文件。

QSaveFile 类的常用方法见表 4-21。

表 4-21 QSaveFile 类的常用方法

方法及参数类型	说　明	返回值的类型
commit()	将临时文件中的数据写入目标文件中,若成功,则返回值为 True	bool
cancelWriting()	取消将数据写入目标文件中	None
setFileName(name:str)	设置保存数据的目标文件	None
fileName()	获取目标文件	str
open(flags:QIODeviceBase.OpenMode)	打开文件,若成功,则返回值为 True	bool
setDirectWriteFallback(enabled:bool)	设置是否直接向目标文件中写入数据	None
directWriteFallback()	获取是否直接向目标文件中写入数据	bool
writeData(data:Bytes,len:int)	写入字符串,并返回实际写入的字符串数量	int

【实例 4-11】 使用 QSaveFile 类提供的方法向 TXT 文件(005.txt)中写入文本,该 TXT 文件位于 D 盘 Chapter4 文件夹下,代码如下:

```
# === 第 4 章 代码 demo11.py === #
from PySide6.QtCore import QSaveFile,QByteArray,QIODeviceBase

save1 = QSaveFile()
save1.setFileName("D:\\Chapter4\\005.txt")
Byte1 = QByteArray()
Byte1.insert(0,"One World,One Dream.")
if save1.open(QIODeviceBase.WriteOnly):
    save1.write(Byte1)
    save1.commit()
```

运行结果如图 4-12 所示。

005.txt - 记事本
文件(F) 编辑(E) 格式(O) 查看(V) 帮助(H)
One World,One Dream.

图 4-12 代码 demo11.py 的运行结果

4.4.4　缓存类 QBuffer

▷ 10min

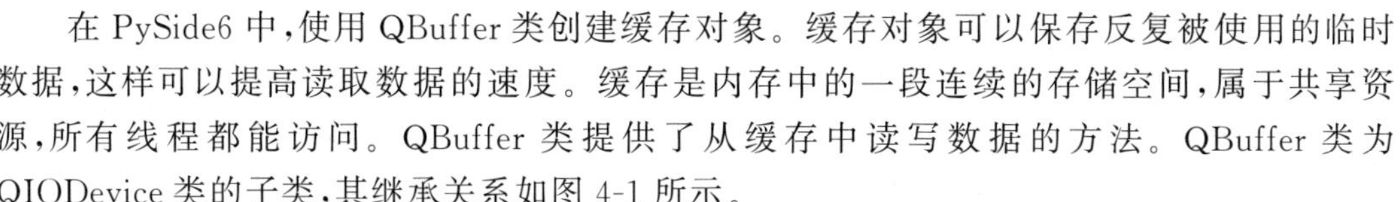

在 PySide6 中，使用 QBuffer 类创建缓存对象。缓存对象可以保存反复被使用的临时数据，这样可以提高读取数据的速度。缓存是内存中的一段连续的存储空间，属于共享资源，所有线程都能访问。QBuffer 类提供了从缓存中读写数据的方法。QBuffer 类为 QIODevice 类的子类，其继承关系如图 4-1 所示。

QBuffer 类位于 PySide6 的 QtCore 子模块下，其构造函数如下：

```
QBuffer(parent:QObject)
QBuffer(buf:Union[QByteArray,Bytes],parent:QObject)
```

其中，parent 表示 QObject 类及其子类创建的实例对象；buf 表示缓存数据。

QBuffer 类的常用方法见表 4-22。

表 4-22　QBuffer 类的常用方法

方法及参数类型	说　　明	返回值的类型
close()	关闭缓存	None
canReadLine()	获取是否可以按行读取	bool
setBuffer(Union[QByteArray,Bytes])	设置缓存	None
buffer()	获取缓存中的 QByteArray 对象	QByteArray
data()	获取缓存中的 QByteArray 对象	QByteArray
open(QIODeviceBase.OpenMode)	打开缓存，若成功，则返回值为 True	bool
setData(data:Union[QByteArray,Bytes])	向缓存中设置数据	None
pos()	获取指向缓存内部指针的位置	int
seek(off:int)	定位到指定的位置，若成功，则返回值为 True	bool
readData(data:Bytes,maxlen:int)	读取指定最大字节数的数据	object
writeData(data:Bytes,len:int)	写入数据	int
anEnd()	获取是否到达末尾	bool
size()	获取缓存的字节总数	int

【实例 4-12】　创建一个窗口，该窗口包含 1 个多行纯文本控件、1 个菜单和 2 个菜单命令。其中 1 个菜单命令可以生成数据并存储在缓存中，另一个菜单命令可以从缓存中读取数据。代码如下：

```
# === 第 4 章 代码 demo12.py === #
import sys
from PySide6.QtWidgets import (QApplication,QMainWindow,
   QPlainTextEdit,QMenuBar)
from PySide6.QtCore import QBuffer,QDataStream

class Window(QMainWindow):
   def __init__(self):
      super().__init__()
```

```
        self.setGeometry(200,200,560,220)
        self.setWindowTitle("QBuffer")
        #创建菜单栏、菜单、动作
        menuBar = QMenuBar(self)
        fileMenu = menuBar.addMenu("文件")
        self.actionCreate = fileMenu.addAction("生成数据")
        self.actionShow = fileMenu.addAction("显示数据")
        self.setMenuBar(menuBar)
        #创建多行纯文本控件
        self.plainText = QPlainTextEdit()
        self.setCentralWidget(self.plainText)
        #创建状态栏
        self.status = self.statusBar()
        #创建缓存对象
        self.buffer = QBuffer()
        #使用信号/槽
        self.actionCreate.triggered.connect(self.action_create)
        self.actionShow.triggered.connect(self.action_show)

    def action_create(self):
        try:
            if self.buffer.open(QBuffer.WriteOnly|QBuffer.Truncate):      #打开缓存
                writer = QDataStream(self.buffer)                          #创建数据流
                writer.setVersion(QDataStream.Qt_6_4)
                writer.setByteOrder(QDataStream.BigEndian)
                writer.writeQString("昨夜江边春水生,")                      #写入字符串
                writer.writeQString("艨艟巨舰一毛轻.")
                writer.writeQString("向来枉费推移力,")
                writer.writeQString("此日中流自在行.")
        except:
            self.status.showMessage("写入数据失败!")
        else:
            self.status.showMessage("写入数据成功!")
        self.buffer.close()

    def action_show(self):
        try:
            if self.buffer.open(QBuffer.ReadOnly):                          #打开缓存
                reader = QDataStream(self.buffer)
                reader.setVersion(QDataStream.Qt_6_4)
                reader.setByteOrder(QDataStream.BigEndian)
                self.plainText.clear()
                while not reader.atEnd():
                    string = reader.readQString()                           #读取字符串
                    self.plainText.appendPlainText(string)
        except:
            self.status.showMessage("读取数据失败!")
        else:
            self.status.showMessage("读取数据成功!")
        self.buffer.close()
```

```
if __name__ == '__main__':
    app = QApplication(sys.argv)
    win = Window()
    win.show()
    sys.exit(app.exec())
```

运行结果如图 4-13 所示。

图 4-13 代码 demo12.py 的运行结果

4.5 小结

本章首先介绍了 PySide6 处理文件、路径的基础类,包括文件抽象类 QIODevice 类、字节数组类 QByteArray 类、文件类 QFile;其次介绍了使用数据流读写文本文件、二进制文件、类对象的方法;然后介绍了文件信息类 QFileInfo、路径管理类 QDir 类、文件和路径监视器类 QFileSystemWatcher 类的用法;最后介绍了临时数据类的用法,包括临时文件类 QTemporaryFile、临时路径类 QTemporaryDir、存盘类 QSaveFile、缓存类 QBuffer。

第 三 部 分

第 5 章

Graphics/View 绘图

在《编程改变生活——用 PySide6/PyQt6 创建 GUI 程序(基础篇·微课视频版)》的第 8 章介绍了使用 QPainter 类绘制图形的方法,这种方法比较适合绘制相对不复杂的图像,而且绘制的图形不能进行选择、编辑、拖放、修改。如果要绘制可交互的复杂图像,则应该怎么办?

为了绘制可交互的复杂图像,PySide6 提供了 Graphics/View 绘图框架。使用 Graphics/View 框架可绘制含有大量图形项(也称为图形元件)的图像,而且可以对每个图形项进行选择、拖放、修改等操作。

5.1 Graphics/View 简介

16min

类比于将数据模型与视图控件相分离 Model/View 框架,Graphics/View 框架是将图像视图、图像场景、图形项相分离的框架,使用这样的技术可以绘制可交互的图像。具体来讲,主要使用了图像场景类 QGraphicsScene、图像视图类 QGraphicsView、图形项类 QGraphicsItem。

5.1.1 Graphics/View 绘图框架

在 PySide6 中,Graphics/View 绘图框架主要由图像视图、图像场景、图形项构成,这三者的系统结构如图 5-1 所示。

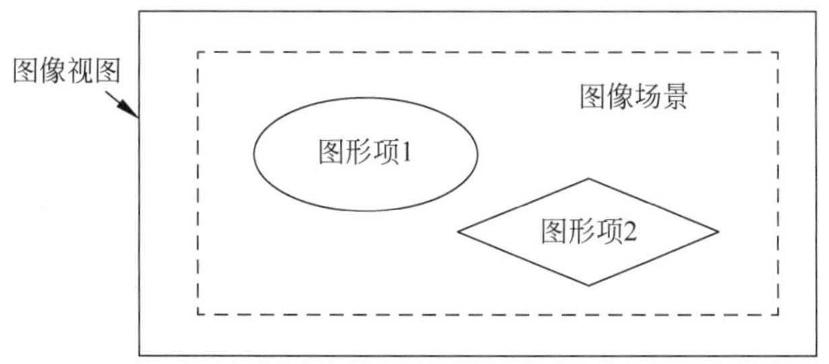

图 5-1　图像视图、图像场景、图形项的系统结构

1. 图像视图

图像视图类 QGraphicsView 提供了绘制图像的视图控件,用于显示图像场景中的内容。如果图像视图的范围大于图像场景的范围,则图像场景在图像视图中间部分显示;如果图像场景的范围大于图像视图的范围,则视图控件自动提供滚动条和滚动区。

QGraphicsView 类是视图控件,可以接受鼠标和键盘的输入并转换为场景事件,而且可以进行坐标转换后传递给可视的图像场景。

2. 图像场景

图像场景类 QGraphicsScene 提供了绘制图像的场景。图像场景是一个不可见的、抽象的容器,可以向图像场景中添加图形项,并可以获取图像场景中的各个图形项。

QGraphicsScene 类提供了大量的图形项接口,可以管理各个图形项及其状态,并可以将场景事件传递给各个图形项。

在实际编程中,可以设置图像场景背景色和前景色,主要使用了 QGraphicsScene 类的 drawBackground()和 drawForeground()方法。

3. 图形项

图形项就是一些基本的图形元件。图形项的基类为 QGraphicsItem,PySide6 也提供了标准的图形项类,例如矩形类 QGraphicsRectItem、椭圆类 QGraphicsEllipseItem、文本类 QGraphicsTextItem。

QGraphicsItem 类支持鼠标事件、键盘事件、拖放操作,也可以使用 QGraphicsItemGroup 类对图形元件进行组合,例如父子项关系组合。

综上所述,图像场景是图形项的容器,可以在图像场景中绘制多个图形项,每个图形项就是一个实例对象,这些图形项可以被选择、拖动。图像视图是显示图像场景的视图控件。一个图像场景可以有多张图像视图,一张图像视图可以显示图像场景的部分区域或全部区域。

5.1.2 Graphics/View 的坐标系

Graphics/View 框架有 3 个坐标系,分别是图像视图坐标系、图像场景坐标系、图形项坐标系。这 3 个坐标系的示意图如图 5-2 所示。

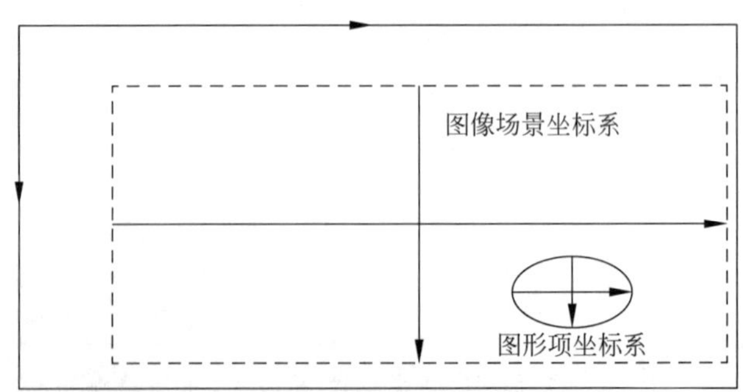

图 5-2 图像视图坐标系、图像场景坐标系、图形项坐标系的示意图

图像视图坐标系与设备坐标系相同，默认左上角为原点，这是物理坐标。图像场景坐标类系似于 QPainter 的逻辑坐标系，一般以图像场景的中心为坐标系原点(需要将图像场景的矩形范围设置为(-a,-b,2a,2b)，否则图像场景的中心点未必是坐标系原点)，x 轴的正方向向右，y 轴正方向向下。图形项坐标系是局部的坐标系，通常以图形项的中心为坐标系原点，x 轴的正方向向右，y 轴的正方向向下。

1. 图像视图坐标

图像视图坐标是窗口控件的坐标，视图坐标的单位是像素。QGraphicsView 左上角的坐标为(0,0)。所有的鼠标事件、拖曳事件最开始都使用视图坐标。因为要和图形项交互，所以需要转换为图像场景坐标。

2. 图像场景坐标

图像场景坐标是所有图形项的基础坐标，场景坐标描述了顶层图形项的位置，而且构成了从图像视图到图像场景的所有场景事件的基础，每个图形项在场景上都有场景坐标和边界矩形。

3. 图形项坐标

图形项使用自己的局部坐标，通常以图形项的中心为原点。图形项的原点也是各种坐标转换的中心。图形项的鼠标事件使用局部坐标，创建图形项、绘制图形项也使用局部坐标，QGraphicsScene 和 QGraphicsView 会自动进行坐标转换。

一个图形项的位置是其中心点在父坐标系的坐标。如果一个图形项没有父图形项，则图形项的位置就是图像场景的坐标。如果一个图形项有父图形项，则父图形项进行坐标转换时子图形项也进行坐标转换。

4. 坐标变换

在 Graphics/View 框架下，经常需要在不同的坐标之间进行变换，例如从图像视图到图像场景、从图像场景到图形项、从子图形项到父图形项。Graphics/View 框架下的坐标变换方法见表 5-1。

表 5-1 Graphics/View 框架下的坐标变换方法

坐标变换方法	说　明
QGraphicsView. mapToScene()	从图像视图到图像场景
QGraphicsView. mapFromScene()	从图像场景到图像视图
QGraphicsItem. mapFromScene()	从图像场景到图形项
QGraphicsItem. mapToScene()	从图形项到图像场景
QGraphicsItem. mapToParent()	从子图形项到父图形项
QGraphicsItem. mapFromParent()	从父图形项到子图形项
QGraphicsItem. mapToItem()	从本图形项到其他图形项
QGraphicsItem. mapFromItem()	从其他图形项到本图形项

5.1.3 典型应用

下面使用 Graphics/View 框架绘制简单图像。

【实例 5-1】 使用 Graphics/View 框架绘制图像,该图像中包含一个矩形图形项、一个椭圆图形项,这两个图形项都可以移动,代码如下:

```
# === 第 5 章 代码 demo1.py === #
import sys
from PySide6.QtWidgets import (QApplication,QWidget,QGraphicsScene,
QGraphicsView,QVBoxLayout,QGraphicsRectItem,QGraphicsItem,QGraphicsEllipseItem)
from PySide6.QtCore import Qt,QRectF

class Window(QWidget):
    def __init__(self,parent = None):
        super().__init__(parent)
        self.setGeometry(200,200,580,280)
        self.setWindowTitle("使用 Graphics/View 绘图")
        #创建图像视图
        self.graphicsView = QGraphicsView()
        self.graphicsView.setBackgroundBrush(Qt.gray)
        #设置布局
        vbox = QVBoxLayout()
        vbox.addWidget(self.graphicsView)
        self.setLayout(vbox)
        #创建矩形范围
        rectF1 = QRectF( - 20, - 20,400,200)
        #创建图像场景
        self.graphicsScene = QGraphicsScene(rectF1)
        #图像视图设置图像场景
        self.graphicsView.setScene(self.graphicsScene)
        #以图像场景范围创建矩形图形项
        rectItem = QGraphicsRectItem(rectF1)
        rectItem.setBrush(Qt.yellow)
        rectItem.setFlags(QGraphicsItem.ItemIsSelectable|
QGraphicsItem.ItemIsMovable)
        #向图像场景中添加矩形
        self.graphicsScene.addItem(rectItem)
        #创建椭圆图形项
        rectF2 = QRectF( - 40, - 30,80,50)
        ellipseItem = QGraphicsEllipseItem(rectF2)
        ellipseItem.setBrush(Qt.red)          #设置画刷
        ellipseItem.setFlags(QGraphicsItem.ItemIsSelectable|
QGraphicsItem.ItemIsMovable)
        #向图像场景中添加椭圆图形项
        self.graphicsScene.addItem(ellipseItem)


if __name__ == "__main__":
    app = QApplication(sys.argv)
    win = Window()
    win.show()
    sys.exit(app.exec())
```

运行结果如图 5-3 所示。

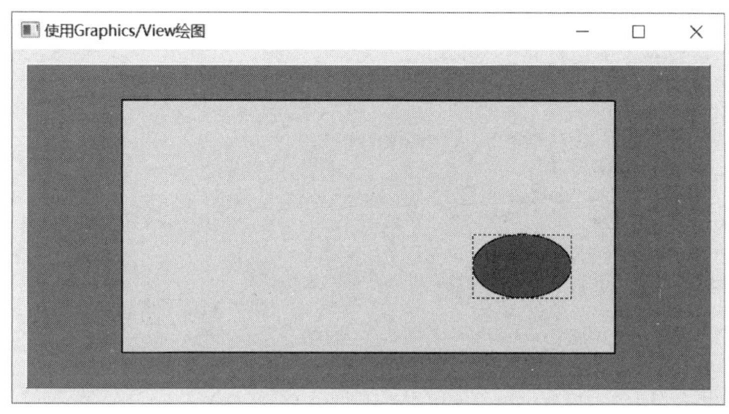

图 5-3 代码 demo1.py 的运行结果

【实例 5-2】 使用 Graphics/View 框架绘制图像，该图像中包含一个矩形图形项、一个椭圆图形项，这两个图形项都可以移动。当使用鼠标拖动图形项时，窗口状态栏显示鼠标的图像视图坐标、图像场景坐标、图形项坐标，需使用坐标变换的方法，代码如下：

```
# === 第 5 章 代码 demo2.py === #
import sys
from PySide6.QtWidgets import (QApplication,QMainWindow,QGraphicsScene,
QGraphicsView,QVBoxLayout,QStatusBar,QGraphicsRectItem,QGraphicsItem,QGraphicsEllipseItem)
from PySide6.QtCore import Qt,Signal,QPointF,QRectF

#创建图像视图控件的子类
class myGraphicsView(QGraphicsView):
    sendPosition = Signal(QPointF)      #自定义信号,参数是鼠标在视图中的位置
    def __init__(self,parent = None):
        super().__init__(parent)
    #鼠标单击事件
    def mousePressEvent(self,event):
        self.sendPosition.emit(event.scenePosition())     #发送信号,参数是鼠标位置
        super().mousePressEvent(event)
    #鼠标移动事件
    def mouseMoveEvent(self,event):
        self.sendPosition.emit(event.scenePosition())     #发送信号,参数是鼠标位置
        super().mouseMoveEvent(event)
    #重写背景函数,设置背景颜色
    def drawBackground(self, painter,rectF):
        painter.fillRect(rectF,Qt.gray)

class Window(QMainWindow):
    def __init__(self,parent = None):
        super().__init__(parent)
        self.setGeometry(200,200,580,280)
        self.setWindowTitle("坐标变换")
        #创建图像视图
        self.graphicsView = myGraphicsView()
        self.setCentralWidget(self.graphicsView)
```

```
        #创建状态栏
        self.statusbar = self.statusBar()
        rectF1 = QRectF(-200, -150,400,220)
        #创建图像场景
        self.graphicsScene = QGraphicsScene(rectF1)
        #图像视图设置图像场景
        self.graphicsView.setScene(self.graphicsScene)
        #创建矩形图形项
        rectItem = QGraphicsRectItem(rectF1)
        rectItem.setFlags(QGraphicsItem.ItemIsSelectable
|QGraphicsItem.ItemIsMovable)                              #设置标识
        #向图像场景中添加矩形图形项
        self.graphicsScene.addItem(rectItem)
        rectF2 = QRectF(-40, -40,120,80)
        #创建椭圆图形项
        ellipseItem = QGraphicsEllipseItem(rectF2)
        #设置画刷
        ellipseItem.setBrush(Qt.red)
        ellipseItem.setFlags(QGraphicsItem.ItemIsSelectable
|QGraphicsItem.ItemIsMovable)
        #向图像场景中添加椭圆图形项
        self.graphicsScene.addItem(ellipseItem)
        #使用信号/槽
        self.graphicsView.sendPosition.connect(self.mousePosition)
    #自定义槽函数
    def mousePosition(self,pointF):
        point = pointF.toPoint()
        template = "视图坐标:{},{} 场景坐标:{},{} 图形项坐标:{},{}"
        #将视图中的点映射到场景中
        pointScene = self.graphicsView.mapToScene(point)
        #第1种获取视图控件中的图形项的方法
        item = self.graphicsView.itemAt(point)
        #第2种获取视图控件中的图形项的方法
        #item = self.graphicsScene.itemAt(pointScene,
self.graphicsView.transform())
        if item:
            pointItem = item.mapFromScene(pointScene)      #把场景坐标转换为图形项坐标
            string = template.format(point.x(),point.y(),pointScene.x(),
pointScene.y(),pointItem.x(),pointItem.y())
        else:
            string = template.format(point.x(), point.y(),pointScene.x(),
pointScene.y(),"None","None")
        self.statusbar.showMessage(string)                 #在状态栏中显示坐标信息


if __name__ == "__main__":
    app = QApplication(sys.argv)
    win = Window()
    win.show()
    sys.exit(app.exec())
```

运行结果如图 5-4 所示。

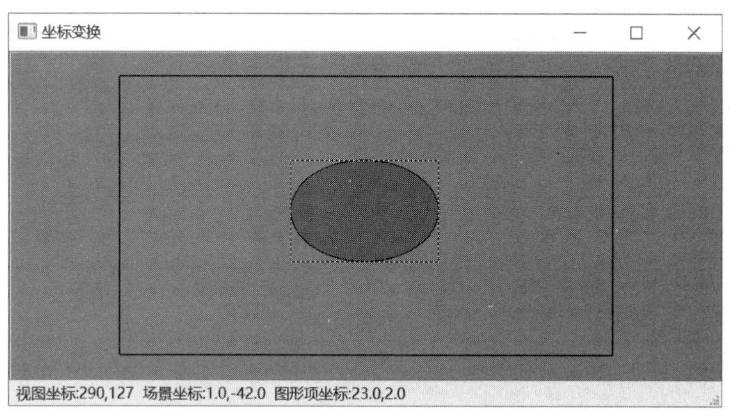

图 5-4 代码 demo2.py 的运行结果

5.2 Graphics/View 相关类

使用 Graphics/View 框架绘制可交互图像主要使用了图像视图类 QGraphicsView、图像场景类 QGraphicsScene、图形项类 QGraphicsItem、标准图形项类。本节主要介绍这 4 种类的构造函数和常用方法。

5.2.1 图像视图类 QGraphicsView

图像视图类 QGraphicsView 是 QAbstractScrollAren 类的子类。QGraphicsView 类创建的图像视图控件可以根据图像场景的宽和高提供滚动区，当图像视图控件的宽和高小于图像场景的宽和高时会提供滚动条。QGraphicsView 类的继承关系如图 5-5 所示。

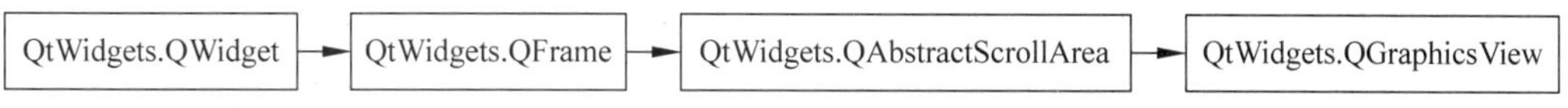

图 5-5 QGraphicsView 类的继承关系

QGraphicsView 类位于 PySide6 的 QtWidgets 子模块下，其构造函数如下：

```
QGraphicsView(parent:QWidget = None)
QGraphicsView(scene:QGraphicsScene,parent:QWidget = None)
```

其中，parent 表示父窗口或父容器；scene 表示图像场景对象。

QGraphicsView 类的常用方法见表 5-2。

表 5-2 QGraphicsView 类的常用方法

方法及参数类型	说明	返回值的类型
[slot]updateScene(rects:Sequence[QRectF])	更新场景	None
[slot] updateSceneRect (rect: Union [QRectF, QRect])	更新场景	None

续表

方法及参数类型	说　明	返回值的类型
[slot] invalidateScene(rect: Union[QRectF, QRect], layers: QGraphicsScene. SceneLayers = QGraphicsScene. AllLayers)	对指定的场景区域进行更新和重绘，相当于对指定区域进行 update()操作	None
setScene(scene:QGraphicsScene)	设置图像场景	None
scene()	获取图像场景	QGraphicsScene
setSceneRect(rect:Union[QRectF,QRect])	设置图像场景在图像视图中的范围	None
setSceneRect(x:float,y:float,w:float,h:float)	设置图像场景在图像视图中的范围	None
sceneRect()	获取图像场景在图像视图中的范围	QRectF
setAlignment(Qt. Alignment)	设置图像场景全部可见时的对齐方式	None
setBackgroundBrush(brush: Union[QBrush, Qt. BrushStyle, Qt. GlobalColor, QColor, QGradient,QImage,QPixmap])	设置背景色	None
setForegroundBrush(brush: Union[QBrush, Qt. BrushStyle, Qt. GlobalColor, QColor, QGradient, QImage,QPixmap])	设置前景色	None
drawBackground(painter:QPainter,rect:Union[QRectF,QRect])	重写该函数，在显示前景和图形项前绘制背景	None
drawForeground(painter:QPainter,rect:Union[QRectF,QRect])	重写该函数，在显示前景和图形项后绘制背景	None
centerOn(pos:Union[QPointF,QPoint,QPainterPath. Element])	使某个点位于视图控件中心	None
centerOn(x:float,y:float)	使某个点位于视图控件中心	None
centerOn(item:QGraphicsItem)	使某个图形项位于视图控件中心	None
ensureVisible(rect: Union[QRectF, QRect], xmargin:int=50,ymargin:int=50)	确保在指定的矩形区域可见，若可见，则按照指定的边距显示；若不可见，则滚动到最近的点	None
ensureVisible(x: float, y: float, w: float, h: float,xmargin:int=50,ymargin:int=50)		None
ensureVisible(QGraphicsItem, xmargin: int = 50,ymargin:int=50)	确保指定的图形项可见	None
fitInView(rect: Union[QRectF, QRect], aspectRadioMode:Qt. AspectRadioMode=Qt. IngnoreAspectRadio)	以合适的方式使矩形区域可见	None
fitInView(x: float, y: float, w: float, h: float, aspectRadioMode:Qt. AspectRadioMode=Qt. IngnoreAspectRadio)	以合适的方式使矩形区域可见	None

续表

方法及参数类型	说 明	返回值的类型
fitInView(item: QGraphicsItem, aspectRadioMode: Qt. AspectRadioMode=Qt. IngnoreAspectRadio)	以合适的方式使图形项可见	None
render(painter: QPainter, target: Union[QRectF, QRect], source: QRect, aspectRatioMode = Qt. KeepAspectRadio)	将图像从 source(视图控件)复制到 target(其他设备,如 QImage)上	None
resetCachedContent()	重置缓存	None
rubberBandRect()	获取用鼠标框选的范围	QRect
setCacheMode(mode: QGraphicsView. CacheMode)	设置缓存模式	None
setDragMode(mode: QGraphicsView. DragMode)	设置鼠标拖曳模式	None
setInteractive(allowed: bool)	设置是否为交互模式	None
isInteractive()	获取是否为交互模式	bool
setOptimizationFlag(flag: QGraphicsView. OptimizationFlag, enabled: bool=True)	设置优化显示标识	None
setOptimizationFlags(flags: QGraphicsView. OptimizationFlags)	设置优化显示标识	None
setRenderHint(hint: QPainter. RenderHint, enabled: bool=True)	设置提供绘图质量的标识	None
setRenderHints(hint: QPainter. RenderHints)	设置提供绘图质量的标识	None
setResizeAnchor(QGraphicsView. ViewportAnchor)	设置视图控件改变宽和高时的锚点	None
resizeAnchor()	获取锚点	ViewportAnchor
setRubberBandSelectionMode(Qt. ItemSelectionMode)	设置鼠标框选模式	None
setTransform(matrix: QTransform, combine: bool=False)	用变换矩阵变换视图	None
transform()	获取变换矩阵	QTransform
isTransformed()	获取是否进行过变换	bool
resetTransform()	重置变换	None
setTransformationAnchor(QGraphicsView. ViewportAnchor)	设置变换时的锚点	None
setViewportUpdateMode(QGraphicsView. ViewportUpdateMode)	设置刷新模式	None
setupViewport(QWidget)	重写该函数,设置视口控件	None
scale(sx: float, sy: float)	缩放	None
shear(sh: float, sv: float)	错切	None
rotate(angle: float)	旋转,顺时针方向为正	None
translate(dx: float, dy: float)	平移	None

在表5-2中，Qt. Alignment的枚举值为Qt. AlignLeft、Qt. AlignRight、Qt. AlignHCenter、Qt. AlignJustify、Qt. AlignTop、Qt. AlignBottom、Qt. AlignVCenter、Qt. AlignBaseline、Qt. AlignCenter(默认值)。

QGraphicsView. CacheMode的枚举值为QGraphicsView. CacheNone(没有缓存)、QGraphicsView. CacheBackground(缓存背景)。

QGraphicsView. DragMode的枚举值为QGraphicsView. NoDrag(忽略鼠标事件)、QGraphicsView. ScrollHandDrag(在交互或非交互模式下，光标变成手形状，拖动鼠标会移动图像场景)、QGraphicsView. RubberBandDrag(在交互模式下，可以框选图形项)。

Qt. ItemSelectionMode的枚举值为Qt. ContainsItemShape、Qt. IntersectsItemShape、Qt. ContainsItemBoundingRect、Qt. IntersectsItemBoundingRect。

QGraphicsView. OptimizationFlag的枚举值为QGraphicsView. DontSavePainterState(不保存绘图状态)、QGraphicsView. DontAdjustForAntialiasing(不调整反锯齿)、QGraphicsView. IndirectPainting(间接绘制)。

QGraphicsView. ViewportAnchor的枚举值为QGraphicsView. NoAnhor(没有锚点，场景位置不变)、QGraphicsView. AnchorViewCenter(场景将视图控件的中心点作为锚点)、QGraphicsView. AnchorUnderMouse(将光标所在的位置作为锚点)。

QGraphicsView. ViewportUpdateMode的枚举值为QGraphicsView. FullViewportUpdate、QGraphicsView. MinimalViewportUpdate、QGraphicsView. SmartViewportUpdate、QGraphicsView. BoundingRectViewPortUpdate、QGraphicsView. NoViewportUpdate。

QGraphicsScene. SceneLayers的枚举值为QGraphicsScene. ItemLayer、QGraphicsScene. BackgroundLayer、QGraphicsScene. ForegroundLayer、QGraphicsScene. AllLayers。

QGraphicsView类获取图形项的方法见表5-3。

表5-3 QGraphicsView类获取图形项的方法

方法及参数类型	返回值类型
itemAt(pos:QPoint)	QGraphicsItem
itemAt(x:int,y:int)	QGraphicsItem
items()	List[QGraphicsItem]
items(pos:QPoint)	List[QGraphicsItem]
items(x:int,y:int)	List[QGraphicsItem]
items(x:int,y:int,w:int,h:int,mode=Qt. intersectsItemShape)	List[QGraphicsItem]
items(rect:QRect,mode:Qt. ItemSelectionMode=Qt. IntersectsItemShape)	List[QGraphicsItem]
items(polygon: Union[QPolygon, Sequence[QPoint], QRect], mode: Qt. ItemSelectionMode=Qt. IntersectsItemShape)	List[QGraphicsItem]
items(QPainterPath,mode:Qt. ItemSelectionMode=Qt. IntersectsItemShape)	List[QGraphicsItem]

Qt. IntersectsItemShape的枚举值为Qt. ContainsItemShape(图形项完全在选择框的内部)、Qt. IntersectsItemShape(图形项在选择框的内部与选择框相交)、Qt. ContainsItem-

BoundingRect(图形项的边界矩形完全在选择框的内部)、Qt. IntersectsItemBoundingRect(图形项的边界矩形在选择框的内部与选择框交叉)。

QGraphicsView 类中将图像视图坐标转换为图像场景坐标的方法见表 5-4。

表 5-4 QGraphicsView 类中将图像视图坐标转换为图像场景坐标的方法

方法及参数类型	返回值类型
mapToScene(point:QPoint)	QPointF
mapToScene(rect:QRect)	QPolygonF
mapToScene(Union[QPolygon,Sequence[QPoint],QRect])	QPolygonF
mapToScene(QPainterPath)	QPainterPath
mapToScene(x:int,y:int)	QPointF
mapToScene(int,int,int,int)	QPolygonF

QGraphicsView 类中将图像场景坐标转换为图像视图坐标的方法见表 5-5。

表 5-5 QGraphicsView 类中将图像场景坐标转换为图像视图坐标的方法

方法及参数类型	返回值类型
mapFromScene(Union[QPointF,QPoint])	QPoint
mapFromScene(QRectF)	QPolygon
mapFromScene(polygon: Union[QPolygonF, Sequence[QPointF], QPolygon, QRectF])	QPolygon
mapFromScene(path:QPainterPath)	QPainterPath
mapFromScene(x:float,y:float)	QPoint
mapFromScene(x:float,y:float,w:float,h:float)	QPolygon

QGraphicsView 类只有一个信号 rubberBandChanged(viewportRect: QRect, fromScenePoint:QPointF,toScenePoint:QPointF),表示当框选范围发生改变时发送信号。

5.2.2 图像场景类 QGraphicsScene

在 PySide6 中,使用 QGraphicsScene 类创建图像场景对象。图像场景对象是存放图形项的容器,用于存放和管理图形项。QGraphicsScene 类是 QObject 类的子类,位于 QtWidgets 子模块下,其构造函数如下:

```
QGraphicsScene(parent:QObject = None)
QGraphicsScene(sceneRect:Union[QRectF,QRect],parent:QObject = None)
QGraphicsScene(x:float,y:float,width:float,height:float,parent:QObject = None)
```

其中,parent 表示 QObject 类及其子类创建的实例对象; sceneRect 表示场景的范围。如果未设置场景的范围,则可以使用 sceneRect()方法获取图像场景中包含图形项的最大矩形边界。当在图像场景中添加、移动图形项时,场景范围会增大,但不会减小。

在 QGraphicsScene 类中添加和移除图形项的方法见表 5-6。

表 5-6 QGraphicsScene 类中添加和移除图形项的方法

方法及参数类型	说 明	返回值的类型
[slot]clear()	清空所有图形项	None
addItem(QGraphicsItem)	添加图形项	None
addEllipse(rect: Union[QRectF, QRect], pen: Union[QPen, Qt.PenStyle, QColor], brush: Union[QBrush, Qt.BrushStyle, Qt.GlobalColor, QColor, QGradient, QImage, QPixmap])	添加椭圆	QGraphicsEllipseItem
addEllipse(x:float, y:float, w:float, h:float, pen, brush)	添加椭圆	QGraphicsEllipseItem
addLine(line:Union[QLineF, QLine], pen)	添加线段	QGraphicsLineItem
addLine(x1:float, y1:float, x2:float, y2:float, pen)	添加线段	QGraphicsLineItem
addPath(path:QPainterPath, pen, brush)	添加绘图路径	QGraphicsPathItem
addPixmap(pixmap:Union[QPixmap, QImage, str])	添加图像	QGraphicsPixmapItem
addPolygon(polygon: Union[QPolygonF, Sequence[QPointF], QPolygon, QRectF], pen, brush)	添加多边形	QGraphicsPolygonItem
addRect(rect:Union[QRectF, QRect], pen, brush)	添加矩形	QGraphicsRectItem
addRect(x:float, y:float, w:float, h:float, pen, brush)	添加矩形	QGraphicsRectItem
addSimpleText(text:str, font:Union[QFont, str])	添加简单文字	QGraphicsSimpleTextItem
addText(text:str, font:Union[QFont, str])	添加文字	QGraphicTextItem
addWidget(QWidget, wFlags:Qt.WindowFlags)	添加控件	QGraphicsProxyWidget
removeItem(QGraphicsItem)	移除指定图形项	None

QGraphicsScene 类中获取图形项的方法见表 5-7。

表 5-7 QGraphicsScene 类中获取图形项的方法

方法及参数类型	返回值类型
itemAt(pos: Union[QPointF, QPoint, QPainterPath.Element], deviceTransform: QTransform)	QGraphicsItem
itemAt(x:float, y:float, deviceTransform:QTransform)	QGraphicsItem
items(order:Qt.SortOrder=Qt.DescendingOrder)	List[QGraphicsItem]
items(path: QPainterPath, mode: Qt.ItemSelectionMode = Qt.IntersectsItemShape, order, deviceTransform)	List[QGraphicsItem]
items(polygon: Union[QPolygonF, Sequence[QPointF], QPolygon, QRectF], mode, order, deviceTransform)	List[QGraphicsItem]
items(pos: Union[QPointF, QPoint, QPainterPath.Element], mode, order, deviceTransform)	List[QGraphicsItem]
items(rect:Union[QRectF, QRect], mode, order, deviceTransform)	List[QGraphicsItem]
items(x:float, y:float, w:float, h:float, mode, order, deviceTransform)	List[QGraphicsItem]

其中，mode 的参数值为 Qt.ItemSelectionMode 的枚举值。Qt.ItemSelectionMode 的枚举值为 Qt.ContainsItemShape(完全包含)、Qt.IntersectsItemShape(包含和交叉)、Qt.ContainsItemBoundingRect(完全包含矩形边界)、Qt.IntersectsItemBoundingRect(包

含矩形边界和交叉边界)。order 的参数值为 Qt. DescendingOrder(降序)、Qt. AscendingOrder(升序)。

QGraphicsScene 类的其他常用方法见表 5-8。

表 5-8 QGraphicsScene 类的其他常用方法

方法及参数类型	说　明	返回值的类型
[slot]advance()	调用图形项的 advance()方法,通知图形项可移动	None
[slot]clearSelection()	取消选择	None
[slot] invalidate (rect: Union [QRectF, QRect],Layers=QGraphicsScene. AllLayers)	刷新指定的区域	None
invalidate(x:float,y:float,w:float,h:float,Layers=QGraphicsScene. AllLayers)	刷新指定的区域	None
[slot]update(rect:Union[QRectF,QRect])	更新区域	None
update(x:float,y:float,w:float,h:float)	更新区域	None
setSceneRect(rect:Union[QRectF,QRect])	设置场景范围	None
setSceneRect(x: float, y: float, w: float, h: float)	设置场景范围	None
sceneRect()	获取场景范围	QRectF
width()	获取场景的宽度	float
height()	获取场景的高度	float
collidingItems (QGraphicsItem, mode: Qt. IntersectsItemShape)	获取碰撞的图形项列表	List[QGraphicsItem]
createItemGroup(Sequence[QGraphicsItem])	创建图形项组合	QGraphicsItemGroup
destroyItemGroup(QGraphicsItemGroup)	打散图形项组合	None
hasFocus()	获取图像场景是否有焦点,若有焦点,则可接受键盘事件	bool
clearFocus()	清除场景中的焦点	None
isActive()	若图像场景在视图控件中显示并且视图控件活跃时,则返回值为 True	bool
itemsBoundingRect()	获取图形项的矩形区域	QRectF
mouseGrabberItem()	获取光标抓取的图形项	QGraphicItem
render (QPainter, target: QRectF, source: QRectF,mode:Qt. KeepAspectRadio)	将指定区域的图形复制到其他设备的指定区域上	None
selectedItems()	获取选中的图形项列表	List[QGraphicsItem]
setActivePanel(item:QGraphicsItem)	将场景中的图形项设置为活跃图形项	None
activePanel()	获取活跃的图形项	None
setActiveWindow(widget:QGraphicsWidget)	将场景中的视图控件设置为活跃控件	None

续表

方法及参数类型	说　明	返回值的类型
setBackgroundBrush(Union[QBrush, QColor, Qt.GlobalColor, QGradient])	设置背景画刷	None
setForegroundBrush(Union[QBrush, QColor, Qt.GlobalColor, QGradient])	设置前景画刷	None
drawBackground(QPainter, QRectF)	重写该函数,绘制背景	None
drawForeground(QPainter, QRectF)	重写该函数,绘制前景	None
backgroundBrush()	获取背景画刷	QBrush
foregroundBrush()	获取前景画刷	QBrush
setFocus(focusReason=Qt.OtherFocusReason)	设置图像场景获得焦点	None
setFocusItem(QGraphicsItem, focusReason: Qt.FocusReason=Qt.OtherFocusReason)	设置某个图形项获得焦点	None
focusItem()	获取有焦点的图形项	QGraphicItem
setFocusOnTouch(bool)	在平板电脑上设置是否通过手触碰获得焦点	None
focusNextPrevChild(next: bool)	查找一个新的图形控件,并使键盘焦点(例如 Tab 键、Shift+Tab 键)对准该图形项,若找到,则返回值为 True。若 next 的值为 True,则向前搜索,否则向后搜索	bool
setItemIndexMethod(QGraphicsScene.ItemIndexMethod)	设置图形项搜索方法	None
setBspTreeDepth(int)	设置 BSP 树的搜索深度	None
setMinimumRenderSize(float)	图形项变换后,若图形项的宽和高小于设置的宽和高,则不渲染	None
setSelectionArea(path: QPainterPath, deviceTransform)	选择绘图路径内的图形项,绘图路径外的图形项取消选中。对于需要选中的图形项,必须标记为 QGraphicsItem.ItemIsSelectable	None
setSelectionArea(path: QPainterPath, selectionOperation: Qt.ItemSelectionOperation=Qt.ReplaceSelection, mode: Qt.ItemSelectionMode = Qt.IntersectsItemShapedeviceTransform: QtTransform=Default(QTransform))		None
selectionArea()	获取选择区域内的绘图路径	QPainterPath
setStickyFocus(enabled: bool)	当单击背景或不接受焦点的图形项时,设置是否失去焦点	None
setFont(QFont)	设置字体	None
setPalette(QPalette)	设置调色板	None
setStyle(QStyle)	设置风格	None
views()	获取与场景关联的视图控件列表	List[QGraphicsItem]

在表 5-8 中，QGraphicsScene. ItemIndexMethod 的枚举值为 QGraphicsScene. BspTreeIndex（BSP 树方法，适合静态场景）、QGraphicsScene. NoIndex（适合动态场景）。

QGraphicsScene 类的信号见表 5-9。

表 5-9 QGraphicsScene 类的信号

信号及参数类型	说明
changed(region:List[QRectF])	当图像场景中的内容发生改变时发送信号，参数为包含场景的矩形列表，这些矩形表示已更改的区域
focusItemChanged(newFocusItem:QGraphicsItem, oldFocusItem:QGraphicsItem, reason:Qt. FocusReason)	当图形项的焦点改变时，或者焦点从一个图形项转移到另一个图形项时，发送信号
sceneRectChanged(rect:QRectF)	当图像场景的范围发生改变时发送信号
selectionChanged()	当图像场景中被选中的图形项发生改变时发送信号

5.2.3 图形项类 QGraphicsItem

在 PySide6 中，QGraphicsItem 类是所有图形项类的基类。可以使用 QGraphicsItem 类创建自定义图形项类，包括定义几何形状、碰撞检测、绘图实现，以及通过事件处理函数进行图形项的交互。图形项支持鼠标事件、滚轮事件、键盘事件，如果进行分组和碰撞检测，则可以给图形项设置数据。

QGraphicsItem 类位于 PySide6 的 QtWidgets 子模块下，其构造函数如下：

```
QGraphicsItem(parent:QGraphicsItem = None)
```

其中，parent 表示父图形项，数据类型为 QGraphicsItem 对象。

QGraphicsItem 类的常用方法见表 5-10。

表 5-10 QGraphicsItem 类的常用方法

方法及参数类型	说明	返回值的类型
childItem()	获取子项列表	List[QGraphicsItem]
childrenBoundingRect()	获取子项的边界矩形	QRectF
clearFocus()	清除焦点	None
paint(painter:QPainter,option:QStyleOptionGraphicsItem,widget:QWidget=None)	重写该函数，绘制图形	None
boundingRect()	重写该函数，获取边界矩形	QRectF
itemChange(change:QGraphicsItem.GraphicsItemChange,value:Any)	重写该函数，以使当图形项状态发生改变时作出响应	None

续表

方法及参数类型	说　明	返回值的类型
advance(phase)	重写该函数，用于简单动画，由场景的advance()调用。若 phase=0，则通知图形项即将运动；若 phase=1，则可以运动	None
setCacheMode(mode: QGraphicsItem. CacheMode, casheSize: QSize=Default(QSize))	设置图形项的缓冲模式	None
collidesWithItem(other: QGraphicsItem, mode: Qt. ItemSelectionMode= Qt. IntersectsItemShape)	获取是否能与指定的图形项发生碰撞	bool
collidesWithPath(path: QPainterPath, mode: Qt. ItemSelectionMode=Qt. IntersectsItemShape)	获取是否能与指定的路径发生碰撞	bool
collidingItems(mode=Qt. IntersectsItemShape)	获取能发生碰撞的图形项列表	List[QGraphicsItem]
contains(Union[QPointF, QPoint])	获取图形项是否包含某个点	bool
grabKeyboard()	接受键盘的所有事件	None
unGrabKeyboard()	不接受键盘的所有事件	None
grabMouse()	接受鼠标的所有事件	None
unGrabMouse()	不接受鼠标的所有事件	None
isActive()	获取图形项是否活跃	bool
isAncestorOf(QGraphicsItem)	获取图形项是否为指定图形项的父辈	bool
isEnabled()	获取是否激活	bool
isPanel()	获取是否为面板	bool
isSelected()	获取是否被选中	bool
isUnderMouse()	获取是否位于光标下	bool
parentItem()	获取父图形项	QGraphicsItem
resetTransform()	重置变换	None
scene()	获取图形项所在的场景	QGraphicsScene
sceneBoundingRect()	获取场景的范围	QRectF
scenePos()	获取在场景中的位置	QPointF
sceneTransform()	获取变换矩阵	QTransform
setAcceptDrops(bool)	设置鼠标是否接受鼠标释放事件	None
setAcceptedMouseButtons(Qt. MouseButton)	设置可接受的鼠标按钮	None
setActive(bool)	设置是否活跃	None

续表

方法及参数类型	说　明	返回值的类型
setCursor (Union [QCursor, Qt.CursorShape])	设置光标形状	None
unsetCursor()	重置光标形状	None
setData(key:int,value:int)	设置图形项的数据	None
data(key:int)	获取图形项存储的数据	object
setEnabled(bool)	设置图形项是否激活	None
setFlag(QGraphicsItem.GraphicsItemFlag,enable=True)	设置图形项的标识	None
setFocus(focusReason=Qt.OtherFocusReason)	设置焦点	None
setGroup(QGraphicsItemGroup)	将图形项加入组合中	None
group()	获取图形项所在的组合	QGraphicsItemGroup
setOpacity(opacity:float)	设置不透明度	None
setPanelModality (QGraphicsItem.PanelModality)	设置面板的模式	None
setParentItem(QGraphicsItem)	设置父图形项	None
setPos(Union[QPointF,QPoint])	设置在父图形项坐标系中的位置	None
setPos(x:float,y:float)	设置在父图形项坐标系中的位置	None
setX(float)	设置在图形项中的 x 坐标	None
setY(float)	设置在图形项中的 y 坐标	None
pos()	获取图形项在父图形项中的位置	QPointF
x()、y()	获取 x 坐标、获取 y 坐标	float
setRotation(angle:float)	设置沿 z 轴顺时针旋转角度(角度值)	None
setScale(scale:float)	设置缩放比例系数	None
moveBy(dx:float,dy:float)	设置移动量	None
setSelected(selected:bool)	设置是否被选中	None
setToolTip(str)	设置提示信息	None
setTransform(QTransform, combine=False)	设置矩阵变换	None
setTransformOriginPoint(origin:Union[QPointF,QPoint])	设置变换的中心点	None
setTransformOriginPoint(ax:float, ay:float)	设置变换的中心点	None
setTransformations(Sequence[QGraphicsTransform])	设置变换矩阵	None
transform()	获取变换矩阵	QTransform
transformOriginPoint()	获取变换原点	QPointF
setVisible(bool)	设置图形项是否可见	None
show()	显示图形项	None

续表

方法及参数类型	说　明	返回值的类型
hide()	隐藏图形项,包括子图形项	None
isVisible()	获取是否可见	None
setZValue(float)	设置 z 值	None
zValue()	获取 z 值	float
shape()	重写该函数,获取图形项的绘图路径,用于碰撞检测	QPainterPath
stackBefore(QGraphicsItem)	在指定的图形项之前插入	None
isWidget()	获取图形项是否为图形控件 QGraphicsWidget	bool
isWindow()	获取图形控件的窗口类型是否为 Qt. Window	bool
window()	获取图形项所在的图形控件	QGraphicsWidget
topLevelWidget()	获取顶层图形控件	QGraphicsWidget
topLevelItem()	获取顶层图形项,即没有父图形项的图形项	QGraphicsItem
update(rect:Union[QRectF, QRect]=Default(QRectF))	更新指定区域	None
update(x: float, y: float, width: float, height: float)	更新指定区域	None

QGraphicsItem 类的坐标映射方法见表 5-11。

表 5-11　QGraphicsItem 类的坐标映射方法

类　型	方法及参数类型	返回值类型
从其他图形项映射	mapFromItem(item:QGraphicsItem, path:QPainterPath)	QPainterPath
	mapFromItem(item: QGraphicsItem, point: Union[QPointF, QPoint])	QPointF
	mapFromItem(item: QGraphicsItem, polygon: Union[QPolygonF, Sequence[QPointF], QPolygon, QRectF])	QPolygonF
	mapFromItem(item: QGraphicsItem, rect: Union[QRectF, QRect])	QPolygonF
	mapFromItem(item:QGraphicsItem, x:float, y:float)	QPointF
	mapFromItem(item: QGraphicsItem, x: float, y: float, w: float, h:float)	QPolygonF
	mapFromRectItem(item: QGraphicsItem, rect: Union[QRectF, QRect])	QRectF
	mapFromRectItem(item: QGraphicsItem, x: float, y: float, w: float, h: float)	QRectF

续表

类　型	方法及参数类型	返回值类型
从父图形项映射	mapFromParent(path:QPainterPath)	QPainterPath
	mapFromParent(point:Union[QPoint,QPointF])	QPointF
	mapFromParent(polygon:Union[QPolygonF,Sequence[QPointF],QPolygon,QRectF])	QPolygonF
	mapFromParent(rect:Union[QRectF,QRect])	QPolygonF
	mapFromParent(x:float,y:float,w:float,h:float)	QPolygonF
	mapFromParent(x:float,y:float)	QPointF
	mapRectFromParent(rect:Union[QRectF,QRect])	QRectF
	mapRectFromParent(x:float,y:float,w:float,h:float)	QRectF
从图像场景映射	mapFromScene(path:QPainterPath)	QPainterPath
	mapFromScene(point:Union[QPoint,QPointF])	QPointF
	mapFromScene(polygon:Union[QPolygonF,Sequence[QPointF],QPolygon,QRectF])	QPolygonF
	mapFromScene(rect:Union[QRectF,QRect])	QPolygonF
	mapFromScene(x:float,y:float,w:float,h:float)	QPolygonF
	mapFromScene(x:float,y:float)	QPointF
	mapRectFromScene(rect:Union[QRectF,QRect])	QRectF
	mapRectFromScene(x:float,y:float,w:float,h:float)	QRectF
映射到其他图形项	mapToItem(item:QGraphicsItem,path:QPainterPath)	QPainterPath
	mapToItem(item:QGraphicsItem,point:Union[QPointF,QPoint])	QPointF
	mapToItem(item:QGraphicsItem,polygon:Union[QPolygonF,Sequence[QPointF],QPolygon,QRectF])	QPolygonF
	mapToItem(item:QGraphicsItem,rect:Union[QRectF,QRect])	QPolygonF
	mapToItem(item:QGraphicsItem,x:float,y:float)	QPointF
	mapToItem(item:QGraphicsItem,x:float,y:float,w:float,h:float)	QPolygonF
	mapRectToItem(item:QGraphicsItem,rect:Union[QRectF,QRect])	QRectF
	mapRectToItem(item:QGraphicsItem,x:float,y:float,w:float,h:float)	QRectF
映射到父图形项	mapToParent(path:QPainterPath)	QPainterPath
	mapToParent(point:Union[QPoint,QPointF])	QPointF
	mapToParent(polygon:Union[QPolygonF,Sequence[QPointF],QPolygon,QRectF])	QPolygonF
	mapToParent(rect:Union[QRectF,QRect])	QPolygonF
	mapToParent(x:float,y:float,w:float,h:float)	QPolygonF
	mapToParent(x:float,y:float)	QPointF
	mapRectToParent(rect:Union[QRectF,QRect])	QRectF
	mapRectToParent(x:float,y:float,w:float,h:float)	QRectF

续表

类　型	方法及参数类型	返回值类型
映射到图像场景	mapToScene(path:QPainterPath)	QPainterPath
	mapToScene(point:Union[QPoint,QPointF])	QPointF
	mapToScene(polygon:Union[QPolygonF,Sequence[QPointF],QPolygon,QRectF])	QPolygonF
	mapToScene(rect:Union[QRectF,QRect])	QPolygonF
	mapToScene(x:float,y:float,w:float,h:float)	QPolygonF
	mapToScene(x:float,y:float)	QPointF
	mapRectToScene(rect:Union[QRectF,QRect])	QRectF
	mapRectToScene(x:float,y:float,w:float,h:float)	QRectF

在 QGraphicsItem 类中，使用 setFlag(QGraphicsItem. GraphicsItemFlag, enabled=True)方法设置图形项的标志，其中参数 QGraphicsItem. GraphicsItemFlag 的枚举值见表 5-12。

表 5-12　QGraphicsItem. GraphicsItemFlag 的枚举值

枚　举　值	说　明
QGraphicsItem. ItemIsMovable	可移动
QGraphicsItem. ItemSelectable	可选择
QGraphicsItem. ItemIsFocusable	可获得键盘输入焦点、鼠标按下、鼠标释放事件
QGraphicsItem. ItemClipsToShape	剪切自己的图形项，在图形项之外不能接受鼠标拖放和悬停事件
QGraphicsItem. ItemClipsChildrenToShape	剪切子类的图形项，子类不能在该图形项之外绘制
QGraphicsItem. ItemIgnoresTransformations	忽略来自父图形项和视图控件的坐标变换，例如文字保持水平或竖直，文字比例不缩放
QGraphicsItem. ItemIgnoreParentOpacity	使用自身的透明设置，不使用父图形项的透明设置
QGraphicsItem. ItemDoesntPropagateOpacityToChildren	图形项的透明设置不影响子图形项的透明值
QGraphicsItem. ItemStacksBehindParent	放置在父图形项的后面，而不是前面
QGraphicsItem. ItemHasNoContents	在图形项中不绘制任何图形，调用 paint()方法也不起作用
QGraphicsItem. ItemSendsGeometryChanges	该标志可用 itemsChange()方法处理图形项几何形状的改变，例如 ItemPositionChange、ItemScaleChange、ItemPositionHasChanged、ItemTransformChange、ItemTransformHasChanged、ItemRotationChange、ItemRotationHasChanged、ItemScaleHasChanged、ItemTransformOriginPointChange、ItemTransformOriginPointHasChange
QGraphicsItem. ItemAcceptInputMethod	图形项支持亚洲语言
QGraphicsItem. ItemNegativeZStacksBehindParent	若图形项的 z 值为负值，则自动放置在父图形项的后面，可使用 setZValue()方法切换图形项与父图形项的位置

续表

枚 举 值	说 明
QGraphicsItem. ItemIsPanel	图形项为面板,面板可被激活,获得焦点。在同一时间只有一个面板能被激活,若没有面板,则激活所有非面板图形项
QGraphicsItem. ItemSendsScenePositonChange	该标志可用 itemChange()方法处理图形项在视图控件中的位置变化事件 ItemScenePositonHasChanged
QGraphicsItem. ItemContainsChildrenInShape	该标志可使图形项的所有子图形项在图形项的范围内绘制,这有利于图形绘制和碰撞检测。与 ItemContains-ChildrenInShape 标志相比,该标志不是强制性的

在 QGraphicsItem 类中,可以通过重写 itemChange(change:QGraphicsItemChange, value:Any)函数设置当图形项发生改变时能够及时做出反应,参数 value 的值根据状态 change 决定,参数 change 的值为 QGraphicsItem. GraphicsItemChange 的枚举值。如果要使用 itemChange()函数处理几何位置改变的通知,则要通过 setFlag()方法给图形项设置 QGraphicsItem. ItemSendsGeometryChange 标志,而且不能在 itemChange()函数中直接改变几何位置,否则会陷入死循环。

QGraphicsItem. GraphicsItemChange 的枚举值见表 5-13。

表 5-13 QGraphicsItem. GraphicsItemChange 的枚举值

枚 举 值	说 明
QGraphicsItem. ItemEnabledChange	当图形项的激活状态(setEnable())即将改变时发送通知,itemChange()函数中的参数 value 表示新状态,value=True 表示图形项处于激活状态,value=False 表示图形项处于失效状态。原激活状态可使用 isEnabled()方法获得
QGraphicsItem. ItemEnabledHasChanged	当图形项的激活状态已经改变时发送通知,itemChange()函数中的参数 value 是新状态
QGraphicsItem. ItemPositonChange	当图形项的位置(setPos()、moveBy())即将改变时发送通知,参数 value 是相对于父图形项改变后的位置 QPointF,原位置可使用 pos()方法获得
QGraphicsItem. ItemPositionHasChanged	当图形项的位置已经改变时发送通知,参数 value 是相对于父图形项改变后的位置 QPointF,与 pos()方法获得的位置相同
QGraphicsItem. ItemTransformChange	当图形项的变换矩阵(setTransform())即将改变时发送通知,参数 value 是变换后的矩阵 QTransform,原变换矩阵可用 transform()方法获得
QGraphicsItem. ItemTransformHasChanged	当图形项的变换矩阵已经改变时发送通知,参数 value 是变换后的矩阵 QTransform,与 transform()方法获得的矩阵相同

续表

枚 举 值	说 明
QGraphicsItem. ItemRotationChange	当图形项即将产生旋转(setRotation())时发送通知,参数 value 是新的旋转角度,原旋转角度可用 rotation()方法获得
QGraphicsItem. ItemRotationHasChanged	当图形项已经产生旋转时发送通知,参数 value 是新的旋转角度,与 rotation()方法获得的旋转角度相同
QGraphicsItem. ItemScaleChange	当图形项即将进行缩放(setScale())时发送通知,参数 value 是新的缩放系数,原缩放系数可用 scale()方法获得
QGraphicsItem. ItemScaleHasChanged	当图形项已经进行了缩放时发送通知,参数 value 是新的缩放系数
QGraphicsItem. ItemTransformOriginPointChange	当图形项变换原点(setTransformOriginPoint())即将改变时发送通知,参数 value 是新的原点 QPointF,原变换原点可用 transformOriginPoint()方法获得
QGraphicsItem. ItemTransformOriginPointHasChanged	当图形项的原点已经改变时发送通知,参数 value 是新的原点 QPointF,原变换原点可用 transformOriginPoint()方法获得
QGraphicsItem. ItemSelectedChange	当图形项选中状态即将改变时(setSelected())发送通知,参数 value 是选中后的状态(True 或 False),原选中状态可用 isSelected()方法获得
QGraphicsItem. ItemSelectedHasChanged	当图形项的选中状态已经改变时发送通知,参数 value 是选中后的状态
QGraphicsItem. ItemVisibleChange	当图形项的可见性(setVisible())即将改变时发送通知,参数 value 是新状态,原可见性状态可用 isVisible()方法获得
QGraphicsItem. ItemVisibleHasChanged	当图形项的可见性已经改变时发送通知,参数 value 是新状态
QGraphicsItem. ItemParentChange	当图形项的父图形项(setParentItem())即将改变时发送通知,参数 value 是新的父图形项 QGraphicsItem,原父图形项可用 parentItem()方法获得
QGraphicsItem. ItemParentHasChanged	当图形项的父图形项已经改变时发送通知,参数 value 是新的父图形项
QGraphicsItem. ItemChildAddedChange	当图形项中即将添加子图形项时发送通知,参数 value 是新的子图形项,子图形项可能还没完全构建
QGraphicsItem. ItemChildRemoveChanged	当图形项中已经添加子图形项时发送通知,参数 value 是新的子图形项
QGraphicsItem. ItemSceneChange	当图形项即将加入场景(addItem())或即将从场景中(removeItem())移除时发送通知,参数 value 是新场景或 None(移除时),原场景可用 scene()方法获得
QGraphicsItem. ItemSceneHasChanged	当图形项已经加入场景中或即将从场景中移除时发送通知,参数 value 是新场景或 None(移除时)

续表

枚 举 值	说 明
QGraphicsItem. ItemCursorChange	当图形项的光标形状(setCursor())即将改变时发送通知,参数 value 是新光标 QCursor,原光标可用 cursor()方法获得
QGraphicsItem. ItemCursorHasChanged	当图形项的光标形状已经改变时发送通知,参数 value 是新光标 QCursor
QGraphicsItem. ItemToolTipChange	当图形项的提示信息(setToolTip())即将改变时发送通知,参数 value 是新提示信息,原提示信息可用 toolTip()方法获得
QGraphicsItem. ItemToolTipHasChanged	当图形项的提示信息已经改变时发送通知,参数 value 是新提示信息
QGraphicsItem. ItemFlagsChange	当图形项的标识(setFlags())即将改变时发送通知,参数 value 是新标识信息值
QGraphicsItem. ItemFlagsHaveChanged	当图形项的标识已经改变时发送通知,参数 value 是新标识信息值
QGraphicsItem. ItemZValueChange	当图形项的 z 值(setZValue())即将改变时发送通知,参数 value 是新的 z 值,原 z 值可用 zValue()方法获得
QGraphicsItem. ItemZValueHasChanged	当图形项的 z 值已经改变时发送通知,参数 value 是新的 z 值
QGraphicsItem. ItemOpacityChange	当图形项的不透明度(setOpacity())即将改变时发送通知,参数 value 是新的不透明度,原透明度可用 opacity()方法获得
QGraphicsItem. ItemOpacityHasChanged	当图形项的不透明度已经改变时发送通知,参数 value 是新的不透明度
QGraphicsItem. ItemScenePositionHasChanged	当图形项所在的场景位置已经发生改变时发送通知,参数 value 是新的场景位置,与 scenePos()方法获得的位置相同

图形项 QGraphicsItem 类的处理事件有 contextMenuEvent()、focusInEvent()、focusOutEvent()、hoverEnterEvent()、hoverMoveEvent()、hoverLeaveEvent()、inputMethodEvent()、keyPressEvent()、keyReleaseEvent()、mousePressEvent()、mouseMoveEvent()、mouseReleaseEvent()、mouseDoubleClickEvent()、dragEnterEvent()、dragLeaveEvent()、dragMoveEvent()、dropEvent()、wheelEvent()、sceneEvent(QEvent)。使用 installSceneEventFilter(QGraphicsItem)方法给事件添加过滤器。使用 sceneEventFilter(QGraphicsItem,QEvent)方法处理事件,并返回 bool 型数据。使用 removeSceneEventFilter(QGraphicsItem)方法移除事件过滤器。

【实例 5-3】 使用 Graphics/View 框架绘制图像,需包含两个自定义图形项。这两个自定义图形项存在父子关系,而且这两个图形项构成组合,代码如下:

```
# === 第5章 代码 demo3.py === #
import sys,math
from PySide6.QtWidgets import (QApplication,QWidget,QGraphicsScene,
QGraphicsView,QVBoxLayout,QGraphicsItem)
from PySide6.QtCore import Qt,QRectF,QPointF
from PySide6.QtGui import QPolygonF,QPainterPath

#自定义椭圆图形项
class ellipse(QGraphicsItem):
    def __init__(self,width,height,parent = None):
        super().__init__(parent)
        self.__width = width
        self.__height = height
    def boundingRect(self):
        return QRectF(-5,-self.__height/2-20,
self.__width+25,self.__height+40)
    def paint(self, painter,option,widget):
        pen = painter.pen()
        pen.setWidth(3)
        painter.setPen(pen)
        #绘制椭圆
        painter.drawEllipse(-10,-1/2*self.__height-10,
self.__width,self.__height)
        #绘制文字
        font = painter.font()
        font.setPixelSize(20)
        painter.setFont(font)
        painter.drawText(QPointF(1/2*self.__width,0),"椭圆的中心")

#自定义余弦曲线图形项
class cos(QGraphicsItem):
    def __init__(self,width,height,parent = None):
        super().__init__(parent)
        self.__width = width
        self.__height = height
    def boundingRect(self):
        return QRectF(-5,-self.__height/2-20,self.__width+25,
self.__height+40)
    def paint(self,painter,option,widget):
        polygon_cos = QPolygonF()
        for i in range(360):
            x_value = i*self.__width/360
            cos_value = math.cos(i*math.pi/180)*(-1)*self.__height/2
            polygon_cos.append(QPointF(x_value,cos_value))
        pen = painter.pen()
        pen.setWidth(3)
        painter.setPen(pen)
        #绘制余弦曲线
        painter.drawPolyline(polygon_cos)

class Window(QWidget):
    def __init__(self,parent = None):
```

```
        super().__init__(parent)
        self.setGeometry(200,200,580,280)
        self.setWindowTitle("QGraphicsItem")
        #创建图像视图控件
        self.graphicsView = QGraphicsView()
        #设置布局
        vbox = QVBoxLayout(self)
        vbox.addWidget(self.graphicsView)
        w = 500                                          #正弦曲线的宽度
        h = 230                                          #正弦曲线的高度
        rectF = QRectF(-10, -10-h/2,w,h)                 #场景的范围
        #创建图像场景
        self.graphicsScene = QGraphicsScene(rectF)
        #图像视图设置图像场景
        self.graphicsView.setScene(self.graphicsScene)
        item1 = ellipse(w,h)                             #自定义椭圆图形项
        item2 = cos(w,h)                                 #自定义正弦曲线图形项
        item2.setParentItem(item1)                       #设置图形项的父子关系
        self.graphicsScene.addItem(item1)                #添加自定义的图形项
        rectangle = self.graphicsScene.addRect(rectF)    #添加矩形边框
        #创建组合
        group = self.graphicsScene.createItemGroup([item1,rectangle])
        #设置组合可移动
        group.setFlag(QGraphicsItem.ItemIsMovable)

if __name__ == "__main__":
    app = QApplication(sys.argv)
    win = Window()
    win.show()
    sys.exit(app.exec())
```

运行结果如图 5-6 所示。

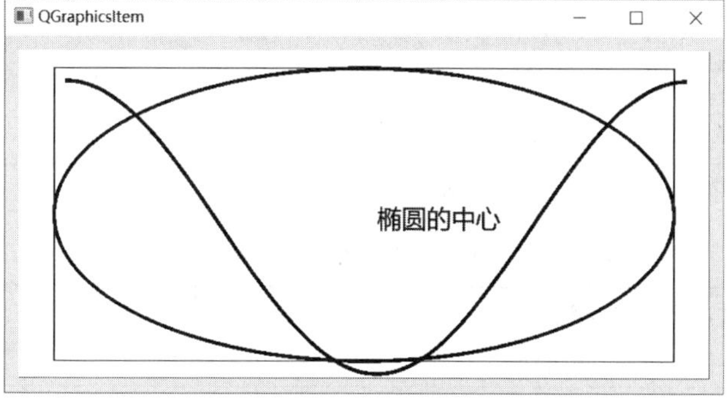

图 5-6 代码 demo3.py 的运行结果

5.2.4 标准图形项类

在 Graphics/View 框架中,不仅可以自定义图形项,也可以使用标准图形项。标准图形项类有 QGraphicsLineItem、QGraphicsRectItem、QGraphicsPolygonItem、QGraphicsEllipseItem、

QGraphicsPathItem、QGraphicsPixmapItem、QGraphicsSimpleTextItem、QGraphicsTextItem。这些类都继承自 QGraphicsItem 类,使用这些类可以创建标准图形项,然后使用图形场景类 QGraphicsScene 的 addItem()方法向图像场景中添加标准图形项。

8 个标准图形项类的继承关系如图 5-7 和图 5-8 所示。

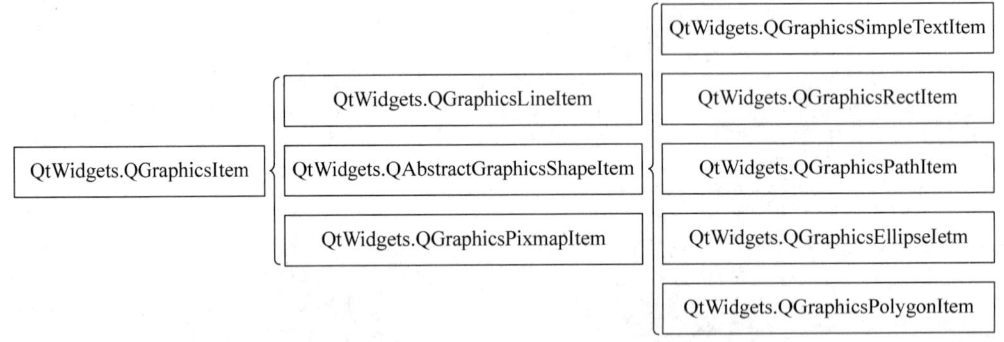

图 5-7　8 个标准图形项类的继承关系

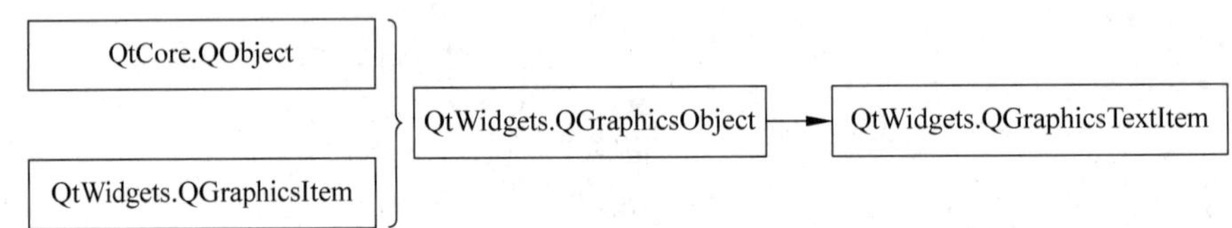

图 5-8　QGraphicsTextItem 类的继承关系

1. 直线图形项类 QGraphicsLineItem

使用 QGraphicsLineItem 类可以创建直线图形项,其构造函数如下:

```
QGraphicsLineItem(parent:QGraphicsItem = None)
QGraphicsLineItem(line:Union[QLineF,QLine],parent:QGraphicsItem = None)
QGraphicsLineItem(x1:float,y1:float,x2:float,y2:float,parent:QGraphicsItem = None)
```

其中,parent 表示 QGraphicsItem 类及其子类创建的实例对象。

QGraphicsLineItem 类的常用方法见表 5-14。

表 5-14　QGraphicsLineItem 类的常用方法

方法及参数类型	说　明	返回值的类型
setLine(line:Union[QLineF,QLine])	设置线段	None
setLine(x1:float,y1:float,x2:float,y2:float)	设置线段	None
setPen(pen:Union[QPen,QPenStyle,QColor])	设置钢笔	None
line()	获取线段	QLineF
pen()	获取钢笔	QPen

2. 矩形图形项类 QGraphicsRectItem

使用 QGraphicsRectItem 类可以创建矩形图形项,其构造函数如下:

```
QGraphicsRectItem(parent:QGraphicsItem = None)
QGraphicsRectItem(rect:Union[QRectF,QRect],parent:QGraphicsItem = None)
QGraphicsRectItem(x:float,y:float,w:float,h:float,parent:QGraphicsItem = None)
```

其中，parent 表示 QGraphicsItem 类及其子类创建的实例对象。

QGraphicsRectItem 类的常用方法见表 5-15。

表 5-15　QGraphicsRectItem 类的常用方法

方法及参数类型	说　明	返回值的类型
setRect(rect:Union[QRectF,QRect])	设置矩形	None
setRect(x:float,y:float,w:float,h:float)	设置矩形	None
rect()	获取矩形	QRectF
setPen(pen:Union[QPen,Qt.PenStyle,QColor])	设置钢笔	None
pen()	获取钢笔	QPen
setBrush(brush:Union[QBrush,Qt.BrushStyle,QColor,Qt.GlobalColor,QGradient,QImage,QPixmap])	设置画刷	None
brush()	获取画刷	QBrush

3. 多边形图形项类 QGraphicsPolygonItem

使用 QGraphicsPolygonItem 类可以创建多边形图形项，其构造函数如下：

```
QGraphicsPolygonItem(parent:QGraphicsItem = None)
QGraphicsPolygonItem(polygon: Union[QPolygonF, QPolygon, Sequence[QPointF], QRectF], parent:
QGraphicsItem = None)
```

其中，parent 表示 QGraphicsItem 类及其子类创建的实例对象。

QGraphicsPolygonItem 类的常用方法见表 5-16。

表 5-16　QGraphicsPolygonItem 类的常用方法

方法及参数类型	说　明	返回值的类型
setPolygon(polygon: Union[QPolygonF, QPolygon, Sequence[QPointF],QRectF])	设置多边形	None
polygon()	获取多边形	QPolygonF
setFillRule(Qt.FillRule=Qt.OddEventFill)	设置填充规则	None
fillRule()	获取填充规则	Qt.FillRule
setPen(pen:Union[QPen,Qt.PenStyle,QColor])	设置钢笔	None
pen()	获取钢笔	QPen
setBrush(brush:Union[QBrush,Qt.BrushStyle,QColor,Qt.GlobalColor,QGradient,QImage,QPixmap])	设置画刷	None
brush()	获取画刷	QBrush

4. 椭圆图形项类 QGraphicsEllipseItem

使用 QGraphicsEllipseItem 类可以创建椭圆图形项，其构造函数如下：

```
QGraphicsEllipseItem(parent:QGraphicsItem = None)
QGraphicsEllipseItem(rect:Union[QRectF,QRect],parent:QGraphicsItem = None)
QGraphicsEllipseItem(x:float,y:float,w:float,h:float,parent:QGraphicsItem = None)
```

其中，parent 表示 QGraphicsItem 类及其子类创建的实例对象。

QGraphicsEllipseItem 类的常用方法见表 5-17。

表 5-17 QGraphicsEllipseItem 类的常用方法

方法及参数类型	说 明	返回值的类型
setRect(rect:Union[QRectF,QRect])	设置椭圆的范围	None
setRect(x:float,y:float,w:float,h:float)	设置椭圆的范围	None
rect()	获取椭圆的范围	QRectF
setSpanAngle(angle:int)	设置跨度角度	None
spanAngle()	获取跨度角度	int
setStartAngle(angle:int)	设置起始角度	None
startAngle()	获取起始角度	int
setPen(pen:Union[QPen,Qt.PenStyle,QColor])	设置钢笔	None
pen()	获取钢笔	QPen
setBrush(brush:Union[QBrush,Qt.BrushStyle,QColor,Qt.GlobalColor,QGradient,QImage,QPixmap])	设置画刷	None
brush()	获取画刷	QBrush

5. 路径图形项类 QGraphicsPathItem

使用 QGraphicsPathItem 类可以创建路径图形项，其构造函数如下：

```
QGraphicsPathItem(parent:QGraphicsItem = None)
QGraphicsPathItem(path:QPainterPath,parent:QGraphicsItem = None)
```

其中，parent 表示 QGraphicsItem 类及其子类创建的实例对象。

QGraphicsPathItem 类的常用方法见表 5-18。

表 5-18 QGraphicsPathItem 类的常用方法

方法及参数类型	说 明	返回值的类型
setPath(path:QPainterPath)	设置路径	None
path()	获取路径	QPainterPath
setPen(pen:Union[QPen,Qt.PenStyle,QColor])	设置钢笔	None
pen()	获取钢笔	QPen
setBrush(brush:Union[QBrush,Qt.BrushStyle,QColor,Qt.GlobalColor,QGradient,QImage,QPixmap])	设置画刷	None
brush()	获取画刷	QBrush

6. 图像图形项类 QGraphicsPixmapItem

使用 QGraphicsPixmapItem 类可以创建路径图形项，其构造函数如下：

```
QGraphicsPixmapItem(parent:QGraphicsItem = None)
QGraphicsPixmapItem(pixmap:Union[QPixmap,QImage,str],parent:QGraphicsItem = None)
```

其中,parent 表示 QGraphicsItem 类及其子类创建的实例对象。

QGraphicsPixmapItem 类的常用方法见表 5-19。

表 5-19 QGraphicsPixmapItem 类的常用方法

方法及参数类型	说　明	返回值的类型
setOffset(offset:Union[QPointF,QPoint,QPainterPath.Element])	设置图像左上角的坐标	None
setOffset(x:float,y:float)	设置图像左上角的坐标	None
offset()	获取图像左上角的坐标	QPointF
setPixmap(pixmap:Union[QPixmap,QImage,str])	设置图像	None
pixmap()	获取图像	QPixmap
setShapeMode(QGraphicsPixmapItem.ShapeMode)	设置计算形状的方法	None
setTransformationMode(Qt.TransformationMode)	设置图像的变换模式	None
shapeMode()	获取计算形状的方法	ShapeMode
transformationMode()	获取图像的变换模式	TransformationMode

在表 5-19 中,QGraphicsPixmapItem.ShapeMode 的枚举值为 QGraphicsPixmapItem.MaskShape(通过调用 QPixmap.mask()计算形状)、QGraphicsPixmapItem.BoundingRectShape(通过轮廓计算形状)、QGraphicsPixmapItem.HeurisiticMaskShape(通过调用 QPixmap.createHeuristicMask()方法确定形状)。

Qt.TransformatiomMode 的枚举值为 Qt.FastTransformation(快速变换)、Qt.SmoothTransformation(光滑变换)。

7. 纯文本图形项类 QGraphicsSimpleTextItem

使用 QGraphicsSimpleTextItem 类可以创建纯文本图形项,其构造函数如下:

```
QGraphicsSimpleTextItem(parent:QGraphicsItem = None)
QGraphicsSimpleTextItem(text:str,parent:QGraphicsItem = None)
```

其中,parent 表示 QGraphicsItem 类及其子类创建的实例对象。

QGraphicsSimpleTextItem 类的常用方法见表 5-20。

表 5-20 QGraphicsSimpleTextItem 类的常用方法

方法及参数类型	说　明	返回值的类型
setText(str)	设置文本	None
text()	获取文本	str
setFont(font)	设置字体	None
font()	获取字体	QFont
setBrush(brush:Union[QBrush,Qt.BrushStyle,QColor,Qt.GlobalColor,QGradient,QImage,QPixmap])	设置文本的填充色	None
setPen(pen:Union[QPen,Qt.PenStyle,QColor])	设置钢笔	None

8. 文本图形项类 QGraphicsTextItem

使用 QGraphicsTextItem 类可以创建具有格式、可编辑的文本图形项，其构造函数如下：

```
QGraphicsTextItem(parent:QGraphicsItem = None)
QGraphicsTextItem(text:str,parent:QGraphicsItem = None)
```

其中，parent 表示 QGraphicsItem 类及其子类创建的实例对象。

QGraphicsTextItem 类的常用方法见表 5-21。

表 5-21 QGraphicsTextItem 类的常用方法

方法及参数类型	说　明	返回值的类型
adjustSize()	调整到合适的尺寸	None
openExternLinks()	获取是否打开外部链接	bool
setDefaultTextColor(Union[QColor, Qt.GlobalColor, QGradient])	设置文本的默认颜色	None
setDocument(QTextDocument)	设置文档	None
setFont(QFont)	设置字体	None
setHtml(str)	设置 HTML 格式文本	None
toHtml()	将文本转换为 HTML 格式文本	str
setOpenExternalLinks(bool)	设置是否打开外部链接	None
setPlainText(str)	设置纯文本	None
toPlainText()	转换为纯文本	str
setTabChangesFocus(bool)	是否设置 Tab 键可移动焦点	None
setTextCursor()	设置文本光标	None
setTextInteractionFlags(Qt.TextInteractionFlag)	设置标志，以确定文本项如何响应用户的输入	None

在表 5-21 中，Qt.TextInteractionFlag 的枚举值为 Qt.NoTextInteraction、Qt.SelectableByMouse、Qt.TextSelectionByKeyboard、Qt.LinksAccessibleByMouse、Qt.LinksAccessibleByKeyboard、Qt.TextEditable、Qt.TextEditorInteraction（表示 Qt.SelectableByMouse| Qt.TextSelectionByKeyboard | Qt.TextEditable）、Qt.TextBrowerInteraction（表示 Qt.SelectableByMouse| Qt.LinksAccessibleByMouse| LinksAccessibleByKeyboard）。

与其他标准图形项类不同，QGraphicsTextItem 类具有鼠标事件和键盘事件。QGraphicsTextItem 类的信号见表 5-22。

表 5-22 QGraphicsTextItem 类的信号

信号及参数类型	说　明
linkActivated(link)	当单击超链接时发送信号
linkHovered(link)	当光标在超链接上悬停时发送信号

【实例 5-4】 创建一个窗口，该窗口包含 1 个菜单栏、1 个工具栏和 7 个工具按钮。使用该窗口可绘制直线、矩形、椭圆、圆，并可以停止绘图、删除指定图形项、清空所有图形项，代码如下：

```
# === 第 5 章 代码 demo4.py === #
import sys,math
from PySide6.QtWidgets import (QApplication,QMainWindow,QGraphicsScene,
QGraphicsView,QGraphicsItem)
from PySide6.QtCore import Qt,Signal,QPoint,QRectF,QPointF,QLineF
from PySide6.QtGui import QPolygonF

#创建视图控件的子类
class myGraphicsView(QGraphicsView):
    press_point = Signal(QPointF)      #自定义信号,参数为鼠标被按下时鼠标在视图中的位置
    move_point = Signal(QPointF)       #自定义信号,参数为移动鼠标时鼠标在视图中的位置
    release_point = Signal(QPointF)    #自定义信号,参数为鼠标被释放时鼠标在视图中的位置
    def __init__(self,parent = None):
        super().__init__(parent)
    #按下鼠标按键事件
    def mousePressEvent(self,event):
        self.press_point.emit(event.position())         #发送信号,参数是鼠标位置
        super().mousePressEvent(event)
    #鼠标移动事件
    def mouseMoveEvent(self,event):                     #鼠标移动事件
        self.move_point.emit(event.position())          #发送信号,参数是鼠标位置
        super().mouseMoveEvent(event)
    #鼠标按键被释放
    def mouseReleaseEvent(self,event):
        self.release_point.emit(event.position())
        super().mouseReleaseEvent(event)


class Window(QMainWindow):
    def __init__(self,parent = None):
        super().__init__(parent)
        self.resize(580,280)
        self.setWindowTitle("自定义图形项类")
        #shape 用于记录哪个绘图按钮被选中
        self.shape = {'直线':False,'矩形':False,'椭圆':False,'圆':False}
        self.__temp = None              #用于指向鼠标移动时产生的临时图形项
        #创建图像视图控件
        self.graphicsView = myGraphicsView()
        self.setCentralWidget(self.graphicsView)
        rectF = QRectF(self.width()/2,self.height()/2,self.width(),self.height())
        #创建图像场景
        self.graphicsScene = QGraphicsScene(rectF)
        self.graphicsView.setViewportUpdateMode(QGraphicsView.FullViewportUpdate)
        #图像视图设置图像场景
        self.graphicsView.setScene(self.graphicsScene)
```

```
        #使用信号/槽
        self.graphicsView.press_point.connect(self.press_position)
        self.graphicsView.move_point.connect(self.move_position)
        self.graphicsView.release_point.connect(self.release_position)
        #创建菜单栏
        self.menubar = self.menuBar()
        #创建菜单
        self.draw = self.menubar.addMenu('绘图')
        #给菜单添加动作
        action_line = self.draw.addAction('直线')
        action_rect = self.draw.addAction('矩形')
        action_ellipse = self.draw.addAction('椭圆')
        action_circle = self.draw.addAction('圆')
        self.draw.addSeparator()                              #添加分隔符
        action_stop = self.draw.addAction('停止')
        action_delete = self.draw.addAction("删除")
        action_clear = self.draw.addAction("清空")
        #使用信号/槽
        action_line.triggered.connect(self.line_triggered)
        action_rect.triggered.connect(self.rect_triggered)
        action_ellipse.triggered.connect(self.ellipse_triggered)
        action_circle.triggered.connect(self.cirle_triggered)
        action_stop.triggered.connect(self.stop_triggered)
        action_delete.triggered.connect(self.delete_triggered)
        action_clear.triggered.connect(self.graphicsScene.clear)
        action_clear.triggered.connect(self.graphicsScene.update)
        #创建工具栏
        self.toolbar_draw = self.addToolBar("绘图")
        self.toolbar_draw.addAction(action_line)
        self.toolbar_draw.addAction(action_rect)
        self.toolbar_draw.addAction(action_ellipse)
        self.toolbar_draw.addAction(action_circle)
        self.toolbar_draw.addSeparator()
        self.toolbar_draw.addAction(action_stop)
        self.toolbar_draw.addSeparator()
        self.toolbar_draw.addAction(action_delete)
        self.toolbar_draw.addAction(action_clear)
    #鼠标按下
    def press_position(self,pointF):
        point = pointF.toPoint()
        self.__pressPos = self.graphicsView.mapToScene(point)     #映射成场景坐标
    #鼠标移动
    def move_position(self,pointF):
        point = pointF.toPoint()
        self.__movePos = self.graphicsView.mapToScene(point)
        self.move_draw(self.__pressPos,self.__movePos)            #调用绘图函数
    #鼠标释放
    def release_position(self,pointF):
        point = pointF.toPoint()
        if self.__temp:
            self.__temp.setFlags(QGraphicsItem.ItemIsSelectable
|QGraphicsItem.ItemIsFocusable)
```

```
            self.__temp = None
        rect = self.graphicsScene.itemsBoundingRect()
        if rect.width()> self.width() or rect.height()> self.height():
            self.graphicsScene.setSceneRect(rect)
    #绘制直线
    def line_triggered(self):
        self.shape = {'直线':True,'矩形':False,'椭圆':False,'圆':False}
    #绘制矩形
    def rect_triggered(self):
        self.shape = {'直线':False,'矩形':True,'椭圆':False,'圆':False}
    #绘制椭圆
    def ellipse_triggered(self):
        self.shape = {'直线':False,'矩形':False,'椭圆':True,'圆':False}
    #绘制圆
    def circle_triggered(self):
        self.shape = {'直线':False,'矩形':False,'椭圆':False,'圆':True}
    #停止绘制
    def stop_triggered(self):
        self.shape = {'直线':False,'矩形':False,'椭圆':False,'圆':False}
    #清空图形项
    def delete_triggered(self):
        if len(self.graphicsScene.selectedItems()):
            for i in self.graphicsScene.selectedItems():
                self.graphicsScene.removeItem(i)
    #当鼠标移动时绘制图形项
    def move_draw(self,p1,p2):
        x1 = min(p1.x(), p2.x())
        y1 = min(p1.y(), p2.y())
        x2 = max(p1.x(), p2.x())
        y2 = max(p1.y(), p2.y())
        rectF = QRectF(QPointF(x1, y1), QPointF(x2, y2))#鼠标按下点与移动点的矩形区域
        if self.__temp:    #在鼠标移动过程中,如果变量已经指向图形项,则需要把图形项移除
            self.graphicsScene.removeItem(self.__temp)
        if self.shape['直线']:
            self.__temp = self.graphicsScene.addLine(QLineF(p1,p2))    #添加直线
        if self.shape['矩形']:
            self.__temp = self.graphicsScene.addRect(rectF)            #添加矩形
        if self.shape['椭圆']:
            self.__temp = self.graphicsScene.addEllipse(rectF)         #添加椭圆
        if self.shape['圆']:
            r = math.sqrt((p1.x() - p2.x()) ** 2 + (p1.y() - p2.y()) ** 2)
            pointF_1 = QPointF(p1.x() - r,p1.y() - r)
            pointF_2 = QPointF(p1.x() + r,p1.y() + r)
            self.__temp = self.graphicsScene.addEllipse(
QRectF(pointF_1,pointF_2))                                             #添加圆


if __name__ == '__main__':
    app = QApplication(sys.argv)
    win = Window()
    win.show()
    sys.exit(app.exec())
```

运行结果如图 5-9 所示。

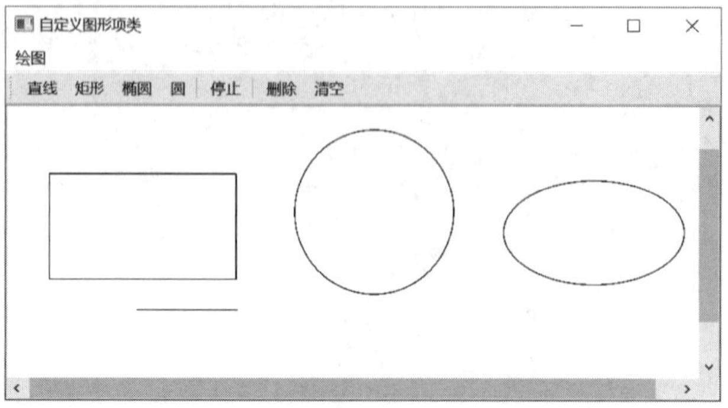

图 5-9　代码 demo4.py 的运行结果

5.3　代理控件和图形控件

在 Graphics/View 框架中，不仅可以向图像场景中添加图形项，也可以添加控件、对话框，而且可以在图像场景中对控件进行布局管理。

5.3.1　代理控件类 QGraphicsProxyWidget

在图像场景类 QGraphicsScene 中，可通过 addWidget(QWidget, wFlags: Qt. WindowFlags)方法向图像场景中添加控件或窗口，并返回代理控件对象 QGraphicsProxyWidget。

使用 QGraphicsProxyWidget 类可以创建代理控件。可以使用代理控件的 setWidget(QWidget)方法设置控件或窗口，然后使用图像场景类 QGraphicsScene 的 addItem(QGraphicsProxyWidget)方法向图像场景中添加代理控件。

QGraphicsProxyWidget 类的继承关系如图 5-10 所示。

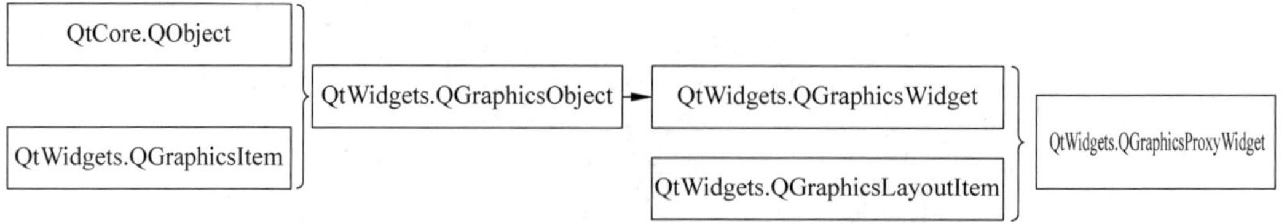

图 5-10　QGraphicsProxyWidget 类的继承关系

QGraphicsProxyWidget 类位于 PySide6 的 QtWidgets 子模块下，其构造函数如下：

```
QGraphicsProxyWidget(parent:QGraphicsItem = None,wFlags:Qt.WindowFlags)
```

其中，parent 表示 QGraphicsItem 类及其子类创建的实例对象。

QGraphicsProxyWidget 类的常用方法见表 5-23。

表 5-23 QGraphicsProxyWidget 类的常用方法

方法及参数类型	说 明	返回值的类型
setWidget(QWidget)	添加控件	None
widget()	获取控件	QWidget
createProxyForChildWidget(QWidget)	为代理控件中的控件创建代理控件	None
subWidgetRect()	获取代理控件中控件的范围	QRectF

在 Graphics/View 框架中，代理控件与其内部的控件保持同步的状态，例如激活状态、可见性、字体、调色板、光标形状、窗口标题、几何尺寸、布局方向。

【实例 5-5】 自定义一个窗口类，该窗口包含一个标签控件、一个按钮控件，单击该按钮可打开并显示图像文件。将该窗口类创建的窗口控件显示在 Graphics/View 框架下的图像场景中，而且要使用错切变换，代码如下：

```
# === 第 5 章 代码 demo5.py === #
import sys,os
from PySide6.QtWidgets import (QApplication,QWidget,QVBoxLayout,
QGraphicsProxyWidget,QGraphicsScene,QGraphicsView,QPushButton,QFileDialog,QLabel)
from PySide6.QtGui import QTransform,QPixmap
from PySide6.QtCore import Qt

#创建一个可以显示图像的窗口类
class PixmapWidget(QWidget):
    def __init__(self,parent=None):
        super().__init__(parent)
        self.resize(580,280)
        self.setWindowTitle("代理控件内的窗口")
        #创建标签
        self.label=QLabel()
        #创建按钮
        self.button=QPushButton("选择图像文件")
        #设置布局
        vbox=QVBoxLayout(self)                              #布局
        vbox.addWidget(self.label)
        vbox.addWidget(self.button)
        #使用信号/槽
        self.button.clicked.connect(self.button_clicked)
    def button_clicked(self):
        fileName, fil=QFileDialog.getOpenFileName(self, caption="打开图像文件",filter=
"图像(*.png *.bmp *.jpg *.jpeg)")
        if os.path.exists(fileName)==False:
            return
        pix=QPixmap(fileName)
        pix=pix.scaled(580,280)                             #缩放图像文件
        self.label.setPixmap(pix)

class Window(QWidget):
    def __init__(self,parent=None):
        super().__init__(parent)
        self.setWindowTitle("代理控件")
```

```
        pix = PixmapWidget()                               #创建自定义窗口
        view = QGraphicsView()                             #创建图像视图控件
        scene = QGraphicsScene()                           #创建图像场景控件
        view.setScene(scene)                               #在图像视图中设置场景
        proxy = QGraphicsProxyWidget(None,Qt.Window)       #创建代理控件
        proxy.setWidget(pix)                               #代理控件设置控件
        proxy.setTransform(QTransform().shear(-0.8,-0.1))  #错切变换
        scene.addItem(proxy)                               #在场景中添加代理控件
        vbox = QVBoxLayout(self)                           #设置布局
        vbox.addWidget(view)

if __name__ == '__main__':
    app = QApplication(sys.argv)
    win = Window()
    win.show()
    sys.exit(app.exec())
```

运行结果如图 5-11 所示。

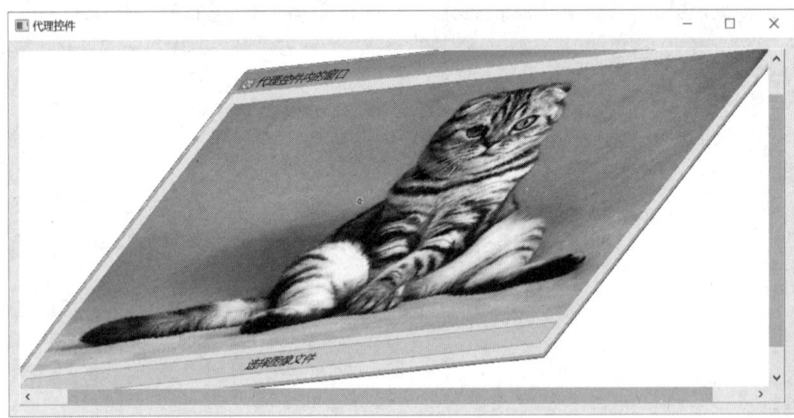

图 5-11　代码 demo5.py 的运行结果

4min

5.3.2　图形控件类 QGraphicsWidget

在 PySide6 中，使用 QGraphicsWidget 类创建图形控件。由于 QGraphicsWidget 类继承自 QGraphicsItem 类，因此图形控件可直接添加到图像场景中。QGraphicsWidget 类的继承关系如图 5-10 所示。

QGraphicsWidget 类是所有图形控件类的基类，其子类包括 QtWidgets.QGraphicsProxyWidget、QtCharts.QChart、QtCharts.QLegend、QtCharts.QPolarChart。在 QGraphicsWidget 类创建的图形控件中，可以添加代理控件和布局，因此图形控件也可以作为图像场景的容器使用。QGraphicsWidget 类的构造函数如下：

```
QGraphicsWidget(parent:QGraphicsItem = None,wFlag:Qt.WindowFlags = Default(Qt.WindowFlags))
```

其中，parent 表示 QGraphicsItem 类及其子类创建的实例对象。

QGraphicsWidget 类与 Widget 类进行对比，既有相同点，也有不同点。QGraphicsWidget 类的常用方法见表 5-24。

表 5-24　QGraphicsWidget 类的常用方法

方法及参数类型	说　明	返回值的类型
[static]setTabOrder(first:QGraphicsWidget,second:QGraphicsWidget)	设置按 Tab 键获取焦点的顺序	None
[slot]close()	关闭窗口，若成功，则返回值为 True	bool
setAttribute(attribute:Qt.WidgetAttribute,on:bool=True)	设置属性	None
testAttribute(attribute:Qt.WidgetAttribute)	测试是否设置了某种属性	bool
itemChange(change:QGraphicsItem.GraphicsItemChange,value:Any)	重写该函数，作为信号使用	None
paint(painter:QPainter,option:QStyleOptionGraphicsItem,widget:QWidget=None)	重写该函数，绘制图形	None
boundingRect()	重写该函数，获取边界矩形	QRectF
shape()	重写该函数，获取路径对象	QPainterPath
setLayout(layout:QGraphicsLayout)	设置布局	None
layout()	获取布局	QGraphicsLayout
setLayoutDirection(direction:Qt.LayoutDirection)	设置布局方向	None
setAutoFillBackground(enabled:bool)	设置是否自动填充背景	None
setContentsMargins(margins:Union[QMraginF,QMargins])	设置窗口内的控件到边框的最小距离	None
setContentsMargins(left:float,top:float,right:float,bottom:float)	设置窗口内的控件到边框的最小距离	None
setFocusPolicy(policy:Qt.FocusPolicy)	设置获取焦点的策略	None
setFont(font:Union[QFont,str,Sequence[str]])	设置字体	None
setGeometry(x:float,y:float,w:float,h:float)	设置位置，以及宽和高	None
setGeometry(rect:Union[QRectF,QRect])	设置位置，以及宽和高	None
setPalette(palette:Union[QPalette,Qt.GlobalColor,QColor])	设置调色板	None
setStyle(style:QStyle)	设置风格	None
setWindowFlags(wFlags:Qt.WindowFlags)	设置窗口标识	None
setWindowFrameMargins(Union[QMarginF,QMargins])	设置边框距	None
setWindowFrameMargins(float,float,float,float)	设置边框距	None
setWindowTitle(title:str)	设置窗口标题	None
rect()	获取图形控件的窗口范围	QRectF
resize(QSizeF)	调整窗口的宽和高	None
resize(float,float)	调整窗口的宽和高	None
size()	获取窗口的宽和高	QSizeF
focusWidget()	获取焦点控件	QGraphicsWidget

续表

方法及参数类型	说　明	返回值的类型
isActiveWindow()	获取是否为活跃控件	bool
updateGeometry()	刷新图形控件	None
addAction(QAction)	向图形控件中添加动作	None
addActions(Sequence[QAction])	向图形控件中添加动作	None
insertActions(before:QAction,actions:Sequence[QAction])	向图形控件中插入动作,图形控件的动作可以作为右键菜单使用	None
insertAction(before:QAction,action:QAction)	向图形控件中插入动作,图形控件的动作可以作为右键菜单使用	None
removeAction(action:QAction)	移除指定动作	None

QGraphicsWidget 类的信号见表 5-25。

表 5-25　QGraphicsWidget 类的信号

信号及参数类型	说　明
geometryChanged()	当控件的几何宽和高发生改变时发送信号
layoutChanged()	当控件的布局发生改变时发送信号
childrenChanged()	当子控件的激活状态发生改变时发送信号
enabledChanged()	当控件的激活状态发生改变时发送信号
opacityChanged()	当控件的不透明度发生改变时发送信号
parentChanged()	当控件的父窗口发生改变时发送信号
rotationChanged()	当控件的旋转角度发生改变时发送信号
scaleChanged()	当控件的缩放发生改变时发送信号
visibleChanged()	当控件的可见性发生改变时发送信号
xChanged()	当控件的 x 坐标发生改变时发送信号
yChanged()	当控件的 y 坐标发生改变时发送信号
zChanged()	当控件的 z 坐标发生改变时发送信号

13min

5.3.3　图形控件布局类

在 PySide6 中,可以设置图形控件的布局。图形控件的布局类有 3 种,分别为 QGraphicsLinearLayout、QGraphicsGridLayout、QGraphicsAnchorLayout,这 3 个类的继承关系如图 5-12 所示。

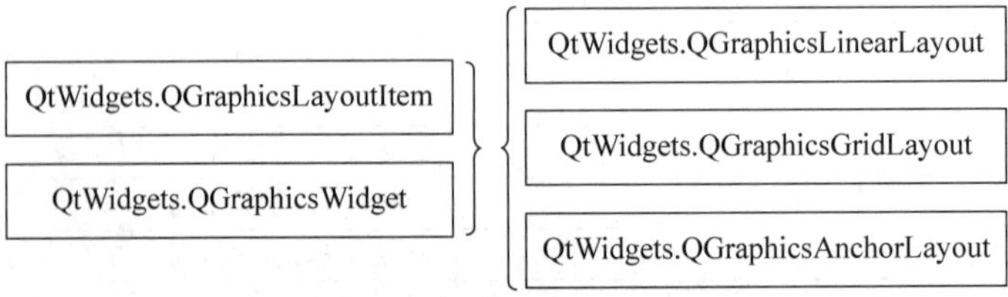

图 5-12　图形控件布局类的继承关系

1. 线性布局类 QGraphicsLinearLayout

使用 QGraphicsLinearLayout 类可以创建线性布局对象，线性布局对象内的图形控件呈线性分布，类似于垂直布局（QHLayoutBox）或水平布局（QVLayoutBox）。QGraphicsLinearLayout 类的构造函数如下：

```
QGraphicsLinearLayout(parent:QGraphicsLayoutItem = None)
QGraphicsLinearLayout(orientation:Qt.Orientation,parent:QGraphicsLayoutItem = None)
```

其中，parent 表示 QGraphicsLayoutItem 类及其子类创建的实例对象；orientation 表示线性布局的方向，参数值为 Qt. Orientation 的枚举值：Qt. Horizontal（水平方向）、Qt. Vertical（垂直方向）。

QGraphicsLinearLayout 类的常用方法见表 5-26。

表 5-26 QGraphicsLinearLayout 类的常用方法

方法及参数类型	说明	返回值的类型
addItem(item:QGraphicsLayoutItem)	添加图形控件、代理控件、布局	None
insertItem(index:int,item:QGraphicsLayoutItem)	根据索引插入图形控件、布局	None
addStretch(stretch:int=1)	在末尾添加拉伸系数	None
insertStretch(index:int,stretch:int=1)	根据索引插入拉伸系数	None
count()	获取图形控件和布局的个数	int
setAlignment(QGraphicsLayoutItem,Qt. Alignment)	设置图形控件的对齐方式	None
setGeometry(rect:Union[QRectF,QRect])	设置布局的位置，以及宽和高	None
setItemSpacing(index:int,spacing:float)	根据索引设置间距	None
setOrientation(Qt. Orientation)	设置布局方向	None
setSpacing(spacing:float)	设置图形控件之间的间距	None
setStretchFactor(item: QGraphicsLayoutItem,stretch: int)	设置图形控件的拉伸系数	None
stretchFactor(item: QGraphicsLayoutItem)	获取图形控件的拉伸系数	int
itemAt(index:int)	根据索引获取图形控件或布局	QGraphicsWidget
removeAt(index:int)	根据索引移除图形控件或布局	None
removeItem(item:QGraphicsLayoutItem)	移除指定的图形控件或布局	None

2. 栅格布局类 QGraphicsGridLayout

栅格布局也称为网格布局，由多行多列构成。使用 QGraphicsGridLayout 类可以创建栅格布局对象，栅格布局对象中的图形控件可以占用一个单元格，也可以占用多行多列。QGraphicsGridLayout 类的构造函数如下：

```
QGraphicsGridLayout(parent:QGraphicsLayoutItem = None)
```

其中，parent 表示 QGraphicsLayoutItem 类及其子类创建的实例对象。

QGraphicsGridLayout 类的常用方法见表 5-27。

表 5-27 QGraphicsGridLayout 类的常用方法

方法及参数类型	说明	返回值的类型
addItem(item:QGraphicsLayoutItem,row:int,column:int,alignment:Qt.Alignment=Default(Qt.Alignment))	在指定的位置添加图形控件	None
addItem(item:QGraphicsLayoutItem,row:int,column:int, rowSpan:int, columnSpan:int, alignment:Qt.Alignment)	添加图形控件,可占据多行多列	None
rowCount()	获取行数	int
columnCount()	获取列数	int
count()	获取图形控件和布局的个数	int
itemAt(row:int,column:int)	获取指定行、列处的图形控件或布局	QGraphicsWidget
itemAt(index:int)	根据索引获取图形控件或布局	QGraphicsWidget
removeAt(index:int)	根据索引移除图形控件或布局	None
removeItem(QGraphicsLayoutItem)	移除指定的图形控件或布局	None
setGeometry(rect:Union[QRectF,QRect])	设置位置,以及宽和高	None
setAlignment(QGraphicsLayoutItem,Qt.Alignment)	设置指定控件的对齐方法	None
setRowAlignment(row:int,alignment:Qt.Alignment)	设置行对齐方式	None
setColumnAlignment(row:int,alignment:Qt.Alignment)	设置列对齐方式	None
setRowFixedHeight(row:int,height:float)	设置行的固定高度	None
setRowMaximumHeight(row:int,height:float)	设置行的最大高度	None
setRowMinimumHeight(row:int,height:float)	设置行的最小高度	None
setRowPreferedHeight (row:int,height:float)	设置指定行的高度	None
setRowSpacing(row:int,spacing:float)	设置指定行的间距	None
setRowStretchFactor(row:int,stretch:int)	设置指定行的拉伸系数	None
setColumnFixedWidth(column:int,width:float)	设置列的固定宽度	None
setColumnMaximumWidth(column:int,width:float)	设置列的最大宽度	None
setColumnMinimumWidth(column:int,width:float)	设置列的最小宽度	None
setColumnPreferedWidth(column:int,width:float)	设置指定列的宽度	None
setColumnSpacing(column:int,spacing:float)	设置指定列的间距	None
setColumnStretchFactor(column:int,stretch:int)	设置指定列的拉伸系数	None
setSpacing(spacing:float)	设置行、列之间的间距	None
setHorizontalSpacing(spacing:float)	设置水平间隙	None
setVerticalSpacing(spacing:float)	设置竖直间隙	None

3. 锚点布局类 QGraphicsAnchorLayout

使用 QGraphicsAnchorLayout 类可以创建锚点布局对象。使用锚点布局可以设置两个图形控件之间的相对位置,例如两条边对齐、两个点对齐。QGraphicsAnchorLayout 类的构造函数如下:

```
QGraphicsAnchorLayout(parent:QGraphicsLayoutItem = None)
```

其中，parent 表示 QGraphicsLayoutItem 类及其子类创建的实例对象。

QGraphicsAnchorLayout 类的常用方法见表 5-28。

表 5-28 QGraphicsAnchorLayout 类的常用方法

方法及参数类型	说　明	返回值的类型
addAnchor(firstItem:QGraphicsLayoutItem,firstEdge:Qt.AnchorPoint,secondItem:QGraphicsLayoutItem,secondEdge:Qt.AnchorPoint)	将第 1 个图形控件的某条边和第 2 个图形控件的某条边对齐	None
addAnchors(firstItem:QGraphicsLayoutItem,secondItem:QGraphicsLayoutItem,orientations:Qt.Orientations)	设置两个图形控件在某条方向上宽和高相等	None
addCornerAnchors(firstItem:QGraphicsLayoutItem,firstEdge:Qt.AnchorPoint,secondItem:QGraphicsLayoutItem,secondEdge:Qt.AnchorPoint)	将第 1 个图形控件的某个角点和第 2 个图形控件的某个角点对齐	None
horizontalSpacing()	获取水平间距	float
setHorizontalSpacing(spacing:float)	设置水平间距	None
setSpacing(spacing:float)	设置间距	None
verticalSpacing()	获取竖直间距	float
setVerticalSpacing(spacing:float)	设置竖直间距	None
itemAt(index:int)	根据索引获取图形控件	QGraphicsWidget
removeAt(index:int)	根据索引移除图形控件	None
count()	获取图形控件的数量	int

在表 5-28 中，Qt.AnchorPoint 的枚举值为 Qt.AnchorLeft、Qt.AnchorHorizontalCenter、Qt.AnchorRight、Qt.AnchorTop、Qt.AnchorVerticalCenter、Qt.AnchorBottom。

【实例 5-6】 创建一个窗口，该窗口包含 1 个图形控件。向该图形控件中添加 3 个控件，分别为一个显示图像的标签控件、两个按钮控件，使用线性布局垂直排列，代码如下：

```
# === 第 5 章 代码 demo6.py === #
import sys
from PySide6.QtWidgets import (QApplication,QWidget,QVBoxLayout,
    QGraphicsProxyWidget, QGraphicsScene,QGraphicsView,QPushButton,
    QGraphicsWidget,QGraphicsLinearLayout,QLabel)
from PySide6.QtGui import QPixmap
from PySide6.QtCore import Qt

class Window(QWidget):
    def __init__(self,parent = None):
        super().__init__(parent)
        self.setGeometry(200,200,580,280)
        self.setWindowTitle("图形控件的布局")
        #创建图像视图控件
        view = QGraphicsView()
        #创建图像场景控件
        scene = QGraphicsScene()
```

```
        #图像视图设置场景
        view.setScene(scene)
        #设置窗口布局
        vbox = QVBoxLayout(self)
        vbox.addWidget(view)
        #创建图形控件
        widget = QGraphicsWidget()
        widget.setFlags(QGraphicsWidget.ItemIsMovable|QGraphicsWidget.ItemIsSelectable)
        #向图像场景中添加图形控件
        scene.addItem(widget)
        #设置线性布局
        linear = QGraphicsLinearLayout(Qt.Vertical,widget)
        #创建标签控件并显示图像
        label1 = QLabel("标签控件")
        pix = QPixmap("D:\\Chapter5\\images\\cat1.png")
        pix = pix.scaled(380,220)              #缩放图像文件
        label1.setPixmap(pix)
        #创建两个按钮控件
        button1 = QPushButton("按钮控件 1")
        button2 = QPushButton("按钮控件 2")
        #创建代理控件,设置控件
        p1 = QGraphicsProxyWidget(); p1.setWidget(label1)
        p2 = QGraphicsProxyWidget(); p2.setWidget(button1)
        p3 = QGraphicsProxyWidget(); p3.setWidget(button2)
        #向线性布局中添加控件
        linear.addItem(p1);linear.addItem(p2);linear.addItem(p3)
        linear.setSpacing(5)
        linear.setStretchFactor(p1,1)
        linear.setStretchFactor(p2,2)
        linear.setStretchFactor(p3,2)


if __name__ == '__main__':
    app = QApplication(sys.argv)
    win = Window()
    win.show()
    sys.exit(app.exec())
```

运行结果如图 5-13 所示。

图 5-13　代码 demo6.py 的运行结果

【实例 5-7】 创建一个窗口,该窗口包含 1 个图形控件。向该图形控件中添加 9 个按钮控件,使用栅格布局排列,代码如下:

```
# === 第 5 章 代码 demo7.py === #
import sys
from PySide6.QtWidgets import (QApplication,QWidget,QVBoxLayout,
    QGraphicsProxyWidget, QGraphicsScene,QGraphicsView,QPushButton,
    QGraphicsWidget,QGraphicsGridLayout)
from PySide6.QtCore import Qt

class Window(QWidget):
    def __init__(self,parent = None):
        super().__init__(parent)
        self.setGeometry(200,200,580,280)
        self.setWindowTitle("图形控件的布局")
        #创建图像视图控件
        view = QGraphicsView()
        #创建图像场景控件
        scene = QGraphicsScene()
        #图像视图设置场景
        view.setScene(scene)
        #设置窗口布局
        vbox = QVBoxLayout(self)
        vbox.addWidget(view)
        #创建图形控件
        widget = QGraphicsWidget()
        widget.setFlags(QGraphicsWidget.ItemIsMovable|QGraphicsWidget.ItemIsSelectable)
        #向图像场景中添加图形控件
        scene.addItem(widget)
        #设置栅格布局
        grid = QGraphicsGridLayout(widget)
        #创建 9 个按钮控件
        button1 = QPushButton("按钮控件 1")
        button2 = QPushButton("按钮控件 2")
        button3 = QPushButton("按钮控件 3")
        button4 = QPushButton("按钮控件 4")
        button5 = QPushButton("按钮控件 5")
        button6 = QPushButton("按钮控件 6")
        button7 = QPushButton("按钮控件 7")
        button8 = QPushButton("按钮控件 8")
        button9 = QPushButton("按钮控件 9")
        #创建代理控件,设置控件
        p1 = QGraphicsProxyWidget(); p1.setWidget(button1)
        p2 = QGraphicsProxyWidget(); p2.setWidget(button2)
        p3 = QGraphicsProxyWidget(); p3.setWidget(button3)
        p4 = QGraphicsProxyWidget(); p4.setWidget(button4)
        p5 = QGraphicsProxyWidget(); p5.setWidget(button5)
        p6 = QGraphicsProxyWidget(); p6.setWidget(button6)
        p7 = QGraphicsProxyWidget(); p7.setWidget(button7)
        p8 = QGraphicsProxyWidget(); p8.setWidget(button8)
        p9 = QGraphicsProxyWidget(); p9.setWidget(button9)
```

```
        #向线性布局中添加控件
        grid.addItem(p1,0,0);grid.addItem(p2,0,1);grid.addItem(p3,0,2)
        grid.addItem(p4,1,0);grid.addItem(p5,1,1);grid.addItem(p6,1,2)
        grid.addItem(p7,2,0);grid.addItem(p8,2,1);grid.addItem(p9,2,2)
        grid.setSpacing(10)


if __name__ == '__main__':
    app = QApplication(sys.argv)
    win = Window()
    win.show()
    sys.exit(app.exec())
```

运行结果如图 5-14 所示。

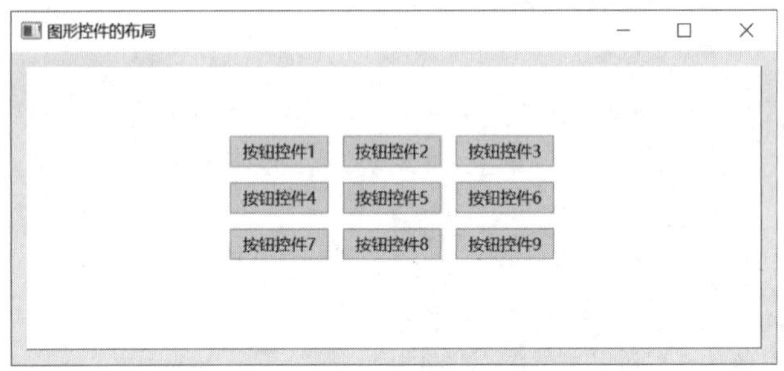

图 5-14　代码 demo7.py 的运行结果

21min

5.3.4　图形效果类

在 PySide6 中,可以在图形项和图像视图控件的视口之间添加渲染通道,实现对图形项显示效果的特殊设置。图形效果类有 5 种,分别为 QGraphicsEffect(图形效果基类)、QGraphicsBlurEffect(模糊效果)、QGraphicsColorizeEffect(变色效果)、QGraphicsDropShadowEffect(阴影效果)、QGraphicsOpacityEffect(透明效果),这 5 个类的继承关系如图 5-15 所示。

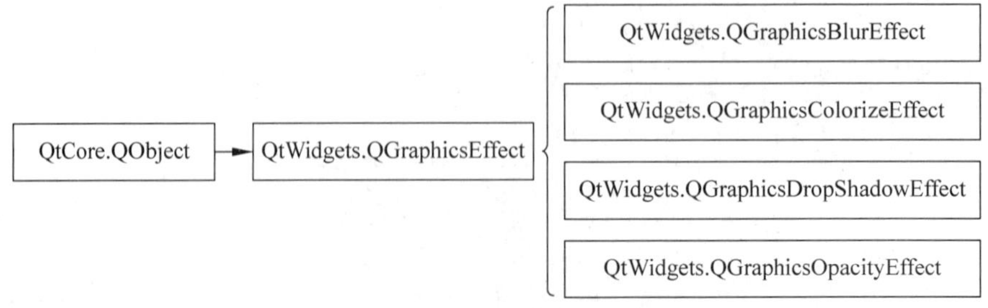

图 5-15　图形效果类的继承关系

1. 模糊效果类 QGraphicsBlurEffect

使用 QGraphicsBlurEffect 类可以创建模糊效果对象,使用模糊效果对象可以对图形项的显示设置模糊效果。QGraphicsBlurEffect 类的构造函数如下：

```
QGraphicsBlurEffect(parent:QObject = None)
```

其中，parent 表示 QObject 类及其子类创建的实例对象。

QGraphicsBlurEffect 类的常用方法见表 5-29。

表 5-29 QGraphicsBlurEffect 类的常用方法

方法及参数类型	说明	返回值的类型
[slot]setBlurHints(hints: QGraphicsBlurEffect.BlurHints)	设置模糊提示	None
[slot]setBlurRadius(blurRadius:float)	设置模糊半径，默认半径为 5 像素，模糊半径越大，图像越模糊	None
setEnabled(enable:bool)	设置是否激活图形效果	None
blurHints()	获取模糊提示	QGraphicsBlurEffect.BlurHints
blurRadius()	获取模糊半径	float

在表 5-29 中，QGraphicsBlurEffect.BlurHints 的枚举值为 QGraphicsBlurEffect.PerformanceHint（主要考虑渲染性能）、QGraphicsBlurEffect.QualityHint（主要考虑渲染质量）、QGraphicsBlurEffect.AnimationHint（用于渲染动画）。

QGraphicsBlurEffect 类的信号见表 5-30。

表 5-30 QGraphicsBlurEffect 类的信号

信号及参数类型	说明
blurRadiusChanged(radius:float)	当模糊半径发生改变时发送信号
blurHintsChanged(hints:QGraphicsBlurEffect.BlurHints)	当模糊提示发生改变时发送信号

2. 变色效果类 QGraphicsColorizeEffect

使用 QGraphicsColorizeEffect 类可以创建变色效果对象，使用模糊效果对象可以对图形项的显示设置变色效果。QGraphicsColorizeEffect 类的构造函数如下：

```
QGraphicsColorizeEffect(parent:QObject = None)
```

其中，parent 表示 QObject 类及其子类创建的实例对象。

QGraphicsColorizeEffect 类的常用方法见表 5-31。

表 5-31 QGraphicsColorizeEffect 类的常用方法

方法及参数类型	说明	返回值的类型
[slot]setColor(Union[QColor,Qt.GlobalColor,str])	设置着色用的颜色，默认颜色为浅蓝色 QColor(0,0,192)	None
[slot]setStrength(strength:float)	设置着色强度	None
color()	获取着色用的颜色	QColor
strength()	获取着色强度	float

QGraphicsColorizeEffect 类的信号见表 5-32。

表 5-32 QGraphicsColorizeEffect 类的信号

信号及参数类型	说　明
colorChanged(color:QColor)	当颜色发生改变时发送信号
strengthChanged(strength:float)	当强度发生改变时发送信号

3. 阴影效果类 QGraphicsDropShadowEffect

使用 QGraphicsDropShadowEffect 类可以创建阴影效果对象,使用阴影效果对象可以对图形项的显示设置阴影效果。QGraphicsDropShadowEffect 类的构造函数如下:

```
QGraphicsDropShadowEffect(parent:QObject = None)
```

其中,parent 表示 QObject 类及其子类创建的实例对象。

QGraphicsDropShadowEffect 类的常用方法见表 5-33。

表 5-33 QGraphicsDropShadowEffect 类的常用方法

方法及参数类型	说　明	返回值的类型
[slot]setBlurRadius(blurRadius:float)	设置模糊半径	None
[slot]setColor(Union[QColor,Qt.GlobalColor,str])	设置阴影颜色	None
[slot]setOffset(d:float)	设置阴影的 x 和 y 偏移量	None
[slot]setOffset(dx:float,dy:float)	设置阴影的 x 和 y 偏移量	None
[slot]setOffset(ofs:Union[QPoint,QPointF])	设置阴影的偏移量	None
[slot]setXOffset(dx:float)	设置阴影的 x 偏移量	None
[slot]setYOffset(dy:float)	设置阴影的 y 偏移量	None
blurRadius()	获取模糊半径	float
color()	获取阴影颜色	QColor
offset()	获取阴影的偏移量	QPointF
xOffset()	获取阴影的 x 偏移量	float
yOffset()	获取阴影的 y 偏移量	float

QGraphicsDropShadowEffect 类的信号见表 5-34。

表 5-34 QGraphicsDropShadowEffect 类的信号

信号及参数类型	说　明
blurRadiusChanged(blurRadius:float)	当模糊半径发生改变时发送信号
colorChanged(color:QColor)	当阴影颜色发生改变时发送信号
offsetChanged(offset:QPointF)	阴影偏移量发生改变时发送信号

4. 透明效果类 QGraphicsOpacityEffect

使用 QGraphicsOpacityEffect 类可以创建透明效果对象,使用透明效果对象可以对图形项的显示设置透明效果。QGraphicsOpacityEffect 类的构造函数如下:

```
QGraphicsOpacityEffect(parent:QObject = None)
```

其中,parent 表示 QObject 类及其子类创建的实例对象。

QGraphicsOpacityEffect 类的常用方法见表 5-35。

表 5-35 QGraphicsOpacityEffect 类的常用方法

方法及参数类型	说　明	返回值类型
[slot]setOpacity(opacity:float)	设置不透明度	None
[slot] setOpacityMask(Union[QBrush, Qt. BrushStyle, Qt. GlobalColor, QColor, QGradient, QImage, QPixmap])	设置遮掩画刷	None
opacity()	获取不透明度	float
opacityMask()	获取遮掩画刷	QBrush

QGraphicsOpacityEffect 类的信号见表 5-36。

表 5-36 QGraphicsOpacityEffect 类的信号

信号及参数类型	说　明
opacityChanged(opacity:float)	当不透明度发生改变时发送信号
opacityMaskChanged(mask:QBrush)	当遮掩画刷发生改变时发送信号

【实例 5-8】 创建一个窗口,该窗口包含 5 个按钮、1 个图像视图控件。5 个按钮的功能分别为打开图像、实现模糊效果、实现变色效果、实现阴影效果、实现透明效果,代码如下:

```
# === 第 5 章 代码 demo8.py === #
import sys,os
from PySide6.QtWidgets import (QApplication,QWidget,QVBoxLayout,
   QHBoxLayout,QGraphicsScene,QGraphicsView,QPushButton,
   QGraphicsBlurEffect,QGraphicsColorizeEffect,
   QGraphicsDropShadowEffect,QGraphicsOpacityEffect,QFileDialog,
   QGraphicsPixmapItem)
from PySide6.QtGui import QPixmap,QLinearGradient
from PySide6.QtCore import Qt

class Window(QWidget):
   def __init__(self,parent = None):
      super().__init__(parent)
      self.resize(580,280)
      self.setWindowTitle("图形效果")
      #用于保存图像文件
      self.pixmapItem = None
      self.view = QGraphicsView()          #图像视图控件
      self.scene = QGraphicsScene()        #图像场景
      self.view.setScene(self.scene)       #在图像视图中设置场景
      #创建多个按钮
      self.btnOpen = QPushButton("打开图像")
      self.btnBlur = QPushButton("模糊效果")
      self.btnColor = QPushButton("变色效果")
      self.btnShadow = QPushButton("阴影效果")
      self.btnOpacity = QPushButton("透明效果")
      #设置布局
      hbox = QHBoxLayout()
```

```
        hbox.addWidget(self.btnOpen)
        hbox.addWidget(self.btnBlur)
        hbox.addWidget(self.btnColor)
        hbox.addWidget(self.btnShadow)
        hbox.addWidget(self.btnOpacity)
        vbox = QVBoxLayout(self)
        vbox.addLayout(hbox)
        vbox.addWidget(self.view)
        #使用信号/槽
        self.btnOpen.clicked.connect(self.btn_open)
        self.btnBlur.clicked.connect(self.btn_blur)
        self.btnColor.clicked.connect(self.btn_color)
        self.btnShadow.clicked.connect(self.btn_shadow)
        self.btnOpacity.clicked.connect(self.btn_opacity)
        #设置按钮处于失效状态
        self.btnBlur.setEnabled(False)
        self.btnColor.setEnabled(False)
        self.btnShadow.setEnabled(False)
        self.btnOpacity.setEnabled(False)

    def btn_open(self):
        (fileName,filter) = QFileDialog.getOpenFileName(self,caption = "打开图像文件",filter =
"图像(*.png *.bmp *.jpg *.jpeg)")
        if os.path.exists(fileName):
            if self.pixmapItem != None:
                self.scene.removeItem(self.pixmapItem)
            pix = QPixmap(fileName)
            self.pixmapItem = QGraphicsPixmapItem(pix)
            self.scene.addItem(self.pixmapItem)
            self.btnBlur.setEnabled(True)
            self.btnColor.setEnabled(True)
            self.btnShadow.setEnabled(True)
            self.btnOpacity.setEnabled(True)
        else:
            if self.pixmapItem == None:
                self.btnBlur.setEnabled(False)
                self.btnColor.setEnabled(False)
                self.btnShadow.setEnabled(False)
                self.btnOpacity.setEnabled(False)

    def btn_blur(self):
        self.effect = QGraphicsBlurEffect()
        self.effect.setBlurRadius(10)
        self.effect.setBlurHints(QGraphicsBlurEffect.QualityHint)
        self.pixmapItem.setGraphicsEffect(self.effect)

    def btn_color(self):
        self.effect = QGraphicsColorizeEffect()
        self.effect.setColor(Qt.blue)
        self.effect.setStrength(10)
        self.pixmapItem.setGraphicsEffect(self.effect)
```

```
    def btn_shadow(self):
        self.effect = QGraphicsDropShadowEffect()
        self.pixmapItem.setGraphicsEffect(self.effect)

    def btn_opacity(self):
        rect = self.pixmapItem.boundingRect()
        linear = QLinearGradient(rect.topLeft(),rect.bottomLeft())
        linear.setColorAt(0.11,Qt.transparent)
        linear.setColorAt(0.49,Qt.black)
        linear.setColorAt(0.88,Qt.white)
        self.effect = QGraphicsOpacityEffect()
        self.effect.setOpacityMask(linear)
        self.pixmapItem.setGraphicsEffect(self.effect)


if __name__ == '__main__':
    app = QApplication(sys.argv)
    win = Window()
    win.show()
    sys.exit(app.exec())
```

运行结果如图 5-16 所示。

图 5-16 代码 demo8.py 的运行结果

5.4 小结

本章首先介绍了 Graphics/View 绘图框架，也就是使用图像视图类、图像场景类、图形项类绘制图像，而且图像视图、图像场景、图形项都有各自的坐标系；其次介绍了图像视图类、图像场景类、图形项类的构造函数、常用方法、信号；最后介绍了向图像场景中添加控件、设置图形效果的方法。使用 Graphics/View 框架，不仅可以绘制图像，还可以向其中添加控件，而且可将这些控件设置为可移动控件。

第 6 章

绘制二维图表

在 PySide6 中,使用子模块 QtCharts 中的类可以绘制二维图表,例如折线图、散点图、条形图、蜡烛图、箱形图、极坐标图等,从而实现数据的二维可视化。

9min

6.1 图表视图和图表

在 PySide6 中,当绘制二维图表时需要使用图表视图类 QChartView、图表类 QChart、数据序列类(例如 QLineSeries、QScatterSeries、QXYSeries)。这些类都位于 PySide6 的 QtCharts 子模块下。QChartView 类和 QChart 类的继承关系如图 6-1 所示。

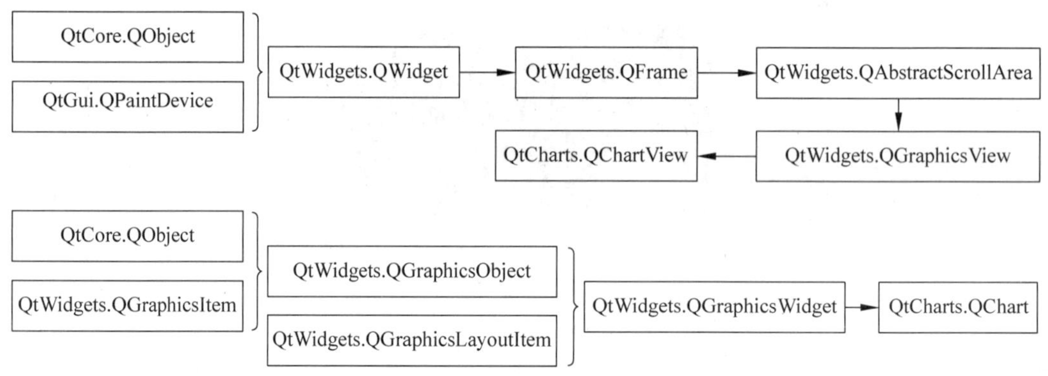

图 6-1 QChartView 类和 QChart 类的继承关系

6.1.1 绘制简单的折线图

在 PySide6 中,绘制二维图表的步骤如下:首先使用数据序列类创建数据序列对象,接着向数据序列对象添加数据,然后使用 QChart 类创建图表对象,并向图表对象中添加数据序列对象,最后使用 QChartView 类创建图表视图对象,并显示图表。

【实例 6-1】 使用 QChartView 类、QChart 类、QLineSeries 类绘制简单的折线图,代码如下:

```
# === 第 6 章 代码 demo1.py === #
import sys
```

```
from PySide6.QtWidgets import QApplication,QMainWindow
from PySide6.QtCharts import QChart,QChartView,QLineSeries
from PySide6.QtCore import QPoint

class Window(QMainWindow):
    def __init__(self):
            super().__init__()
            self.setGeometry(200,200,580,280)
            self.setWindowTitle("QChartView、QChart、QlineSeries")
            self.line_chart()

    def line_chart(self):
            #创建数据序列对象
            series = QLineSeries()
            nums = [QPoint(1,1),QPoint(2,4),QPoint(3,9),QPoint(4,16),
QPoint(5,25)]
            series.setName("y = x^2")
            #向数据序列对象中添加数据
            series.append(nums)
            #创建图表对象
            chart = QChart()
            #向图表对象中添加数据序列对象
            chart.addSeries(series)
            #创建默认的坐标轴
            chart.createDefaultAxes()
            #设置标题
            chart.setTitle("折线图")
            #创建图表视图控件,参数为图表对象
            chartView = QChartView(chart)
            self.setCentralWidget(chartView)


if __name__ == "__main__":
    app = QApplication(sys.argv)
    win = Window()
    win.show()
    sys.exit(app.exec())
```

运行结果如图 6-2 所示。

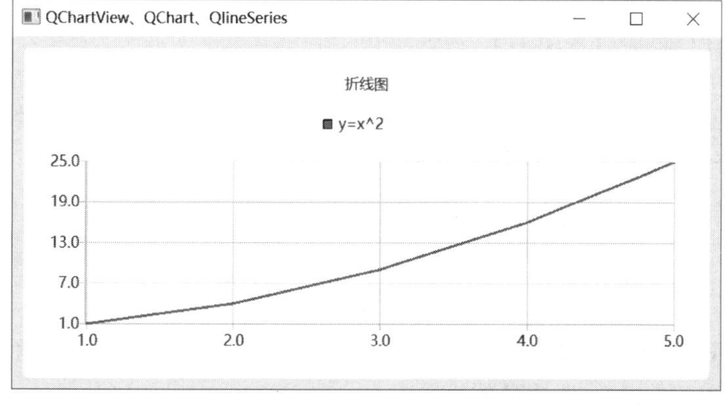

图 6-2 代码 demo1.py 的运行结果

6.1.2 图表视图类 QChartView

在 PySide6 中，使用 QChartView 类创建图表视图控件。图表视图控件用于显示图表，是图表的容器控件。QChartView 类位于 PySide6 的 QtCharts 子模块下，其构造函数如下：

```
QChartView(parent:QWidget = None)
QChartView(chart:QChart,parent:QWidget = None)
```

其中，parent 表示 QWidget 类及其子类创建的实例对象；chart 表示 QChart 类创建的实例对象。

QChartView 类的常用方法见表 6-1。

表 6-1 QChartView 类的常用方法

方法及参数类型	说　明	返回值类型
setChart(chart:QChart)	设置图表	None
chart()	获取图表	QChart
setRubberBand(rubberBands: QChartView.RubberBands)	设置光标在图表控件上拖动时选择框的类型	None
rubberBand()	获取光标在图表控件上拖动时选择框的类型	QChartView.RubberBands
setRubberBandSelectionMode(Qt.ItemSelectionMode)	设置选择模式	None

在表 6-1 中，QChartView.RubberBands 的枚举值为 QChartView.NoRubberBand(无选择框)、QChartView.VerticalRubberBand(竖向选择框)、QChartView.HorizontalRubberBand(水平选择框)、QChartView.RectangleRubberBand(矩形选择框)。

Qt.ItemSelectionMode 的枚举值为 Qt.ContainsItemShape(完全包含形状时被选中)、Qt.IntersectsItemShape(与形状交叉时被选中)、Qt.ContainsItemBoundingRect(完全包含边界矩形时被选中)、Qt.IntersectsItemBoundingRect(与边界矩形交叉时被选中)。

6.1.3 图表类 QChart

在 PySide6 中，使用 QChart 类创建图表对象。可以向图表对象中添加或设置数据序列、坐标轴、图表标题、图例。QChart 类位于 PySide6 的 QtCharts 子模块下，其构造函数如下：

```
QChart(parent:QGraphicsItem = None,wFlags:Qt.WindowFlags = Default(Qt.WindowFlags))
QChart(type:QChart.ChartType,parent:QGraphicsItem,wFlags:Qt.WindowFlags)
```

其中，parent 表示 QGraphicsItem 类及其子类创建的实例对象；type 表示图表的类型，其参数值为 QChart.ChartType 的枚举值。

QChart. ChartType 的枚举值为 QChart. ChartTypeUndefined(类型未定义)、QChart. ChartTypeCartesian(直角坐标)、QChart. ChartTypePolar(极坐标)。

QChart 类的常用方法见表 6-2。

表 6-2 QChart 类的常用方法

方法及参数类型	说 明	返回值的类型
addSeries(series:QAbstractSeries)	添加数据序列	None
removeAllSeries()	移除所有的数据序列	None
removeSeries(series:QAbstractSeries)	移除指定的数据序列	None
addAxis(axis:QAbstractAxis,alignment:Qt. Alignment)	添加坐标轴	None
createDefaultAxes()	创建默认的坐标轴	None
axis(orientation=Qt. Horizontal|Qt. Vertical, series=None)	获取坐标轴列表	List[QAbstractAxis]
removeAxis(axis:QAbstractAxis)	移除指定的坐标轴	None
scroll(dx:float,dy:float)	沿着 x 轴和 y 轴方向移动指定的距离	None
setAnimationOptions(QChart. AnimationsOptions)	设置动画选项	None
setAnimationDuration(msec:int)	设置动画显示持续时间(毫秒)	None
setBackgroundBrush(brush: Union[QBrush, Qt. BrushStyle, Qt. GlobalColor, QColor, QGradient, QImage, QPixmap])	设置背景画刷	None
setBackgroundPen(pen: Union[QPen, Qt. PenStyle, QColor])	设置背景钢笔	None
setBackgroundRoundness(diameter:float)	设置背景 4 个角的圆的直径	None
setBackgroundVisible(visible:bool=True)	设置背景是否可见	None
isBackgroundVisible()	获取背景是否可见	bool
setDropShadowEnabled(enabled:bool=True)	设置背景的阴影效果	None
isDropShadowEnabled()	获取是否有阴影效果	bool
setMargins(margins:QMargins)	设置页边距	None
setPlotArea(rect:Union[QRectF,QRect])	设置绘图区域	None
setPlotAreaBackgroundBrush(QBrush)	设置绘图区域的背景画刷	None
setPlotAreaBackgroundPen (pen: Union [QPen, QColor])	设置绘图区域的背景钢笔	None

续表

方法及参数类型	说　明	返回值的类型
setPlotAreaBackgroundVisible(visible:bool=True)	设置绘图区域背景是否可见	None
isPlotAreaBackgroundVisible()	获取绘图区域背景是否可见	bool
setTheme(theme:QChart.ChartTheme)	设置主题	None
theme()	获取主题	QChart.ChartTheme
setTitle(title:str)	设置标题	None
title()	获取标题	str
setTitleBrush(QBrush)	设置标题的画刷	None
setTitleFont(font:Union[QFont,str,Sequence[str]])	设置标题的字体	None
legend()	获取图例	QLegend
plotArea()	获取绘图区域	QRectF
zoom(factor:float)	根据指定的缩放值进行缩放	None
zoomIn()	根据缩放值2进行缩小	None
zoomIn(rect:Union[QRectF,QRect])	缩放图表以使指定区域可见	None
zoomOut()	根据缩放值2进行放大	None
isZoomed()	获取是否进行过缩放	bool
zoomReset()	重置缩放	None

在表6-2中,QChart.AnimationOptions的枚举值为QChart.NoAnimation(没有动画效果)、QChart.GridAxisAnimations(坐标轴有动画效果)、QChart.SeriesAnimations(数据序列有动画效果)、QChart.AllAnimations(全部动画效果)。

QChart.ChartTheme的枚举值为QChart.ChartThemeLight(light主题,也是默认主题)、QChart.ChartThemeBlurCerulean(天蓝色主题)、QChart.ChartThemeDark(黑暗主题)、QChart.ChartThemeBrownSand(沙棕色主题)、QChart.ChartBlueNcs(自然色系统的蓝色主题)、QChart.ChartThemeHighContrast(高对比主题)、QChart.ChartThemeBlueIcy(冰蓝色主题)、QChart.ChartThemeQt(Qt主题)。

QChart类只有一个信号plotAreaChanged(plotArea:QRectF),即当绘图范围发生改变时发送信号。

6.2 数据序列

通过实例6-1可以得知,绘制的图标类型是由数据序列决定的。不同的图表类型对应着不同的数据序列类。例如XY图对应了QXYSeries类、面积图对应了QAreaSeries类、饼图对应了QPieSeries、条形图对应了QBarSeries等类、蜡烛图对应了QCandlestickSeries类、箱形图对应了QBoxPlotSeries类。这些数据序列类的继承关系如图6-3所示。

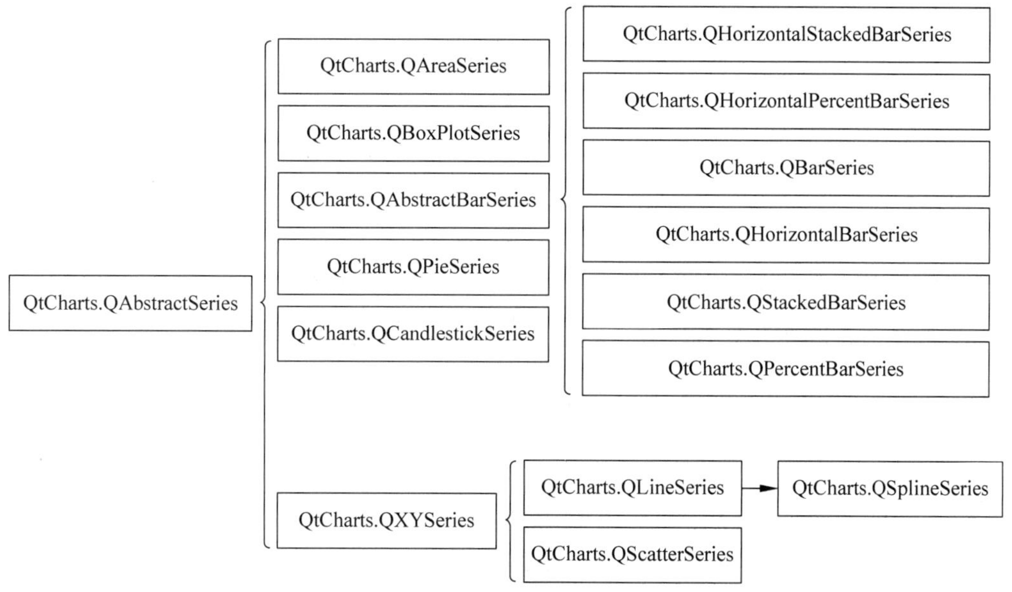

图 6-3 数据序列类的继承关系

6.2.1 数据序列抽象类 QAbstractSeries

在 PySide6 中，QAbstractSeries 类是所有数据序列类的基类，其方法和信号都会被其子类继承。

QAbstractSeries 类的常用方法见表 6-3。

表 6-3 QAbstractSeries 类的常用方法

方法及参数类型	说　明	返回值的类型
attach(axis:QAbstractAxis)	关联坐标轴，若成功，则返回值为 True	bool
attachedAxes()	获取关联的坐标轴列表	List[QAbstractAxis]
detachAxis(axis:QAbstractAxis)	断开与坐标轴的关联	bool
setName()	设置数据序列的名称	None
name()	获取数据序列的名称	str
setUseOpenGL(enable:bool=True)	设置是否使用 OpenGL 加速显示	None
useOpenGL()	获取是否使用 OpenGL 加速显示	str
setOpacity(opacity:float)	设置不透明度，范围为 0.0～1.0	None
opacity()	获取不透明度	float
setVisible(visible:bool=True)	设置数据序列是否可见	None
isVisible()	获取数据序列是否可见	bool
hide()	隐藏数据序列	None
show()	显示数据序列	None
chart()	获取数据序列所在的图表	QChart

QAbstractSeries 类的信号见表 6-4。

表 6-4 QAbstractSeries 类的信号

信号及参数类型	说　明
nameChanged()	当数据序列的名称改变时发送信号
opacityChanged()	当不透明度发生改变时发送信号
useOpenGLChanged()	当 OpenGL 的状态发生改变时发送信号
visibleChanged()	当可见度发生改变时发送信号

10min

6.2.2 绘制 XY 图(折线图、散点图、样条曲线图)

在 PySide6 中,使用 QXYSeries 类创建 XY 图序列类。XY 图表示数据序列由横坐标 X 数据和纵坐标 Y 数据构成,包括折线图(对应 QLineSeries 类)、散点图(对应 QScatterSeries 类)、样条曲线图(对应 QSplineSeries 类)。

QLineSeries 类、QScatterSeries 类、QSplineSeries 类都是 QXYSeries 类的子类,继承了 QXYSeries 类的方法和信号,其继承关系如图 6-3 所示。

QLineSeries 类、QScatterSeries 类、QSplineSeries 类的构造函数如下:

```
QLineSeries(parent:QObject = None)
QScatterSeries(parent:QObject = None)
QSplineSeries(parent:QObject = None)
```

其中,parent 表示 QObject 类及其子类创建的实例对象。

1. QXYSeries 类的方法和信号

QXYSeries 类的常用方法见表 6-5。

表 6-5 QXYSeries 类的常用方法

方法及参数类型	说　明	返回值的类型
clear()	清空所有数据点	None
append(point:Union[QPointF,QPoint])	添加数据点	None
append(points:Sequence[QPointF])	添加数据点	None
append(x:float,y:float)	添加数据点	None
insert(index:int,point:Union[QPointF,QPoint])	根据索引插入数据点	None
at(index:int)	根据索引获取数据点	QPointF
points()	获取数据点列表	List[QPointF]
remove(index:int)	根据索引移除数据点	None
remove(point:Union[QPointF,QPoint])	移除指定数据点	None
remove(x:float,y:float)	移除指定数据点	None
removePoints(index:int,count:int)	根据索引移除指定数量的数据点	None
replace(index:int, newPoint:Union[QPointF, QPoint])	根据索引替换数据点	None

续表

方法及参数类型	说　明	返回值的类型
replace(index:int,newX:float,newY:float)	根据索引替换数据点	None
replace(oldPoint:Union[QPointF,QPoint],newPoint:Union[QPointF,QPoint])	用新数据点替换旧数据点	None
replace(oldX:float,oldY:float,newX:float,newY:float)	用新数据点替换旧数据点	None
replace(points:Sequence[QPointF])	用多个数据点替换当前数据点	None
count()	获取数据点的数量	None
setBrush(QBrush)	设置画刷	None
setColor(QColor)	设置颜色	None
setPen(QPen)	设置钢笔	None
setPointsVisible(visible:bool=True)	设置数据点是否可见	None
setPointLabelsVisible(visible:bool=True)	设置数据点标签是否可见	None
setPointLabelsFormat(format:str)	设置数据点标签的格式	None
setPointLabelsClipping(enabled:bool=True)	设置当数据点标签超过绘图区域时被裁剪	None
setPointLabelsColor(QColor)	设置数据点标签的颜色	None
setPointLabelsQFont(QFont)	设置数据点标签的字体	None
setPointSelected(index:int,selected:bool)	根据索引设置某个点是否被选中	None
setMarkerSize(size:float)	设置标志的尺寸,默认值为15.0	None
setLightMarker(lightMarker:Union[QImage,str])	设置灯光标志	None
selectAllPoints()	选择所有数据点	None
selectPoint(index:int)	根据索引选择一个数据点	None
selectPoints(indexes:Sequence[int])	根据索引选择多个数据点	None
selectedPoints()	获取选中的点的索引列表	List[int]
setSelectedColor(Union[QColor,Qt.GlobalColor,str])	设置选中的数据点颜色	None
toggleSelection(indexes:Sequence[int])	将索引列表中的数据点切换选中状态	None
sizeBy(sourceData:Sequence[float],minSize:float,maxSize:float)	根据 sourceData 值,设置点的尺寸,尺寸在最小值和最大值之间映射	None
setBestFitLineVisible(visible:bool=True)	设置逼近直线是否可见	None
setBestFitLineColor(color:Union[QColor,str])	设置逼近直线的颜色	None
setBestFitLinePen(pen:Union[QPen,QColor])	设置逼近直线的绘图钢笔	None

QXYSeries 类的信号见表 6-6。

表 6-6 QXYSeries 类的信号

信号及参数类型	说明
clicked(QPointF)	当单击时发送信号
pressed(QPointF)	当按下鼠标时发送信号
released(QPointF)	当释放鼠标按键时发送信号
doubleClicked(QPointF)	当双击时发送信号
colorChanged(QColor)	当颜色改变时发送信号
hovered(point:QPointF,state:bool)	当光标移开或悬停时发送信号。悬停时 state 为 True,移开时 state 为 False
penChanged(QPen)	当钢笔改变时发送信号
pointAdded(index:int)	当添加点时发送信号
pointLabelsClippingChanged(bool)	当数据点标签裁剪状态发生改变时发送信号
pointLabelsColorChanged(QColor)	当数据点标签颜色发生改变时发送信号
pointLabelsFontChanged(QFont)	当数据点标签字体发生改变时发送信号
pointLabelsFormatChanged(str)	当数据点标签格式发生改变时发送信号
pointLabelsVisibilityChanged(bool)	当数据点标签可见性发生改变时发送信号
pointRemoved(index:int)	当移除数据点时发送信号
pointsRemoved(index:int,count:int)	当移除指定数量的数据点时发送信号
pointReplaced(index:int)	当替换数据点时发送信号
pointsReplaced()	当替换多个数据点时发送信号
lightMarkerChanged(QImage)	当灯光标志发生改变时发送信号
markerSizeChanged(size:float)	当标志的尺寸发生改变时发送信号
selectedColorChanged(QColor)	当选中的数据点的颜色发生改变时发送信号
bestFitLineVisibilityChanged(bool)	当逼近线的可见性发生改变时发送信号
bestFitLineColorChanged(QColor)	当逼近线的颜色发生改变时发送信号

2. QLineSeries 类、QSplineSeries 类的方法和信号

在 PySide6 中,QLineSeries 类和 QSplineSeries 类没有自己独有的方法和信号,只有从 QXYSeries 类继承的方法和信号。

【实例 6-2】 使用 QLineSeries 类绘制正弦函数曲线图,使用 QSplineSeries 类绘制余弦函数曲线图,代码如下:

```
# === 第 6 章 代码 demo2.py === #
import sys,math
from PySide6.QtWidgets import QApplication,QMainWindow
from PySide6.QtCharts import (QChartView,QChart,QLineSeries,QValueAxis,QSplineSeries)
from PySide6.QtCore import Qt

class Window(QMainWindow):
```

```
    def __init__(self,parent = None):
        super().__init__(parent)
        self.setGeometry(200,200,580,280)
        self.setWindowTitle("QLineSeries、QSplineSeries")
        #创建图表视图控件
        chartView = QChartView(self)
        self.setCentralWidget(chartView)
        #创建图表
        chart = QChart()
        chartView.setChart(chart)              #设置图表视图中的图表
        chart.setTitle("正弦、余弦")            #设置图表的标题
        #创建折线数据序列
        #创建样条曲线数据序列
        series_sin = QLineSeries()
        series_cos = QSplineSeries()
        #设置数据序列的名称
        series_sin.setName("sin")
        series_cos.setName("cos")
        #向数据序列中添加数据
        for i in range(720):
            series_sin.append(i, math.sin(math.radians(i)))
            series_cos.append(i, math.cos(math.radians(i)))
        #向图表中添加数据序列
        chart.addSeries(series_sin)
        chart.addSeries(series_cos)
        #创建坐标轴
        axis_x = QValueAxis()
        axis_x.setRange(0,720)
        axis_x.setTitleText("角度")
        axis_y = QValueAxis()
        axis_y.setRange(-1,1)
        axis_y.setTitleText("数值")
        #向图表中添加坐标轴
        chart.addAxis(axis_x,Qt.AlignBottom)
        chart.addAxis(axis_y,Qt.AlignLeft)


if __name__ == "__main__":
    app = QApplication(sys.argv)
    win = Window()
    win.show()
    sys.exit(app.exec())
```

运行结果如图 6-4 所示。

3. QScatterSeries 类的方法和信号

在 PySide6 中，QScatterSeries 类不仅具有从 QXYSeries 类继承的方法和信号，还有自己独有的方法和信号。

QScatterSeries 类的独有方法见表 6-7。

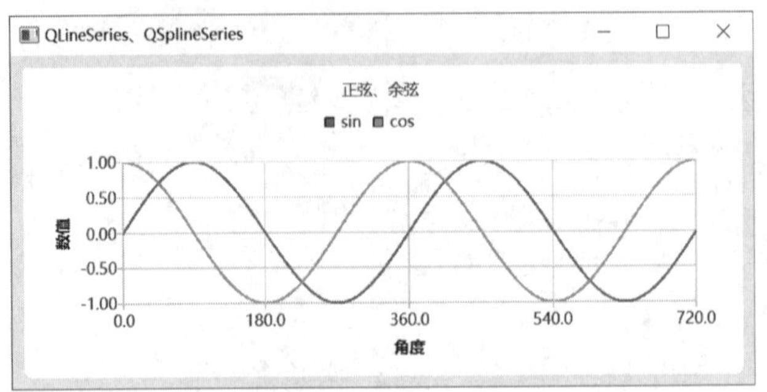

图 6-4 代码 demo2.py 的运行结果

表 6-7 QScatterSeries 类的独有方法

方法及参数类型	说明	返回值的类型
setMarkerShape(QScatterSeries.MarkerShape)	设置散点标志的形状	None
setMarkerSize(float)	设置散点标志的尺寸	None
setBorderColor(QColor)	设置边界颜色	None
markerShape()	获取散点标志的形状	QScatterSeries.MarkerShape
markerSize()	获取边界颜色	QColor

在表 6-7 中,QScatterSeries.MarkerShape 的枚举值为 QScatterSeries.MarkerShapeCircle(默认值)、QScatterSeries.MarkerShapeRectangle、QScatterSeries.MarkerShapeRotatedRectangle、QScatterSeries.MarkerShapeTrigangle、QScatterSeries.MarkerShapeStar、QScatterSeries.MarkerShapePentagon。

QScatterSeries 类的独有信号见表 6-8。

表 6-8 QScatterSeries 类的独有信号

信号及参数类型	说明
borderColorChanged(QColor)	当边界颜色发生改变时发送信号
markerSizeChanged(float)	当散点尺寸改变时发送信号
markerShapeChanged(QScatterSeries.MarkerShape)	当散点的标志改变时发送信号

【实例 6-3】 使用 QScatterSeries 类绘制正弦函数曲线图、余弦函数曲线图,代码如下:

```
# === 第 6 章 代码 demo3.py === #
import sys,math
from PySide6.QtWidgets import QApplication,QMainWindow,QVBoxLayout
from PySide6.QtCharts import QChartView,QChart,QScatterSeries,QValueAxis
from PySide6.QtCore import Qt

class Window(QMainWindow):
    def __init__(self,parent=None):
        super().__init__(parent)
        self.setGeometry(200,200,580,280)
        self.setWindowTitle("QScatterSeries")
```

```
        #创建图表视图控件
        chartView = QChartView(self)
        self.setCentralWidget(chartView)
        #创建图表
        chart = QChart()
        chartView.setChart(chart)              #设置表视图中的图表
        chart.setTitle("正弦、余弦")           #设置图表的标题
        #创建散点数据序列
        series_sin = QScatterSeries()
        series_cos = QScatterSeries()
        #设置数据序列的名称
        series_sin.setName("sin")
        series_cos.setName("cos")
        #向数据序列中添加数据
        for i in range(0,360,10):
            series_sin.append(i, math.sin(math.radians(i)))
            series_cos.append(i, math.cos(math.radians(i)))
        #向图表中添加数据序列
        chart.addSeries(series_sin)
        chart.addSeries(series_cos)
        #创建坐标轴
        axis_x = QValueAxis()
        axis_x.setRange(0,360)
        axis_x.setTitleText("角度")
        axis_y = QValueAxis()
        axis_y.setRange(-1,1)
        axis_y.setTitleText("数值")
        #向图表中添加坐标轴
        chart.addAxis(axis_x,Qt.AlignBottom)
        chart.addAxis(axis_y,Qt.AlignLeft)


if __name__ == "__main__":
    app = QApplication(sys.argv)
    win = Window()
    win.show()
    sys.exit(app.exec())
```

运行结果如图 6-5 所示。

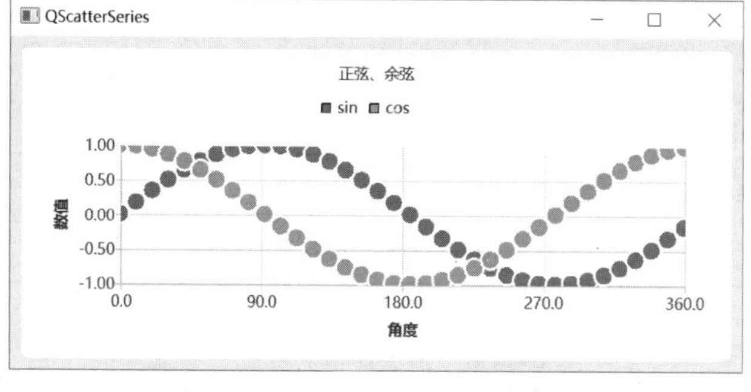

图 6-5 代码 demo3.py 的运行结果

9min

6.2.3 绘制面积图

在 PySide6 中,使用 QAreaSeries 类创建面积图序列对象。面积图序列通常由两个折线数据序列(QLineSeries 对象)构成,在上下两个折线之间填充颜色,也可以只有上折线数据序列,将 x 轴当作下折线数据序列。

QAreaSeries 类位于 PySide6 的 QtCharts 子模块下,其构造函数如下:

```
QAreaSeries(parent:QObject = None)
QAreaSeries(upperSeries:QLineSeries, lowerSeries:QLineSeries)
```

其中,parent 表示 QObject 类及其子类创建的实例对象;upperSeries 表示上折线数据序列;lowerSeries 表示下折线数据序列。

QAreaSeries 类的常用方法见表 6-9。

表 6-9 QAreaSeries 类的常用方法

方法及参数类型	说明	返回值的类型
pen()	获取钢笔	QPen
brush()	获取画刷	QBrush
color()	获取填充颜色	QColor
setUpperSeries(QLineSeries)	设置上数据序列	None
upperSeries()	获取上数据序列	QLineSeries
setLowerSeries(QLineSeries)	设置下数据序列	None
lowerSeries()	获取下数据序列	QLineSeries
setBorderColor(QColor)	设置边框颜色	None
setBrush(QBrush)	设置画刷	None
setColor(QColor)	设置填充颜色	None
setPen(QPen)	设置钢笔	None
setPointLabelsClipping(enabled=True)	设置当数据点的标签超过绘图区域时被裁剪	None
setPointLabelsColor(QColor)	设置标签颜色	None
setPointLabelsQFont(QFont)	设置标签字体	None
setPointLabelsFormat(str)	设置标签格式	None
setPointLabelsVisible(visible=True)	设置标签是否可见	None
pointLabelsVisible()	获取标签是否可见	bool
setPointsVisible(visible=True)	设置数据点是否可见	None

QAreaSeries 类的常用方法见表 6-10。

表 6-10 QAreaSeries 类的信号

信号及参数类型	说明
clicked(QPointF)	当单击时发送信号
pressed(QPointF)	当按下鼠标时发送信号

续表

信号及参数类型	说　　明
released(QPointF)	当释放鼠标按键时发送信号
doubleClicked(QPointF)	当双击时发送信号
colorChanged(QColor)	当颜色改变时发送信号
hovered(point:QPointF,state:bool)	当光标移开或悬停时发送信号。悬停时 state 为 True,移开时 state 为 False
borderColorChanged(QColor)	当边框颜色发生改变时发送信号
pointLabelsClippingChanged(bool)	当数据点标签裁剪状态发生改变时发送信号
pointLabelsColorChanged(QColor)	当数据点标签颜色发生改变时发送信号
pointLabelsFontChanged(QFont)	当数据点标签字体发生改变时发送信号
pointLabelsFormatChanged(str)	当数据点标签格式发生改变时发送信号
pointLabelsVisibilityChanged(bool)	当数据点标签可见性发生改变时发送信号

【实例 6-4】 使用 QAreaSeries 类绘制正弦函数曲线与余弦函数曲线构成的面积图,代码如下:

```
# === 第 6 章 代码 demo4.py === #
import sys,math
from PySide6.QtWidgets import QApplication,QMainWindow
from PySide6.QtCharts import (QChartView,QChart,QLineSeries,QAreaSeries)

class Window(QMainWindow):
    def __init__(self,parent = None):
        super().__init__(parent)
        self.setGeometry(200,200,580,280)
        self.setWindowTitle("QAreaSeries")
        #创建图表视图控件
        chartView = QChartView(self)
        self.setCentralWidget(chartView)
        #创建图表
        chart = QChart()
        chartView.setChart(chart)           #设置图表视图中的图表
        chart.setTitle("面积图")             #设置图表的标题
        #创建折线数据序列
        series_sin = QLineSeries()
        series_cos = QLineSeries()
        #向折线数据序列中添加数据
        for i in range(720):
            series_sin.append(i, math.sin(math.radians(i)))
            series_cos.append(i, math.cos(math.radians(i)))
        #创建面积图数据序列
        series_area = QAreaSeries()
        series_area.setUpperSeries(series_sin)
        series_area.setLowerSeries(series_cos)
```

```
        series_area.setName('sin-cos')
        chart.addSeries(series_area)
        #创建坐标轴
        chart.createDefaultAxes()
        #设置边框颜色
        color1 = series_area.borderColor()
        color1.setRgb(255,0,0,255)
        series_area.setBorderColor(color1)
        #设置填充颜色
        color2 = series_area.color()
        color2.setRgb(0,255,0,255)
        series_area.setColor(color2)
        #设置坐标轴
        (axis_x,axis_y) = chart.axes()
        axis_x.setTitleText("角度")
        axis_y.setTitleText("数值")


if __name__ == "__main__":
    app = QApplication(sys.argv)
    win = Window()
    win.show()
    sys.exit(app.exec())
```

运行结果如图 6-6 所示。

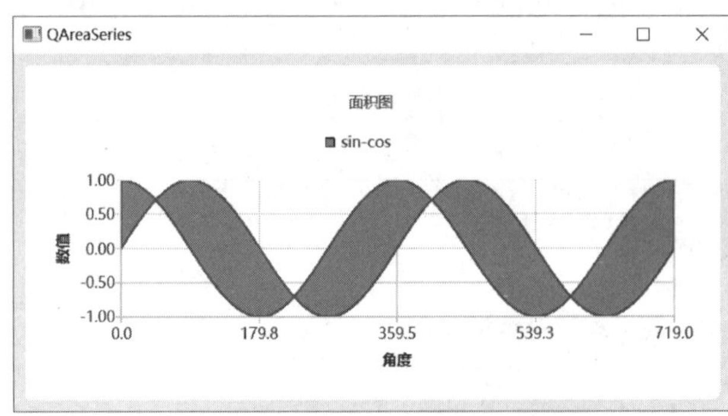

图 6-6　代码 demo4.py 的运行结果

11min

6.2.4　绘制饼图

在 PySide6 中,使用 QPieSeries 类创建饼图数据序列对象。饼图就是把 1 个圆切分成多个扇形,每个扇形就是 1 个切片,每个切片被赋予一个数值。使用 QPieSlice 类创建切片对象。每个切片的大小与其数值在切片总值的百分比成正比。如果在饼图中间添加圆孔,则饼图将成为圆孔图。

QPieSeries 类和 QPieSlice 类都位于 PySide6 的 QtCharts 子模块下,这两个类的构造函数如下:

```
QPieSeries(parent:QObject = None)
QPieSlice(parent:QObject = None)
QPieSlice(label:str,value:float,parent:QObject = None)
```

其中,parent 表示 QObject 类及其子类创建的实例对象; label 表示切片的标签; value 表示切片的数值。

1. QPieSeries 类的方法和信号

在 PySide6 中,QPieSeries 类的常用方法见表 6-11。

表 6-11 QPieSeries 类的常用方法

方法及参数类型	说　明	返回值的类型
clear()	删除所有切片	None
count()	获取切片的数量	int
append(QPieSlice)	添加切片,若成功,则返回值为 True	bool
append(Sequence[QPieSlice])	添加切片,若成功,则返回值为 True	bool
append(label:str,value:float)	添加切片,并返回该切片对象	QPieSlice
insert(index:int,slice:QPieSlice)	根据索引插入切片,若成功,则返回值为 True	bool
slices()	获取切片列表	List[QPieSlice]
remove(QPieSlice)	移除并删除切片	None
take(QPieSlice)	移除但不删除切片	None
sum()	计算所有切片的和	float
isEmpty()	获取是否含有切片	bool
setPieSize(relativeSize:float)	设置饼图的相对尺寸,参数值为 0~1	None
setHoleSize(holeSize:float)	设置饼图内孔的相对尺寸,参数值为 0~1	None
setHorizontalPosition(relativePosition:float)	设置饼图的水平相对位置,参数值为 0~1	None
setVerticalPosition(relativePosition:float)	设置饼图的竖直相对位置,参数值为 0~1	None
setLabelsVisible(visible:bool=True)	设置切片的标签是否可见	None
setLabelsPosition(QPieSlice.LabelPosition)	设置切片标签的位置	None
setPieStartAngle(startAngle:float)	设置饼图的起始角	None
setPieEndAngle(endAngle:float)	设置饼图的结束角	None

QPieSeries 类的信号见表 6-12。

表 6-12 QPieSeries 类的信号

信号及参数类型	说　明
added(slices:List[QPieSlice])	当添加切片时发送信号
clicked(slice:QPieSlice)	当单击切片时发送信号
countChanged()	当切片数量发生改变时发送信号

续表

信号及参数类型	说　明
doubleClicked(slice:QPieSlice)	当双击切片时发送信号
hovered(slice:QPieSlice,state:bool)	当光标在切片上悬停或离开时发送信号。光标悬停时 state 为 True;光标移开时 state 为 False
pressed(slice:QPieSlice)	当在切片上按下鼠标按键时发送信号
released(slice:QPieSlice)	当在切片上释放鼠标按键时发送信号
removed(slices:List[QPieSlice])	当移除切片时发送信号
sumChanged()	当切片的总值发生改变时发送信号

2. QPieSlice 类的方法和信号

在 PySide6 中,QPieSlice 类的常用方法见表 6-13。

表 6-13　QPieSlice 类的常用方法

方法及参数类型	说　明	返回值的类型
pen()	获取钢笔	QPen
brush()	获取画刷	QBrush
color()	获取填充颜色	QColor
setLabel(label:str)	设置切片的标签文字	None
label()	获取切片的标签文字	str
setValue(value:float)	设置切片的值	None
value()	获取切片的值	float
percentage()	获取切片的百分比值	float
setPen(pen:Union[QPen,Qt.PenStyle,QColor])	设置钢笔	None
setBorderColor(color:Union[QColor,str,Qt.GlobalColor])	设置边框的颜色	None
setBorderWidth(width:int)	设置边框的宽度	None
setBrush(brush:Union[QBrush,Qt.BrushStyle,QColor,Qt.GlobalColor,QGradient,QImage,QPixmap])	设置画刷	None
setColor(color:Union[QColor,Qt.GlobalColor,str])	设置填充颜色	None
setExploded(exploded:bool=True)	设置切片是否处于爆炸状态	None
isExploded()	获取切片是否处于爆炸状态	bool
setExplodeDistanceFactor(factor:float)	设置爆炸距离	None
explodeDistanceFactor()	获取爆炸距离	float
setLabelVisible(visible:bool=True)	设置切片标签是否可见	None
isLabelVisible()	获取切片标签是否可见	bool
setLabelArmLengthFactors(factor:float)	设置切片标签的长度	None
setLabelBrush(brush:Union[QBrush,Qt.BrushStyle,QColor,Qt.GlobalColor,QGradient,QImage,QPixmap])	设置切片标签的画刷	None

续表

方法及参数类型	说 明	返回值的类型
setLabelColor(color: Union[QColor, Qt. GlobalColor, str])	设置切片标签的颜色	None
setLabelFont (font: Union [QFont, str, Sequence [str]])	设置切片标签的字体	None
setLabelPosition(position:QPieSlice. LabelPosition)	设置切片标签的位置	None
labelPosition()	获取切片标签的位置	QPieSlice. LabelPosition
series()	获取切片所在的数据序列	QPieSeries
startAngle()	获取切片的起始角	float
angleSpan()	获取切片的跨度角	float

在表 6-13 中,QPieSlice. LabelPositon 的枚举值为 QPieSlice. LabelOutside、QPieSlice. LabelInsideHorizontal、QPieSlice. LabelInsideTangential、QPieSlice. LabelInsideNormal。

QPieSlice 类的信号见表 6-14。

表 6-14 QPieSlice 类的信号

信号及参数类型	说 明
angleSpanChanged()	当跨度角发生改变时发送信号
borderColorChanged()	当边框颜色发生改变时发送信号
borderWidthChanged()	当边框宽度发生改变时发送信号
brushChanged()	当画刷发生改变时发送信号
clicked()	当被鼠标单击时发送信号
doubleClicked	当被鼠标双击时发送信号
hovered(state)	当光标在切片上悬停或移开时发送信号。光标悬停时 state 为 True;光标移开时 state 为 False
labelBrushChanged()	当标签画刷发生改变时发送信号
labelChanged()	当标签发生改变时发送信号
labelColorChanged()	当标签颜色发生改变时发送信号
labelFontChanged()	当标签字体发生改变时发送信号
labelVisibleChanged()	当标签可见性发生改变时发送信号
penChanged()	当切片的钢笔发生改变时发送信号
percentageChanged()	当切片的百分比值发生改变时发送信号
pressed()	当鼠标按下时发送信号
released()	当鼠标释放时发送信号
startAngleChanged()	当起始角度发生改变时发送信号
valueChanged()	当切片的数值发生改变时发送信号

【实例 6-5】 使用 QPieSeries、QPieSlice 类绘制圆环图,并将其中一个切片设置为爆炸切片,代码如下:

```
# === 第 6 章 代码 demo5.py === #
import sys
from PySide6.QtWidgets import QApplication,QMainWindow
from PySide6.QtCharts import QChartView,QChart,QPieSeries,QPieSlice

class Window(QMainWindow):
    def __init__(self,parent = None):
        super().__init__(parent)
        self.setGeometry(200,200,580,280)
        self.setWindowTitle("QPieSeries、QPieSlice")
        #创建图表视图控件
        chartView = QChartView()
        self.setCentralWidget(chartView)
        #创建图表
        self.chart = QChart()
        chartView.setChart(self.chart)
        #创建饼图数据序列
        pie_series = QPieSeries()
        pie_series.setLabelsPosition(QPieSlice.LabelOutside)
        pie_series.setPieStartAngle(90)
        pie_series.setPieEndAngle( - 270)
        #创建切片
        first = QPieSlice("优秀", 22)
        second = QPieSlice("良好", 32)
        #设置爆炸切片
        second.setExploded(exploded = True)
        #向数据序列中添加切片
        pie_series.append(first)
        pie_series.append(second)
        pie_series.append("及格", 46)
        pie_series.append("不及格", 50)
        #设置标签可见
        pie_series.setLabelsVisible(visible = True)
        pie_series.setHoleSize(0.4)             #设置圆孔的尺寸
        self.chart.addSeries(pie_series)        #向图表中添加数据序列


if __name__ == '__main__':
    app = QApplication(sys.argv)
    win = Window()
    win.show()
    sys.exit(app.exec())
```

运行结果如图 6-7 所示。

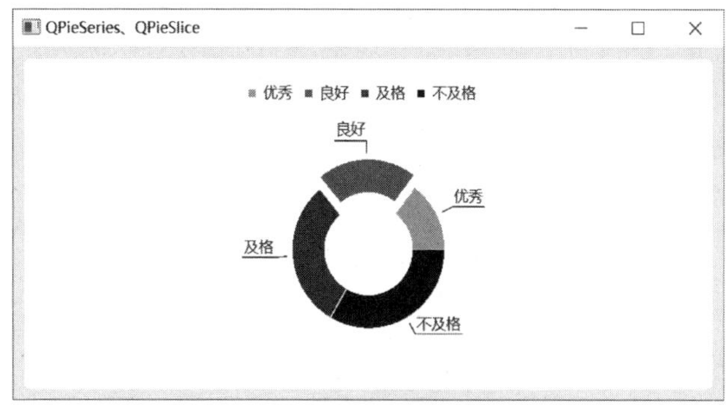

图 6-7　代码 demo5. py 的运行结果

6.2.5　绘制条形图

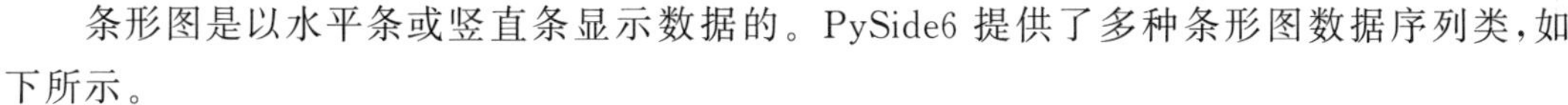

条形图是以水平条或竖直条显示数据的。PySide6 提供了多种条形图数据序列类，如下所示。

QBarSeries 类：用于绘制竖直条形图的数据序列类。

QHorizontalBarSeries 类：用于绘制水平条形图的数据序列类。

QStackedBarSeries 类：用于绘制竖直堆叠条形图的数据序列类。

QHorizontalStackedBarSeries 类：用于绘制水平堆叠条形图的数据序列类。

QPercentBarSeries 类：用于绘制百分比条形图的数据序列类。

QHorizontalPercentBarSeries 类：用于绘制水平百分比条形图的数据序列类。

以上 6 个类都是 QAbstractBarSeries 类的子类，并且没有各自独有的方法和信号，只有继承自 QAbstractBarSeries 类的方法和信号，其继承关系如图 6-3 所示。这 6 个类的构造函数如下：

```
QBarSeries(parent:QObject = None)
QHorizontalBarSeries(parent:QObject = None)
QStackedBarSeries(parent:QObject = None)
QHorizontalStackedBarSeries(parent:QObject = None)
QPercentBarSeries(parent:QObject = None)
QHorizontalPercentBarSeries(parent:QObject = None)
```

其中，parent 表示 QObject 类及其子类创建的实例对象。

条形图数据序列对象由数据项 QBarset 对象构成，每个数据项包含多个数据。可以使用 QBarset 类创建数据项对象，其构造函数如下：

```
QBarset(label:str,parent:QObject = None)
```

其中，parent 表示 QObject 类及其子类创建的实例对象；label 表示数据项的标签文本。

1. QAbstractBarSeries 类的方法和信号

在 PySide6 中，QAbstractBarSeries 类的常用方法见表 6-15。

表 6-15　QAbstractBarSeries 类的常用方法

方法及参数类型	说　　明	返回值的类型
clear()	删除所有数据项	None
count()	获取数据项的个数	None
append(set:QBarset)	添加数据项,若成功,则返回值为 True	bool
append(sets:Sequence[QBarset])	添加多个数据项,若成功,则返回值为 True	bool
insert(index:int,set:QBarset)	根据索引插入数据项,若成功,则返回值为 True	bool
barSets()	获取数据项列表	List[QBarSet]
remove(set:QBarset)	删除数据项,若成功,则返回值为 True	bool
take(set:QBarset)	移除数据项,若成功,则返回值为 True	bool
setBarWidth(width:float)	设置条形的宽度	None
barWidth()	获取条形的宽度	float
setLabelsAngle(angle:float)	设置标签的旋转角度	None
setLabelsVisible(visible:bool=True)	设置标签是否可见	None
isLabelsVisible()	获取标签是否可见	bool
setLabelsPosition(QAbstractBarSeries.LabelsPosition)	设置标签的位置	None
setLabelsFormat(format:str)	设置标签的格式	None
setLabelsPrecision(precision:int)	设置标签的最大小数数位	None

在表 6-15 中,QAbstractBarSeries.LabelsPosition 的枚举值为 QAbstractBarSeries.LabelsCenter、QAbstractBarSeries.LabelsInsideEnd、QAbstractBarSeries.LabelsInsideBase、QAbstractBarSeries.LabelsOutsideEnd。

QAbstractBarSeries 类的信号见表 6-16。

表 6-16　QAbstractBarSeries 类的信号

信号及参数类型	说　　明
barsetsAdded(barsets:List[QBarset])	当添加数据项时发送信号
barsetsRemoved (barsets:List[QBarset])	当移除数据项时发送信号
clicked(index:int,barest:QBarset)	当单击数据项时发送信号
doubleClicked(index:int,barest:QBarset)	当双击数据项时发送信号
pressed(index:int,barest:QBarset)	当在数据项上按下鼠标按键时发送信号
released(index:int,barest:QBarset)	当在数据项上释放鼠标按键时发送信号
hovered(status:bool,index:int,barest:QBarset)	当光标在数据项上悬停或移开时发送信号。光标悬停时 state 为 True;光标移开时 state 为 False
labelsAngleChanged(angle:float)	当标签角度发生改变时发送信号
labelsFormatChanged(format:str)	当标签格式发生改变时发送信号
labelsPositionChanged(QAbstractBarSeries.LabelsPosition)	当标签位置发生改变时发送信号

续表

信号及参数类型	说明
labelsPrecisionChanged(precisiton:int)	当标签精度发生改变时发送信号
labelsVisibleChanged()	当标签可见性发生改变时发送信号
countChanged()	当数据项的个数发生改变时发送信号

2. QBarSet 类的方法和信号

在 PySide6 中,QBarSet 类的常用方法见表 6-17。

表 6-17 QBarSet 类的常用方法

方法及参数类型	说明	返回值的类型
pen()	获取钢笔	QPen
brush()	获取画刷	QBrush
color()	获取填充颜色	QColor
append(value:float)	添加条目的值	None
append(values:Sequence[float])	添加多个条目的值	None
insert(index:int,value:float)	根据索引插入条目的值	None
at(index:int)	根据索引获取条目的值	float
count()	获取条目值的个数	int
sum()	获取所有条目值的和	float
remove(index:int,count:int=0)	根据索引移除指定数量的值	None
replace(index:int,value:float)	根据索引替换值	None
setBorderColor(color:Union[QColor,Qt.GlobalColor,str])	设置边框颜色	None
setPen(pen:Union[QPen,Qt.PenStyle,QColor])	设置钢笔	None
setBrush(brush:Union[QBrush,Qt.BrushStyle,QColor,Qt.GlobalColor,QGradient,QImage,QPixmap])	设置画刷	None
setColor(color:Union[QColor,Qt.GlobalColor,str])	设置颜色	None
setLabel(label:str)	设置数据项在图例中的名称	None
label()	获取数据项在图例中的名称	str
setLabelBrush(brush:Union[QBrush,Qt.BrushStyle,QColor,Qt.GlobalColor,QGradient,QImage,QPixmap])	设置标签画刷	None
setLabelColor(color:Union[QColor,Qt.GlobalColor,str])	设置标签颜色	None
setLabelFont(font:Union[QFont,str,Sequence[str]])	设置标签字体	None
setBarSelected(index:int,selected:bool)	根据索引选中数据项	None

续表

方法及参数类型	说　　明	返回值的类型
setSelectedColor(color:Union[QColor,Qt.GlobalColor,str])	设置选中的数据项的颜色	None
selectAllBars()	选中所有的数据项	None
selectBar(index:int)	根据索引选中数据项	None
selectBars(indexes:Sequence[int])	根据索引选中多个数据项	None
selectedBars()	获取选中数据项的索引列表	List[QBarset]
deselectedBars(indexes:Sequence[int])	根据索引取消选择	None
isBarSelected(index:int)	获取指定索引的数据项是否被选中	bool
toggleSelection(indexes:Sequence[int])	根据索引切换选中状态	None
deselectBar(index:int)	根据索引取消选中状态	None
deselectAllBars()	根据索引取消所有的选中状态	None

QBarSet 类的信号见表 6-18。

表 6-18　QBarSet 类的信号

信号及参数类型	说　　明
valueAdded(index:int,count:int)	当添加值时发送信号
valueRemovedd(index:int,count:int)	当移除值时发送信号
valueChanged(index:int)	当值发生改变时发送信号
borderColorChanged(color:QColor)	当边框颜色发生改变时发送信号
brushChanged()	当画刷发生改变时发送信号
clicked(index:int)	当单击鼠标时发送信号
colorChanged(color:QColor)	当颜色发生改变时发送信号
doubleClicked(index:int)	当双击鼠标时发送信号
hovered(status:bool,index:int)	当光标在数据项上悬停或移开时发送信号。光标悬停时 state 为 True；光标移开时 state 为 False
labelBrushChanged()	当标签画刷发生改变时发送信号
labelChanged()	当标签发生改变时发送信号
labelColorChanged(color:QColor)	当标签颜色发生改变时发送信号
labelFontChanged()	当标签字体发生改变时发送信号
penChanged()	当钢笔发生改变时发送信号
pressed(index:int)	当按下鼠标按键时发送信号
released(index:int)	当释放鼠标按键时发送信号

【实例 6-6】　使用 QBarSeries、QBarSet 类绘制条形图，代码如下：

```
# === 第 6 章 代码 demo6.py === #
import sys
```

```
from PySide6.QtWidgets import QApplication,QMainWindow
from PySide6.QtCharts import (QChartView,QChart,QBarSeries,QBarSet,
   QBarCategoryAxis,QValueAxis)
from PySide6.QtCore import Qt

class Window(QMainWindow):
    def __init__(self,parent = None):
        super().__init__(parent)
        self.setGeometry(200,200,580,280)
        self.setWindowTitle("QBarSeries、QBarset")
        #创建图表视图控件
        chartView = QChartView()
        self.setCentralWidget(chartView)
        #创建图表
        self.chart = QChart()
        chartView.setChart(self.chart)
        #创建条形图数据序列
        bar_series = QBarSeries()
        #创建数据项
        set1 = QBarSet("孙悟空的考试成绩")
        set1.append([70,80,90])
        set2 = QBarSet("猪八戒的考试成绩")
        set2.append([56,86,96])
        set3 = QBarSet("沙僧的考试成绩")
        set3.append([73,63,93])
        #创建横轴的坐标轴
        axis_x = QBarCategoryAxis()
        axis_x.append(["语文","数学","英语"])
        #创建纵轴的坐标轴
        axis_y = QValueAxis()
        axis_y.setRange(0, 100)
        #向图表中添加坐标轴
        self.chart.addAxis(axis_x,Qt.AlignBottom)
        self.chart.addAxis(axis_y,Qt.AlignLeft)
        #向数据序列中添加数据项
        bar_series.append([set1,set2,set3])
        #向图表中添加数据序列
        self.chart.addSeries(bar_series)


if __name__ == '__main__':
    app = QApplication(sys.argv)
    win = Window()
    win.show()
    sys.exit(app.exec())
```

运行结果如图 6-8 所示。

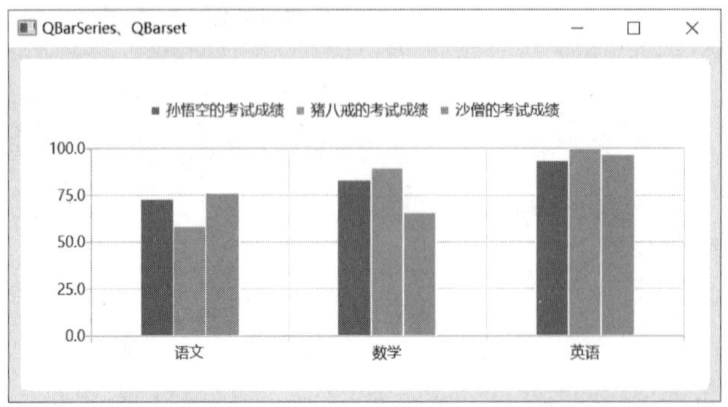

图 6-8　代码 demo6. py 的运行结果

【实例 6-7】 在窗口中,分别使用 QStackedBarSeries 类、QPercentBarSeries 类绘制条形图,代码如下:

```
# === 第 6 章 代码 demo7.py === #
import sys
from PySide6.QtWidgets import QApplication,QWidget,QHBoxLayout
from PySide6.QtCharts import (QChartView,QChart,
    QStackedBarSeries,QBarSet,QPercentBarSeries)

class Window(QWidget):
    def __init__(self,parent = None):
        super().__init__(parent)
        self.setGeometry(200,200,580,280)
        self.setWindowTitle("QStackedSeries、QPercentBarSeries")
        hbox = QHBoxLayout(self)
        #创建图表视图控件
        chartView1 = QChartView()
        chartView2 = QChartView()
        hbox.addWidget(chartView1)
        hbox.addWidget(chartView2)
        #创建图表
        self.chart1 = QChart()
        self.chart2 = QChart()
        chartView1.setChart(self.chart1)
        chartView2.setChart(self.chart2)
        #创建条形图数据序列
        bar_stacked = QStackedBarSeries()
        bar_percent = QPercentBarSeries()
        #创建数据项
        set1 = QBarSet("孙悟空的考试成绩")
        set1.append([70,20,90])
        set2 = QBarSet("猪八戒的考试成绩")
        set2.append([36,86,96])
        set3 = QBarSet("沙僧的考试成绩")
        set3.append([73,63,63])
        #向数据序列中添加数据项
```

```
        bar_stacked.append([set1,set2,set3])
        bar_percent.append([set1,set2,set3])
        #向图表中添加数据序列
        self.chart1.addSeries(bar_stacked)
        self.chart2.addSeries(bar_percent)


if __name__ == '__main__':
    app = QApplication(sys.argv)
    win = Window()
    win.show()
    sys.exit(app.exec())
```

运行结果如图 6-9 所示。

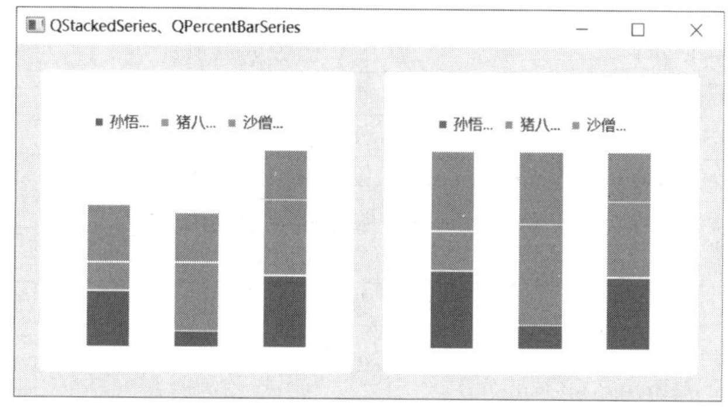

图 6-9 代码 demo7.py 的运行结果

6.2.6 绘制蜡烛图

蜡烛图是能表示一段时间内的初始值、结束值、最小值、最大值的一种图。蜡烛图被广泛地应用在股票、期货交易中，例如使用蜡烛图表示某只股票的价格在某一天的开盘值、收盘值、最低值、最高值。

在 PySide6 中，使用 QCandlestickSeries 类创建蜡烛图的数据序列；使用 QCandlestickSet 类创建蜡烛数据序列的数据项。QCandlestickSeries 类和 QCandlestickSet 类都位于 QtCharts 子模块下，这两个类的构造函数如下：

```
QCandlestickSeries(parent:QObject = None)
QCandlestickSet(timestamp:float = 0, parent:QObject = None)
QCandlestickSet(open:float, high:float, low:float, close:float, timestamp:float = 0, parent:
QObject = None)
```

其中，parent 表示 QObject 类及其子类创建的实例对象；timestamp 表示时间戳；open、close 分别表示某段时间的初始值、结束值；high、low 分别表示某段时间的最大值、最小值。

1. 蜡烛图数据序列类 QCandlestickSeries 类的方法和信号

在 PySide6 中，QCandlestickSeries 类的常用方法见表 6-19。

表 6-19 QCandlestickSeries 类的常用方法

方法及参数类型	说　明	返回值的类型
pen()	获取钢笔	QPen
brush()	获取画刷	QBrush
append(set:QCandlestickSet)	添加蜡烛数据项,若成功,则返回值为 True	bool
append(sets:sequence[QCandlestickSet])	添加多个蜡烛数据项,若成功,则返回值为 True	bool
insert(index:int,set:QCandlestickSet)	根据索引插入蜡烛数据项	bool
sets()	获取蜡烛数据项列表	List[QCandlestickSet]
clear()	删除所有蜡烛数据项	None
count()	获取蜡烛数据项的数量	int
remove(set:QCandlestickSet)	删除蜡烛数据项	bool
remove(sets:Sequence[QCandlestickSet])	删除多个蜡烛数据项	bool
take(set:QCandlestickSet)	移除蜡烛数据项	bool
setBodyOutlineVisible(bodyOutlineVisible:bool)	设置蜡烛轮廓线是否可见	None
setBodyWidth(bodyWidth:float)	设置蜡烛的相对宽度,取值范围为 0～1	None
bodyWidth()	获取蜡烛宽度	float
setBrush(brush:Union[QBrush,QColor,Qt.GlobalColor,QGradient,QImage,QPixmap])	设置画刷	None
setCapsVisible(capsVisible:bool=False)	设置最大值和最小值的帽线是否可见	None
capsVisible()	获取帽线是否可见	bool
setCapsWidth(capsWidth:float)	设置帽线相对于蜡烛的宽度,取值范围为 0～1	None
capsWidth()	获取帽线的相对宽度	float
setDecreasingColor(decreasingColor:QColor)	设置下跌时的颜色	None
decreasingColor()	获取下跌时的颜色	QColor
setIncreasingColor(increasingColor:QColor)	设置上涨时的颜色	None
increasingColor()	获取上涨时的颜色	QColor
setMaximumColumnWidth(float)	设置最大列宽(像素),若参数值为负值,则表示没有最大列宽限制	None
maximumColumnWidth()	获取最大宽度	float
setMinimumColumnWidth(float)	设置最小列宽(像素),若参数值为负值,则表示没有最小列宽限制	None
minimumColumnWidth()	获取最小宽度	float
setPen(pen:Union[QPen,Qt.PenStyle,QColor])	设置钢笔	None

QCandlestickSeries 类的信号见表 6-20。

表 6-20　QCandlestickSeries 类的信号

信号及参数类型	说　　明
bodyOutlineVisibilityChanged()	当轮廓发生改变时发送信号
bodyWidthChanged()	当宽度发生改变时发送信号
brushChanged()	当画刷发生改变时发送信号
candlestickSetsAdded(sets:List[QCandlestickSet])	当添加蜡烛数据项时发送信号
candlestickSetsRemoved (sets:List[QCandlestickSet])	当删除蜡烛数据项时发送信号
capsVisibilityChanged()	当帽线的可见性发生改变时发送信号
capsWidthChanged()	当帽线的宽度发生改变时发送信号
clicked(set:QCandlestickSet)	当单击时发送信号
countChanged()	当蜡烛项的数量发生改变时发送信号
doubleClicked(set:QCandlestickSet)	当双击时发送信号
hovered(status:bool,set:QCandlestickSet)	当光标在数据项上悬停或移开时发送信号,光标悬停时 state 为 True;光标移开时 state 为 False
increasingColorChanged()	当上涨颜色发生改变时发送信号
maximumColumnWidthChanged()	当最大列宽发生改变时发送信号
minimumColumnWidthChanged()	当最小列宽发生改变时发送信号
penChanged()	当钢笔发生改变时发送信号
pressed(set:QCandlestickSet)	当在数据项上按下鼠标按键时发送信号
released(set:QCandlestickSet)	当在数据项上释放鼠标按键时发送信号

2. 蜡烛数据项类 QCandlestickSet 类的方法和信号

在 PySide6 中,QCandlestickSet 类的常用方法见表 6-21。

表 6-21　QCandlestickSet 类的常用方法

方法及参数类型	说　　明	返回值的类型
setOpen(open:float)	设置初始值	None
open()	获取初始值	float
setClose(close:float)	设置结束值	None
close()	获取结束值	float
setHigh(high:float)	设置最高值	None
high()	获取最高值	float
setLow(low:float)	设置最低值	None
low()	获取最低值	float
setTimestamp(timestamp:float)	设置时间戳	None
timestamp()	获取时间戳	float
setPen(pen:Union[QPen,Qt.PenStyle,QColor])	设置钢笔	None
pen()	获取钢笔	QPen

续表

方法及参数类型	说　明	返回值的类型
setBrush(brush: Union[QBrush, Qt.GlobalColor, Qt.BrushStyle, QColor, QGradient, QImage, QPixmap])	设置画刷	None
brush()	获取画刷	QBrush

QCandlestickSet 类的信号见表 6-22。

表 6-22　QCandlestickSet 类的信号

信号及参数类型	说　明
brushChanged()	当画刷发生改变时发送信号
clicked()	当在数据项上单击鼠标时发送信号
closeChanged()	当结束值发生改变时发送信号
doubleClicked()	当在数据项上双击鼠标时发送数据
highChanged()	当最高值发生改变时发送信号
hovered(status:bool)	当光标在数据项上悬停或移开时发送信号。光标悬停时 state 为 True；光标移开时 state 为 False
lowChanged()	当最低值发生改变时发送信号
openChanged()	当初始值发生改变时发送信号
penChanged()	当钢笔发生改变时发送信号
pressed()	当在数据项上按下鼠标按键时发送信号
released()	当在数据项上释放鼠标按键时发送信号
timestampChanged()	当时间戳发生改变时发送信号

【实例 6-8】 使用 QCandlestickSeries 类、QCandlestickSet 类绘制 5 个蜡烛图，代码如下：

```
# === 第 6 章 代码 demo8.py === #
import sys
from PySide6.QtWidgets import QApplication, QMainWindow
from PySide6.QtCharts import (QChartView,QChart,QCandlestickSeries,
   QCandlestickSet)
from PySide6.QtCore import Qt

class Window(QMainWindow):
   def __init__(self, parent = None):
      super().__init__(parent)
      self.setGeometry(200,200,580,280)
      self.setWindowTitle("QCandlestickSeries、QCandlestickSet")
      #创建图表视图控件
      self.chartView = QChartView()
      self.setCentralWidget(self.chartView)
      #创建图表
      self.chart = QChart()
      self.chartView.setChart(self.chart)
      self.chart.setTitle("蜡烛图")
```

```
        #创建数据
        begin = [23.0,23.3,22.8,23.5,24.5]                          #开始值
        high = [25.3,24.3,24.7,24.3,25.1]                           #最高值
        low = [22.1,21.8,21.7,23.1,23.4]                            #最低值
        close = [24.0,22.7,22.5,23.9,24.7]                          #结束值
        #放置蜡烛数据项的列表
        self.candleSetList = list()
        for i in range(len(begin)):
            candleSet = QCandlestickSet()                           #创建蜡烛数据项
            candleSet.setOpen(begin[i])                             #设置初始值
            candleSet.setHigh(high[i])                              #设置最高值
            candleSet.setLow(low[i])                                #设置最低值
            candleSet.setClose(close[i])                            #设置结束值
            self.candleSetList.append(candleSet)
        #创建蜡烛图数据序列对象
        self.candlestickSeries = QCandlestickSeries()
        self.candlestickSeries.setMaximumColumnWidth(20)            #设置最大列宽
        self.candlestickSeries.append(self.candleSetList)           #添加蜡烛数据项
        self.candlestickSeries.setIncreasingColor(Qt.red)           #设置上涨颜色
        self.candlestickSeries.setDecreasingColor(Qt.green)         #设置下跌颜色
        self.candlestickSeries.setCapsVisible(True)                 #显示帽线
        #向图表中添加数据序列
        self.chart.addSeries(self.candlestickSeries)
        #创建默认坐标轴
        self.chart.createDefaultAxes()
        (axis_x,axis_y) = self.chart.axes()
        axis_x.clear()
        #添加X坐标轴条目、设置Y坐标轴的数值范围
        axis_x.append(["1", "2", "3", "4","5"])
        axis_y.setRange(21, 26)


if __name__ == "__main__":
    app = QApplication(sys.argv)
    win = Window()
    win.show()
    sys.exit(app.exec())
```

运行结果如图 6-10 所示。

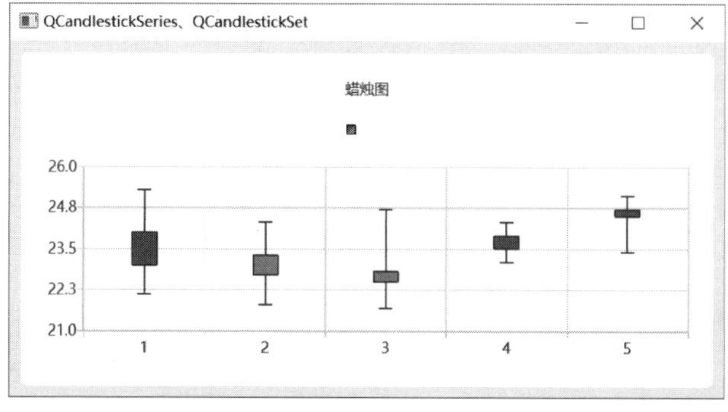

图 6-10 代码 demo8.py 的运行结果

11min

6.2.7 绘制箱形图

箱形图也称为箱线图、盒式图、盒须图，是用于显示一组数据分散情况的统计图，因形状像盒子而得名。箱形图可以不受异常值的影响，以一种相对稳定的方式描述数据的离散分布情况，因此被应用于各领域。箱形图也被用于异常值的识别。

在 PySide6 中，使用 QBoxPlotSeries 类创建箱形图的数据序列对象；使用 QBoxSet 类创建箱形图数据序列的数据项对象。QBoxPlotSeries 类和 QBoxSet 类都位于 QtCharts 子模块下，这两个类的构造函数如下：

```
QBoxPlotSeries(parent:QObject = None)
QBoxSet(label:str = '',parent:QObject = None)
QBoxSet(le:float,lq:float,m:float,uq:float,ue:float,label:str = '', parent:QObject = None)
```

其中，label 表示数据项的标签；parent 表示 QObject 类及其子类创建的实例对象；le 表示最小值(lower extreme)；lq 表示下四分位数(lower quartile)；m 表示中位数(median)；uq 表示上四分位数(upper quartile)；ue 表示最大值(upper extreme)。

1. 箱形图数据序列类 QBoxPlotSeries 类的方法和信号

在 PySide6 中，QBoxPlotSeries 类的常用方法见表 6-23。

表 6-23 QBoxPlotSeries 类的常用方法

方法及参数类型	说　明	返回值的类型
clear()	清除所有箱形图数据项	None
count()	获取箱形图数据项的个数	int
append(box:QBoxSet)	添加箱形图数据项，若成功，则返回值为 True	bool
append(boxes:Sequence[QBoxSet])	添加多个箱形图数据项	bool
insert(index:int,box:QBoxSet)	根据索引插入数据项	bool
boxSets()	获取箱形图数据项列表	List[QBoxSet]
setBoxOutlineVisible(visible:bool)	设置轮廓是否可见	None
boxOutlineVisible()	获取轮廓是否可见	bool
setBoxWidth(width:float)	设置箱形图宽度	None
boxWidth()	获取箱形图宽度	float
setBrush(brush:Union[QBrush,Qt.BrushStyle,Qt.GlobalColor,QColor,QGradient,QImage,QPixmap])	设置画刷	None
brush()	获取画刷	QBrush
setPen(pen:Union[QPen,Qt.PenStyle,QColor])	设置钢笔	None
pen()	获取钢笔	QPen
remove(box:QBoxSet)	删除箱形图数据项	bool
take(box:QBoxSet)	移除箱形图数据项	bool

QBoxPlotSeries 类的信号见表 6-24。

表 6-24 QBoxPlotSeries 类的信号

信号及参数类型	说　明
boxOutlineVisibilityChanged()	当箱形图的轮廓线发生改变时发送信号
boxWidthChanged()	当箱形图的宽度发生改变时发送信号
boxsetsAdded(sets:List[QBoxset])	当添加箱形图数据项时发送信号
boxsetsRemoved(sets:List[QBoxset])	当移除箱形图数据项时发送信号
brushChanged()	当画刷发生改变时发送信号
hovered(status:bool,boxset:QBoxSet)	当光标在数据项上悬停或移开时发送信号。光标悬停时 state 为 True；光标移开时 state 为 False
clicked(boxset:QBoxset)	当单击数据项时发送信号
countChanged()	当数据项的个数发生改变时发送信号
doubleClicked(boxset:QBoxset)	当双击数据项时发送信号
penChanged()	当钢笔发生改变时发送信号
pressed()	当在数据项上按下鼠标按键时发送信号
released()	当在数据项上释放鼠标按键时发送信号

2. 箱形图数据项 QBoxSet 类的方法和信号

在 PySide6 中，QBoxSet 类的常用方法见表 6-25。

表 6-25 QBoxSet 类的常用方法

方法及参数类型	说　明	返回值的类型
clear()	清除所有数据	None
count()	获取数据的个数	int
append(value:float)	添加数据	None
append(values:Sequence[float])	添加多个数据	None
setValue(index:int,value:float)	根据索引设置数据的值	None
at(index:int)	根据索引获取数据的值	float
setLabel(label:str)	设置标签	None
label()	获取标签	str
setBrush(brush:Union[QBrush,Qt.BrushStyle,Qt.GlobalColor,QColor,QGradient,QImage,QPixmap])	设置画刷	None
brush()	获取画刷	QBrush
setPen(pen:Union[QPen,Qt.PenStyle,QColor])	设置钢笔	None
pen()	获取钢笔	QPen

QBoxSet 类的信号见表 6-26。

表 6-26 QBoxSet 类的信号

信号及参数类型	说　明
brushChanged()	当画刷发生改变时发送信号
hovered(status:bool)	当光标在数据项上悬停或移开时发送信号。光标悬停时 state 为 True；光标移开时 state 为 False

续表

信号及参数类型	说　明
cleared()	当清空数据时发送信号
clicked()	当单击数据项时发送信号
doubleClicked()	当双击数据项时发送信号
penChanged()	当钢笔发生改变时发送信号
pressed()	当在数据项上按下鼠标按键时发送信号
released()	当在数据项上释放鼠标按键时发送信号
valueChanged(index:int)	当数据项的值发生改变时发送信号
valueChanged()	当多个数据项的值发生改变时发送信号

【实例 6-9】 使用 QBoxPlotSeries 类、QBoxSet 类绘制 3 个箱形图,代码如下:

```
# === 第 6 章 代码 demo9.py === #
import sys
from PySide6.QtWidgets import QApplication, QMainWindow
from PySide6.QtCharts import (QChartView,QChart,QBoxPlotSeries,
   QBoxSet)

class Window(QMainWindow):
   def __init__(self, parent = None):
      super().__init__(parent)
      self.setGeometry(200,200,580,280)
      self.setWindowTitle("QBoxPlotSeries、QBoxSet")
      #创建图表视图控件
      self.chartView = QChartView()
      self.setCentralWidget(self.chartView)
      #创建图表
      self.chart = QChart()
      self.chartView.setChart(self.chart)
      self.chart.setTitle("箱形图")
      #创建数据
      data1 = [21,22,30,25,26]
      data2 = [11,12,15,17.18]
      data3 = [21,22,23,28,29]
      data = [data1,data2,data3]
      #创建箱形图数据序列
      self.boxPlotSeries = QBoxPlotSeries()
      #向箱形图数据序列中添加数据项
      for i in range(len(data)):
         boxSet = QBoxSet()
         boxSet.append(data[i])
         self.boxPlotSeries.append(boxSet)
      #向图表中添加数据序列
      self.chart.addSeries(self.boxPlotSeries)
      #创建默认坐标轴
      self.chart.createDefaultAxes()
      (axis_x,axis_y) = self.chart.axes()
      axis_x.clear()
      #添加 X 坐标轴的条目、设置 Y 坐标轴的数值范围
      axis_x.append(["1", "2", "3"])
```

```
        axis_y.setRange(11,30)


if __name__ == "__main__":
    app = QApplication(sys.argv)
    win = Window()
    win.show()
    sys.exit(app.exec())
```

运行结果如图 6-11 所示。

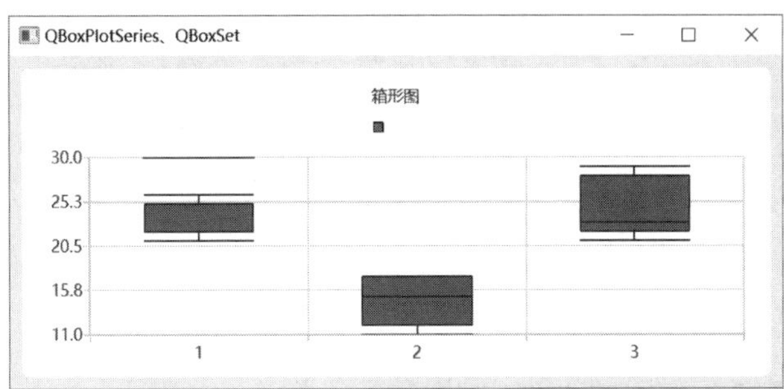

图 6-11　代码 demo9.py 的运行结果

6.3　绘制极坐标图表

9min

在 PySide6 中，当绘制二维极坐标图表时需要使用图表视图类 QChartView、极坐标图表类 QPolarChart、数据序列类(例如 QLineSeries、QScatterSeries、QXYSeries)。

6.3.1　极坐标图表类 QPolarChart

在 PySide6 中，使用 QPolarChart 类创建极坐标图表。QPolarChart 类位于 QtCharts 子模块下，其构造函数如下：

```
QPolarChart(parent:QGraphicsItem = None,wFlags:Qt.WindowFlags = Default(Qt.WindowFlags))
```

其中，parent 表示 QGraphicsItem 类及其子类创建的实例对象；wFlags 表示窗口标识，保持默认即可。

QPolarChart 类是 QChart 类的子类，继承了 QChart 类的方法和信号。除此之外，QPolarChart 类还有其独有的方法。QPolarChart 类独有的方法见表 6-27。

表 6-27　QPolarChart 类的独有方法

方法及参数类型	说　　明	返回值的类型
[static]axisPolarOrientation(axis:QAbstractAxis)	获取指定坐标轴的方向	PolarOrientation
addAxis(axis:QAbstractAxis,polarOrientation:QPolarOrientation.PolarOrientation)	添加坐标轴	None

在表 6-27 中，PolarOrientation 的枚举值为 QPolarChart. PolarOrientationRadial（半径方向）、QPolarChart. PolarOrientationAngular（角度方向）。

6.3.2 典型应用

【实例 6-10】 使用 QPolarChart 类绘制极坐标图表，并绘制折线图、散点图。折线图的曲线方程为 $r=20\times\cos(10\times\theta/180)$；散点图的曲线方程为 $r=(5^2+(5\times\pi\times\theta/180)^2)^{1/2}$，其中，$\theta$ 表示角度值，代码如下：

```
# === 第 6 章 代码 demo10.py === #
import sys,math
from PySide6.QtWidgets import QApplication, QMainWindow
from PySide6.QtCharts import (QChartView,QPolarChart,QLineSeries,
    QValueAxis,QScatterSeries)
from PySide6.QtCore import Qt

class Window(QMainWindow):
    def __init__(self, parent = None):
        super().__init__(parent)
        self.setGeometry(200,200,580,380)
        self.setWindowTitle("QPolarChart")
        #创建图表视图控件
        self.chartView = QChartView()
        self.setCentralWidget(self.chartView)
        #创建图表
        self.chart = QPolarChart()
        self.chartView.setChart(self.chart)
        self.chart.setTitle("极坐标图表")
        #创建折线图数据序列
        self.lineSeries = QLineSeries()
        self.lineSeries.setName("折线图")
        #散点图数据序列
        self.scatterSeries = QScatterSeries()
        self.scatterSeries.setName("散点图")
        #向折线图数据序列中添加数据
        r0 = 20
        for angle in range(0,360,2):
            r = r0 * math.cos(20 * angle/180)
            self.lineSeries.append(angle, r)
        #向散点图数据序列中添加数据
        r1 = 5
        for angle in range(0,360,5):
            r = (r1 ** 2 + (math.pi * r1 * angle/180) ** 2) ** 0.5
            self.scatterSeries.append(angle,r)
        #向图表中添加数据序列
        self.chart.addSeries(self.lineSeries)
        self.chart.addSeries(self.scatterSeries)
        #创建设置坐标轴
        axis_angle = QValueAxis()
        axis_angle.setTitleText("Angle")
```

```
        axis_angle.setRange(0,360)
        axis_angle.setLinePenColor(Qt.black)
        axis_radius = QValueAxis()
        axis_radius.setTitleText("Distance")
        axis_radius.setRange(0,36)
        axis_radius.setGridLineColor(Qt.gray)
        #向极坐标图表中添加坐标轴
        self.chart.addAxis(axis_angle,QPolarChart.PolarOrientationAngular)
        self.chart.addAxis(axis_radius,QPolarChart.PolarOrientationRadial)
        #设置数据序列与坐标轴的关联
        self.lineSeries.attachAxis(axis_angle)
        self.lineSeries.attachAxis(axis_radius)
        self.scatterSeries.attachAxis(axis_angle)
        self.scatterSeries.attachAxis(axis_radius)


if __name__ == "__main__":
    app = QApplication(sys.argv)
    win = Window()
    win.show()
    sys.exit(app.exec())
```

运行结果如图 6-12 所示。

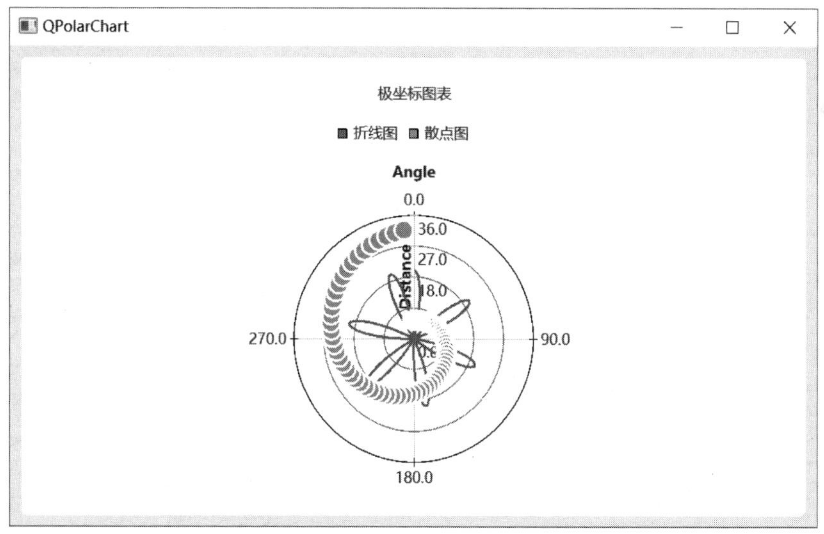

图 6-12 代码 demo10.py 的运行结果

6.4 设置图表的坐标轴

在 PySide6 中，绘制图表经常需要设置坐标轴。可以使用 Chart 或 QPolarChart 类的 createDefaultAxes()方法创建默认坐标轴，使用 axes()方法获取图表的坐标轴，使用 addAxis()

方法添加坐标轴。也可以使用数据序列类的 attachAxis()方法关联坐标轴。这些方法都被应用在前面的实例中。

在实际应用中,开发者可根据数据序列的类型创建坐标轴对象,并向图表中添加坐标轴。PySide6 提供了多种类型的坐标轴类,包括数值坐标轴类 QValueAxis、对数坐标轴类 QLogValueAxis、条形图坐标轴类 QBarCategoryAxis、条目坐标轴类 QCategoryAxis、时间坐标轴类 QDateTimeAxis、抽象坐标轴类 QAbstractAxis。这些类的继承关系如图 6-13 所示。

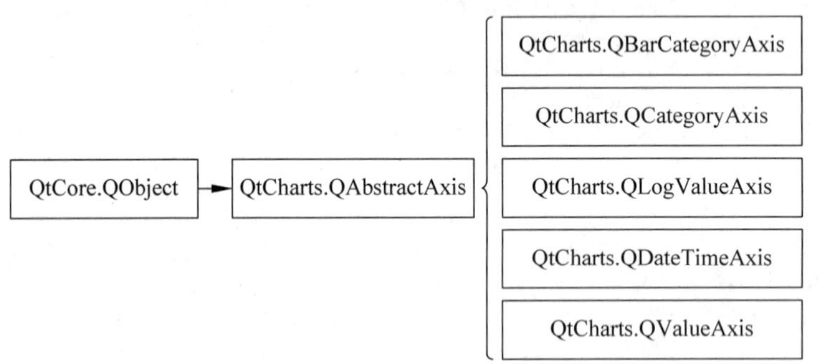

图 6-13 坐标轴类的继承关系

6.4.1 抽象坐标轴类 QAbstractAxis

在 PySide6 中,QAbstractAxis 类是各种坐标轴类的基类。QAbstractAxis 类是一个抽象类,不能直接使用,可以使用其子类创建坐标轴对象。

QAbstractAxis 类位于 QtCharts 子模块下,其常用的方法见表 6-28。

表 6-28 QAbstractAxis 类的常用方法

方法及参数类型	说 明	返回值的类型
alignment()	获取对齐方式	Qt.Alignment
show()	显示坐标轴	None
hide()	隐藏坐标轴	None
setVisible(visible:bool=True)	设置坐标轴是否可见	None
isVisible()	获取坐标轴是否可见	bool
setMin(Any)	设置坐标轴的最小值	None
setMax(Any)	设置坐标轴的最大值	None
setRange(Any,Any)	设置坐标轴的范围	None
setReverse(reverse:bool=True)	设置坐标轴的方向是否反转	None
isReverse()	获取坐标轴的方向是否反转	bool
setTitleText(str)	设置坐标轴的标题	None
setTitleVisible(visible=True)	设置坐标轴的标题是否可见	None
isTitleVisible()	获取坐标轴的标题是否可见	bool
setTitleBrush(brush:Union[QBrush,Qt.BrushStyle,Qt.GlobalColor,QColor,QGradient,QImage,QPixmap])	设置标题的画刷	None

续表

方法及参数类型	说　明	返回值的类型
setTitleFont(font:Union[QFont,str,Sequence[str]])	设置标题的字体	None
setGridLineColor(color: Union[QColor, Qt. GlobalColor, str])	设置主网格线的颜色	None
setGridLinePen(pen:Union[QPen,Qt. PenStyle,QColor])	设置主网格线的钢笔	None
setGridLineVisible(visible:bool=True)	设置主网格线是否可见	None
isGridLineVisible()	获取主网格线是否可见	bool
setMinorGridLineColor(color:Union[QColor,Qt. GlobalColor, str])	设置次网格线的颜色	None
setMinorGridLinePen(QPen)	设置次网格线的钢笔	None
setMinorGridLineVisible(visible=True)	设置次网格线是否可见	None
isMinorGridLineVisible()	获取次网格线是否可见	bool
setLabelsBrush(brush: Union[QBrush, Qt. BrushStyle, Qt. GlobalColor,QColor,QGradient,QImage,QPixmap])	设置刻度标签的画刷	None
setLabelsAngle(int)	设置刻度标签的旋转角度	None
setLabelsColor(color: Union[QColor, Qt. GlobalColor, str])	设置刻度标签的颜色	None
setLabelsEditable(editable:bool=True)	设置刻度标签是否可编辑	None
setLabelsFont(font:Union[QFont,str,Sequence[str]])	设置刻度标签的字体	None
setLabelsVisible(visible:bool=True)	设置刻度标签是否可见	None
setTruncateLabel(truncateLabels:bool=True)	当无法全部显示刻度标签时，设置是否可以截断显示	None
setLinePen(pen:Union[QPen,Qt. PenStyle,QColor])	设置坐标轴线条的钢笔	None
setLinePen(color:Union[QColor,Qt. GlobalColor,str])	设置坐标轴线条的钢笔颜色	None
setLineVisible(visible:bool=True)	设置坐标轴线条是否可见	None
isLineVisible()	获取坐标轴线条是否可见	bool
setShadesBorderColor(color: Union[QColor, Qt. GlobalColor, str])	设置阴影边框的颜色	None
setShadesBrush((brush: Union[QBrush, Qt. BrushStyle, Qt. GlobalColor,QColor,QGradient,QImage,QPixmap])	设置阴影的画刷	None
setShadesColor(color: Union[QColor, Qt. GlobalColor, str])	设置阴影的颜色	None
setShadesPen(pen:Union[QPen,Qt. PenStyle,QColor])	设置阴影的钢笔	None
setShadesVisible(visible:bool=True)	设置阴影是否可见	None

QAbstractAxis 类的信号见表 6-29。

表 6-29　QAbstractAxis 类的信号

信号及参数类型	说　明
colorChanged(color:QColor)	当坐标轴的颜色发生改变时发送信号
gridLineColorChanged(color:QColor)	当主网格线的颜色发生改变时发送信号

续表

信号及参数类型	说　明
gridLinePenChanged(pen:QPen)	当主网格线的钢笔发生改变时发送信号
gridVisibleChanged(visible:bool)	当主网格线的可见性发生改变时发送信号
labelsAngleChanged(angle:int)	当刻度标签的角度发生改变时发送信号
labelsBrushChanged(brush:QBrush)	当刻度标签的画刷发生改变时发送信号
labelsColorChanged(color:QColor)	当刻度标签的颜色发生改变时发送信号
labelsEditableChanged(editable:bool)	当刻度标签的可编辑性发生改变时发送信号
labelsFontChanged(font:QFont)	当刻度标签的字体发生改变时发送信号
labelsTruncatedChanged(labelsTruncated:bool)	当刻度标签的截断显示发生改变时发送信号
labelsVisibleChanged(visible:bool)	当刻度标签的可见性发生改变时发送信号
linePenChanged(pen:QPen)	当坐标轴线的钢笔发生改变时发送信号
lineVisibleChanged(visible:bool)	当坐标轴线的可见性发生改变时发送信号
minorGridLinePenChanged(pen:QPen)	当次网格线的钢笔发生改变时发送信号
minorGridVisibleChanged(visible:bool)	当次网格线的可见性发生改变时发送信号
reverseChanged(reverse:bool)	当坐标轴的反转效果发生改变时发送信号
shadesBorderColorChanged(color:QColor)	当阴影边框的颜色发生改变时发送信号
shadesBrushChanged(brush:QBrush)	当阴影画刷发生改变时发送信号
shadesColorChanged(color:QColor)	当阴影颜色发生改变时发送信号
shadesPenChanged(pen:QPen)	当阴影钢笔发生改变时发送信号
shadesVisibleChanged(visible:bool)	当阴影可见性发生改变时发送信号
titleBrushChanged(brush:QBrush)	当标题画刷发生改变时发送信号
titleFontChanged(font:QFont)	当标题字体发生改变时发送信号
titleTextChanged(title:str)	当标题文本发生改变时发送信号
titleVisibleChanged(visible:bool)	当标题可见性发生改变时发送信号
visibleChanged(visible:bool)	当坐标轴的可见性发生改变时发送信号

6.4.2 数值坐标轴类 QValueAxis

在 PySide6 中,使用 QValueAxis 类创建数值坐标轴对象,用于描述具有连续坐标的图表。QValueAxis 类的构造函数如下:

```
QValueAxis(parent:QObject = None)
```

其中,parent 表示 QObject 类及其子类创建的实例对象。

QValueAxis 类继承了 QAbstractAxis 类的属性、方法、信号,除此之外,QValueAxis 类还增加了一些设置坐标轴刻度的方法。QValueAxis 类的常用方法见表 6-30。

表 6-30　QValueAxis 类的常用方法

方法及参数类型	说　明	返回值的类型
[slot]applyNiceNumbers()	使用智能的方法设置刻度的标签	None
setTickCount(int)	设置刻度线的数量	None

续表

方法及参数类型	说　　明	返回值的类型
setTickAnchor(float)	设置刻度锚点	None
setTickInterval(float)	设置刻度间隔值	None
setTickType(type:QValueAxis.TickType)	设置刻度类型	None
setMinorTickCount(int)	设置次刻度的数量	None
setMax(float)	设置坐标轴的最大值	None
setMin(float)	设置坐标轴的最小值	None
setRange(min:float,max:float)	设置坐标轴的最小值和最大值	None
setLabelFormat(str)	设置刻度标签的格式符,可以使用"%"格式,例如"%2"表示输出2位整数,"%7.2"表示输出宽度为7位的小数,小数占2位,整数占4位,小数点占1位	None

在表6-30中,QValueAxis.TickType的枚举值为QValueAxis.TicksDynamic(动态刻度)、QValueAxis.TicksFixed(固定刻度)。

QValueAxis类的信号见表6-31。

表6-31　QValueAxis类的信号

信号及参数类型	说　　明
labelFormatChanged(format:str)	当刻度标签格式发生改变时发送信号
maxChanged(max:float)	当刻度标签的最大值发生改变时发送信号
minChanged(min:float)	当刻度标签的最小值发生改变时发送信号
minorTickCountChanged(tickCount:int)	当次刻度的数量发生改变时发送信号
rangeChanged(min:float,max:float)	当刻度标签的范围发生改变时发送信号
tickAnchorChanged(anchor:float)	当刻度标签的锚点发生改变时发送信号
tickCountChanged(tickCount:int)	当刻度数量发生改变时发送信号
tickIntervalChanged(interval:int)	当刻度间隔值发生改变时发送信号
tickTypeChanged(type:QValueAxis.TickType)	当刻度类型发生改变时发送信号

QValueAxis类的简单用法可参考实例6-2。

6.4.3　对数坐标轴类QLogValueAxis

10min

在PySide6中,使用QLogValueAxis类创建对数坐标轴对象,这是一个非线性变化的坐标轴。QLogValueAxis类的构造函数如下:

```
QLogValueAxis(parent:QObject = None)
```

其中,parent表示QObject类及其子类创建的实例对象。

QLogValueAxis类继承了QAbstractAxis类的属性、方法、信号,除此之外,QLogValueAxis类还增加了一些设置坐标轴刻度的方法。QLogValueAxis类的常用方法见表6-32。

表 6-32 QLogValueAxis 类的常用方法

方法及参数类型	说明	返回值的类型
minorTickCount()	获取次刻度的数量	int
setBase(base:float)	设置对数的底	None
setMin(min:float)	设置标签幅度的最小值	None
setMax(max:float)	设置标签幅度的最大值	None
setRange(min:float,max:float)	设置标签幅度的范围	None
setMinorTickCount(minorTickCount:int)	设置次网格的数量	None
tickCount()	获取刻度的数量	int

QLogValueAxis 类的信号见表 6-33。

表 6-33 QLogValueAxis 类的信号

信号及参数类型	说明
baseChanged(base:float)	当对数的底发生改变时发送信号
labelFormatChanged(format:str)	当对数的标签发生改变时发送信号
maxChanged(max:float)	当幅度的最大值发生改变时发送信号
minChanged(min:float)	当幅度的最小值发生改变时发送信号
minorTickCountChanged(minorTickCount:int)	当次刻度数量发生改变时发送信号
rangeChanged(min:float,max:float)	当幅度范围发生改变时发送信号
tickCountChanged(tickCount:int)	当刻度数量发生改变时发送信号

【实例 6-11】 使用 Python 内置模块 random 的 random()函数可以产生[0.0,1.0)范围的随机浮点数。使用 random()函数创建 200 个取值范围为[0.0,10000.0)的随机数,根据这些随机数绘制折线图,横坐标轴为数值坐标轴,纵坐标轴为对数坐标轴,代码如下:

```
# === 第 6 章 代码 demo11.py === #
import sys,random
from PySide6.QtWidgets import QApplication,QMainWindow
from PySide6.QtCharts import (QChartView,QChart,QLineSeries,
   QValueAxis,QLogValueAxis)
from PySide6.QtCore import Qt

class Window(QMainWindow):
   def __init__(self,parent = None):
      super().__init__(parent)
      self.setGeometry(200,200,580,280)
      self.setWindowTitle("QValueAxis、QLogValueAxis")
      #创建图表视图控件
      chartView = QChartView(self)
      self.setCentralWidget(chartView)
      #创建图表
      chart = QChart()
      chartView.setChart(chart)
```

```
        chart.setTitle("随机数据")
        #创建折线数据序列
        lineSeries = QLineSeries()
        lineSeries.setName("折线数据序列")
        #初始化随机数生成器
        random.seed(100)
        #向折线数据序列中添加随机数
        for i in range(201):
            lineSeries.append(i, 10000 * random.random())
        chart.addSeries(lineSeries)                     #向图表中添加数据序列
        #创建数值坐标轴
        axis_x = QValueAxis()
        axis_x.setTitleText("数值坐标轴")               #设置坐标轴的标题
        axis_x.setTitleBrush(Qt.black)                  #设置画刷颜色
        axis_x.setLabelsColor(Qt.black)                 #设置标签颜色
        axis_x.setRange(0,100)                          #设置坐标轴的范围
        axis_x.setTickCount(10)                         #设置刻度的数量
        axis_x.applyNiceNumbers()                       #应用智能刻度标签
        axis_x.setLinePenColor(Qt.black)                #设置坐标轴的颜色
        pen1 = axis_x.linePen()                         #获取坐标轴的钢笔
        pen1.setWidth(2)                                #设置钢笔的宽度
        axis_x.setLinePen(pen1)                         #设置坐标轴的钢笔
        axis_x.setGridLineColor(Qt.gray)                #设置网格线的颜色
        pen2 = axis_x.gridLinePen()                     #获取网格线的钢笔
        pen2.setWidth(2)                                #设置钢笔宽度
        axis_x.setGridLinePen(pen2)                     #设置网格线的钢笔
        axis_x.setMinorTickCount(3)                     #设置次刻度的数量
        axis_x.setLabelFormat("%5.1f")                  #设置标签的格式
        #创建对数坐标轴
        axis_y = QLogValueAxis()
        axis_y.setBase(10.0)                            #定义对数的底
        axis_y.setMax(10000.0)                          #设置最大值
        axis_y.setMin(10.0)                             #设置最小值
        axis_y.setTitleText("对数坐标轴")               #设置标题
        axis_y.setMinorTickCount(9)                     #设置次网格线的数量
        axis_y.setLabelFormat("%6d")                    #设置标签的格式
        #向图表中添加坐标轴
        chart.addAxis(axis_x,Qt.AlignBottom)
        chart.addAxis(axis_y,Qt.AlignLeft)


if __name__ == "__main__":
    app = QApplication(sys.argv)
    win = Window()
    win.show()
    sys.exit(app.exec())
```

运行结果如图 6-14 所示。

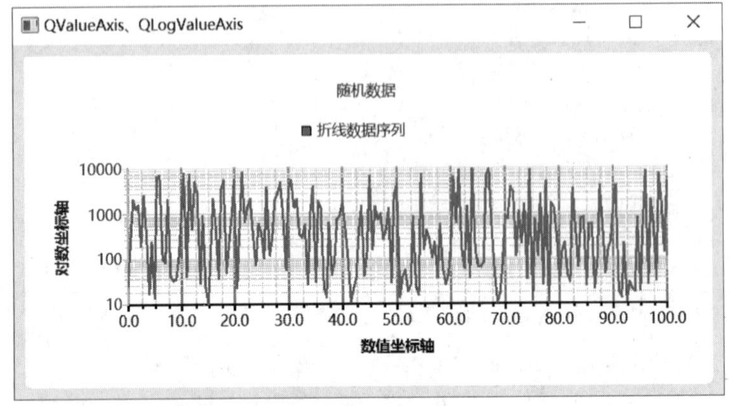

图 6-14 代码 demo11.py 的运行结果

9min

6.4.4 条形图坐标轴类 QBarCategoryAxis

在 PySide6 中,使用 QBarCategoryAxis 类创建条形图坐标轴对象,主要应用在条形图中,也可以应用在其他图表中。QBarCategoryAxis 类的构造函数如下:

```
QBarCategoryAxis(parent:QObject = None)
```

其中,parent 表示 QObject 类及其子类创建的实例对象。

QBarCategoryAxis 类继承了 QAbstractAxis 类的属性、方法、信号,除此之外,QBarCategoryAxis 类还增加了一些设置条目的方法。QBarCategoryAxis 类的常用方法见表 6-34。

表 6-34 QBarCategoryAxis 类的常用方法

方法及参数类型	说 明	返回值的类型
clear()	清空所有条目	None
count()	获取条目的数量	int
append(category:str)	添加条目	None
append(categories:Sequence[str])	添加多个条目	None
insert(index:int,category:str)	根据索引插入条目	None
at(index:int)	根据索引获取条目	str
categories()	获取条目列表	List[str]
remove(category:str)	移除条目	None
replace(oldCategory:str,newCategory:str)	用新条目替换旧条目	None
setCategories(Sequence[str])	重新设置条目	None
setMax(maxCategory:str)	设置最大条目	None
setMin(minCategory:str)	设置最小条目	None
setRange(minCategory:str, maxCategory:str)	设置范围	None

续表

方法及参数类型	说　　明	返回值的类型
min()	获取最小条目	str
max()	获取最大条目	str

QBarCategoryAxis 类的信号见表 6-35。

表 6-35　QBarCategoryAxis 类的信号

信号及参数类型	说　　明
categoriesChanged()	当条目发生改变时发送信号
countChanged()	当条目数量发生改变时发送信号
maxChanged(max:str)	当最大条目发生改变时发送信号
minChanged(min:str)	当最小条目发生改变时发送信号
rangeChanged(min:str,max:str)	当范围发生改变时发送信号

【实例 6-12】 在窗口中绘制条形图、折线图，并使用 QBarCategoryAxis 类设置条形图的坐标轴，代码如下：

```
# === 第 6 章 代码 demo12.py === #
import sys
from PySide6.QtWidgets import QApplication,QMainWindow
from PySide6.QtCharts import (QChartView,QChart,QBarSeries,QBarSet,
    QLineSeries,QBarCategoryAxis,QValueAxis)
from PySide6.QtCore import Qt

class Window(QMainWindow):
    def __init__(self, parent = None):
        super().__init__(parent)
        self.setGeometry(200,200,580,280)
        self.setWindowTitle("QBarCategoryAxis")
        #创建图表视图控件
        self.chartView = QChartView(self)
        self.setCentralWidget(self.chartView)
        #创建图表
        self.chart = QChart()
        #设置图表视图控件中的图标
        self.chartView.setChart(self.chart)
        #创建条形图数据项、添加数据
        set1 = QBarSet("孙悟空的考试成绩")
        set1.append([60,80,70])
        set2 = QBarSet("猪八戒的考试成绩")
        set2.append([63,72,86])
        set3 = QBarSet("沙僧的考试成绩")
        set3.append([95,62,75])
        #创建条形图数据序列、添加数据项
        self.barSeries = QBarSeries()
        self.barSeries.append(set1)
        self.barSeries.append(set2)
        self.barSeries.append(set3)
```

```
        # 创建折线图数据序列、添加数据
        self.lineSeries = QLineSeries()
        self.lineSeries.setName("各科成绩的最高分")
        self.lineSeries.append(0,95)
        self.lineSeries.append(1,80)
        self.lineSeries.append(2,86)
        # 向图表中添加数据序列
        self.chart.addSeries(self.barSeries)
        self.chart.addSeries(self.lineSeries)
        # 创建条形图坐标轴
        self.barCategoryAxis = QBarCategoryAxis()
        self.barCategoryAxis.append(["语文成绩","数学成绩","英语成绩"])
        # 创建数值坐标轴
        self.valueAxis = QValueAxis()
        self.valueAxis.setRange(0,100)          # 设置坐标轴的数值范围
        # 向图表中添加坐标轴
        self.chart.addAxis(self.barCategoryAxis,Qt.AlignBottom)
        self.chart.addAxis(self.valueAxis,Qt.AlignRight)
        # 设置数据序列与坐标轴的关联
        self.barSeries.attachAxis(self.valueAxis)
        self.barSeries.attachAxis(self.barCategoryAxis)
        self.lineSeries.attachAxis(self.valueAxis)
        self.lineSeries.attachAxis(self.barCategoryAxis)


if __name__ == "__main__":
    app = QApplication(sys.argv)
    win = Window()
    win.show()
    sys.exit(app.exec())
```

运行结果如图 6-15 所示。

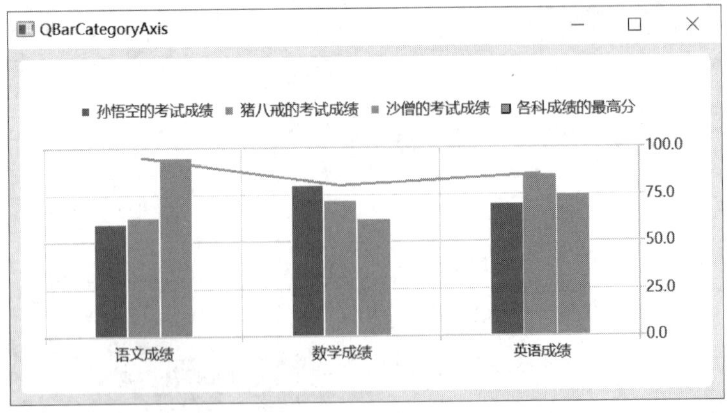

图 6-15　代码 demo12.py 的运行结果

6.4.5 条目坐标轴类 QCategoryAxis

8min

在 PySide6 中,使用 QCategoryAxis 类创建条目坐标轴对象,条目坐标轴可以定义每个条目的宽度,通常被应用在竖直轴上,以实现坐标轴的不等分。QCategoryAxis 类的构造函数如下:

```
QCategoryAxis(parent:QObject = None)
```

其中,parent 表示 QObject 类及其子类创建的实例对象。

QCategoryAxis 类继承了 QAbstractAxis 类的属性、方法、信号,除此之外,QCategoryAxis 类还增加了一些设置条目的方法。QCategoryAxis 类的常用方法见表 6-36。

表 6-36 QCategoryAxis 类的常用方法

方法及参数类型	说 明	返回值的类型
append(label:str,categoryEndValue:float)	添加条目	None
categoriesLabels()	获取条目列表	List[str]
count()	获取条目的数量	int
endValue(categoryLabel:str)	获取指定条目的结束值	float
remove(label:str)	移除指定的条目	None
replaceLabel(oldLabel:str,newLabel:str)	用新条目替换旧条目	None
setLabelsPosition(QCategoryAxis. AxisLabelsPosition)	设置标签的位置	None
setStartValue(min:float)	设置条目的最小值	None
startValue(categoryLabel:str='')	设置指定条目的开始值	None

在表 6-36 中,QCategoryAxis. AxisLabelsPosition 的枚举值为 QCategoryAxis. AxisLabelsPositionCenter(标签在条目的中间位置)、QCategoryAxis. AxisLabelsPositionOnValue(标签在条目的最大值处)。

QCategoryAxis 类的信号见表 6-37。

表 6-37 QCategoryAxis 类的信号

信号及参数类型	说 明
categoriesChanged()	当条目发生改变时发送信号
labelsPositionChanged(QCategoryAxis. AxisLabelsPosition)	当标签的位置发生改变时发送信号

【实例 6-13】 使用 QBarSeries 类绘制条形图,并使用 QCategoryAxis 类设置条形图的纵坐标轴,代码如下:

```
# === 第 6 章 代码 demo13.py === #
import sys
from PySide6.QtWidgets import QApplication,QMainWindow
from PySide6.QtCharts import (QChartView,QChart,QBarSeries,QBarSet,
   QBarCategoryAxis,QCategoryAxis)
from PySide6.QtCore import Qt
```

```
class Window(QMainWindow):
    def __init__(self, parent = None):
        super().__init__(parent)
        self.setGeometry(200,200,580,280)
        self.setWindowTitle("QCategoryAxis")
        #创建图表视图控件
        self.chartView = QChartView(self)
        self.setCentralWidget(self.chartView)
        #创建图表
        self.chart = QChart()
        #设置图表视图控件中的图表
        self.chartView.setChart(self.chart)
        #创建条形图数据项、添加数据
        set1 = QBarSet("孙悟空的考试成绩")
        set1.append([60,80,70])
        set2 = QBarSet("猪八戒的考试成绩")
        set2.append([63,72,86])
        set3 = QBarSet("沙僧的考试成绩")
        set3.append([95,62,75])
        #创建条形图数据序列、添加数据项
        self.barSeries = QBarSeries()
        self.barSeries.append(set1)
        self.barSeries.append(set2)
        self.barSeries.append(set3)
        #向图表中添加数据序列
        self.chart.addSeries(self.barSeries)
        #创建条形图坐标轴
        self.barCategoryAxis = QBarCategoryAxis()
        self.barCategoryAxis.append(["语文成绩","数学成绩","英语成绩"])
        #创建条目坐标轴
        self.categoryAxis = QCategoryAxis()
        self.categoryAxis.setRange(0,101)
        self.categoryAxis.append("不及格",59.9)
        self.categoryAxis.append("及格",75)
        self.categoryAxis.append("良好",90)
        self.categoryAxis.append("优秀",100)
        self.categoryAxis.setStartValue(10)
        #向图表中添加坐标轴
        self.chart.addAxis(self.barCategoryAxis,Qt.AlignBottom)
        self.chart.addAxis(self.categoryAxis,Qt.AlignRight)
        #设置数据序列与坐标轴的关联
        self.barSeries.attachAxis(self.barCategoryAxis)
        self.barSeries.attachAxis(self.categoryAxis)


if __name__ == "__main__":
    app = QApplication(sys.argv)
    win = Window()
    win.show()
    sys.exit(app.exec())
```

运行结果如图 6-16 所示。

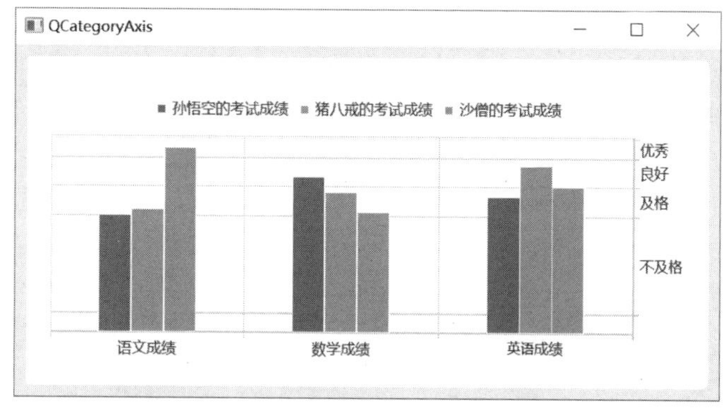

图 6-16 代码 demo13.py 的运行结果

6.4.6 时间坐标轴类 QDateTimeAxis

在 PySide6 中,使用 QDateTimeAxis 类创建时间坐标轴对象,时间坐标轴可应用于折线图、散点图、样条曲线图。QDateTimeAxis 类的构造函数如下:

```
QDateTimeAxis(parent:QObject = None)
```

其中,parent 表示 QObject 类及其子类创建的实例对象。

QDateTimeAxis 类继承了 QAbstractAxis 类的属性、方法、信号,除此之外,QDateTimeAxis 类还增加了一些设置坐标轴的方法。QDateTimeAxis 类的常用方法见表 6-38。

表 6-38 QDateTimeAxis 类的常用方法

方法及参数类型	说 明	返回值的类型
setFormat(format:str)	设置显示时间的格式	None
format()	获取格式	str
setMax(max:QDateTime)	设置坐标轴的最大时间	None
max()	获取最大时间	QDateTime
setMin(min:QDateTime)	设置坐标轴的最小时间	None
min()	获取最小时间	QDateTime
setRange(min:QDateTime,max:QDateTime)	设置时间范围	None
setTickCount(count:int)	设置刻度数量	None
tickCount()	获取刻度数量	int

QDateTimeAxis 类的信号见表 6-39。

表 6-39 QDateTimeAxis 类的信号

信号及参数类型	说 明
formatChanged(format:str)	当时间格式发生改变时发送信号
maxChanged(max:QDateTime)	当最大值发生改变时发送信号

续表

信号及参数类型	说　明
minChanged(min:QDateTime)	当最小值发生改变时发送信号
rangeChanged(min:QDateTime,max:QDateTime)	当范围发生改变时发送信号
tickCountChanged(tickCount:int)	当刻度数量发生改变时发送信号

【实例 6-14】 在窗口中绘制连续 7 天的最高气温折线图，横坐标轴为时间坐标轴，代码如下：

```
# === 第 6 章 代码 demo14.py === #
import sys
from PySide6.QtWidgets import QApplication,QMainWindow
from PySide6.QtCharts import (QChartView,QChart,QDateTimeAxis,
    QLineSeries,QValueAxis)
from PySide6.QtCore import Qt,QDateTime

class Window(QMainWindow):
    def __init__(self, parent = None):
        super().__init__(parent)
        self.setGeometry(200,200,580,280)
        self.setWindowTitle("QDateTimeAxis")
        #创建图表视图控件
        self.chartView = QChartView(self)
        self.setCentralWidget(self.chartView)
        #创建图表
        self.chart = QChart()
        #设置图表视图控件中的图表
        self.chartView.setChart(self.chart)
        #创建折线图数据序列、添加数据
        self.lineSeries = QLineSeries()
        self.lineSeries.setName("最高气温")
        high = [29.1,26.1,31.5,34.6,35.4,38.8,42.3]
        for i in range(len(high)):
            self.lineSeries.append(i,high[i])
        #向图表中添加数据序列
        self.chart.addSeries(self.lineSeries)
        #创建时间坐标轴
        self.dateTimeAxis = QDateTimeAxis()
        dateTime1 = QDateTime(2023,6,19,00,00,00)
        dateTime2 = QDateTime(2023,6,26,00,00,00)
        #设置时间坐标轴的范围、格式、刻度数量
        self.dateTimeAxis.setRange(dateTime1,dateTime2)
        self.dateTimeAxis.setFormat('MM/dd/yyyy')
        self.dateTimeAxis.setTickCount(7)
        #创建数值坐标轴
        self.valueAxis = QValueAxis()
        self.valueAxis.setRange(25,43)                    #设置坐标轴的数值范围
        #向图表中添加坐标轴
        self.chart.addAxis(self.dateTimeAxis,Qt.AlignBottom)
        self.chart.addAxis(self.valueAxis,Qt.AlignRight)
        #设置数据序列与坐标轴的关联
```

```
        self.lineSeries.attachAxis(self.valueAxis)


if __name__ == "__main__":
    app = QApplication(sys.argv)
    win = Window()
    win.show()
    sys.exit(app.exec())
```

运行结果如图 6-17 所示。

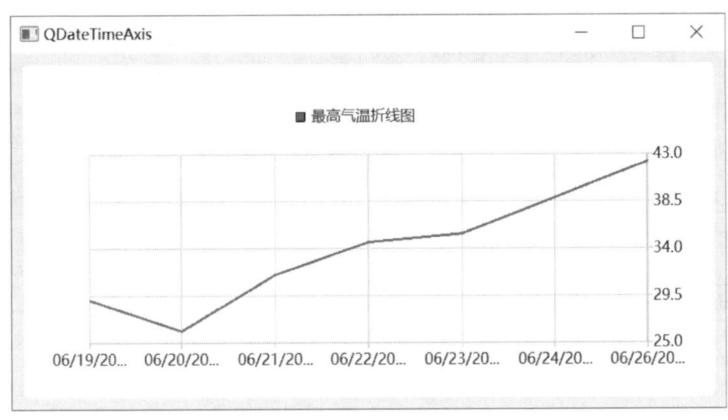

图 6-17　代码 demo14.py 的运行结果

6.5 设置图表的图例

在 PySide6 中，绘制图表经常需要设置图表的图例。可以使用 QChart 或 QPolarChart 类的 legend()方法获取图例对象(QLegend)。如果要设置图例的位置、颜色、可见性，则需要使用图例类 QLegend 的方法；如果要设置数据序列的图例标志，则需要使用图例标志类 QLegendMarker 的方法。

6.5.1 图例类 QLegend

3min

QLegend 类是 QGraphicsWidget 类的子类，位于 QtCharts 子模块下。通常使用 QChart 类的 legend()方法获取 QLegend 类的实例对象。

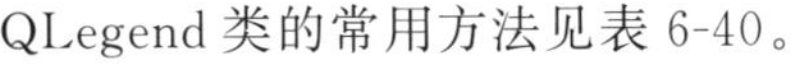
QLegend 类的常用方法见表 6-40。

表 6-40　QLegend 类的常用方法

方法及参数类型	说　　明	返回值的类型
alignment()	获取图例在图表中的位置	Qt.Alignment
borderColor()	获取边框颜色	QColor
brush()	获取画刷	QBrush

续表

方法及参数类型	说　明	返回值的类型
color()	获取填充色	QColor
pen()	获取钢笔	QPen
setAlignment(alignment:Qt. Alignment)	设置图例在图表中的位置	None
setBackgroundVisible(visible:bool=True)	设置图例的背景是否可见	None
setBorderColor(color: Union[QColor,Qt. GlobalColor, str])	当背景可见时设置边框的颜色	None
setBrush(brush:Union[QBrush,Qt. BrushStyle, Color, Qt. GlobalColor,QGradient,QImage,QPixmap])	设置画刷	None
setColor(color:Union[QColor,Qt. GlobalColor])	设置填充色	None
setFont(font:Union[QFont,str,Sequence[str]])	设置字体	None
setLabelBrush(brush:Union[QBrush,QColor,QGradient])	设置标签画刷	None
setLabelColor(color:Union[QColor,Qt. GlobalColor])	设置标签颜色	None
setMakerShape(shape:QLegend. MarkerShape)	设置数据序列标志的形状	None
makerShape()	获取标志的形状	QLegend. MarkerShape
setPen(pen:Union[QPen,Qt. PenStyle,QColor])	设置边框的钢笔	None
setReverseMarker(reverseMarkers:bool=True)	设置数据序列的标志是否反向	None
setToolTip(str)	设置提示信息	None
setShowToolTips(show:bool)	设置是否显示提示信息	None
detachFromChart()	使图例与图表失去关联	None
attachToChart()	使图例与图表建立关联	None
isAttachedToChart()	获取图例与图表是否有关联	bool
setInteractive(interactive:bool)	设置图例是否为交互模式	None
markers(series:QAbstractSeries=None)	获取图例中的标志对象列表	List[QLegendMarker]

在表 6-40 中,QLegend. MarkerShape 的枚举值为 QLegend. MarkerShapeDefault(默认形状)、QLegend. MarkerShapeRectangle、QLegend. MarkerShapeCircle、QLegend. MarkerShapeFromSeries(根据数据序列的类型确定形状)、QLegend. MarkerShapeRotatedRectangle、QLegend. MarkerShapeTriangle、QLegend. MarkerShapeStar、QLegend. MarkerShapePentagon。

QLegend 类的信号见表 6-41。

表 6-41　QLengend 类的信号

信号及参数类型	说　明
attachedToChartChanged(attached:bool)	当图例与图表的关联状态发生改变时发送信号
backgroundVisibleChanged(visible:bool)	当背景可见性发生改变时发送信号
borderColorChanged(color:QColor)	当背景颜色发生改变时发送信号

续表

信号及参数类型	说　明
colorChanged(color:QColor)	当颜色发生改变时发送信号
fontChanged(font:QFont)	当字体发生改变时发送信号
labelColorChanged(color:QColor)	当标签颜色发生改变时发送信号
markerShapedChanged(shape:QLegend.MarkerShape)	当标志形状发生改变时发送信号
reverseMarkersChanged(reverseMarkers:bool)	当标志反转状态发生改变时发送信号
showToolTipsChanged(showToolTips:bool)	当提示信息显示状态发生改变时发送信号

6.5.2　图例标志类 QLegendMarker

在 PySide6 中，使用 QLegendMaker 类表示图例标志。可以使用 QLegendMarker 类中的方法对每个图例标志对象进行设置。QLegendMarker 类有 6 个子类，这 6 个子类主要继承了 QLegendMarker 类的方法和信号，只有少数子类具有其独有方法。QLengendMarker 类的子类如图 6-18 所示。

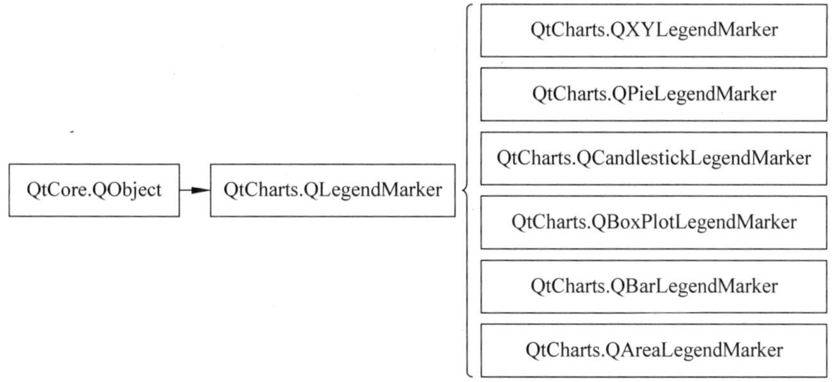

图 6-18　QLegendMarker 类的子类

在实际开发中，可使用 QLegend 类的 markers(series:QAbstractSeries=None)获取图表上的数据序列的图例标志对象列表。

QLegendMarker 类的常用方法见表 6-42。

表 6-42　QLegendMarker 类的常用方法

方法及参数类型	说　明	返回值的类型
brush()	获取画刷	QBrush
font()	获取字体	QFont
isVisible()	获取是否可见	bool
label()	获取标签文本	str
labelBrush()	获取标签画刷	QBrush
pen()	获取钢笔	QPen
series()	获取关联的数据序列	QAbstractSeries

续表

方法及参数类型	说　　明	返回值的类型
setBrush(brush: Union[QBrush, QColor, QGradient, QPixmap, QImage])	设置画刷	None
setFont(font: Union[QFont, str])	设置字体	None
setLabel(label: str)	设置标签	None
setLabelBrush(brush: Union[QBrush, QColor, QGradient, QPixmap, QImage])	设置标签的画刷	None
setPen(pen: Union[QPen, QColor])	设置钢笔	None
setShape(shape: QLegend.MarkerShape)	设置形状	None
setVisible(visible: bool)	设置可见性	None
shape()	获取形状	QLegend.MarkerShape
type()	获取类型	QLegendMarker.LegendMarkerType

另外，使用QBarLegendMarker类的barset()方法可获取QBarset对象；使用QPieLegendMarker类的slice()方法可获取QPieSlice对象。

在表6-42中，QLegendMarker.MarkerType的枚举值为QLegendMarker.LegendMarkerTypeArea、QLegendMarker.LegendMarkerTypeBar、QLegendMarker.LegendMarkerTypePie、QLegendMarker.LegendMarkerTypeXY、QLegendMarker.LegendMarkerTypeBoxPlot、QLegendMarker.LegendMarkerTypeCandlestick。

QLegendMarker类的信号见表6-43。

表6-43　QLengendMarker类的信号

信号及参数类型	说　　明
brushChanged()	当画刷发生改变时发送信号
clicked()	当被鼠标单击时发送信号
fontChanged()	当字体发生改变时发送信号
hovered(state: bool)	当光标在数据项上悬停或移开时发送信号。光标悬停时state为True，光标移开时state为False
labelBrushChanged()	当标签画刷发生改变时发送信号
labelChanged()	当标签发生改变时发送信号
penChanged()	当钢笔发生改变时发送信号
visibleChanged()	当可见性发生改变时发送信号

【实例6-15】 在窗口中绘制折线图、条形图，要求使用QLegend类、QLegendMarker类设置图例、图例标志，代码如下：

```
# === 第 6 章 代码 demo15.py === #
import sys
from PySide6.QtWidgets import QApplication,QMainWindow
from PySide6.QtCharts import (QChartView,QChart,QBarSeries,QBarSet,
    QLineSeries,QBarCategoryAxis,QValueAxis,QLegend,QLegendMarker)
```

```
from PySide6.QtCore import Qt

class Window(QMainWindow):
    def __init__(self, parent = None):
        super().__init__(parent)
        self.setGeometry(200,200,580,280)
        self.setWindowTitle("QLegend、QLegendMarker")
        #创建图表视图控件
        self.chartView = QChartView(self)
        self.setCentralWidget(self.chartView)
        #创建图表
        self.chart = QChart()
        #设置图表视图控件中的图表
        self.chartView.setChart(self.chart)
        #创建条形图数据项、添加数据
        set1 = QBarSet("孙悟空的成绩")
        set1.append([60,80,70])
        set2 = QBarSet("猪八戒的成绩")
        set2.append([63,72,86])
        set3 = QBarSet("沙僧的成绩")
        set3.append([95,62,75])
        #创建条形图数据序列、添加数据项
        self.barSeries = QBarSeries()
        self.barSeries.append(set1)
        self.barSeries.append(set2)
        self.barSeries.append(set3)
        #创建折线图数据序列、添加数据
        self.lineSeries = QLineSeries()
        self.lineSeries.setName("各科成绩的最高分")
        self.lineSeries.append(0,95)
        self.lineSeries.append(1,80)
        self.lineSeries.append(2,86)
        #向图表中添加数据序列
        self.chart.addSeries(self.barSeries)
        self.chart.addSeries(self.lineSeries)
        #创建条形图坐标轴
        self.barCategoryAxis = QBarCategoryAxis()
        self.barCategoryAxis.append(["语文成绩","数学成绩","英语成绩"])
        #创建数值坐标轴
        self.valueAxis = QValueAxis()
        self.valueAxis.setRange(0,100)             #设置坐标轴的数值范围
        #向图表中添加坐标轴
        self.chart.addAxis(self.barCategoryAxis,Qt.AlignBottom)
        self.chart.addAxis(self.valueAxis,Qt.AlignRight)
        #设置数据序列与坐标轴的关联
        self.barSeries.attachAxis(self.valueAxis)
        self.barSeries.attachAxis(self.barCategoryAxis)
        self.lineSeries.attachAxis(self.valueAxis)
        self.lineSeries.attachAxis(self.barCategoryAxis)
        #获取图例对象
        legend = self.chart.legend()
        #设置图例对象
        legend.setAlignment(Qt.AlignBottom)
```

```
        legend.setBackgroundVisible(True)
        legend.setBorderColor(Qt.black)
        legend.setColor(Qt.white)
        pen = legend.pen()
        pen.setWidth(4)
        legend.setPen(pen)
        legend.setToolTip("图例")
        legend.setShowToolTips(True)
        legend.setMarkerShape(QLegend.MarkerShapeFromSeries)
        # 获取图例标志对象、设置图例标志对象
        for i in legend.markers():
            font = i.font()
            font.setPointSize(12)
            i.setFont(font)
            if i.type() == QLegendMarker.LegendMarkerTypeBar:
                i.setShape(QLegend.MarkerShapeRotatedRectangle)
            else:
                i.setShape(QLegend.MarkerShapeFromSeries)


if __name__ == "__main__":
    app = QApplication(sys.argv)
    win = Window()
    win.show()
    sys.exit(app.exec())
```

运行结果如图 6-19 所示。

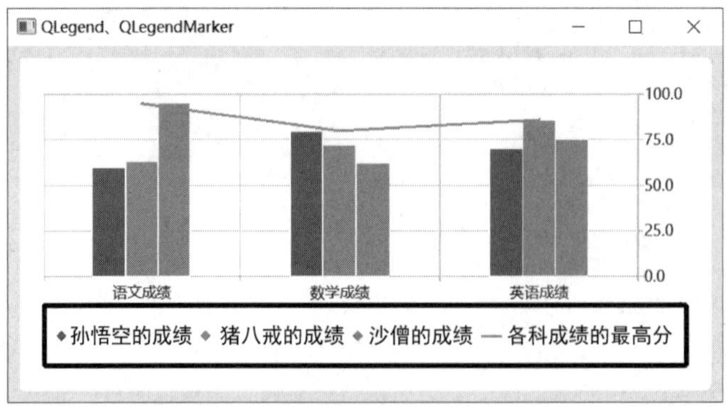

图 6-19　代码 demo15.py 的运行结果

6.6　小结

本章主要介绍了使用 PySide6 绘制二维图表的方法，主要涉及图表视图类 QChartView、图表类 QChart(或极坐标图表类 QPolarChart)、数据序列类。

绘制不同类型的图表，需要使用不同类型的数据序列类。PySide6 提供了不同的数据序列类，使用这些数据序列类可绘制 XY 图、面积图、饼图、条形图、蜡烛图、箱形图。

针对不同的图表类型，PySide6 提供了不同的坐标轴类和图例类。

第 7 章 绘制三维图表

在 PySide6 中，有一个子模块 QtDataVisualization。使用 QtDataVisualization 模块中的类可以绘制三维图表，包括三维散点图、三维曲面图、三维柱状图。使用 QtDataVisualization 模块中的类可以实现数据的三维可视化。

7.1 QtDataVisualization 子模块概述

在 PySide6 中，QtCharts 子模块与 QtDataVisualization 模块子模块类似，它们都使用 Graphics/View 框架绘制图表。与绘制二维图表类似，绘制三维图表需要三维图表类、三维数据序列类、三维坐标轴类。例如要绘制三维散点图，需要使用三维散点图表类 Q3DScatter、三维散点图数据序列类 QScatter3DSeries、三维坐标轴类 QValue3DAxis。

7.1.1 三维图表类

一个三维图由图表、数据序列、坐标轴构成，PySide6 提供的三维图表类包括三维散点图表类 Q3DScatter、三维曲面图表类 Q3DSurface、三维柱状图类 Q3DBars。这 3 个类的继承关系如图 7-1 所示。

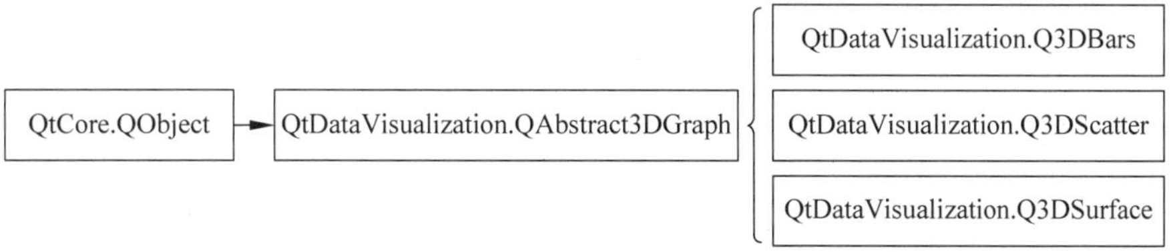

图 7-1 三维图表类的继承关系

7.1.2 三维数据序列类

绘制三维图表需要三维数据序列，PySide6 提供的三维数据序列类包括三维散点序列类 QScatter3DSeries、三维曲面序列类 QSurface3DSeries、三维条形序列类 QBar3DSeries，这 3 个类的继承关系如图 7-2 所示。

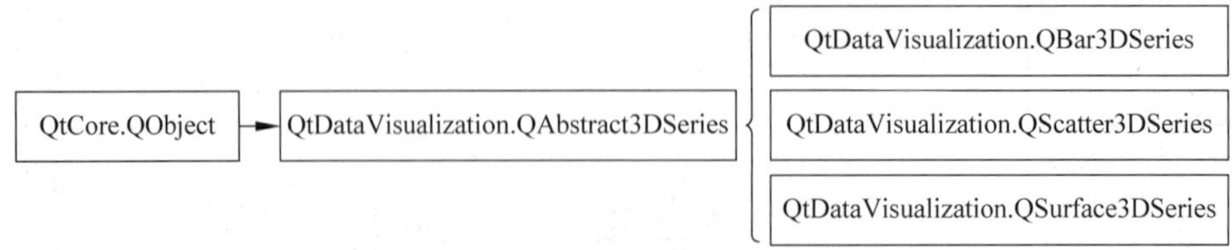

图 7-2 三维数据序列类的继承关系

与二维数据序列类不同,三维数据序列类只适用于一种三维图表类,例如 QScatter3DSeries 类只适用于三维散点图表;QSurface3DSeries 类只适用于三维曲面图表;QBar3DSeries 类只适用于三维条形图表。

绘制不同类型的三维图表,需要的数据序列的数据元素不同,例如绘制三维散点图,数据元素为三维数据点的控件坐标(x,y,z);绘制三维曲面图,数据元素为二维数组。针对这一问题,PySide6 提供了数据代理类以处理此类问题。数据代理类包括散点图数据代理类 QScatterDataProxy、曲面数据代理类 QSurfaceDataProxy、条形数据代理类 QBarDataProxy。这些数据代理类也位于 PySide6 的 QtDataVisualization 子模块下,其继承关系如图 7-3 所示。

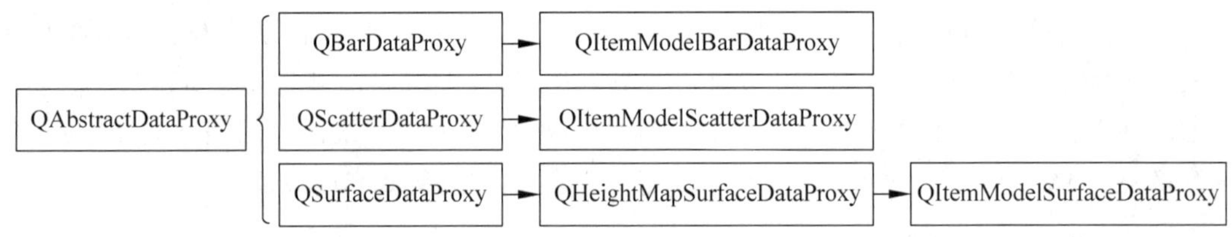

图 7-3 三维数据代理类的继承关系

由于三维数据代理类是基于项的数据模型类,所以每个数据代理类都有一个基于项数据模型的数据代理子类。例如 QBarDataProxy 类的数据代理子类为 QItemModelBarDataProxy 类,QScatterDataProxy 类的数据代理子类为 QItemModelScatterDataProxy 类,QSurfaceDataProxy 类的数据代理子类为 QItemModelSurfaceDataProxy 类。

在图 7-3 中,QHeightMapSurfaceDataProxy 类是一个专门用于显示地图高程数据的数据代理类,可以将一张图片表示的高程数据显示为三维曲面。开发者也可以创建自定义数据代理类。

7.1.3 三维坐标轴类

如果在绘制三维图表时需要设置三维坐标轴,则需要使用三维坐标轴类的相关方法。PySide6 提供的三维坐标轴类包括数值坐标轴类 QValue3DAxis 类、文字条目坐标轴类 QCategory3DAxis,这两个类都是抽象类 QAbstract3DAxis 的子类,其继承关系如图 7-4 所示。

图 7-4　三维坐标轴类的继承关系

7.1.4　绘制一个简单的三维图表

下面通过一个例子展示如何使用 Q3DScatter 类、QScatter3DSeries 类、QScatterDataProxy 类绘制三维散点图。

【实例 7-1】　绘制三维曲线 $\begin{cases} x = z\sin 20z \\ y = z\cos 20z \\ z = z \end{cases}$ 的三维散点图，z 的区间是[0，1.2]，代码如下：

```
# === 第 7 章 代码 demo1.py === #
import sys
from PySide6.QtWidgets import QApplication,QMainWindow
from PySide6.QtDataVisualization import (Q3DScatter,QScatter3DSeries,
   QScatterDataProxy,QScatterDataItem,QAbstract3DSeries)
from PySide6.QtGui import QVector3D
import numpy as np

class Window(QMainWindow):
    def __init__(self, parent = None):
        super().__init__(parent)
        self.setGeometry(200,200,580,280)
        self.setWindowTitle("Q3DScatter、QScatter3DSeries、QScatterDataProxy")
        #创建三维散点图表
        self.graph3D = Q3DScatter()
        #创建三维图表容器
        self.container = self.createWindowContainer(self.graph3D)
        self.setCentralWidget(self.container)

        self.dataProxy = QScatterDataProxy()                  #创建三维散点图数据代理
        self.series = QScatter3DSeries(self.dataProxy)        #根据数据创建数据序列
        self.series.setItemLabelFormat("(x,z,y) = (@xLabel,@zLabel,@yLabel)")
        self.series.setMeshSmooth(True)                       #使用预定义网格的平滑版本
        self.graph3D.addSeries(self.series)

        #获取三维图表的坐标轴、设置坐标轴
        self.graph3D.axisX().setTitle("axis X")
        self.graph3D.axisX().setTitleVisible(True)
        self.graph3D.axisY().setTitle("axis Y")
        self.graph3D.axisY().setTitleVisible(True)
        self.graph3D.axisZ().setTitle("axis Z")
```

```
        self.graph3D.axisZ().setTitleVisible(True)

        self.graph3D.activeTheme().setLabelBackgroundEnabled(False)
        self.series.setMesh(QAbstract3DSeries.MeshSphere)       #设置散点形状
        self.series.setItemSize(0.15)                           #设置散点大小,value 为 0~1
        #创建数据代理的数据项
        z = np.linspace(0, 1.2, 200)
        x = z * np.sin(20 * z)
        y = z * np.cos(20 * z)
        itemArray = list()
        for i in range(len(z)):
            vect3D = QVector3D(x[i],z[i],y[i])                  #三维坐标点
            item = QScatterDataItem(vect3D)                     #空间中的一个散点数据项
            itemArray.append(item)
        self.dataProxy.resetArray(itemArray)                    #重置数据代理的数据项列表


if __name__ == "__main__":
    app = QApplication(sys.argv)
    win = Window()
    win.show()
    sys.exit(app.exec())
```

运行结果如图 7-5 所示。

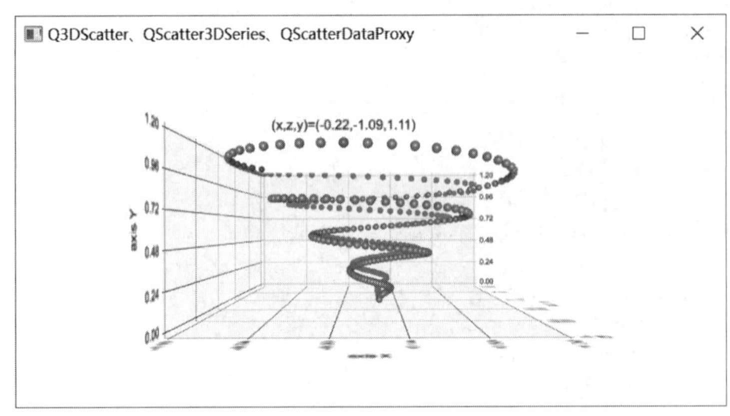

图 7-5　代码 demo1.py 的运行结果

注意：代码 demo1.py 文件中应用了 Python 的第三方模块 NumPy，NumPy 是 Python 中功能强大的第三方模块，主要提供了数值计算、矩阵运算、读写硬盘上基于数组的数据集、傅里叶变换、线性代数、随机数生成等功能。NumPy 的详细介绍可参考《编程改变生活——用 Python 提升你的能力(基础篇·微课视频版)》中的第 7 章相关介绍。

3min

7.1.5　三维图表抽象类 QAbstract3DGraph

在 PySide6 中，QAbstract3DGraph 类是三维图表类的基类，这是一个抽象类，并不能直

接使用。Q3DScatter 类、Q3DSurface 类、Q3DBar 类继承了 QAbstract3DGraph 类的方法和信号。

QAbstract3DGraph 类的常用方法见表 7-1。

表 7-1 QAbstract3DGraph 类的常用方法

方法及参数类型	说　明	返回值的类型
activeInputHandler()	获取输入处理器	QAbstract-3DInputHandle
activeTheme()	获取主题	Q3DTheme
addCustomItem(item:QCustomItem)	添加数据项，并返回该数据项的索引	int
addInputHandler(inputHandler:QAbstract3DInputHandler)	添加输入处理器	None
addTheme(theme:Q3DTheme)	添加主题	None
aspectRatio()	获取水平面上最长轴与 y 轴的图形缩放比率	float
setAspectRatio(ratio:float)	设置水平面上最长轴与 y 轴的图形缩放比率	None
clearSelection()	清空所有关联的数据序列	None
currentFps()	获取最后 1s 的渲染结果	float
hasContext()	如果图形的 OpenGL 上下文已成功初始化，则返回值为 True	bool
hasSeries(series:QAbstract3DSeries)	获取是否添加了指定的数据序列	bool
horizontalAspectRatio()	获取图形在 x 轴和 z 轴的缩放比率	float
setHorizontalAspectRatio(ratio:float)	设置图形在 x 轴和 z 轴的缩放比率	None
inputHandlers()	获取输入处理器的列表	List[QAbstract-3DInputHandler]
isOrthoProjection()	获取是否使用正射影来显示图形	bool
setOrthoProjection(enable:bool)	设置是否使用正射影来显示图形	None
isPolar()	获取水平坐标系是否为极坐标系	bool
setPolar(enable:bool)	设置水平坐标系是否为极坐标系	None
isReflection()	获取地板反射是否开启	bool
setReflection(enable:float)	设置地板反射是否开启	None
locale()	获取存放数据格式的标签	QLocale
setLocale(locale:QLocate)	设置存放数据格式的标签	None
margin()	用于可绘图图形区域的边缘与图形背景边缘之间的剩余空间的绝对值	float

续表

方法及参数类型	说　明	返回值的类型
setMargin(margin:float)	设置可绘图图形区域的边缘与图形背景边缘之间的剩余空间的绝对值	None
measureFps()	获取渲染是否为连续进行	bool
setMeasureFps(enable:bool)	设置渲染是否为连续进行	None
optimizationHints()	获取是使用默认模式还是静态模式对呈现进行优化	OptimizationHints
setOptimizationHints(hints:OptimizationHints)	设置呈现优化的模式	None
queriedGraphPosition()	获取每个轴最近查询的图形位置值	QVector3D
radialLabelOffset()	获取径向轴标签的水平偏移量	float
setRadioLabelOffset(offset:float)	设置径向轴标签的水平偏移量	None
reflectivity()	获取地面反射率	float
setReflectivity(reflectivity:float)	设置地面反射率	None
releaseCustomItem(item:QCustomItem)	获取指定数据项的所有权并从图中删除该数据项	None
releaseInputHandler(inputHandler:QAbstract3DInputHandler)	将指定的输入处理器的所有权返还给调用者	None
releaseTheme(theme:Q3DTheme)	将指定的主题的所有权返还给调用者	None
removeCustomItem(item:QCustom3DItem)	移除指定数据项	None
removeCustomItemAt(position:QVector3D)	移除指定位置的数据项	None
removeCustomItems()	移除所有的数据项	None
renderToImage(msaaSample:int=0,imageSize:QSize)	将当前帧渲染为指定尺寸的图像，默认尺寸为窗口的尺寸	None
scene()	获取三维场景对象，可用于操纵场景和访问场景元素，如活动摄像机	Q3DScene
selectedAxis()	获取选中的数据轴	QAbstract3DAxis
selectedCustomItem()	获取选中的数据项	QCustom3DItem
selectedCustomItemIndex()	获取选中数据项的索引	int
selectedElement()	获取选中元素的类型	ElementType
selectedLabelIndex()	获取选中的标签的索引	int
selectionMode()	获取选择模式	QAbstract3DGraph.SelectionFlags
setSelectionMode(mode:QAbstract3DGraph.SelectionFlag)	设置选择模式	None
setActiveInputHandler(inputHandler:QAbstract3DInputHandler)	设置输入处理器	None

续表

方法及参数类型	说 明	返回值的类型
setActiveTheme(theme:Q3DTheme)	设置活动主题	None
setShadowQuality(quality:QAbstract3DGraph.ShadowQuality)	设置阴影质量	None
shadowQuality()	获取阴影质量	QAbstract3DGraph.ShadowQuality
themes()	获取主题列表	List[Q3DTheme]
shadowSupported()	如果当前配置支持阴影,则返回值为 True	bool

在表 7-1 中,QAbstract3DGraph.SelectionFlag 的枚举值见表 7-2。

表 7-2 QAbstract3DGraph.SelectionFlag 的枚举值

枚 举 值	说 明
QAbsract3DGraph.SelectionNone	不允许选择
QAbsract3DGraph.SelectionItem	选择并且高亮显示一个项
QAbsract3DGraph.SelectionRow	选择并且高亮显示一个行
QAbsract3DGraph.SelectionItemAndRow	选择一个项和一行,用不同的颜色高亮显示
QAbsract3DGraph.SelectionColumn	选择并且高亮显示一列
QAbsract3DGraph.SelectionItemAndColumn	选择一个项和一列,用不同的颜色高亮显示
QAbsract3DGraph.SelectionRowAndColumn	选择交叉的一行和一列
QAbsract3DGraph.SelectionItemRowAndColumn	选择交叉的一行和一列,用不同的颜色高亮显示
QAbsract3DGraph.SelectionSlice	切片选择,需要 SelectionRow 和 SelectionColumn 结合使用
QAbsract3DGraph.SelectionMultiSeries	选中同一个位置的多个序列的项

QAbstract3DGraph 类的信号见表 7-3。

表 7-3 QAbstract3DGraph 类的信号

信号及参数类型	说 明
activeInputHandlerChanged(QAbstract3DInputHandler)	当输入处理器发生改变时发送信号
activeThemeChanged(Q3DTheme)	当活动主题发生改变时发送信号
aspectRatioChanged(float)	当水平面上最长轴与 y 轴的图形缩放比率发生改变时发送信号
currentFpsChanged(float)	当最后 1s 的渲染结果发生改变时发送信号
horizontalAspectRatioChanged(float)	当 x 轴和 z 轴的缩放比率发生改变时发送信号
localeChanged(QLocale)	当存放数据格式的标签发生改变时发送信号
marginChanged(float)	当边距发生改变时发送信号
measureFpsChanged(bool)	当渲染方式发生改变时发送信号
optimizationHintsChanged(OptizationHints)	当优化模式发生改变时发送信号

续表

信号及参数类型	说　明
orthorProjectionChanged(bool)	是否使用正射影发生改变时发送信号
polarChanged(bool)	是否使用极坐标发生改变时发送信号
queriedGraphPositionChanged(QVector3D)	当图形位置值发生改变时发送信号
radialLabelOffsetChanged(float)	当径向轴标签的水平偏移量发生改变时发送信号
reflectionChanged(bool)	是否使用地板反射发生改变时发送信号
reflectivityChanged(float)	当地板反射率发生改变时发送信号
selectionElementChanged(QAbstract3DGraph.ElementType)	当选中的元素类型发生改变时发送信号
selectionModeChanged(QAbstract3DGraph.SelectionFlags)	当选择模式发生改变时发送信号
showQualityChanged(QAbstract3DGraph.ShadowQuality)	当阴影质量发生改变时发送信号

11min

7.1.6　三维场景类 Q3DScene 和三维相机类 Q3DCamera

在 PySide6 中，使用 QAbstract3DGraph 类的 scene()方法可获取 Q3DScene 对象，这是三维图表的场景对象。

Q3DScene 类的常用方法见表 7-4。

表 7-4　Q3DScene 类的常用方法

方法及参数类型	说　明	返回值的类型
activeCamera()	获取相机对象	Q3DCamera
activeLight()	获取光源对象	Q3DLight
setActiveCamera(camera:Q3DCamera)	设置相机	None
setActiveLight(light:Q3DLight)	设置光源	None
viewport()	获取视口的尺寸	QRect

从表 7-4 可以得知，在场景对象中有相机(Q3DCamera)对象和光源(Q3DLight)对象。在创建三维图表时会自动创建默认的相机对象和光源对象。相机对象类似于人的眼睛，通过相机位置的控制可实现图形的旋转、缩放、平移。通过 Q3DLight 的方法可设置光源是否自动跟随相机。

Q3DCamera 类的常用方法见表 7-5。

表 7-5　Q3DCamera 类的常用方法

方法及参数类型	说　明	返回值的类型
cameraPreset()	获取相机视角	Q3DCamera.CameraPreset
setCameraPreset(present:Q3DCamera.CameraPresent)	设置相机的视角	None
maxZoomLevel()	获取相机的最大变焦	float
setMaxZoomLevel(zoomLevel:float)	设置相机的最大变焦	None

续表

方法及参数类型	说　　明	返回值的类型
minZoomLevel()	获取相机的最小变焦	float
setMinZoomLevel(zoomLevel:float)	设置相机的最小变焦	None
setCameraPositon(horizontal:float, vertical:float, zoom:float=100.0)	设置相机的位置	None
setZoomLevel(float)	设置相机的变焦级别,参数值默认为 100	None
target()	获取场景中目标的位置	QVector3D
setTarget(target:QVector3D)	设置场景中目标的位置	None
setWrapXRotatiom(isEnabled:bool)	设置绕 x 轴旋转的最小和最大极限的行为	None
wrapXRotation()	获取绕 x 轴旋转是否有最小和最大极限的行为	bool
setWrapYRotation(isEnabled:bool)	设置绕 y 轴旋转的最小和最大极限的行为	None
wrapYRotation()	获取绕 y 轴是否有旋转的最小和最大极限的行为	bool
setXRotation(rotation:float)	设置绕 x 轴旋转的角度,rotation 的范围是−180°～180°	None
xRotation()	获取绕 x 轴旋转的角度	float
setYRotation(rotation:float)	设置沿 y 轴旋转的角度,rotation 的范围是−180°～180°	None
yRotation()	获取绕 y 轴旋转的角度	float

在表 7-5 中,Q3DCamera.CameraPresent 的枚举值见表 7-6。

表 7-6　Q3DCamera.CameraPresent 的枚举值

枚　举　值	说　　明
Q3DCamera.CameraPresetNone	未设置预设视角或场景可以自由旋转
Q3DCamera.CameraPresetFontLow	前下方
Q3DCamera.CameraPresetFont	正前方
Q3DCamera.CameraPresetFontHigh	前上方
Q3DCamera.CameraPresetLeftLow	左下方
Q3DCamera.CameraPresetLeft	正左方
Q3DCamera.CameraPresetLeftHigh	左上方
Q3DCamera.CameraPresetRightLow	右下方
Q3DCamera.CameraPresetRight	正右方
Q3DCamera.CameraPresetRightHigh	右前方
Q3DCamera.CameraPresetBehindLow	后下方
Q3DCamera.CameraPresetBehind	正后方

续表

枚　举　值	说　　明
Q3DCamera. CameraPresetBehindHigh	后前方
Q3DCamera. CameraPresetlsometricLeft	相机预设等距线左
Q3DCamera. CameraPresetlsometricRight	相机预设等距线右
Q3DCamera. CameraPresetlsometricRightHigh	相机预设等距线右上
Q3DCamera. CameraPresetFrontBelow	在三维条形图中，从 CameraPresetFrontBelow 开始，这些只适用于包括负值的图形
Q3DCamera. CameraPresetDrectlyBelow	只适用于整数值的三维条形图

【实例 7-2】 绘制三维曲线$\begin{cases} x = z\sin 20z \\ y = z\cos 20z \\ z = z \end{cases}$的三维散点图，$z$ 的区间是[0,1.2]。要求创建 6 个按压按钮，使用按压按钮可设置不同的视角。要求可根据输入的数值进行水平旋转、垂直旋转、缩放显示，代码如下：

```
# === 第 7 章 代码 demo2.py === #
import sys
from PySide6.QtWidgets import (QApplication,QWidget,QLabel,
    QDoubleSpinBox,QHBoxLayout,QVBoxLayout,QPushButton)
from PySide6.QtDataVisualization import (Q3DScatter,QScatter3DSeries,
    QScatterDataProxy,QScatterDataItem,QAbstract3DSeries,Q3DCamera)
from PySide6.QtGui import QVector3D
import numpy as np

class Window(QWidget):
    def __init__(self, parent = None):
        super().__init__(parent)
        self.setGeometry(200,200,580,320)
        self.setWindowTitle("Q3DScene、Q3DCamara")
        #创建设置视角按钮控件和布局
        hbox1 = QHBoxLayout()
        btn_font = QPushButton("正前方")
        btn_fontLow = QPushButton("前下方")
        btn_fontHigh = QPushButton("前上方")
        btn_left = QPushButton("正左方")
        btn_leftLow = QPushButton("左下方")
        btn_leftHigh = QPushButton("左上方")
        hbox1.addWidget(btn_font)
        hbox1.addWidget(btn_fontLow)
        hbox1.addWidget(btn_fontHigh)
        hbox1.addWidget(btn_left)
        hbox1.addWidget(btn_leftLow)
        hbox1.addWidget(btn_leftHigh)
        #创建旋转、缩放的数字输入控件
        hbox2 = QHBoxLayout()
        xLabel = QLabel("水平旋转角度：")
        xRot = QDoubleSpinBox()
        xRot.setRange(-180,180)
```

```
        yLabel = QLabel("垂直旋转角度: ")
        yRot = QDoubleSpinBox()
        yRot.setRange(-180,180)
        zoomLabel = QLabel("缩放数值: ")
        zoom = QDoubleSpinBox()
        zoom.setRange(10,500)                          #默认值为 100
        hbox2.addWidget(xLabel)
        hbox2.addWidget(xRot)
        hbox2.addWidget(yLabel)
        hbox2.addWidget(yRot)
        hbox2.addWidget(zoomLabel)
        hbox2.addWidget(zoom)                          #创建垂直布局对象,并设置窗口的
                                                       #布局是垂直布局
        vbox = QVBoxLayout(self)
        vbox.addLayout(hbox1)
        vbox.addLayout(hbox2)
        #创建三维散点图表
        self.graph3D = Q3DScatter()
        #创建三维图表容器
        self.container = self.createWindowContainer(self.graph3D)
        vbox.addWidget(self.container)
        self.dataProxy = QScatterDataProxy()           #创建三维散点图数据代理
        self.series = QScatter3DSeries(self.dataProxy) #根据数据创建数据序列
        self.series.setItemLabelFormat("(x,z,y) = (@xLabel,@zLabel,@yLabel)")
        self.series.setMeshSmooth(True)
        self.graph3D.addSeries(self.series)
        #获取三维图表的坐标轴、设置坐标轴
        self.graph3D.axisX().setTitle("axis X")
        self.graph3D.axisX().setTitleVisible(True)
        self.graph3D.axisY().setTitle("axis Y")
        self.graph3D.axisY().setTitleVisible(True)
        self.graph3D.axisZ().setTitle("axis Z")
        self.graph3D.axisZ().setTitleVisible(True)
        self.graph3D.activeTheme().setLabelBackgroundEnabled(False)
        self.series.setMesh(QAbstract3DSeries.MeshSphere)#设置散点形状
        self.series.setItemSize(0.15)                  #设置散点大小,value 为 0~1
        #设置数据代理的数据项
        z = np.linspace(0, 1.2, 200)
        x = z * np.sin(20 * z)
        y = z * np.cos(20 * z)
        itemArray = list()
        for i in range(len(z)):
            vect3D = QVector3D(x[i],z[i],y[i])         #三维坐标点
            item = QScatterDataItem(vect3D)            #空间中的一个散点对象或数据项
            itemArray.append(item)
        self.dataProxy.resetArray(itemArray)           #重置数据代理的数组
        #使用信号/槽
        btn_font.clicked.connect(self.present_font)
        btn_fontLow.clicked.connect(self.present_fontLow)
        btn_fontHigh.clicked.connect(self.present_fontHigh)
        btn_left.clicked.connect(self.present_left)
```

```
        btn_leftLow.clicked.connect(self.present_leftLow)
        btn_leftHigh.clicked.connect(self.present_leftHigh)

        xRot.valueChanged.connect(self.x_rotation)
        yRot.valueChanged.connect(self.y_rotation)
        zoom.valueChanged.connect(self.zoom_changed)

    def present_font(self):
        camView = Q3DCamera.CameraPresetFront
        self.graph3D.scene().activeCamera().setCameraPreset(camView)

    def present_fontLow(self):
        camView = Q3DCamera.CameraPresetFrontLow
        self.graph3D.scene().activeCamera().setCameraPreset(camView)

    def present_fontHigh(self):
        camView = Q3DCamera.CameraPresetFrontHigh
        self.graph3D.scene().activeCamera().setCameraPreset(camView)

    def present_left(self):
        camView = Q3DCamera.CameraPresetLeft
        self.graph3D.scene().activeCamera().setCameraPreset(camView)

    def present_leftLow(self):
        camView = Q3DCamera.CameraPresetLeftLow
        self.graph3D.scene().activeCamera().setCameraPreset(camView)

    def present_leftHigh(self):
        camView = Q3DCamera.CameraPresetLeftHigh
        self.graph3D.scene().activeCamera().setCameraPreset(camView)

    def x_rotation(self,num):
        self.graph3D.scene().activeCamera().setXRotation(num)

    def y_rotation(self,num):
        self.graph3D.scene().activeCamera().setYRotation(num)

    def zoom_changed(self,num):
        self.graph3D.scene().activeCamera().setZoomLevel(num)


if __name__ == "__main__":
    app = QApplication(sys.argv)
    win = Window()
    win.show()
    sys.exit(app.exec())
```

运行结果如图 7-6 所示。

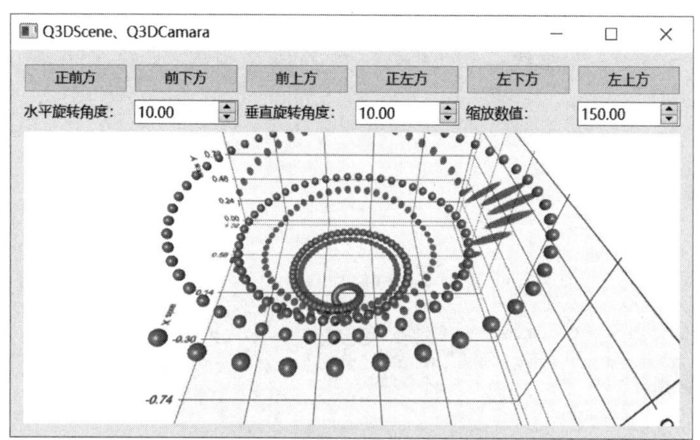

图 7-6 代码 demo2.py 的运行结果

7.1.7 三维坐标类 QVector3D

在 PySide6 中,使用 QVector3D 类可创建三维坐标点对象或三维向量对象。QVector3D 类位于 QtGui 子模块下,其构造函数如下:

```
QVector3D(point:QPoint)                    #创建三维坐标对象,z 坐标值为 0
QVector3D(point:QPointF)                   #创建三维坐标对象,z 坐标值为 0
QVector3D(vector:QVector2D)                #创建三维坐标对象,z 坐标值为 0
QVector3D(vector:QVector2D,zpos:z)         #创建三维坐标对象,z 坐标值为 zpos
QVector3D(vector:QVector4D)                #创建三维坐标对象,舍弃 w 坐标值
QVector3D(xpos:float,ypos:float,zpos:float)
```

在代码 demo1.py 文件中,已经使用 QVector3D 类构建三维坐标点对象。在 Q3DCamera 类中,可以使用 target()方法获取三维坐标对象。

QVector3D 类的常用方法见表 7-7。

表 7-7 QVector3D 类的常用方法

方法及参数类型	说 明	返回值的类型
x()	获取 x 坐标值	float
y()	获取 y 坐标值	float
z()	获取 z 坐标值	float
setX(x:float)	设置 x 坐标值	None
setY(y:float)	设置 y 坐标值	None
setZ(z:float)	设置 z 坐标值	None
toPoint()	舍弃 z 坐标,转换为平面坐标点	QPoint
toPointF()	舍弃 z 坐标,转换为平面坐标点	QPointF
toVector2D()	舍弃 z 向量,转换为二维向量	QVector2D
toVector4D()	转换为四维向量对象,w 向量为 **0**	QVector4D

【实例 7-3】 绘制三维曲线$\begin{cases} x = z\sin 20z \\ y = z\cos 20z \\ z = z \end{cases}$的三维散点图，$z$ 的区间是[0,1.2]。要求创建 6 个按压按钮，使用按钮可平移(上移、下移、左移、右移、近移、远移)三维图表，代码如下：

```
# === 第 7 章 代码 demo3.py === #
import sys
from PySide6.QtWidgets import (QApplication,QWidget,QLabel,
    QDoubleSpinBox,QHBoxLayout,QVBoxLayout,QPushButton)
from PySide6.QtDataVisualization import (Q3DScatter,QScatter3DSeries,
    QScatterDataProxy,QScatterDataItem,QAbstract3DSeries,Q3DCamera)
from PySide6.QtGui import QVector3D
import numpy as np

class Window(QWidget):
    def __init__(self, parent = None):
        super().__init__(parent)
        self.setGeometry(200,200,580,300)
        self.setWindowTitle("QVector3D")
        #创建设置视角按钮控件和布局
        hbox1 = QHBoxLayout()
        btn_left = QPushButton("左移")
        btn_right = QPushButton("右移")
        btn_up = QPushButton("上移")
        btn_down = QPushButton("下移")
        btn_far = QPushButton("远移")
        btn_near = QPushButton("近移")
        hbox1.addWidget(btn_left)
        hbox1.addWidget(btn_right)
        hbox1.addWidget(btn_up)
        hbox1.addWidget(btn_down)
        hbox1.addWidget(btn_far)
        hbox1.addWidget(btn_near)
        #设置窗口的布局方式
        vbox = QVBoxLayout(self)
        vbox.addLayout(hbox1)
        #创建三维散点图表
        self.graph3D = Q3DScatter()
        #创建三维图表容器
        self.container = self.createWindowContainer(self.graph3D)
        vbox.addWidget(self.container)
        self.dataProxy = QScatterDataProxy()                #创建三维散点的图数据代理
        self.series =  QScatter3DSeries(self.dataProxy)     #根据数据创建数据序列
        self.series.setItemLabelFormat("(x,z,y) = (@xLabel,@zLabel,@yLabel)")
        self.series.setMeshSmooth(True)
        self.graph3D.addSeries(self.series)
        #获取三维图表的坐标轴、设置坐标轴
        self.graph3D.axisX().setTitle("axis X")
        self.graph3D.axisX().setTitleVisible(True)
        self.graph3D.axisY().setTitle("axis Y")
        self.graph3D.axisY().setTitleVisible(True)
        self.graph3D.axisZ().setTitle("axis Z")
        self.graph3D.axisZ().setTitleVisible(True)
```

```
        self.graph3D.activeTheme().setLabelBackgroundEnabled(False)
        self.series.setMesh(QAbstract3DSeries.MeshSphere) #设置散点形状
        self.series.setItemSize(0.15)                      #设置散点大小,value为0~1
        #创建数据项
        z = np.linspace(0, 1.2, 200)
        x = z * np.sin(20 * z)
        y = z * np.cos(20 * z)
        itemArray = list()
        for i in range(len(z)):
            vect3D = QVector3D(x[i],z[i],y[i])             #三维坐标点
            item = QScatterDataItem(vect3D)                #空间中的一个散点对象或数据项
            itemArray.append(item)
        self.dataProxy.resetArray(itemArray)               #重置数据代理的数据项列表
        #使用信号/槽
        btn_left.clicked.connect(self.move_left)
        btn_right.clicked.connect(self.move_right)
        btn_up.clicked.connect(self.move_up)
        btn_down.clicked.connect(self.move_down)
        btn_far.clicked.connect(self.move_far)
        btn_near.clicked.connect(self.move_near)

    def move_left(self):
        target3D = self.graph3D.scene().activeCamera().target()
        x = target3D.x()
        target3D.setX(x + 0.1)
        self.graph3D.scene().activeCamera().setTarget(target3D)

    def move_right(self):
        target3D = self.graph3D.scene().activeCamera().target()
        x = target3D.x()
        target3D.setX(x - 0.1)
        self.graph3D.scene().activeCamera().setTarget(target3D)

    def move_up(self):
        target3D = self.graph3D.scene().activeCamera().target()
        y = target3D.y()
        target3D.setY(y - 0.1)
        self.graph3D.scene().activeCamera().setTarget(target3D)

    def move_down(self):
        target3D = self.graph3D.scene().activeCamera().target()
        y = target3D.y()
        target3D.setY(y + 0.1)
        self.graph3D.scene().activeCamera().setTarget(target3D)

    def move_far(self):
        target3D = self.graph3D.scene().activeCamera().target()
        z = target3D.z()
        target3D.setZ(z - 0.1)
        self.graph3D.scene().activeCamera().setTarget(target3D)

    def move_near(self):
        target3D = self.graph3D.scene().activeCamera().target()
        z = target3D.z()
```

```
        target3D.setZ(z + 0.1)
        self.graph3D.scene().activeCamera().setTarget(target3D)


if __name__ == "__main__":
    app = QApplication(sys.argv)
    win = Window()
    win.show()
    sys.exit(app.exec())
```

运行结果如图 7-7 所示。

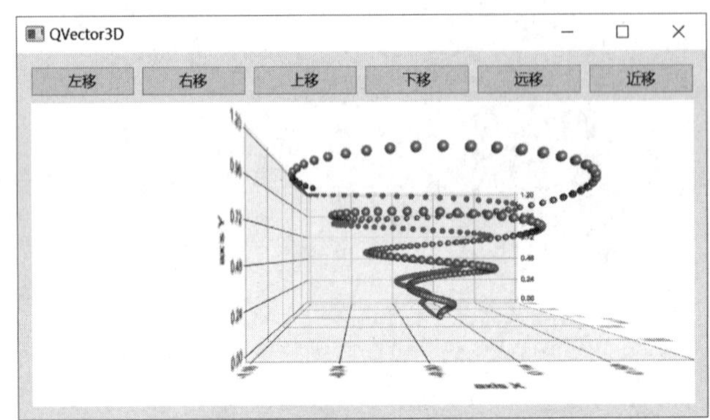

图 7-7　代码 demo3.py 的运行结果

13min

7.1.8　三维主题类 Q3DTheme

在 PySide6 中,使用 Q3DTheme 类可创建三维主题对象。三维主题对象被用于设置三维图表的背景颜色、字体、网格线颜色、环境光源强度等外观效果。Q3DTheme 类位于 QtDataVisualization 子模块下,其构造函数如下:

```
Q3DTheme(parent:QObject = None)
```

其中,parent 表示 QObject 类及其子类创建的实例对象。

在实际编程中,可使用 QAbstract3DGraph 类的 activeTheme()方法获取三维图表的 Q3DTheme 对象。

Q3DTheme 类的常用方法见表 7-8。

表 7-8　Q3DTheme 类的常用方法

方法及参数类型	说　明	返回值的类型
ambientLightStrength()	获取环境光源强度	float
setAmbientLightStrength(strength:float)	设置环境光源强度	None
backgroundColor()	获取背景颜色	QColor
setBackgroundColor(color:QColor)	设置背景颜色	None
baseColors()	获取图表中对象的颜色列表	List[QColor]
setBaseColors(colors:Sequence[QColor])	设置图表中对象的颜色	None

续表

方法及参数类型	说　明	返回值的类型
baseGradients()	获取图表中对象的渐变色列表	List[QLinearGradient]
setBaseGradients(gradients:Sequence[QLinearGradient])	设置图表中对象的渐变色	None
colorStyle()	获取颜色风格	QColorStyle
setColorStyle(style:QColorStyle)	设置颜色风格	None
font()	获取字体	QFont
setFont(font:QFont)	设置字体	None
setGridEnabled(enabled:bool)	设置是否显示网格线	None
gridLineColor()	获取网格线颜色	QColor
setGridLineColor(color:QColor)	设置网格线颜色	None
highlightLightStrength()	获取所选对象的反射光源强度	float
setHighlightLightStrength(strength:float)	设置所选对象的反射光源强度	None
isBackgroundEnabled()	获取背景是否可见	bool
isGridEnabled()	获取网格线是否可见	bool
isLabelBackgroundEnabled()	获取标签背景是否可见	bool
isLabelBorderEnabled()	获取标签边框线是否可见	bool
labelBackgroundColor()	获取标签背景颜色	QColor
setLabelBackgroundColor(color:QColor)	设置标签背景颜色	None
setLabelBorderEnabled(enabled:bool)	设置标签边框线是否可见	bool
labelTextColor()	获取标签文本颜色	QColor
setLabelTextColor(color:QColor)	设置标签文本颜色	None
lightColor()	获取环境光和反射光的颜色	QColor
setLightColor(color:QColor)	设置反射光强度	None
lightStrength()	获取反射光强度	float
setLightStrength(strength:float)	设置反射光强度	None
multiHighlightColor()	获取选中的多个对象的高亮颜色	QColor
setMutiHighlightColor(color:Qcolor)	设置选中的多个对象的高亮颜色	None
multiHighlightGradient()	获取选中的多个对象的高亮渐变色	QColor
setMutiHighlightGradient(gradient:QLinearGradient)	设置选中的多个对象的高亮渐变色	None
setSingleHighlightColor(color:Qcolor)	设置选中的单个对象的高亮颜色	None
singleHighlightColor()	获取选中的单个对象的高亮颜色	QColor
setSingleHighlightGradient(gradient:QLinearGradient)	设置选中的单个对象的高亮渐变色	None
singleHighlightGradient()	获取选中的单个对象的高亮渐变色	QLinearGradient
setType(themeType:Q3DTheme.Theme)	设置主题类型	None
type()	获取主题类型	Q3DTheme.Theme
windowColor()	获取窗口颜色	QColor
setWindowColor(color:QColor)	设置窗口颜色	None

在表 7-8 中,Q3DTheme. Theme 的枚举值为 Q3DTheme. ThemeQt、Q3DTheme. ThemePrimaryColors、Q3DTheme. ThemeDigia、Q3DTheme. ThemeStoneMoss、Q3DTheme. ThemeArmyBlue、Q3DTheme. ThemeRetro、Q3DTheme. ThemeEbony、Q3DTheme. Themeisabelle、Q3DTheme. ThemeUserDefined。

【实例 7-4】 绘制三维曲线$\begin{cases} x = z\sin 20z \\ y = z\cos 20z \\ z = z \end{cases}$的三维散点图,$z$ 的区间是[0,1.2]。要求创建 4 个按压按钮,使用按钮更改三维图表的主题类型、显示标签背景、隐藏网格线,代码如下:

```
# === 第 7 章 代码 demo4.py === #
import sys
from PySide6.QtWidgets import (QApplication,QWidget,
    QHBoxLayout,QVBoxLayout,QPushButton)
from PySide6.QtDataVisualization import (Q3DScatter,QScatter3DSeries,
    QScatterDataProxy,QScatterDataItem,QAbstract3DSeries,Q3DTheme)
from PySide6.QtCore import Qt
from PySide6.QtGui import QVector3D
import numpy as np

class Window(QWidget):
    def __init__(self, parent = None):
        super().__init__(parent)
        self.setGeometry(200,200,580,300)
        self.setWindowTitle("Q3DTheme")
        #创建设置视角按钮控件和布局
        hbox = QHBoxLayout()
        btn_type1 = QPushButton("主题类型 1")
        btn_type2 = QPushButton("主题类型 2")
        btn_back = QPushButton("显示标签背景")
        btn_grid = QPushButton("隐藏网格线")
        hbox.addWidget(btn_type1)
        hbox.addWidget(btn_type2)
        hbox.addWidget(btn_back)
        hbox.addWidget(btn_grid)
        #设置窗口的布局方式
        vbox = QVBoxLayout(self)
        vbox.addLayout(hbox)
        #创建三维散点图表
        self.graph3D = Q3DScatter()
        #创建三维图表容器
        self.container = self.createWindowContainer(self.graph3D)
        vbox.addWidget(self.container)
        self.dataProxy = QScatterDataProxy()                #创建数据的数据代理
        self.series = QScatter3DSeries(self.dataProxy)      #数据创建序列
        self.series.setItemLabelFormat("(x,z,y) = (@xLabel,@zLabel,@yLabel)")
        self.series.setMeshSmooth(True)
        self.graph3D.addSeries(self.series)
```

```
        #获取三维图表的坐标轴、设置坐标轴
        self.graph3D.axisX().setTitle("axis X")
        self.graph3D.axisX().setTitleVisible(True)
        self.graph3D.axisY().setTitle("axis Y")
        self.graph3D.axisY().setTitleVisible(True)
        self.graph3D.axisZ().setTitle("axis Z")
        self.graph3D.axisZ().setTitleVisible(True)
        self.graph3D.activeTheme().setLabelBackgroundEnabled(False)
        self.series.setMesh(QAbstract3DSeries.MeshSphere)    #设置散点形状
        self.series.setItemSize(0.15)                        #设置散点大小,value 为 0~1
        #创建数据代理的数据项
        z = np.linspace(0, 1.2, 200)
        x = z * np.sin(20 * z)
        y = z * np.cos(20 * z)
        itemArray = list()
        for i in range(len(z)):
            vect3D = QVector3D(x[i],z[i],y[i])               #三维坐标点
            item = QScatterDataItem(vect3D)                  #空间中的一个散点对象或数据项
            itemArray.append(item)
        self.dataProxy.resetArray(itemArray)                 #重置数据代理的数据项列表
        #使用信号/槽
        btn_type1.clicked.connect(self.change_type1)
        btn_type2.clicked.connect(self.change_type2)
        btn_back.clicked.connect(self.show_back)
        btn_grid.clicked.connect(self.hide_grid)

    def change_type1(self):
        self.graph3D.activeTheme().setType(Q3DTheme.ThemeArmyBlue)

    def change_type2(self):
        self.graph3D.activeTheme().setType(Q3DTheme.ThemePrimaryColors)

    def show_back(self):
        self.graph3D.activeTheme().setLabelBackgroundEnabled(True)

    def hide_grid(self):
        self.graph3D.activeTheme().setGridEnabled(False)


if __name__ == "__main__":
    app = QApplication(sys.argv)
    win = Window()
    win.show()
    sys.exit(app.exec())
```

运行结果如图 7-8 所示。

注意：在 PySide6 中，Q3DScene 类、Q3DCamera 类、QVector3D 类、Q3DTheme 类都有各自的信号。有兴趣的读者可查看其官方文档。

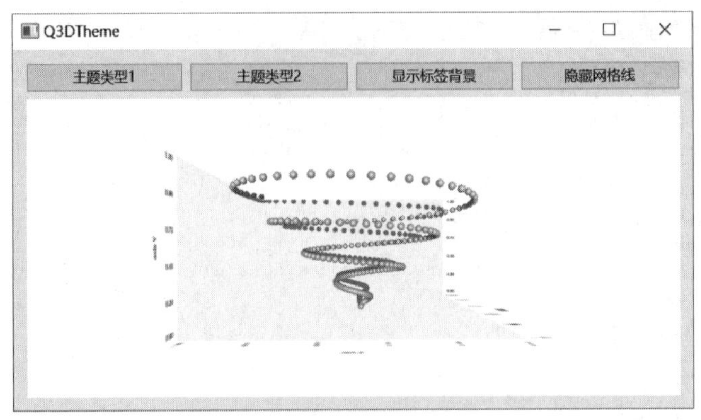

图 7-8 代码 demo4. py 的运行结果

4min

7.1.9 三维数据序列抽象类 QAbstract3DSeries

在 PySide6 中，QAbstract3DSeries 类是三维数据序列类的基类，这也是一个抽象类，并不能直接使用。QScatter3DSeries 类、QSurface3DSeries 类、QBar3DSeries 类继承了 QAbstract3DSeries 类的方法和信号。

QAbstract3DSeries 类的常用方法见表 7-9。

表 7-9 QAbstract3DSeries 类的常用方法

方法及参数类型	说　　明	返回值的类型
baseColor()	获取数据序列的颜色	QColor
setBaseColor(color:QColor)	设置数据序列的颜色	None
baseGradient()	获取数据序列的渐变色	QLinearGradient
setBaseGradient(gradient:QLinearGradient)	设置数据序列的渐变色	None
colorStyle()	获取数据序列的颜色风格	ColorStyle
setColorStyle(color:ColorStyle)	设置颜色风格	None
isItemLabelVisible()	获取数据项标签是否可见	bool
isMeshSmooth()	是否使用预定义网格的平滑版本	bool
isVisible()	获取是否可见	bool
itemLabel()	获取数据项的标签文本	str
itemLabelFormat()	获取数据项标签文本的格式	str
setItemLabelFormat(format:str)	设置数据项标签文本的格式	None
setItemLabelVisible(visible:bool)	设置数据项标签是否可见	None
mesh()	获取数据项的形状	MeshType
setMesh(type:QAbstract3DSeries. MeshType)	设置数据项的形状	None
setMeshAxisAndAngle(axis:QVector3D, angle:float)	设置从坐标和角度构造网格旋转四元数的方便函数	None
meshRotation()	获取适用于所有数据项的网格旋转	QQuaternion

续表

方法及参数类型	说　明	返回值的类型
setMeshRotation(rotation:QtGui.QQuaternion)	设置数据项的网格旋转	None
multiHighlightColor()	获取多个数据项的高亮颜色	QColor
setMultiHighlightColor(color:QColor)	设置多个数据项的高亮颜色	None
multiHighlightGradient()	获取多个数据项的高亮渐变色	QLinearGradient
setMultiHighlightGradient(gradient:QLinearGradient)	设置多个数据项的高亮渐变色	None
name()	获取数据序列的名称	str
setName(name:str)	设置数据序列的名称	None
singleHighlightColor()	获取单个数据项的高亮颜色	QColor
setSingleHighlightColor(color:QColor)	设置单个数据项的高亮颜色	None
singleHighlightGradient()	获取单个数据项的高亮渐变色	QLinearGradient
setSingleHighlightGradient(gradient:QLinearGradient)	设置单个数据项的高亮渐变色	None
setUserDefineMesh(fileName:str)	设置用户自定义数据项形状的名称	None
setVisible(visible:bool)	设置是否可见	None
type()	获取数据序列的类型	QAbstract3DSeries.SeriesType
userDefineMesh()	获取用户自定义数据项形状	None

注意：在 PySide6 中，如果返回值为某个类创建的实例对象，则返回值的首字母为 Q，例如 QColor；如果返回值的首字母不是 Q，则为该类下的枚举值，例如 SeriesType、MeshType。

在表 7-9 中，QAbstract3DSeries.SeriesType 的枚举值为 QAbstract3DSeries.SeriesTypeNone、QAbstract3DSeries.SeriesTypeBar、QAbstract3DSeries.SeriesTypeScatter、QAbstract3DSeries.SeriesTypeSurface。

QAbstract3DSeries.MeshType 的枚举值见表 7-10。

表 7-10　QAbstract3DSeries.MeshType 的枚举值

枚　举　值	枚　举　值
QAbstract3DSeries.MeshUserDefined	QAbstract3DSeries.MeshBevelBar
QAbstract3DSeries.MeshBar	QAbstract3DSeries.MeshBevelCube
QAbstract3DSeries.MeshCube	QAbstract3DSeries.MeshSphere
QAbstract3DSeries.MeshPyramid	QAbstract3DSeries.MeshMinimal
QAbstract3DSeries.MeshCone	QAbstract3DSeries.MeshArrow
QAbstract3DSeries.MeshCylinder	QAbstract3DSeries.MeshPoint

QAbstract3DSeries 类的信号见表 7-11。

表 7-11　QAbstract3DSeries 类的信号

信号及参数类型	说　明
baseColorChanged(color:QColor)	当颜色发生改变时发送信号
baseGradientChanged(gradient:QLinearGradient)	当渐变色发生改变时发送信号
colorStyleChanged(style:ColorStyle)	当颜色风格发生改变时发送信号
itemLabelChanged(label:str)	当数据项标签文本发生改变时发送信号
itemLabelFormatChanged(format:str)	当数据项标签格式发生改变时发送信号
itemLabelVisibilityChanged(visible:bool)	当数据项标签可见性发生改变时发送信号
meshChanged(mesh:MeshType)	当数据项形状发生改变时发送信号
meshRotationChanged(rotation:QQuaternion)	当数据项的网络旋转发生改变时发送信号
meshSmoothChanged(enabled:bool)	当数据项的平滑效果发生改变时发送信号
multiHighlightColorChanged(color:QColor)	当多个数据项的高亮颜色发生改变时发送信号
multiHighlightGradientChanged(gradient:QLinearGradient)	当多个数据项的高亮渐变色发生改变时发送信号
nameChanged(name:str)	当数据序列的名称发生改变时发送信号
singleHighlightColorChanged(color:QColor)	当单个数据项的高亮颜色发生改变时发送信号
singleHighlightGradientChanged(gradient:QLinearGradient)	当单个数据项的高亮渐变色发生改变时发送信号
userDefineMeshChanged(fileName:str)	当自定义的数据项形状发生改变时发送信号
visiblityChanged(visible:bool)	当数据序列的可见性发生改变时发送信号

16min

7.2　绘制三维散点图

在 PySide6 中,可以使用 Q3DScatter、QScatter3DSeries、QScatterDataProxy 绘制三维散点图。本节将介绍这些类的方法和信号。

7.2.1　三维散点图表类 Q3DScatter

在 PySide6 中,使用 Q3DScatter 类创建三维散点图表对象。Q3DScatter 类是 QAbstract3DGraph 类的子类。其继承关系图如图 7-1 所示。Q3DScatter 类的构造函数如下:

```
Q3DScatter(format:QSurfaceFormat = None,parent:QWindow = None)
```

其中,format 表示三维图表的格式,保持默认即可;parent 表示父窗口或父容器。

Q3DScatter 类不仅继承了 QAbstract3DGraph 类的属性、方法、信号,还有自己独有的方法和信号。Q3DScatter 类的独有方法见表 7-12。

表 7-12　Q3DScatter 类的独有方法

方法及参数类型	说　明	返回值的类型
addAxis(axis:QValue3DAxis)	添加坐标轴	None
addSeries(series:QScatter3DSeries)	添加数据序列	None
axes()	获取坐标轴对象序列	List[QScatter3DSeries]
axisX()	获取 x 坐标值	QValue3DAxis
axisY()	获取 y 坐标值	QValue3DAxis
axisZ()	获取 z 坐标值	QValue3DAxis
releaseAxis(axis:QValue3DAxis)	将指定坐标轴的所有权释放回调用者	None
removeSeries(series:QScatter3DSeries)	移除指定的数据序列	None
selectedSeries()	获取选中的数据序列	QScatter3DSeries
seriesList()	获取数据序列对象列表	List[QScatter3DSeries]
setAxisX(axis:QValue3DAxis)	设置 x 坐标值	None
setAxisY(axis:QValue3DAxis)	设置 y 坐标值	None
setAxisZ(axis:QValue3DAxis)	设置 z 坐标值	None

Q3DScatter 类的独有信号见表 7-13。

表 7-13　Q3DScatter 类的独有信号

信号及参数类型	说　明
axisXChanged(axis:QValue3DAxis)	当 x 坐标轴发生改变时发送信号
axisYChanged(axis:QValue3DAxis)	当 y 坐标轴发生改变时发送信号
axisZChanged(axis:QValue3DAxis)	当 z 坐标轴发生改变时发送信号
selectedSeriesChanged(series:QScatter3DSeries)	当选中的数据序列发生改变时发送信号

7.2.2　三维散点数据序列类 QScatter3DSeries

在 PySide6 中，使用 QScatter3DSeries 类创建三维散点图的数据序列对象。QScatter3DSeries 类是 QAbstract3DSeries 类的子类。其继承关系如图 7-2 所示。QScatter3DSeries 类的构造函数如下：

```
QScatter3DSeries(parent:QObject = None)
QScatter3DSeries(dataProxy:QScatterDataProxy,parent:QObject = None)
```

其中，dataProxy 表示数据代理对象；parent 表示 QObject 类及其子类创建的实例对象。

QScatter3DSeries 类不仅继承了 QAbstract3DSeries 类的属性、方法、信号，还有自己独有的方法和信号。QScatter3DSeries 类的独有方法见表 7-14。

表 7-14　QScatter3DSeries 类的独有方法

方法及参数类型	说　　明	返回值的类型
[static]invalidSelectionIndex()	返回一个无效的选择索引	int
dataProxy()	获取数据代理	QScatterDataProxy
itemSize()	获取数据项的大小	float
selectedItem()	获取被选中的数据项索引	int
setDataProxy(proxy:QScatterDataProxy)	设置数据代理	None
setItemSize(size:float)	设置数据项的大小	None
setSelectedItem(index:int)	根据索引选中数据项	None

使用 QScatter3DSeries 类的 setItemLabelFormat(format:str)方法设置数据项的标签格式,数据项的标签格式见表 7-15。

表 7-15　数据项的标签格式

格　　式	说　　明	格　　式	说　　明
@xTitle	x 轴标题	@xLabel	x 坐标值
@yTitle	y 轴标题	@yLabel	y 坐标值
@zTitle	z 轴标题	@zLabel	z 坐标值
@seriesName	数据序列的名称		

QScatter3DSeries 类的独有信号见表 7-16。

表 7-16　QScatter3DSeries 类的独有信号

信号及参数类型	说　　明
dataProxyChanged(proxy:QScatterDataProxy)	当数据代理发生改变时发送信号
itemSizeChanged(size:float)	当数据项的大小发生改变时发送信号
selectedItemChanged(index:int)	当被选中的数据项发生改变时发送信号

7.2.3　三维散点数据代理类 QScatterDataProxy

在 PySide6 中,与 QScatter3DSeries 类配套的数据代理类为 QScatterDataProxy。使用 QScatterDataProxy 类可以创建三维散点数据代理对象,可用于存储、管理 QScatter3DSeries 数据序列中的数据项。与 QScatter3DSeries 类对应的数据项类为 QScatterDataItem。

1. QScatterDataProxy 类的方法和信号

QScatterDataProxy 类位于 PySide6 的 QtDataVisualization 子模块下,其构造函数如下:

```
QScatterDataProxy(parent:QObject = None)
```

其中,parent 表示 QObject 类及其子类创建的实例对象。

QScatterDataProxy 类的常用方法见表 7-17。

表 7-17 QScatterDataProxy 类的常用方法

方法及参数类型	说明	返回值的类型
addItem(item:QScatterDataItem)	在末尾添加数据项,并返回该数据项的索引	index
addItems(items:Sequence[QScatterDataItem])	在末尾添加多个数据项,并返回第1个数据项的索引	None
array()	返回指向数据项数组的指针	QList
insertItem(index:int,item:QScatterDataItem)	在指定的索引处插入数据项	None
insertItems(index:int,items:Sequence[QScatterDataItem])	在指定的索引处插入多个数据项	None
itemAt(index:int)	获取指定索引的数据项	QScatterDataItem
itemCount()	获取数据项的个数	int
removeItems(index:int,removeCount:int)	从指定的索引开始,删除指定数量的数据项	None
resetArray(arg1:Sequence[QScatterDataItem])	重置数据项列表	None
series()	获取对应的数据序列对象	QScatter3DSeries
setItem(index:int,item:QScatterDataItem)	根据索引替换数据项	None
setItems(index:int,items:Sequence[QScatterDataItem])	从指定的索引开始,替换指定数量的数据项	None

QScatterDataProxy 类的信号见表 7-18。

表 7-18 QScatterDataProxy 类的信号

信号及参数类型	说明
arrayReset()	当重置数据项时发送信号
itemCountChanged(count:int)	当数据项的个数发生改变时发送信号
itemsAdded(startIndex:int,count:int)	当添加数据项时发送信号
itemsChanged(startIndex:int,count:int)	当数据项发生改变时发送信号
itemsInserted(startIndex:int,count:int)	当插入数据项时发送信号
itemsRemoved(startIndex:int,count:int)	当移除数据项时发送信号
seriesChanged(series:QScatter3DSeries)	当关联的数据序列发生改变时发送信号

2. QScatterDataItem 类的方法

QScatterDataItem 类位于 PySide6 的 QtDataVisualization 子模块下,其构造函数如下:

```
QScatterDataItem(other:QScatterDataItem)
QScatterDataItem(position:QVector3D)
QScatterDataItem(position:QVector3D,rotation:QtGui.QQuaternion)
```

其中,othter 表示 QScatterDataItem 类创建的实例对象;position 表示 QVector3D 类创建的实例对象。

QScatterDataItem 类的常用方法见表 7-19。

表 7-19 QScatterDataItem 类的常用方法

方法及参数类型	说　明	返回值的类型
position()	获取数据	QVector3D
rotation()	获取数据的旋转	QQuaternion
setPosition(pos:QVector3D)	设置数据	None
setRotation(rot:QQuaternion)	设置数据的旋转	None
setX(value:float)	设置 x 轴坐标值	None
setY(value:float)	设置 y 轴坐标值	None
setZ(value:float)	设置 z 轴坐标值	None
x()	获取 x 轴坐标值	float
y()	获取 y 轴坐标值	float
z()	获取 z 轴坐标值	float

7.2.4 典型应用

【实例 7-5】 绘制三维曲线$\begin{cases} x=2\sin 20z \\ y=2\cos 20z \\ z=z \end{cases}$的三维散点图，$z$ 的区间是[0,2.2]，要求散点的形状为棱锥体，代码如下：

```
# === 第 7 章 代码 demo5.py === #
import sys
from PySide6.QtWidgets import QApplication,QMainWindow
from PySide6.QtDataVisualization import (Q3DScatter,QScatter3DSeries,
   QScatterDataProxy,QScatterDataItem,QAbstract3DSeries,Q3DCamera)
from PySide6.QtGui import QVector3D
import numpy as np

class Window(QMainWindow):
   def __init__(self, parent = None):
      super().__init__(parent)
      self.setGeometry(200,200,580,280)
      self.setWindowTitle("Q3DScatter、QScatter3DSeries、QScatterDataProxy")
      #创建三维图表
      self.graph3D = Q3DScatter()
      self.container = self.createWindowContainer(self.graph3D)
      self.setCentralWidget(self.container)
      #创建数据代理对象
      self.dataProxy = QScatterDataProxy()
      #创建数据序列对象
      self.series = QScatter3DSeries(self.dataProxy)
      self.series.setItemLabelFormat("(x,z,y) = (@xLabel,@zLabel,@yLabel)")
```

```
        self.series.setMeshSmooth(True)
        self.graph3D.addSeries(self.series)
        #设置坐标轴,使用内建的坐标轴
        self.graph3D.axisX().setTitle("axis X")
        self.graph3D.axisX().setTitleVisible(True)
        self.graph3D.axisY().setTitle("axis Y")
        self.graph3D.axisY().setTitleVisible(True)
        self.graph3D.axisZ().setTitle("axis Z")
        self.graph3D.axisZ().setTitleVisible(True)
        #设置主题
        self.graph3D.activeTheme().setLabelBackgroundEnabled(False)
        #设置散点形状
        self.series.setMesh(QAbstract3DSeries.MeshPyramid)  #散点形状
        self.series.setItemSize(0.15)                       #散点大小
        #设置视角
        camView = Q3DCamera.CameraPresetFrontHigh
        self.graph3D.scene().activeCamera().setCameraPreset(camView)
        #创建数据代理的数据项
        z = np.linspace(0, 2.2, 440)
        x = 2 * np.sin(20 * z)
        y = 2 * np.cos(20 * z)
        itemArray = list()
        for i in range(len(z)):
            vect3D = QVector3D(x[i],z[i],y[i])              #三维坐标点
            item = QScatterDataItem(vect3D)                 #空间中的一个数据项
            itemArray.append(item)
        self.dataProxy.resetArray(itemArray)                #重置数据代理的数据项列表


if __name__ == "__main__":
    app = QApplication(sys.argv)
    win = Window()
    win.show()
    sys.exit(app.exec())
```

运行结果如图 7-9 所示。

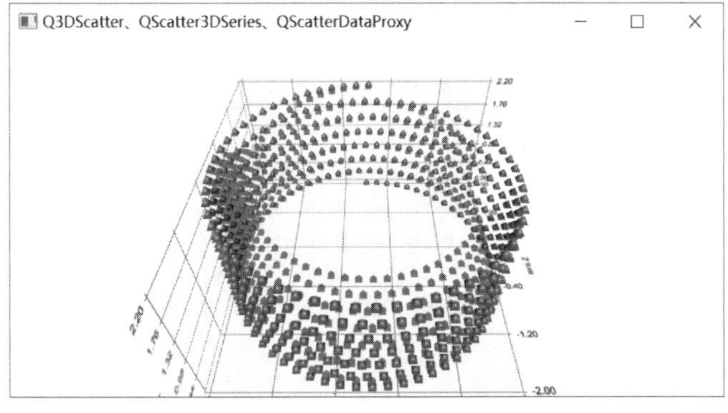

图 7-9　代码 demo5.py 的运行结果

13min

7.3 绘制三维曲面图、三维地形图

在 PySide6 中，可以使用 Q3DSurface、QSurface3DSeries、QSurfaceDataProxy 绘制三维曲面图。当 QSurface3DSeries 数据序列使用 QHeightMapsSurfaceDataProxy 类创建的对象作为数据代理时可绘制三维地形图。本节将介绍这些类的方法和信号。

7.3.1 三维曲面图表类 Q3DSurface

在 PySide6 中，使用 Q3DSurface 类创建三维曲面图表对象。Q3DSurface 类是 QAbstract3DGraph 类的子类。其继承关系如图 7-1 所示。Q3DSurface 类的构造函数如下：

```
Q3DSurface(format:QSurfaceFormat = None,parent:QWindow = None)
```

其中，format 表示三维图表的格式，保持默认即可；parent 表示父窗口或父容器。

Q3DSurface 类不仅继承了 QAbstract3DGraph 类的属性、方法、信号，还有自己独有的方法和信号。Q3DSurface 类的独有方法见表 7-20。

表 7-20 Q3DSurface 类的独有方法

方法及参数类型	说　明	返回值的类型
addAxis(axis:QValue3DAxis)	添加坐标轴	None
addSeries(series:QSurface3DSeries)	添加数据序列	None
axes()	获取所有坐标轴	List[QValue3DAxis]
axisX()	获取 x 坐标轴	QValue3DAxis
axisY()	获取 y 坐标轴	QValue3DAxis
axisZ()	获取 z 坐标轴	QValue3DAxis
flipHorizontalGrid()	获取水平轴网格是否显示在图形的顶部	bool
setFlipHorizontalGrid(flip:bool)	设置是否将水平轴网络显示在图形的顶部	None
releaseAxis(axis:QValue3DAxis)	将指定坐标轴的所有权释放给调用方	None
removeSeries(series:QSurfaceSeries)	移除数据序列	None
selectedSeries()	获取选中的数据序列	QSurface3DSeries
seriesList()	获取添加到图表的数据序列列表	List[QSurface3DSeries]
setAxisX(axis:QValue3DAxis)	设置 x 坐标轴	None
setAxisY(axis:QValue3DAxis)	设置 y 坐标轴	None
setAxisZ(axis:QValue3DAxis)	设置 z 坐标轴	None

Q3DSurface 类的独有信号见表 7-21。

表 7-21 Q3DSurface 类的独有信号

信号及参数类型	说　明
axisXChanged(axis:QValue3DAxis)	当 x 坐标轴发生改变时发送信号
axisYChanged(axis:QValue3DAxis)	当 y 坐标轴发生改变时发送信号
axisZChanged(axis:QValue3DAxis)	当 z 坐标轴发生改变时发送信号
flipHorizontalGridChanged(flip:bool)	当水平网格的位置发生改变时发送信号
selectedSeriesChanged(series:QSurface3DSeries)	当选择的数据序列发生改变时发送信号

7.3.2 三维曲面数据序列类 QSurface3DSeries

在 PySide6 中,使用 QSurface3DSeries 类创建三维曲面图的数据序列对象。QSurface3DSeries 类是 QAbstract3DSeries 类的子类。其继承关系如图 7-2 所示。QSurface3DSeries 类的构造函数如下:

```
QSurface3DSeries(parent:QObject = None)
QSurface3DSeries(dataProxy:QSurfaceDataProxy,parent:QObject = None)
```

其中,dataProxy 表示数据代理对象;parent 表示 QObject 类及其子类创建的实例对象。

QSurface3DSeries 类不仅继承了 QAbstract3DSeries 类的属性、方法、信号,还有自己独有的方法和信号。QSurface3DSeries 类的独有方法见表 7-22。

表 7-22 QSurface3DSeries 类的独有方法

方法及参数类型	说　明	返回值的类型
[static]invalidSelectionPosition()	获取无效选择位置的坐标点	QPoint
dataProxy()	获取数据代理	QSurfaceDataProxy
drawMode()	获取绘图模式	DrawFlags
isFlatShadingEnabled()	是否启用平面着色	bool
setFlatShadingEnabled(enbled:bool)	设置是否启用平面着色	None
isFlatShadingSupported()	当前系统是否支持平面着色	bool
selectedPoint()	获取选中的数据点	QPoint
setDataProxy(proxy:QSurfaceDataProxy)	设置数据代理	None
setDrawMode(mode:DrawFlags)	设置绘图模式	None
setSelectedPoint(positon:QPoint)	根据平面坐标选择曲面数据点	None
setTexture(texture:QImage)	将表面纹理图保存为 QImage 图像	None
setTextureFile(filename:str)	将表面纹理图保存为文件	None
setWireframeColor(color:QColor)	设置表面线框的颜色	None
texture()	获取表面纹理图像	QImage
textureFile()	获取表面纹理的文件名	str
wireframeColor()	获取表面线框的颜色	QColor

QSurface3DSeries 类的独有信号见表 7-23。

表 7-23　QSurface3DSeries 类的独有信号

信号及参数类型	说　明
dataProxyChanged(proxy:QSurfaceDataProxy)	当数据代理发生改变时发送信号
drawModeChanged(mode:DrawFlags)	当绘图模式发生改变时发送信号
flatShadingEnabledChanged(enable:bool)	当平面是否着色发生改变时发送信号
flatShadingSupportedChanged(enable:bool)	当系统是否支持着色发生改变时发送信号
selectedPointChanged(position:QPoint)	当选择的坐标点发生改变时发送信号
textureChanged(image:QImage)	当曲面纹理图像发生改变时发送信号
textureFileChanged(filename:str)	当曲面纹理的文件发生改变时发送信号
wireframeColorChanged(color:QColor)	当表面线框的颜色发生改变时发送信号

7.3.3　三维曲面数据代理类 QSurfaceDataProxy

在 PySide6 中，与 QSurface3DSeries 类配套的数据代理类为 QSurfaceDataProxy。使用 QSurfaceDataProxy 类可以创建三维散点曲面代理对象，可用于存储、管理 QSurface3DSeries 数据序列中的数据项。与 QSurface3DSeries 类对应的数据项类为 QSurfaceDataItem。

1. QSurfaceDataProxy 类的方法和信号

QSurfaceDataProxy 类位于 PySide6 的 QtDataVisualization 子模块下，其构造函数如下：

```
QSurfaceDataProxy(parent:QObject = None)
```

其中，parent 表示 QObject 类及其子类创建的实例对象。

QSurfaceDataProxy 类的常用方法见表 7-24。

表 7-24　QSurfaceDataProxy 类的常用方法

方法及参数类型	说　明	返回值的类型
addRow(arg1:Sequence[QSurfaceDataItem])	在末尾添加一行数据项	int
addRows(row:QSurfaceDataArray)	在末尾添加多行数据项	int
array()	获取数据项数组	QSurfaceDataArray
columnCount()	获取列数	int
insertRow(rowIndex:int, rowItem:Sequence[QSurfaceDataItem])	在指定的索引位置插入一行数据项	None
insertRows(rowIndex:int,rows:QSurfaceDataArray)	从指定的索引位置开始，插入多行数据项	None
itemAt(positon:QPoint)	获取指定坐标的数据项	QSurfaceDataItem
itemAt(rowIndex:int,columnIndex:int)	根据行索引、列索引获取数据项	QSurfaceDataItem
removeRows(rowIndex:int,removeCount:int)	从指定的索引开始，移除指定行的数据项	None

续表

方法及参数类型	说　　明	返回值的类型
resetArray(arg1:QSurfaceDataArray)	重置数组	None
resetArrayNp(x:float,deltaX:float,z:float,deltaZ:float,data:PyArrayObject)	重置二维数组	None
rowCount()	获取行数	int
series()	获取数据序列	QSurface3DSeries
setItem(position:QPoint,item:QSurfaceDataItem)	在指定的位置更新数据项	None
setItem(rowIndex:int,columnIndex:int,item:QSurfaceDataItem)	根据行索引、列索引更新数据项	None
setRow(rowIndex:int,Sequence[QSurfaceDataItem])	根据行索引替换一行数据项	None
setRows(rowIndex:int,rows:QSurfaceDataArray)	从指定的行索引位置开始,替换多行数据项	None

QSurfaceDataProxy 类的信号见表 7-25。

表 7-25　QSurfaceDataProxy 类的信号

信号及参数类型	说　　明
arrayReset()	当重置数据项时发送信号
columnCountChanged(count:int)	当列数发生改变时发送信号
itemChanged(rowIndex:int,columnIndex:int)	当数据项发生改变时发送信号
rowCountChanged(count:int)	当行数发生改变时发送信号
rowsAdded(startIndex:int,count:int)	当增加一行或多行数据项时发送信号
rowsChanged(startIndex:int,count:int)	当更新一行或多行数据项时发送信号
rowsInserted(startIndex:int,count:int)	当插入一行或多行数据项时发送信号
rowsRemoved(startIndex:int,count:int)	当移除一行或多行数据项时发送信号
seriesChanged(series:QSurface3DSeries)	当数据序列发生改变时发送信号

2. QSurfaceDataItem 类的方法

QSurfaceDataItem 类位于 PySide6 的 QtDataVisualization 子模块下,其构造函数如下:

```
QSurfaceDataItem(other:QSurfaceDataItem)
QSurfaceDataItem(position:QVector3D)
```

其中,othter 表示 QSurfaceDataItem 类创建的实例对象;position 表示 QVector3D 类创建的实例对象。

QSurfaceDataItem 类的常用方法见表 7-26。

表 7-26 QSurfaceDataItem 类的常用方法

方法及参数类型	说　明	返回值的类型
position()	获取数据	QVector3D
setPosition(pos:QVector3D)	设置数据	None
setX(value:float)	设置 x 轴坐标值	None
setY(value:float)	设置 y 轴坐标值	None
setZ(value:float)	设置 z 轴坐标值	None
x()	获取 x 轴坐标值	float
y()	获取 y 轴坐标值	float
z()	获取 z 轴坐标值	float

7.3.4 绘制三维曲面图

【实例 7-6】 根据曲面方程 $z=\cos\sqrt{x^2+y^2}$ 绘制三维曲面图，x 的区间是[−6,6]，y 的区间是[−6,6]，代码如下：

```
# === 第 7 章 代码 demo6.py === #
import sys
from PySide6.QtWidgets import QApplication,QMainWindow,QWidget
from PySide6.QtDataVisualization import *
from PySide6.QtGui import QVector3D
import numpy as np

def f(x,y):
    return np.cos(np.sqrt(x ** 2 + y ** 2))

class Window(QMainWindow):
    def __init__(self, parent = None):
        super().__init__(parent)
        self.setGeometry(200,200,580,280)
        self.setWindowTitle("Q3DSurface、QSurface3DSeries、QSurfaceDataProxy")
        #创建三维图表
        self.graph3D = Q3DSurface()
        self.container = QWidget.createWindowContainer(self.graph3D)
        self.graph3D.activeTheme().setLabelBackgroundEnabled(False)
        self.setCentralWidget(self.container)
        #创建数据代理、数据序列
        self.dataProxy = QSurfaceDataProxy()
        self.series = QSurface3DSeries(self.dataProxy)
        #设置数据序列
        self.series.setItemLabelFormat("(x,z,y) = (@xLabel,@zLabel,@yLabel)")
        self.series.setMeshSmooth(True)                        #单点光滑显示
        self.series.setMesh(QAbstract3DSeries.MeshSphere)      #单点样式
        self.graph3D.addSeries(self.series)
        #设置视角
        camView = Q3DCamera.CameraPresetFrontHigh
        self.graph3D.scene().activeCamera().setCameraPreset(camView)
        #创建坐标轴、设置坐标轴
        axisX = QValue3DAxis()                                 #QValue3DAxis 类
```

```
        axisX.setTitle("Axis X")
        axisX.setTitleVisible(True)
        axisX.setRange(-10,10)
        self.graph3D.setAxisX(axisX)

        axisY = QValue3DAxis()
        axisY.setTitle("Axis Y")                                    #垂直方向的坐标轴
        axisY.setTitleVisible(True)
        axisY.setAutoAdjustRange(True)                              #垂直方向自动调整范围
        self.graph3D.setAxisY(axisY)

        axisZ = QValue3DAxis()
        axisZ.setTitle("Axis Z")
        axisZ.setTitleVisible(True)
        #axisZ.setRange(-10,10)
        axisZ.setAutoAdjustRange(True)
        self.graph3D.setAxisZ(axisZ)
        #构建 x、y 数据
        x = np.linspace(-6, 6, 60)
        y = np.linspace(-6, 6, 60)
        #对数据进行网格化处理
        X,Y = np.meshgrid(x, y)
        Z = f(X, Y)
        for i in range(len(Z)):
            itemRow = []
            for j in range(len(Z[0])):
                vect3D = QVector3D(X[i][j],Z[i][j],Y[i][j])         #三维坐标点
                item = QSurfaceDataItem(vect3D)                     #三维曲面的数据项
                itemRow.append(item)
            self.dataProxy.addRow(itemRow)                          #在末尾添加一行数据项


if __name__ == "__main__":
    app = QApplication(sys.argv)
    win = Window()
    win.show()
    sys.exit(app.exec())
```

运行结果如图 7-10 所示。

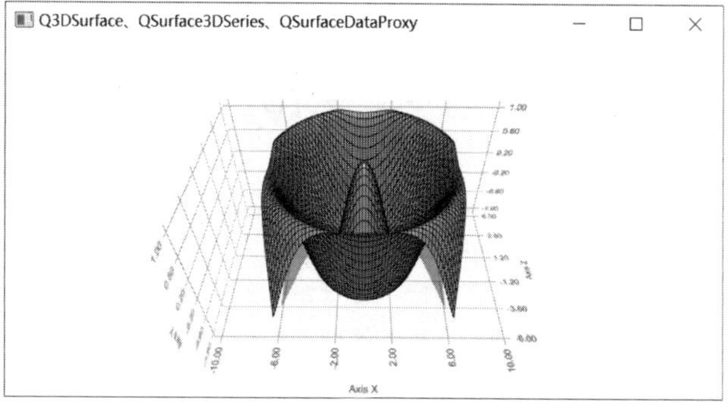

图 7-10　代码 demo6. py 的运行结果

7.3.5 绘制三维地形图

在 PySide6 中,如果 QSurface3DSeries 类配套的数据代理类为 QHeightMapSurfaceDataProxy,则可以读取图像文件,并将图像像素的颜色值作为高程数据绘制三维地形图。

QHeightMapSurfaceDataProxy 类位于 PySide6 的 QtDataVisualization 子模块下,其构造函数如下:

```
QHeightMapSurfaceDataProxy(image:QImage,parent:QObject = None)
QHeightMapSurfaceDataProxy(filename:str,parent:QObject = None)
```

其中,image 表示 QImage 实例对象; parent 表示 QObject 类及其子类创建的实例对象; filename 表示图像文件的路径和名称。

【实例 7-7】 使用 QHeightMapSurfaceDataProxy 类读取图像,并绘制三维地形图,代码如下:

```
# === 第 7 章 代码 demo7.py === #
import sys
from PySide6.QtWidgets import QApplication,QMainWindow
from PySide6.QtDataVisualization import *
from PySide6.QtGui import QVector3D,QLinearGradient,QImage

class Window(QMainWindow):
    def __init__(self, parent = None):
        super().__init__(parent)
        self.setGeometry(200,200,580,280)
        self.setWindowTitle("QHeightMapSurfaceDataProxy")
        #创建图表
        self.graph3D = Q3DSurface()
        self.container = self.createWindowContainer(self.graph3D)     #图表的容器
        self.graph3D.activeTheme().setLabelBackgroundEnabled(False)
        self.setCentralWidget(self.container)
        #读取图像文件、创建 QImage 对象
        heightMapImage = QImage("mountain1.png")                       #灰度图片
        #创建数据代理
        self.dataProxy = QHeightMapSurfaceDataProxy(heightMapImage)
        self.dataProxy.setValueRanges( - 5000,5000, - 5000,5000)
        #创建数据序列
        self.series = QSurface3DSeries(self.dataProxy)
        self.series.setItemLabelFormat("(x,z,y) = (@xLabel,@zLabel,@yLabel)")
        self.series.setFlatShadingEnabled(False)                       #曲面更光滑
        self.series.setMeshSmooth(True)
        self.series.setDrawMode(QSurface3DSeries.DrawSurface)          #只画曲面
        self.series.setMesh(QAbstract3DSeries.MeshSphere)              #单点样式
        #向图表中添加数据序列
        self.graph3D.addSeries(self.series)
        #创建坐标轴
        axisX = QValue3DAxis()
        axisX.setTitle("AxisX:西 -- 东")
```

```
        axisX.setTitleVisible(True)
        axisX.setLabelFormat("%.1f 米")
        axisX.setRange(-5000,5000)
        #axisX.setAutoAdjustRange(True)
        self.graph3D.setAxisX(axisX)

        axisY = QValue3DAxis()
        axisY.setTitle("AxisY:高度")
        axisY.setTitleVisible(True)
        #axisY.setRange(-10,10)
        axisY.setAutoAdjustRange(True)
        self.graph3D.setAxisY(axisY)

        axisZ = QValue3DAxis()
        axisZ.setTitle("AxisZ:南--北")
        axisZ.setTitleVisible(True)
        axisZ.setRange(-5000,5000)
        #axisZ.setAutoAdjustRange(True)
        self.graph3D.setAxisZ(axisZ)


if __name__ == "__main__":
    app = QApplication(sys.argv)
    win = Window()
    win.show()
    sys.exit(app.exec())
```

运行结果如图 7-11 所示。

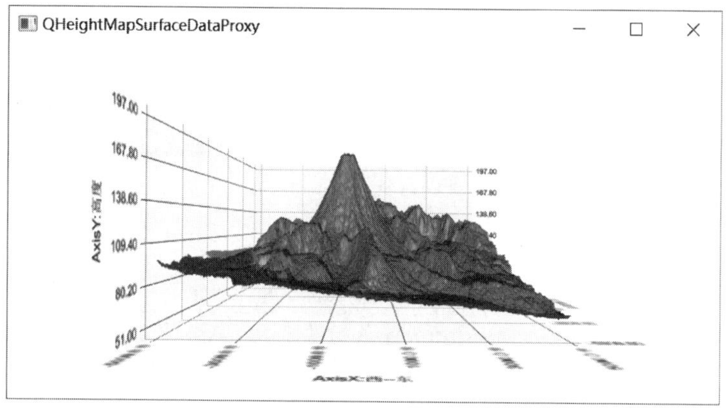

图 7-11　代码 demo7.py 的运行结果

注意：QHeightMapSurfaceDataProxy 类有其独有的方法和信号，有兴趣的读者可查看其官方文档。

15min

7.4 绘制三维柱状图

在 PySide6 中,可以使用 Q3DBars、QBar3DSeries、QBarDataProxy 绘制三维柱状图。本节将介绍这些类的方法和信号。

7.4.1 三维柱状图表类 Q3DBars

在 PySide6 中,使用 Q3DBars 类创建三维柱状图表对象。Q3DBars 类是 QAbstract3DGraph 类的子类。其继承关系如图 7-1 所示。Q3DBars 类的构造函数如下:

```
Q3DBars(format:QSurfaceFormat = None,parent:QWindow = None)
```

其中,format 表示三维图表的格式,保持默认即可;parent 表示父窗口或父容器。

Q3DBars 类不仅继承了 QAbstract3DGraph 类的属性、方法、信号,还有自己独有的方法和信号。Q3DBars 类的独有方法见表 7-27。

表 7-27　Q3DBars 类的独有方法

方法及参数类型	说　明	返回值的类型
addAxis(axis:QAbstract3DAxis)	添加坐标轴	None
addSeries(series:QBar3DSeries)	添加数据序列	None
axes()	获取坐标轴	List[QAbstract3DSeries]
barSeriesMargin()	获取数据在 x 和 z 维度之间的边距	QSizeF
setBarSeriesMargin(margin:QSizeF)	设置数据在 x 和 z 维度之间的边距	None
barSpacing	柱状在 x 和 z 维的间距	QSizeF
setBarSpacing(spacing:QSizeF)	设置柱状在 x 和 z 维的间距	None
barThickness()	x 和 z 维之间的柱厚比	float
setBarThickness(thicknessRatio:float)	设置条形 x 和 z 维之间的柱厚比	None
columnAxis()	获取列坐标轴	QCategory3DAxis
setColumnAxis(axis:QCategory3DAxis)	设置列坐标轴	None
floorLevel()	获取 y 轴坐标的地板水平值	float
setFloorLevel(level:float)	设置 y 轴坐标的地板水平值	None
insertSeries(index:int,series:QBar3DSeries)	在指定的索引处插入数据序列	None
isBarSpacingRelative()	柱状图之间的间距是否为相对的	bool
setBarSpacingRelative(relative:bool)	设置柱状图之间的间距是否为相对的	None
isMultiSeriesUniform	获取多个柱状是否按比例设置为单个系列柱状	bool
setMultiSeriesUniform(uniform:bool)	设置多个柱状是否按比例设置为单个系列柱状	None

续表

方法及参数类型	说　明	返回值的类型
primarySeries()	获取首要的数据序列	QBar3DSeries
setPrimarySeries(series:QBar3DSeries)	设置首要的数据序列	None
releaseAxis(axis:QAbstract3DAxis)	将坐标轴的所有权返还给调用者	None
removeSeries(series:QBar3DSeries)	移除数据序列	None
rowAxis()	获取行坐标轴	QCategory3DAxis
setRowAxis(axis:QCategory3DAxis)	设置行坐标轴	None
selectedSeries()	获取选中的数据序列	QBar3DSeries
seriesList()	获取数据序列列表	List[QBar3DSeries]
setValueAxis(axis:QValueAxis)	设置数值坐标轴	None
valueAxis()	获取数值坐标轴	QValue3DAxis

Q3DBars 类的独有信号见表 7-28。

表 7-28　Q3DBars 类的独有信号

信号及参数类型	说　明
barSeriesMarginChanged(margin:QSizeF)	当柱状的边距发生改变时发送信号
barSpacingChanged(spacing:QSizeF)	当柱状的间距发生改变时发送信号
barSpacingRelativeChanged(relative:bool)	当是否使用相对间距发生改变时发送信号
barThicknessChanged(thicknessRatio:float)	当柱厚比发生改变时发生信号
columnAxisChanged(axis:QCategory3DAxis)	当列坐标轴发生改变时发送信号
floorLevelChanged(level:float)	当 y 轴坐标的地板水平值发生改变时发送信号
multiSeriesUniformChanged(uniform:bool)	当柱状的单系列状态发生改变时发送信号
primarySeriesChanged(series:QBar3DSeries)	当首要的数据序列发生改变时发送信号
rowAxisChanged(axis:QCategory3DAxis)	当行坐标轴发生改变时发送信号
selectedSeriesChanged(series:QBar3DSeries)	当选中的数据序列发生改变时发送信号
valueAxisChanged(axis:QValueAxis)	当数值坐标轴发生改变时发送信号

7.4.2　三维柱状数据序列类 QBar3DSeries

在 PySide6 中,使用 QBar3DSeries 类创建三维柱状数据序列对象。QBar3DSeries 类是 QAbstract3DSeries 类的子类。其继承关系如图 7-2 所示。QBar3DSeries 类的构造函数如下：

```
QBar3DSeries(parent:QObject = None)
QBar3DSeries(dataProxy:QBarDataProxy,parent:QObject = None)
```

其中,dataProxy 表示数据代理对象；parent 表示 QObject 类及其子类创建的对象。

QBar3DSeries 类不仅继承了 QAbstract3DSeries 类的属性、方法、信号,还有自己独有的方法和信号。QBar3DSeries 类的独有方法见表 7-29。

表 7-29 QBar3DSeries 类的独有方法

方法及参数类型	说　明	返回值的类型
[static]invalidSelectionPosition()	返回选择的无效位置	QPoint
dataProxy()	获取数据代理	QBarDataProxy
meshAngle()	获取数据旋转的角度	float
rowColors()	获取一行数据序列的颜色	List[QColor]
setRowColors(colors:List[QColor])	设置一行数据序列的颜色	None
selectedBar()	获取选中条形的坐标(行索引、列索引)	QPoint
setSelectedBar(position:QPoint)	根据行索引和列索引选中条形	None
setDataProxy(proxy:QBarDataProxy)	设置数据代理	None
setMeshAngle(angle:float)	设置数据序列的旋转角度	None

QBar3DSeries 类的独有信号见表 7-30。

表 7-30 QBar3DSeries 类的独有信号

信号及参数类型	说　明
dataProxyChanged(proxy:QBarDataProxy)	当数据序列发生改变时发送信号
meshAngleChanged(angle:float)	当旋转角度发生改变时发送信号
rowColorsChanged(rowcolors:List[QColor])	当行颜色发生改变时发送信号
selectedBarChanged(position:QPoint)	当选择的条形发生改变时发送信号

7.4.3 三维柱状数据代理类 QBarDataProxy

在 PySide6 中,与 QBar3DSeries 类配套的数据代理类为 QBarDataProxy。使用 QBarDataProxy 类可以创建三维柱状数据代理对象,可用于存储、管理 QBar3DSeries 序列中的数据项。与 QBar3DSeries 类对应的数据项类为 QBarDataItem。

1. QBarDataProxy 类的方法和信号

QBarDataProxy 类位于 PySide6 的 QtDataVisualization 子模块下,其构造函数如下:

```
QBarDataProxy(parent:QObject = None)
```

其中,parent 表示 QObject 类及其子类创建的实例对象。

QBarDataProxy 类的常用方法见表 7-31。

表 7-31 QBarDataProxy 类的常用方法

方法及参数类型	说　明	返回值的类型
addRow(rowItems:Sequence[QBarDataProxy], rowLabels:str)	添加一行柱状数据	int
addRow(rowItems:Sequence[QBarDataProxy])	添加一行柱状数据	int
addRows(row:QBarDataArray,labels:List[str])	添加多行柱状数据	int

续表

方法及参数类型	说　　明	返回值的类型
addRows(row:QBarDataArray)	添加多行条形数据	int
array()	获取数据项的数组	QBarDataArray
columnLabels()	获取列标签	List[str]
insertRow(rowIndex:int,rowItems:Sequence[QBarDataItem])	在指定的索引处插入一行条形数据	None
insertRow(rowIndex:int,rowItems:Sequence[QBarDataItem],rowLabels:str)	在指定的索引处插入一行条形数据	None
insertRows(rowIndex:int,rows:QBarDataArray,labels:List[str])	在指定的索引处插入多行条形数据	None
insertRows(rowIndex:int,rows:QBarDataArray)	在指定的索引处插入多行条形数据	None
itemAt(position:QPoint)	获取指定位置的数据项	QBarDataItem
itemAt(rowIndex:int,columnIndex:int)	根据行索引、列索引获取数据项	QBarDataItem
removeRows(rowIndex:int,removeCount:int,removeLabels:bool=True)	在指定的索引处移除指定行的数据项	None
resetArray()	清除所有的数据项、行标签、列标签	None
resetArray(arg1:QBarDataArray)	重置数据项	None
resetArray(arg1:QBarDataArray,rowLabels:List[str],columnLabels:List[str])	重置数据项	None
rowAt(rowIndex:int)	根据行索引获取一行的数据项	List[QBarDataItem]
rowCount()	获取行数	int
rowLabels()	获取行索引	List[str]
series()	获取数据序列	QBar3DSeries
setColumnLabels(labels:List[str])	设置行标签	None
setItem(position:QPoint,item:QBarDataItem)	根据位置更换数据项	None
setItem(rowIndex:int,columnIndex:int,item:QBarDataItem)	根据行索引、列索引更换数据项	None
setRow(rowIndex:int,rowItem:List[QBarDataItem])	根据行索引更换一行数据项	None
setRow(rowIndex:int,rowItem:List[QBarDataItem],rowLabel:List[str])	根据行索引更换一行数据项	None
setRowLabels(labels:List[str])	设置行标签	None
setRows(rowIndex:int,rows:QBarDataArray)	从指定的行索引开始，更换多行数据项	None
setRows(rowIndex:int,rows:QBarDataArray,labels:List[str])	从指定的行索引开始，更换多行数据项	None

QBarDataProxy 类的信号见表 7-32。

表 7-32 QBarDataProxy 类的信号

信号及参数类型	说　明
arrayReset()	当重置数据项时发送信号
columnLabelsChanged()	当列标签发生改变时发送信号
itemChanged(rowIndex:int,columnIndex:int)	当数据项发生改变时发送信号
rowCountChanged(count:int)	当行数发生改变时发送信号
rowLabelsChanged()	当行标签发生改变时发送信号
rowsChanged(startIndex:int,count:int)	当添加一行或多行数据项时发送信号
rowsInserted(startIndex:int,count:int)	当插入一行或多行数据项时发送信号
rowsRemoved(startIndex:int,count:int)	当移除一行或多行数据项时发送信号
seriesChanged(series:QBar3DSeries)	当数据序列发生改变时发送信号

2. QBarDataItem 类的方法

QBarDataItem 类位于 PySide6 的 QtDataVisualization 子模块下，其构造函数如下：

```
QBarDataItem(other:QBarDataItem)
QBarDataItem(value:float)
QBarDataItem(value:float,angle:float)
```

其中，other 表示 QBarDataItem 类创建的实例对象；value 表示数值；angle 表示旋转角度。

QBarDataItem 类的常用方法见表 7-33。

表 7-33 QBarDataItem 类的常用方法

方法及参数类型	说　明	返回值的类型
rotation()	获取数据项的旋转角度	float
setRotation(angle:float)	设置数据项的旋转角度	None
setValue(val:float)	设置数据项的数值	None
value()	获取数据项的数值	float

7.4.4 典型应用

【实例 7-8】 使用 Q3DBars 类、QBar3DSeries 类、QBarDataProxy 类绘制 4 行 7 列的条形图，代码如下：

```
# === 第 7 章 代码 demo8.py === #
import sys,random
from PySide6.QtWidgets import QApplication,QMainWindow
from PySide6.QtDataVisualization import *

class Window(QMainWindow):
    def __init__(self, parent = None):
        super().__init__(parent)
        self.setGeometry(200,200,580,251)
```

```
        self.setWindowTitle("Q3DBars、QBar3DSeries、QBarDataProxy")
        #创建图表
        self.graph3D = Q3DBars()
        #创建图表容器
        self.container = self.createWindowContainer(self.graph3D)
        self.setCentralWidget(self.container)
        #设置视角
        camView = Q3DCamera.CameraPresetLeftHigh
        self.graph3D.scene().activeCamera().setCameraPreset(camView)
        self.graph3D.activeTheme().setLabelBackgroundEnabled(False)
        #创建三维柱状数据序列
        self.series = QBar3DSeries()
        self.series.setMesh(QAbstract3DSeries.MeshCylinder)   #条形样式
        #设置柱状标签显示格式
        self.series.setItemLabelFormat("(@rowLabel,@colLabel): %.1f")
        self.series.setName("三维条形图数据序列")
        self.graph3D.addSeries(self.series)                   #向图表中添加数据序列
        #设置列标签
        colLabs = ["One","Two","Three","Four","Five","Six","Seven"]
        #创建数据代理
        self.dataProxy = QBarDataProxy()
        for j in range(4):                              #4 行
            rowItems = []                               #一行的 QBarDataItem 列表
            for i in range(7):                          #7 列
                value = random.uniform(8,16)            #均匀分布
                item = QBarDataItem(value)              #每个柱状对应一个 QBarDataItem 对象
                rowItems.append(item)
            rowStr = "Week%d" % (j+1)                   #行标签
            self.dataProxy.addRow(rowItems,rowStr)      #添加行、行标签
        self.dataProxy.setColumnLabels(colLabs)         #设置列标签
        self.series.setDataProxy(self.dataProxy)        #设置数据代理


if __name__ == "__main__":
    app = QApplication(sys.argv)
    win = Window()
    win.show()
    sys.exit(app.exec())
```

运行结果如图 7-12 所示。

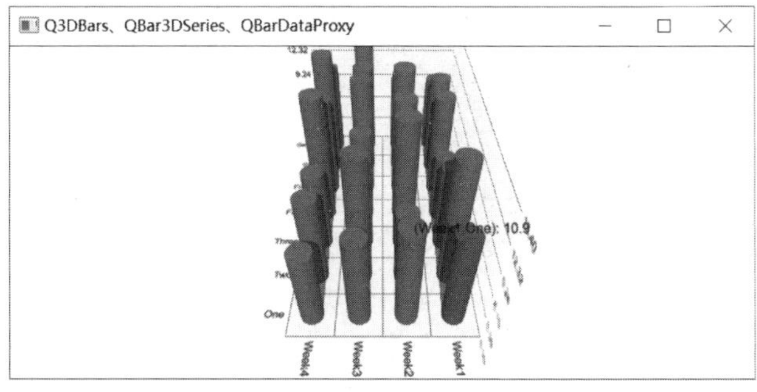

图 7-12 代码 demo8.py 的运行结果

14min

7.5 设置坐标轴

在 PySide6 中,可以使用 QValue3DAxis 类、QCategory3DAxis 类的方法设置三维图表的坐标轴。QValue3DAxis 类和 QCategory3DAxis 类都是三维坐标轴抽象类 QAbstract3DAxis 类的子类,其继承关系如图 7-4 所示。本节将介绍这些类的方法和信号。

7.5.1 三维坐标轴抽象类 QAbstract3DAxis

在 PySide6 中,QAbstract3DAxis 类是三维坐标轴的抽象类,不能直接使用。QValue3DAxis 类和 QCategory3DAxis 类继承了 QAbstract3DAxis 类的方法和信号。

QAbstract3DAxis 类的常用方法见表 7-34。

表 7-34 QAbstract3DAxis 类的常用方法

方法及参数类型	说　明	返回值的类型
isAutoAdjustRange()	是否自动调整坐标轴的范围	bool
setAutoAdjustRange(autoAdjust:bool)	设置是否自动调整坐标轴的范围	None
isTitleFixed()	标题是否固定	bool
setTitleFixed(fixed:bool)	设置标题是否固定	None
setTitleVisible(visible:bool)	设置标题是否可见	None
isTitleVisible()	标题是否可见	bool
labelAutoRotation()	当相机旋转时,标签是否可改变最大旋转角度	bool
setLabelAutoRotation(angle:float)	设置标签自动旋转的最大角度	None
labels()	获取坐标轴的标签	List[str]
max()	获取坐标轴的最大值	float
setMax(max:float)	设置坐标轴的最大值	None
min()	获取坐标轴的最小值	float
setMin(min:float)	设置坐标轴的最小值	None
setRange(min:float,max:float)	设置坐标轴的范围	None
orientation()	获取坐标轴的方向	AxisOrientation
setLabels(labels:List[str])	设置坐标轴的标签	None
setTitle(title:str)	设置标题	None
title()	获取标题文本	str
type()	获取坐标轴类型	QAbstract3DAxis.AxisType

在表 7-34 中,QAbstract3DAxis. AxisType 的枚举值为 QAbstract3DAxis. AxisTypeNone、QAbstract3DAxis. AxisTypeCategory、QAbstract3DAxis. AxisTypeValue。

QAbstract3DAxis. AxisOrientation 的枚举值为 QAbstract3DAxis. AxisOrientationNone、QAbstract3DAxis. AxisOrientationX、QAbstract3DAxis. AxisOrientationY、QAbstract3DAxis.

AxisOrientationZ。

QAbstract3DAxis 类的信号见表 7-35。

表 7-35 QAbstract3DAxis 类的信号

信号及参数类型	说明
autoAdjustRangeChanged(autoAdjust:bool)	当是否自动调整坐标轴发生改变时发送信号
labelAutoRotationChanged(angle:float)	当标签自动旋转的最大角度发生改变时发送信号
labelsChanged()	当标签发生改变时发送信号
maxChanged(value:float)	当标签最大值发生改变时发送信号
minChanged(value:float)	当标签最小值发生改变时发送信号
orientationChanged(orientation:AxisOrientation)	当坐标轴的方向发生改变时发送信号
rangeChanged(min:float,max:float)	当坐标轴的范围发生改变时发送信号
titleChanged(newTitle:str)	当坐标轴的标题发生改变时发送信号
titleFixedChanged(fixed:bool)	当标题的固定状态发生改变时发送信号
titleVisibilityChanged(visible:bool)	当标题的可见性发生改变时发送信号

7.5.2 三维数值坐标轴类 QValue3DAxis

在 PySide6 中，使用 QValue3DAxis 类创建数值坐标轴对象，也可以使用三维散点图表类 Q3DScatter、三维曲面图表类 Q3DSurface 的方法获取数值坐标轴对象。QValue3DAxis 类的构造函数如下：

```
QValue3DAxis (parent:QObject = None)
```

其中，parent 表示 QObject 类及其子类创建的对象。

QValue3DAxis 类不仅继承了 QAbstract3DAxis 类的属性、方法、信号，还有自己独有的方法和信号。QValue3DAxis 类的独有方法见表 7-36。

表 7-36 QValue3DAxis 类的独有方法

方法及参数类型	说明	返回值的类型
formatter()	获取坐标轴的格式化器	QValue3DAxisFormatter
setFormatter(formatter:QValue3DAxisFormatter)	设置坐标轴的格式化器	None
labelFormat()	获取坐标轴的标签格式	str
setLabelFormat(format:str)	设置坐标轴的格式标签	None
reversed()	获取坐标轴是否反向	bool
setReversed(enable:bool)	设置坐标轴是否反向	None
segmentCount()	获取坐标轴上的主刻度数	int
setSegmentCount(count:int)	设置坐标轴上的主刻度数	None
subSegmentCount()	获取坐标轴上的次刻度数	int
setSubSegmentCount(count:int)	设置坐标轴上的次刻度数	None

QValue3DAxis 类的独有信号见表 7-37。

表 7-37　QValue3DAxis 类的独有信号

信号及参数类型	说　明
formatterChanged(formatter:QValue3DAxisformatter)	当坐标轴的格式化器发生改变时发送信号
labelFormatChanged(format:str)	当坐标轴的标签格式发生改变时发送信号
reversedChanged(enable:bool)	当坐标轴的反向状态发生改变时发送信号
segmentCountChanged(count:int)	当坐标轴的主刻度数发生改变时发送信号
subSegmentCountChanged(count:int)	当坐标轴的次刻度数发生改变时发送信号

【实例 7-9】 根据曲面方程 $z=2(e^{-x^2-y^2}-e^{-(x-1)^2-(y-1)^2})$ 绘制三维曲面图，x 的区间是[−3,3]，y 的区间是[−3,3]。要求设置 3 个坐标轴的范围和标题，标题需包含中文，代码如下：

```
# === 第 7 章 代码 demo9.py === #
import sys
from PySide6.QtWidgets import QApplication,QMainWindow,QWidget
from PySide6.QtDataVisualization import *
from PySide6.QtGui import QVector3D
import numpy as np

#创建曲面方程
def f1(x, y):
    return np.exp( - x ** 2 - y ** 2)

def f2(x,y):
    return np.exp( - (x - 1) ** 2 - (y - 1) ** 2)

class Window(QMainWindow):
    def __init__(self, parent = None):
        super().__init__(parent)
        self.setGeometry(200,200,580,300)
        self.setWindowTitle("QValue3DAxis")
        #创建三维图表
        self.graph3D = Q3DSurface()
        self.container = QWidget.createWindowContainer(self.graph3D)
        self.graph3D.activeTheme().setLabelBackgroundEnabled(False)
        self.setCentralWidget(self.container)
        #创建数据代理
        self.dataProxy = QSurfaceDataProxy()
        self.series = QSurface3DSeries(self.dataProxy)
        #创建数据序列
        self.series.setItemLabelFormat("(x,z,y) = (@xLabel,@zLabel,@yLabel)")
        self.series.setMeshSmooth(True)                          #单点光滑显示
        self.series.setMesh(QAbstract3DSeries.MeshSphere)    #单点样式
        self.graph3D.addSeries(self.series)
```

```
        #设置视角
        camView = Q3DCamera.CameraPresetFrontHigh
        self.graph3D.scene().activeCamera().setCameraPreset(camView)
        #创建x坐标轴、设置x坐标轴
        axisX = QValue3DAxis()                  #QValue3DAxis
        axisX.setTitle("x轴")
        axisX.setTitleVisible(True)
        axisX.setRange(-5,5)
        self.graph3D.setAxisX(axisX)
        #创建y坐标轴、设置y坐标轴
        axisY = QValue3DAxis()
        axisY.setTitle("y轴")                   #垂直方向的坐标轴
        axisY.setTitleVisible(True)
        axisY.setAutoAdjustRange(True)          #垂直方向自动调整范围
        self.graph3D.setAxisY(axisY)
        #创建z坐标轴、设置z坐标轴
        axisZ = QValue3DAxis()
        axisZ.setTitle("z轴")
        axisZ.setTitleVisible(True)
        #axisZ.setRange(-5,5)
        axisZ.setAutoAdjustRange(True)
        self.graph3D.setAxisZ(axisZ)
        #构建x、y数据
        x = np.linspace(-3,3,60)
        y = np.linspace(-3,3,60)
        #对数据进行网格化处理
        X,Y = np.meshgrid(x,y)
        Z1 = f1(X,Y)
        Z2 = f2(X,Y)
        Z = 2 * (Z1 - Z2)
        for i in range(len(Z)):
            itemRow = []
            for j in range(len(Z[0])):
                vect3D = QVector3D(X[i][j],Z[i][j],Y[i][j])    #三维坐标点
                item = QSurfaceDataItem(vect3D)                #三维曲面的数据项
                itemRow.append(item)
            self.dataProxy.addRow(itemRow)                     #在末尾添加一行数据项


if __name__ == "__main__":
    app = QApplication(sys.argv)
    win = Window()
    win.show()
    sys.exit(app.exec())
```

运行结果如图 7-13 所示。

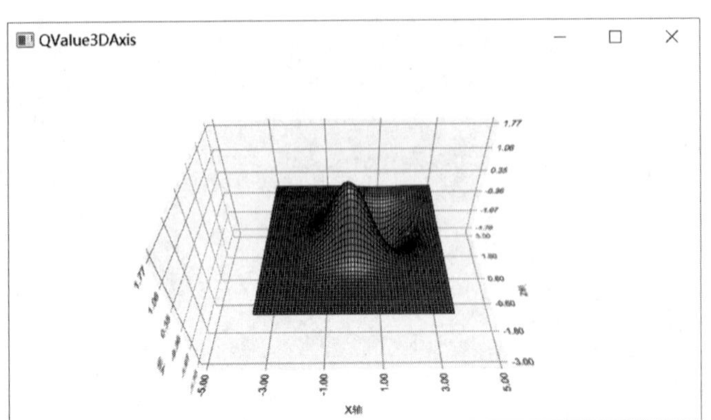

图 7-13　代码 demo9.py 的运行结果

7.5.3　三维条目坐标轴类 QCategory3DAxis

在 PySide6 中,使用 QCategory3DAxis 类创建三维条目坐标轴对象,也可以使用三维柱状图表类 Q3DBars 的方法获取三维条目坐标轴对象。QCategory3DAxis 类的构造函数如下:

```
QCategory3DAxis(parent:QObject = None)
```

其中,parent 表示 QObject 类及其子类创建的对象。

QCategory3DAxis 类只有继承自 QAbstract3DAxis 类的属性、方法、信号,没有独有的方法和信号。

【实例 7-10】 绘制一个 4 行 5 列的三维柱状图表,需设置三维条目坐标轴的标签,要求使用中文,代码如下:

```
# === 第 7 章 代码 demo10.py === #
import sys,random
from PySide6.QtWidgets import QApplication,QMainWindow,QWidget
from PySide6.QtDataVisualization import *

class Window(QMainWindow):
    def __init__(self, parent = None):
        super().__init__(parent)
        self.setGeometry(200,200,580,280)
        self.setWindowTitle("QCategory3DAxis")
        #创建三维图表
        self.graph3D = Q3DBars()
        #创建三维图表容器
        self.container = QWidget.createWindowContainer(self.graph3D)
        self.setCentralWidget(self.container)
        #设置视角
        camView = Q3DCamera.CameraPresetFrontHigh
```

```
        self.graph3D.scene().activeCamera().setCameraPreset(camView)
        self.graph3D.activeTheme().setLabelBackgroundEnabled(False)
        #创建三维数据序列
        self.series = QBar3DSeries()
        self.series.setMesh(QAbstract3DSeries.MeshCylinder)  #柱状样式
        #柱状标签显示格式
        self.series.setItemLabelFormat("(@rowLabel,@colLabel): %.1f")
        self.series.setName("三维柱状图数据序列")
        self.graph3D.addSeries(self.series)          #向图表中添加数据序列
        #获取、设置列坐标轴对象
        columAxis = self.graph3D.columnAxis()
        columList = ['星期一','星期二','星期三','星期四','星期五']
        columAxis.setLabels(columList)
        #获取、设置行坐标轴对象
        rowAxis = self.graph3D.rowAxis()
        rowList = ['第 1 周','第 2 周','第 3 周','第 4 周']
        rowAxis.setLabels(rowList)
        #获取、设置数值坐标轴对象
        valueAxis = self.graph3D.valueAxis()
        valueAxis.setRange(0,16)
        #创建数据代理对象
        self.dataProxy = QBarDataProxy()
        for j in range(4):                           #4 行
            rowItems = []                            #一行 QBarDataItem 的列表
            for i in range(5):                       #5 列
                value = random.uniform(8,16)         #均匀分布
                item = QBarDataItem(value)           #每个柱状对应一个 QBarDataItem 对象
                rowItems.append(item)
            self.dataProxy.addRow(rowItems)          #添加行
        self.series.setDataProxy(self.dataProxy)     #设置数据代理


if __name__ == "__main__":
    app = QApplication(sys.argv)
    win = Window()
    win.show()
    sys.exit(app.exec())
```

运行结果如图 7-14 所示。

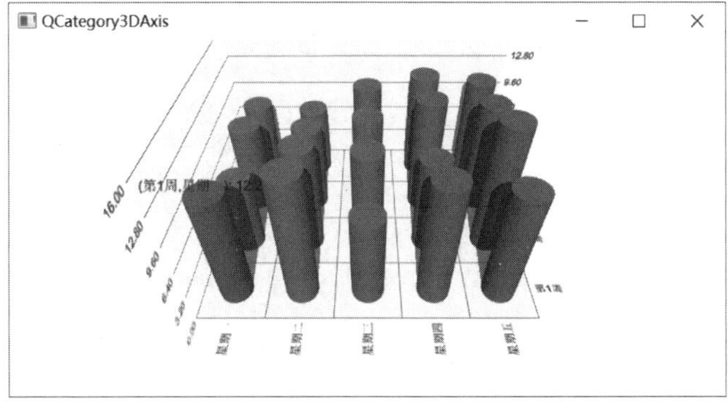

图 7-14 代码 demo10.py 的运行结果

7.6 小结

本章主要介绍了使用 PySide6 的 QtDataVisulization 子模块绘制三维图表的方法。可以使用 Q3DScatter、QScatter3DSeries、QScatterDataProxy 绘制三维散点图表。可以使用 Q3DSurface、QSurface3DSeries、QSurfaceDataProxy 绘制三维曲面图。可以使用 Q3DBars、QBar3DSeries、QBarDataProxy 绘制三维柱状图。

本章也介绍了设置三维图表的方法，主要使用了三维场景类 Q3DScene、三维相机类 Q3DCamera、三维主题类 Q3DTheme 提供的方法。

最后介绍了三维坐标轴，包括三维数值坐标轴类 QValue3DAxis、三维条目坐标轴类 QCategory3DAxis 的用法。

第 四 部 分

第 8 章 网　　络

在 PySide6 中，有一个子模块 QtNetwork。使用 QtNetwork 模块中的类可以获取主机的网络信息、进行 TCP 通信、进行 UDP 通信、基于 HTTP 进行通信。本章将介绍这些类的用法。

8.1 主机信息查询

在 PySide6 中，可以使用 QHostInfo 类、QNetworkInterface 类获取主机的网络信息，这些网络信息是网络通信应用的基本信息。QHostInfo 类和 QNetworkInterface 类都位于 QtNetwork 子模块下，本节将介绍这两个类的用法。

8.1.1 主机信息类 QHostInfo

在 PySide6 中，可以使用 QHostInfo 类查询主机的 IP 地址，或通过 IP 地址查询主机名。QHostInfo 类的构造函数如下：

```
QHostInfo(other:QHostInfo)
QHostInfo(lookupId:int = -1)
```

其中，other 表示 QHostInfo 类创建的实例对象；lookupId 表示该对象的识别号码，保持默认即可。

1. QHostInfo 类的常用方法

QHostInfo 类的常用方法见表 8-1。

表 8-1　QHostInfo 类的常用方法

方法及参数类型	说　　明	返回值的类型
[static]abortHostLookup(lookupId:int)	中断主机查询	None
[static] lookupHost(name:str,receiver,member:str)	以异步的方式根据主机名查找主机的 IP 地址，并返回本次查找的 ID，可用作 abortHostLookup()方法的参数，receiver 表示自定义槽函数	List

续表

方法及参数类型	说　明	返回值的类型
[static]fromName(name:str)	返回主机名的 IP 地址	QHostInfo
[static]localDomainName()	获取本机的 DNS 域名	str
[static]localHostName	返回本机的主机名	str
addresses()	获取与 hostName()对应的主机关联的 IP 地址列表	List[QHostAddress]
setAddresses(addresses:List[QHostAddress])	设置管理的 IP 地址列表	None
error()	如果主机查询失败,则返回失败类型	QHostInfo.HostInfoError
setError(error:QHostInfo.HostInfoError)	设置失败类型	None
errorString()	如果主机查询失败,则返回描述错误的字符串	str
setErrorString(errorString:str)	设置描述错误的字符串	None
hostName()	获取通过 IP 地址查询到的主机名	str
setHostName(name:str)	设置主机名	None
lookupId()	获取本次查找的 ID	int
setLookupId(id:int)	设置查找的 ID	None
swap(other:QHostInfo)	将其他主机信息与此主机信息交换	None

在表 8-1 中,QHostInfo.HostInfoError 的枚举值为 QHostInfo.NoError(没有错误)、QHostInfo.HostNotFound(没有找到与主机名关联的 IP 地址)、QHostInfo.UnknownError(发生未知错误)。

2. QHostAddress 类的常用方法

在 PySide6 中,使用 QHostAddress 类创建 IP 地址对象,通常与 QTcpSocket 类、QTcpServer 类、QUdpSocket 类搭配使用。

QHostAddress 类位于 PySide6 的 QtNetwork 子模块下,其构造函数如下:

```
QHostAddress(ip6Addr:QIPv6Address)
QHostAddress(copy:QHostAddress)
QHostAddress(ip4Addr:int)
QHostAddress(address:QHostAddress.SpecialAddress)
QHostAddress()
```

其中,ip6Addr 表示 IPv6 地址对象;copy 表示 QHostAddress 类的实例对象;ip4Addr 表示 IPv4 地址;address 表示 QHostAddress.SpecialAddress 的枚举值。

在 PySide6 中,QHostAddress.SpecialAddress 的枚举值见表 8-2。

表 8-2 QHostAddress. SpecialAddress 的枚举值

枚举值	说明
QHostAddress. Null	空地址对象，相当于 QHostAddress()
QHostAddress. LocalHost	IPv4 的本地主机地址，相当于 QHostAddress("127.0.0.1")
QHostAddress. LocalHostIPv6	IPv6 的本地主机地址，相当于 QHostAddress("::1")
QHostAddress. BroadCast	IPv4 的广播地址，相当于 QHostAddress ("255.255.255.255")
QHostAddress. AnyIPv4	IPv4 的任意地址，相当于 QHostAddress("0.0.0.0")，绑定此地址的套接字只监听 IPv4 接口
QHostAddress. AnyIPv6	IPv6 的任意地址，相当于 QHostAddress("::")，绑定此地址的套接字只监听 IPv6 接口
QHostAddress. Any	双栈任意地址，绑定此地址的套接字将同时监 IPv4 和 IPv6 接口

QHostAddress 类的常用方法见表 8-3。

表 8-3 QHostAddress 类的常用方法

方法及参数类型	说明	返回值的类型
[static]parseSubnet(subnet)	解析子网中包含的 IP 和子网信息，并返回该网络的网络前缀及其长度	str
clear()	清空，主机地址为空，将协议设置为 UnknownNetworkLayerProtocol	None
isBroadcast()	获取是否为 IPv4 的广播地址(255.255.255.255)	bool
isEqual(address:QHostAddress,mode:QHostAddress. ConversionModelFlag. ToerantConversion)	判断两个地址是否等价	bool
isGlobal()	获取是否为全局地址	bool
isInSubnet(subnet:QHostAddress,netmask:int)	如果此 IP 在由网络前缀 subnet 和 netmask 描述的子网中，则返回值为 True	bool
isInsubnet(subnet:QHostAddress)	这是一个重载函数，如果此 IP 在 subnet 描述的子网中，则返回值为 True	bool
isLinkLocal()	如果地址是 IPv4 或 IPv6 链路本地地址，则返回值为 True	bool
isLoopback()	如果地址是 IPv6 环回地址，则返回值为 True	bool
isMulticast()	如果地址是 IPv4 或 IPv6 组播地址，则返回值为 True	bool
isNull()	如果此主机地址对任何主机或接口都无效，则返回值为 True	bool

续表

方法及参数类型	说　明	返回值的类型
isSiteLocal()	如果地址是 IPv6 本地站点地址,则返回值为 True	bool
isUniqueLocalUnicast()	如果地址是 IPv6 唯一本地单播地址,则返回值为 True	bool
protocal()	获取地址的网络协议	NetworkLayerProtocol
scopeId()	返回 IPv6 地址的作用域 ID。对于 IPv4 地址,或者如果地址不包含作用域 ID,则返回空字符串	str
setScopeId(id:str)	设置 Pv6 地址的作用域 ID,该函数对于 IPv4 地址无效	None
setAddress(address:QHostAddress.SpecialAddress)	设置特殊地址	None
setAddress(ip6Addr:QIPv6Address)	设置 IPv6 地址	None
setAddress(address:str)	设置地址	bool
setAddress(ip4Addr:int)	设置 IPv4 地址	None
swap(other:QHostAddress)	将该主机地址与其他主机地址交换	None
toIPv4Address([ok=None])	以数字形式返回 IPv4 地址	int
toIPv6Address()	以 Q_IPV6ADDR 结构返回 IPv6 地址	QIPv6Address
toString()	以字符串形式返回地址	str

在 PySide6 中,QHostAddress.ConversionModelFlag 的枚举值见表 8-4。

表 8-4　QHostAddress.ConversionModelFlag 的枚举值

枚　举　值	说　明
QHostAddress.StrictConversion	当比较两个不同协议的 QHostAddress 对象时,不要将 IPv6 地址转换为 IPv4 地址,这样它们总会被认为是不同的
QHostAddress.ConverV4MappedToIPv4	当比较 QHostAddress 对象时,可以将 IPv4 转换映射为 IPv6 地址。例如 QHostAddress ("::ffff:192.168.1.1")等价于 QHostAddress("192.168.1.1")
QHostAddress.ConvertV4CompatedToIPv4	当比较 QHostAddress 对象时,可以将 IPv4 转换为兼容的 IPv6 地址。例如 QHostAddress("::192.168.1.1")等价于 QHostAddress("192.168.1.1")
QHostAddress.ConvertLocalHost	当比较 QHostAddress 对象时,可以将 IPv6 环回地址转换为 IPv4 环回地址。例如 QHostAddress("::1")与 QHostAddress("127.0.0.1")等价
QHostAddress.ConvertUnspecifiedAddress	所有未指定的地址比较后为相等,即 AnyIPv4、AnyIPv6 和 Any 为等价地址
QHostAddress.ConversionTolerantConversion	设置前面 3 个标志

【实例 8-1】 创建一个窗口,该窗口包含两个按钮、一个单行文本输入框、一个多行纯文本输入框。单击一个按钮可获取主机的名称,单击另一个按钮可获取主机的 IP 地址,代码如下:

```
# === 第 8 章 代码 demo1.py === #
import sys
from PySide6.QtWidgets import (QApplication,QWidget,QPushButton,
    QVBoxLayout,QHBoxLayout,QPlainTextEdit,QLineEdit)
from PySide6.QtNetwork import QHostInfo

class Window(QWidget):
    def __init__(self,parent = None):
        super().__init__(parent)
        self.setGeometry(200,200,580,230)
        self.setWindowTitle("QHostInfo")
        #创建水平布局对象,添加控件
        btnName = QPushButton("获取主机名称")
        self.line = QLineEdit()
        hbox = QHBoxLayout()
        hbox.addWidget(btnName)
        hbox.addWidget(self.line)
        #创建垂直布局对象,并添加其他布局、控件
        vbox = QVBoxLayout(self)
        self.text = QPlainTextEdit()
        btnInfo = QPushButton("获取主机的 IP 地址")
        vbox.addLayout(hbox)
        vbox.addWidget(btnInfo)
        vbox.addWidget(self.text)
        #使用信号/槽
        btnName.clicked.connect(self.btn_name)
        btnInfo.clicked.connect(self.btn_info)

    def btn_name(self):
        name = QHostInfo.localHostName()
        self.line.setText(name)

def btn_info(self):
        self.text.clear()
        name = QHostInfo.localHostName()
        hostInfo = QHostInfo.fromName(name)
        ipList = hostInfo.addresses()
        for item in ipList:
            self.text.appendPlainText("协议: " + str(item.protocol()))
            self.text.appendPlainText("本机 IP 地址: " + item.toString())


if __name__ == "__main__":
    app = QApplication(sys.argv)
    win = Window()
    win.show()
    sys.exit(app.exec())
```

运行结果如图 8-1 所示。

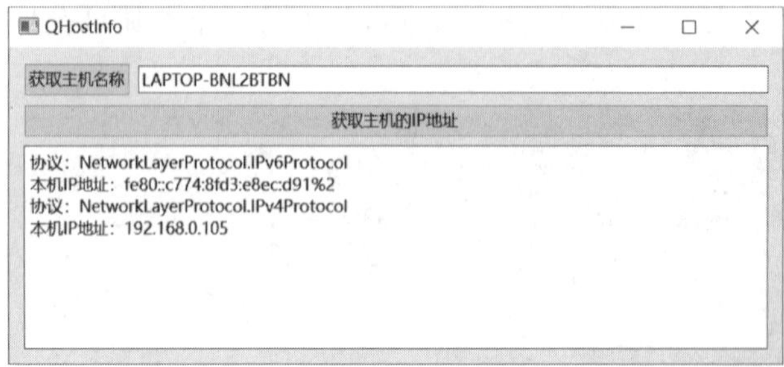

图 8-1　代码 demo1.py 的运行结果

【实例 8-2】 创建一个窗口，该窗口包含 1 个按钮、1 个单行文本输入框、1 个多行纯文本输入框。可以先向单行文本输入框输入主机名，然后单击按钮以获取该主机的 IP 地址，代码如下：

```
# === 第 8 章 代码 demo2.py === #
import sys
from PySide6.QtWidgets import (QApplication,QWidget,QPushButton,
     QVBoxLayout,QHBoxLayout,QPlainTextEdit,QLineEdit,QLabel)
from PySide6.QtNetwork import QHostInfo

class Window(QWidget):
    def __init__(self,parent = None):
        super().__init__(parent)
        self.setGeometry(200,200,580,230)
        self.setWindowTitle("QHostInfo")
        #创建水平布局对象,添加控件
        label = QLabel("输入主机名：")
        self.line = QLineEdit()
        hbox = QHBoxLayout()
        hbox.addWidget(label)
        hbox.addWidget(self.line)
        #创建垂直布局对象,并添加其他布局、控件
        vbox = QVBoxLayout(self)
        self.text = QPlainTextEdit()
        btnInfo = QPushButton("获取主机的 IP 地址")
        vbox.addLayout(hbox)
        vbox.addWidget(btnInfo)
        vbox.addWidget(self.text)
        #使用信号/槽
        btnInfo.clicked.connect(self.btn_info)

    def btn_info(self):
        name = self.line.text()
        if name == '':
            return
        QHostInfo.lookupHost(name,self.lookedUp)
```

```
    def lookedUp(self,host):
        self.text.clear()
        if host.error() != QHostInfo.NoError:
            self.text.appendPlainText("Lookup failed:" + host.errorString())
            return
        addresses = host.addresses()              # 获取主机的地址列表
        for address in addresses:
            self.text.appendPlainText("Found address:" + address.toString())


if __name__ == "__main__":
    app = QApplication(sys.argv)
    win = Window()
    win.show()
    sys.exit(app.exec())
```

运行结果如图 8-2 所示。

图 8-2　代码 demo2. py 的运行结果

8.1.2　网络接口类 QNetworkInterface

在 PySide6 中,可以使用 QNetworkInterface 类获得运行系统主机的所有 IP 地址和网络接口列表。QNetworkInterface 类的构造函数如下:

```
QNetworkInterface()
QNetworkInterface(other:QNetworkInterface)
```

其中,other 表示 QNetworkInterface 类创建的实例对象。

1. QNetworkInterface 类的常用方法

QNetworkInterface 类的常用方法见表 8-5。

表 8-5　QNetworkInterface 类的常用方法

方法及参数类型	说　明	返回值的类型
[static]allAddresses()	获取主机上所有的 IP 地址列表	List[QHostAddress]
[static]allInterface()	获取主机上所有网络接口的列表	List[QNetworkInterface]

续表

方法及参数类型	说　明	返回值的类型
[static] interfaceFromIndex(index:int)	根据索引获取网络接口对象	QNetworkInterface
[static] interfaceFromName(name:QNetworkInterface)	根据名称获取网络接口对象	QNetworkInterface
[static]interfaceIndexFromName(name:str)	根据名称获取网络接口的索引,如果没有该名称的接口,则返回 0	int
[static]interfaceNameFromIndex(index:int)	根据索引获取网络接口的名称,如果没有该索引的接口,则返回空字符串	str
addressEntries()	获取网络接口的网络地址条目列表	List[QNetworkAddressEntry]
flags()	获取该网络接口关联的标志	InterfaceFlags
hardwareAddress()	获取接口的低级硬件地址,在以太网中就是 MAC 地址	str
humanReadableName()	获取可以读懂的接口名称,如果名称不确定,则获取 name()方法的返回值	str
index()	获取接口的系统索引	int
isValid()	如果接口信息有效,则返回值为 True	bool
maximunTransmissionUnit()	返回该接口的最大传输单元	int
name()	获取网络接口的名称	str
swap(other:QNetworkInterface)	将该网络接口实例与其他网络接口实例交换	None
type()	获取网络接口的类型	InterfaceType

【实例 8-3】 使用 QNetworkInterface 类的方法获取应用程序所在主机的设备名称、硬件地址、接口类型,并打印这些信息,代码如下:

```
# === 第 8 章 代码 demo3.py === #
from PySide6.QtNetwork import QNetworkInterface

interfaceList = QNetworkInterface.allInterfaces()
for item in interfaceList:
    print('设备名称:',item.humanReadableName())
    print('硬件地址: ',item.hardwareAddress())
    print('接口类型: ',item.type())
```

运行结果如图 8-3 所示。

2. QNetworkInterface 类的常用方法

在 PySide6 中,使用 QNetworkInterface 类的 addressEntries()方法可获取包含网络地址条目(QNetworkAddressEntry)对象的列表。网络地址条目对象中包含了网络接口的 IP

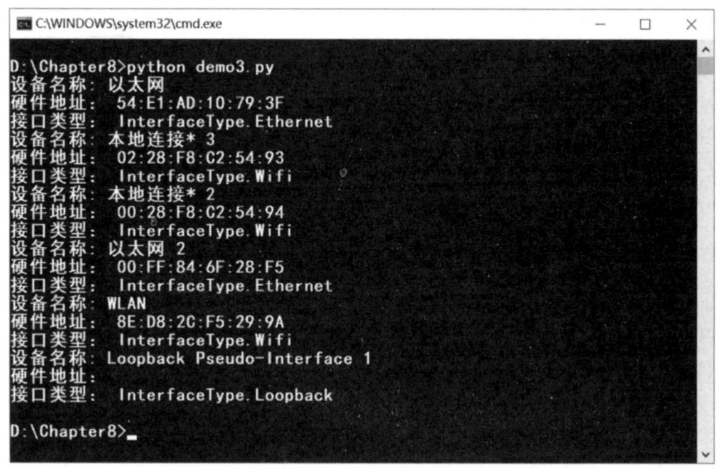

图 8-3　代码 demo3.py 的运行结果

地址、子网掩码、广播地址。当然，也可以使用 QNetworkAddressEntry 创建网络地址条目地址对象。

QNetworkAddressEntry 类位于 PySide6 的 QtNetwork 子模块下，其构造函数如下：

```
QNetworkAddressEntry()
QNetworkAddressEntry(other:QNetworkAddressEntry)
```

其中，other 表示 QNetworkAddressEntry 类创建的实例对象。

QNetworkAddressEntry 类的常用方法见表 8-6。

表 8-6　QNetworkAddressEntry 类的常用方法

方法及参数类型	说　明	返回值的类型
broadcast()	获取网络接口的广播地址	QHostAddress
setBroadcast(newBroadcast:QHostAddress)	设置新的广播地址	None
clearAddressLifetime()	重置该地址的首选生存期和有效生存期，应用该方法后，isLifetimeKnown()方法的返回值为 False	None
dnsEligibility()	获取该地址是否有资格在域名系统(DNS)或类似的名称解析机制中发布	DnsEligililityStatus
setDnsEligibility(status:DnsEligililityStatus)	设置该地址的 DNS 资格标志	None
ip()	获取该网络接口的 IPv4 或 IPv6 地址	QHostAddress
setIP(newIP:QHostAddress)	设置该网络接口的 IP 地址	None
isLifetimeKnown()	如果地址生存期已知，则返回值为 True	bool
isPermanent()	如果该地址在此接口上是永久的，则返回值为 True	bool

续表

方法及参数类型	说　明	返回值的类型
isTemporary()	如果此地址在此接口上是临时的，则返回值为 True	bool
netmask()	获取网络接口的子网掩码	QHostAddress
setNetmask(newNetmask:QHostAddress)	设置网络接口的子网掩码	None
preferredLifetime()	返回此地址弃用(不再首选)时的截止日期	QDeadlineTimer
setAddressLifetime(preferred:QDeadlineTimer, validity:QDeadlineTimer)	设置该地址的首选生存期和有效生存期	None
prefixLength()	返回该 IP 地址的前缀长度	int
setPrefixLength()	设置该 IP 地址的前缀长度	int
swap(other:QNetAddressEntry)	将此网络地址实例与其他实例交换	None
validityLifetime()	如果地址变为无效，则返回该地址的最后期限	QDeadlineTimer

【实例 8-4】 使用 QNetworkInterface 类的方法获取应用程序所在主机的 IP 地址，包括子网掩码、广播地址，并打印这些信息，代码如下：

```
# === 第 18 章 代码 demo4.py === #
from PySide6.QtNetwork import QNetworkInterface

interfaceList = QNetworkInterface.allInterfaces()
for i in interfaceList:
    entryList = i.addressEntries()
    for item in entryList:
        print('IP 地址:',item.ip().toString())
        print('子网掩码: ',item.netmask().toString())
        print('广播地址: ',item.broadcast().toString())
```

运行结果如图 8-4 所示。

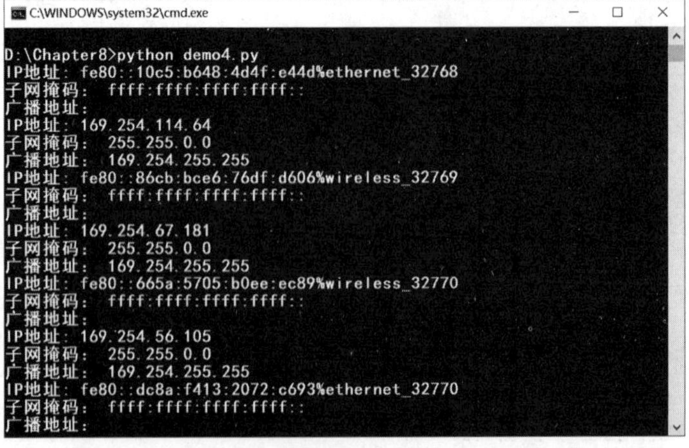

图 8-4　代码 demo4.py 的运行结果

注意：图 8-4 只显示了运行结果的一部分，没有完整地显示运行结果。

8.2 TCP 通信

TCP(Transmission Control Protocol)表示传输控制协议，这是一种面向连接的可靠的传输协议。在 PySide6 中，可以使用 QTcpServer 类、QTcpSocket 类创建 TCP 通信程序。

TCP 通信程序主要采用了客户机/服务器模式(Client/Server)，即客户向服务器发出请求，服务器收到请求后，提供相应的服务。服务器端程序使用 QTcpServer 类进行端口监听，建立服务器；使用 QTcpSocket 建立连接，然后使用套接字(Socket)进行通信，如图 8-5 所示。

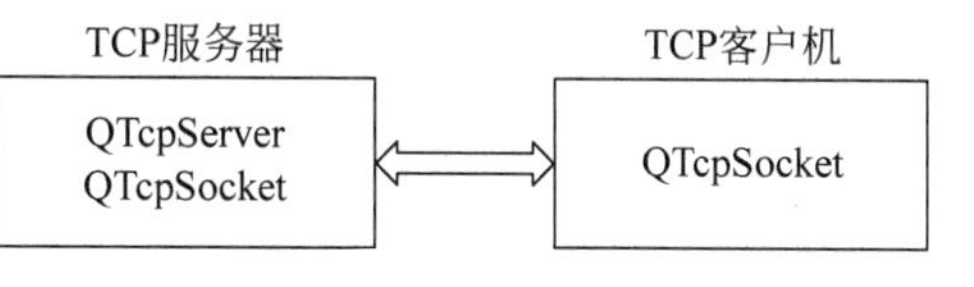

图 8-5 TCP 通信示意图

8.2.1 QTcpServer 类

在 PySide6 中，QTcpServer 类主要应用在服务器上进行网络监听，创建 Socket 连接。QTcpServer 类的继承关系如图 8-6 所示。

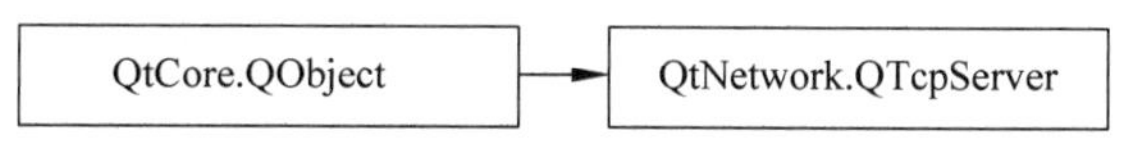

图 8-6 QTcpServer 类的继承关系

QTcpServer 类位于 QtNetwork 子模块下，其构造函数如下：

```
QTcpServer(parent:QObject = None)
```

其中，parent 表示 QObject 类及其子类创建的实例对象。

QTcpServer 类的常用方法见表 8-7。

表 8-7 QTcpServer 类的常用方法

方法及参数类型	说　明	返回值的类型
addPendingConnection(socket:QTcpSocket)	由 incomingConnection()调用，创建 QTcpSocket 对象并添加到内部可用的新连接列表	None
close()	关闭服务器，停止网络监听	None
errorString()	获取可描述的最近发生的错误	str
isListening()	如果服务器处于监听状态，则返回值为 True	bool
listen(address:QHostAddress,port:int=0)	监听指定的 IP 地址和端口号，若成功，则返回值为 True	bool

续表

方法及参数类型	说　明	返回值的类型
listenBacklogSize()	返回待接收连接的队列大小	int
setListenBacklogSize(size:int)	设置待接收连接的队列大小	None
maxPendingConnections()	返回可接收连接的最大数目,默认值为 30	int
setMaxPendingConnections(numConnections:int)	设置可接收连接的最大数目	None
pauseAccepting()	暂停接收新连接,排队的连接将保持在队列中	None
proxy()	返回该套接字的网络代理	QNetworkProxy
setProxy(newworkProxy:QNetworkProxy)	设置该套接字的网络代理	None
resumeAccepting()	恢复接收新连接	None
serverAddress()	如果服务器正在侦听连接,则返回服务器的地址	QHostAddress
serverError()	返回上次发生错误的错误代码	SocketError
serverPort()	如果服务器正在监听,则返回服务器的端口,否则返回 0	int
setSocketDescriptor(socketDescriptor:qintptr)	设置此服务器在监听到 socketDescriptor 的传入连接时应该使用的套接字描述符	bool
socketDescriptor()	返回服务器用来监听传入指令的本机套接字描述符	qintptr
waitForNewConnection(msec:int)	以阻塞的方式等待新的连接	bool
hasPendingConnections()	如果服务器有一个挂起的连接,则返回值为 True,否则返回值为 False	bool
incomingConnection(handle:qintptr)	当有一个新的连接可用时,QTcpServer 内部调用此函数,创建一个 QTcpSocket 对象,将其添加到内部可用新连接列表,然后发射 newConnection()信号	None
nextPendingConnection()	返回下一个等待接入的连接	QTcpSocket

QTcpServer 类的信号见表 8-8。

表 8-8　QTcpServer 类的信号

信号及参数类型	说　明
acceptError(socketError:SocketError)	当接收一个新连接发生错误时发送信号
newConnection()	当有新连接时发送信号
pendingConnectionAvailable()	当一个新的连接被添加到挂起的连接队列中时发送信号

8.2.2 QTcpSocket 类

在 PySide6 中，可以使用 QTcpServer 类的 nextPendingConnection()方法接受客户端的连接，然后使用 QTcpSocket 对象与客户端进行通信，具体的数据通信是通过 QTcpSocket 对象完成的。

QTcpSocket 类提供了 TCP 的接口，可以使用 QTcpSocket 类实现标准的网络通信协议，例如 POP3、SMTP、NNTP，也可以使用自定义协议。QTcpSocket 类位于 PySide6 的 QtNetwork 子模块下，其继承关系如图 8-7 所示。

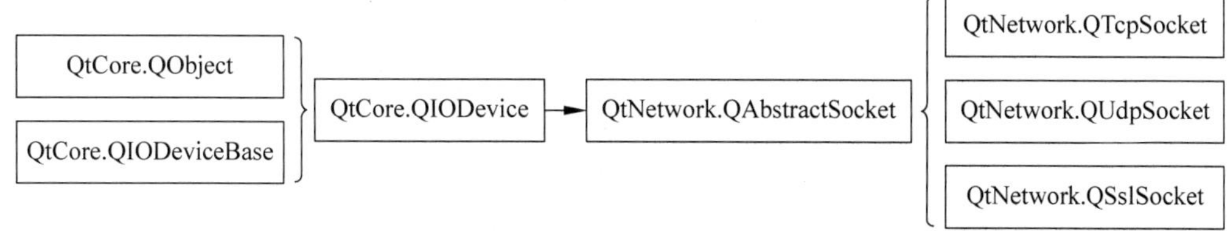

图 8-7 QTcpSocket 类的继承关系图

QAbstractSocket 类是 QTcpSoket 类的父类，这是一个抽象类，该类提供了使用 Socket 通信的方法和信号。

QAbstractSocket 类的常用方法见表 8-9。

表 8-9 QAbstractSocket 类的常用方法

方法及参数类型	说　明	返回值的类型
abort()	中止当前连接并重置套接字	None
bind(address: QHostAddress, port: int = 0, mode: QAbstractSocket.BindFlag = QAbstractSocket.DefaultPlatform)	使用 BindMode 模式绑定到指定端口号的地址	bool
connectToHost(address: QHostAddress, port: int=0, mode: QIODeviceBase.OpenModelFlag= QIODeviceBase.ReadWrite)	以异步方式连接到指定的 IP 地址和端口的 TCP 服务器，连接成功后会发射 connected()信号	None
error()	返回上次发生的错误类型	SocketError
flush()	此函数将尽可能多地从内部缓冲区写入底层网络套接字，而不会阻塞。如果有数据写入，则函数的返回值为 True，否则返回值为 False	bool
isValid()	如果套接字有效且可以使用，则返回值为 True，否则返回值为 False	bool
localAddress()	如果可用，则返回本地套接字的主机地址，否则返回 Null	QHostAddress
setLocalAddress(address: QHostAddress)	设置本地套接字的主机地址	None

续表

方法及参数类型	说明	返回值的类型
localPort()	如果可用,则返回本地套接字的主机端口号(以本机字节顺序),否则返回 0	int
setLocalPort(port:int)	设置本地套接字的主机端口号	None
pauseMode()	返回该套接字的暂停模式	PauseMode
setPauseMode(pauseMode:PauseMode)	设置该套接字的暂停模式	None
peerAddress()	如果套接字处于 ConnectedState 状态,则返回被连接对等体的地址,否则返回 Null	QHostAddress
setPeerAddress(address:QHostAddress)	设置连接对等体的地址	None
peerName()	返回由 connectToHost()指定的连接名称	str
setPeerName(name:str)	设置连接对等体的名称	None
peerPort()	如果套接字处于 ConnectedState 状态,则返回被连接对等体的端口	int
setPeerPort(port:int)	设置连接对等体的端口	None
protocolTag()	返回该套接字的协议标记	str
setProtocolTag(tag:str)	设置该套接字的协议标记	None
proxy()	返回该套接字的网络代理	QNetworkProxy
readBufferSize()	返回内部缓冲区的大小,这决定了 read()或 readAll()函数能读取数据量的大小	int
setReadBufferSize(size:int)	设置内部缓冲区的大小	None
setProxy(networkProxy:QNetworkProxy)	设置该套接字的网络代理	None
setSocketError(socketError:SocketError)	设置发生的错误类型	None
setSocketState(state:SocketState)	设置套接字的状态	None
socketType()	返回套接字类型(TCP、UDP 或其他)	SocketType
state()	返回套接字的状态	SocketState
disconnectFromHost()	断开 Socket 连接,成功断开后发射 disconnected()信号	None
resume()	继续在套接字上传输数据。此方法只应在套接字被设置为在收到通知时暂停,并且收到通知后使用	None
setSocketDescriptor(socketDescriptor, state: QAbstractSocket.SocketState=QAbstractSocket.ConnectedState, openMode: QIODeviceBase.OpenModeFlag=QIODeviceBase.ReadWrite)	用本机套接字描述符 socketDescriptor 初始化 QAbstractSocket。如果 socketDescriptor 被接受为有效的套接字描述符,则返回值为 True	bool
socketDescriptor()	返回套接字描述符	qintptr

续表

方法及参数类型	说　明	返回值的类型
setSocketOption(option: SocketOption, value: object)	将指定选项设置为由 value 描述的值	None
socketOption(option:SocketOption)	返回指定选项的值	object
waitForConnected(msecs:int=30000)	等待建立套接字连接,可设置等待时间,默认等待 30s	None
waitForDisconnected(msecs:int=30000)	等待断开套接字连接,可设置等待时间,默认等待 30s	None

QAbstractSocket 类的信号见表 8-10。

表 8-10　QAbstractSocket 类的信号

信号及参数类型	说　明
connected()	当使用 connectToHost()方法连接到服务器时发射信号
disconnected()	当断开套接字连接时发射信号
errorOccurred(arg1:SocketError)	当套接字发生错误时发射此信号
hostFound()	当使用 connectToHost()找到主机后发射此信号
stateChanged(arg1:Socket)	当套接字的状态发生变化时发射此信号
readyRead()	当缓冲区有新数据时发射此信号,可在此信号的槽函数中读取缓冲区数据,这是由其父类 QIODevice 定义的一个信号
proxyAuthenticationRequired(proxy: QNetworkProxy,authenticator: QAuthenticator)	当使用需要身份验证的代理时发送信号

8.2.3　TCP 服务器端程序设计

在 PySide6 中,创建 TCP 服务器端,并与客户端实现数据通信的步骤如下:

(1) 使用 QTcpServer 类创建 QTcpServer 对象,然后使用 QTcpServer 对象的 nextPendingConnection()等待并返回建立连接的 QTcpSocket 对象。

(2) 如果与某个 QTcpSocket 对象建立连接,则使用该对象的方法和信号传输数据。

【实例 8-5】 使用 QTcpServer 类与 QTcpSocket 类创建 TCP 服务器端程序,使用该程序可与客户端建立连接,并传输数据,代码如下:

```
# === 第 8 章 代码 demo5.py === #
import sys
from PySide6.QtWidgets import (QApplication,QWidget,QPushButton,
     QVBoxLayout,QHBoxLayout,QPlainTextEdit,QLineEdit,QLabel,QSpinBox)
from PySide6.QtNetwork import (QHostInfo,QAbstractSocket,
   QTcpServer,QTcpSocket,QHostAddress)
from PySide6.QtCore import QByteArray

class Window(QWidget):
```

```
    def __init__(self,parent = None):
        super().__init__(parent)
        self.setGeometry(200,100,580,280)
        #创建水平布局对象,添加4个按钮
        self.btnListen = QPushButton("开始监听")
        btnStop = QPushButton("停止监听")
        btnClear = QPushButton("清空文本框")
        btnExit = QPushButton("退出")
        hbox1 = QHBoxLayout()
        hbox1.addWidget(self.btnListen)
        hbox1.addWidget(btnStop)
        hbox1.addWidget(btnClear)
        hbox1.addWidget(btnExit)
        #创建两个标签、一个单行文本框、一个数字输入控件
        labelIP = QLabel("监听地址: ")
        self.lineIP = QLineEdit()
        self.lineIP.setText("127.0.0.1")
        labelPort = QLabel("监听端口: ")
        self.spinPort = QSpinBox()
        self.spinPort.setRange(1200,99999)
        hbox2 = QHBoxLayout()
        hbox2.addWidget(labelIP)
        hbox2.addWidget(self.lineIP)
        hbox2.addWidget(labelPort)
        hbox2.addWidget(self.spinPort)
        #创建一个单行文本框、一个按钮
        hbox3 = QHBoxLayout()
        self.lineMsg = QLineEdit()
        btnSend = QPushButton("发送信息")
        hbox3.addWidget(self.lineMsg)
        hbox3.addWidget(btnSend)
        #创建一个多行纯文本框
        self.text = QPlainTextEdit()
        #创建两个标签控件
        self.labelState = QLabel("监听状态: ")
        self.labelSocket = QLabel("Socket 状态: ")
        hbox4 = QHBoxLayout()
        hbox4.addWidget(self.labelState)
        hbox4.addWidget(self.labelSocket)
        #设置主窗口的布局
        vbox = QVBoxLayout(self)
        vbox.addLayout(hbox1)
        vbox.addLayout(hbox2)
        vbox.addLayout(hbox3)
        vbox.addWidget(self.text)
        vbox.addLayout(hbox4)
        localIP = self.get_localIP()
        self.setWindowTitle('本地 IP 地址: ' + localIP)
        #创建 TCP 服务器对象
        self.tcpServer = QTcpServer()
        self.tcpServer.newConnection.connect(self.do_newConnection)
        #使用信号/槽
```

```
        self.btnListen.clicked.connect(self.btn_listen)
        btnStop.clicked.connect(self.btn_stop)
        btnSend.clicked.connect(self.btn_send)
        btnClear.clicked.connect(self.text.clear)
        btnExit.clicked.connect(self.close)

    def get_localIP(self):
        name = QHostInfo.localHostName()
        hostInfo = QHostInfo.fromName(name)
        ipList = hostInfo.addresses()
        for item in ipList:
            if item.protocol() == QAbstractSocket.NetworkLayerProtocol.IPv4Protocol:
                localIP = item.toString()
                return localIP
    #开始监听
    def btn_listen(self):
        address = QHostAddress(self.lineIP.text())
        port = self.spinPort.value()
        self.tcpServer.listen(address,port)
        self.text.appendPlainText("**开始监听**")
        serverAddress = self.tcpServer.serverAddress().toString()
        self.text.appendPlainText("**服务器地址:" + serverAddress)
        serverPort = str(self.tcpServer.serverPort())
        self.text.appendPlainText("**服务器端口:" + serverPort)
        self.btnListen.setEnabled(False)
        self.labelState.setText("监听状态:正在监听")
    #建立连接
    def do_newConnection(self):
        self.tcpSocket = self.tcpServer.nextPendingConnection()
        self.tcpSocket.connected.connect(self.do_clientConnected)
        self.do_clientConnected()
        self.tcpSocket.disconnected.connect(self.do_clientDisconnected)
        self.tcpSocket.stateChanged.connect(self.do_socketStateChanged)
        self.do_socketStateChanged(self.tcpSocket.state())
        self.tcpSocket.readyRead.connect(self.do_socketReadyRead)

    def do_clientConnected(self):
        self.text.appendPlainText("**client socket connected")
        self.text.appendPlainText("**peer address:" + self.tcpSocket.peerAddress().toString())
        self.text.appendPlainText("**peer port:" + str(self.tcpSocket.peerPort()))

    def do_clientDisconnected(self):
        self.text.appendPlainText("**clent socket disconnected")
        self.tcpSocket.abort()

    def do_socketStateChanged(self,state):
        if str(state) == 'SocketState.UnconnectedState':
            self.labelSocket.setText("Socket 状态:UnconnectedState")
            return
        elif str(state) == 'SocketState.HostLookupState':
```

```
                self.labelSocket.setText("Socket 状态: HostLookupState")
                return
            elif str(state) == 'SocketState.ConnectingState':
                self.labelSocket.setText("Socket 状态: ConnectingState")
                return
            elif str(state) == 'SocketState.ConnectedState':
                self.labelSocket.setText("Socket 状态: ConnectedState")
                return
            elif str(state) == 'SocketState.BoundState':
                self.labelSocket.setText("Socket 状态: BoundState")
                return
            elif str(state) == 'SocketState.ClosingState':
                self.labelSocket.setText("Socket 状态: ClosingState")
                return
            elif str(state) == 'SocketState.ListeningState':
                self.labelSocket.setText("Socket 状态: ListeningState")
                return

        def btn_stop(self):
            if self.tcpServer.isListening() == True:
                if self.tcpSocket!= None:
                    if str(self.tcpSocket.state()) == 'SocketState.ConnectedState':
                        self.tcpSocket.disconnectFromHost()
                    self.tcpServer.close()
                    self.btnListen.setEnabled(True)
                    self.btnStop.setEnabled(False)
                    self.labelState.setText("监听状态: 已停止监听")
        #读取传输的数据
        def do_socketReadyRead(self):
            if self.tcpSocket.isReadable():
                self.text.appendPlainText("[In]" + self.tcpSocket.readLine())
        #发送数据
        def btn_send(self):
            msg = self.lineMsg.text()
            if msg == None:
                return
            self.text.appendPlainText("[Out] " + msg)
            self.lineMsg.clear()
            self.lineMsg.setFocus()
            ByteArray = QByteArray(msg.encode("utf-8"))
            self.tcpSocket.write(ByteArray)


if __name__ == "__main__":
    app = QApplication(sys.argv)
    win = Window()
    win.show()
    sys.exit(app.exec())
```

运行结果如图 8-8 所示。

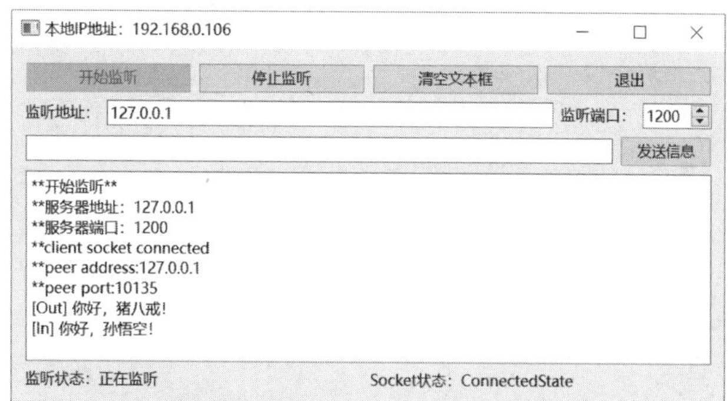

图 8-8 代码 demo5.py 的运行结果

8.2.4 TCP 客户端程序设计

在 PySide6 中，创建 TCP 客户端，并与服务器端实现数据通信的步骤如下：

(1) 首先使用 QTcpSocket 类创建 QTcpSocket 对象，然后使用 QTcpSocket 对象的 connectHost()方法连接指定 IP 地址、端口的 TCP 服务器。

(2) 如果与 TCP 服务器端建立连接，则使用 QTcpSocket 对象的方法和信号传输数据。

【实例 8-6】 使用 QTcpSocket 类创建 TCP 客户端程序，使用该程序可与服务器端建立连接，并传输数据，代码如下：

```
# === 第 8 章 代码 demo6.py === #
import sys
from PySide6.QtWidgets import (QApplication,QWidget,QPushButton,
     QVBoxLayout,QHBoxLayout,QPlainTextEdit,QLineEdit,QLabel,QSpinBox)
from PySide6.QtNetwork import (QHostInfo,QAbstractSocket,
   QTcpServer,QTcpSocket,QHostAddress)
from PySide6.QtCore import QByteArray

class Window(QWidget):
    def __init__(self,parent = None):
        super().__init__(parent)
        self.setGeometry(550,200,580,280)
        # 创建水平布局对象,添加 4 个按钮
        self.btnStart = QPushButton("连接服务器")
        self.btnEnd = QPushButton("断开服务器")
        btnClear = QPushButton("清空文本框")
        btnExit = QPushButton("退出")
        hbox1 = QHBoxLayout()
        hbox1.addWidget(self.btnStart)
        hbox1.addWidget(self.btnEnd)
        hbox1.addWidget(btnClear)
        hbox1.addWidget(btnExit)
        # 创建两个标签、1 个单行文本框、1 个数字输入控件
        labelIP = QLabel("监听地址：")
```

```
        self.lineIP = QLineEdit()
        self.lineIP.setText("127.0.0.1")
        labelPort = QLabel("监听端口：")
        self.spinPort = QSpinBox()
        self.spinPort.setRange(1200,99999)
        hbox2 = QHBoxLayout()
        hbox2.addWidget(labelIP)
        hbox2.addWidget(self.lineIP)
        hbox2.addWidget(labelPort)
        hbox2.addWidget(self.spinPort)
        #创建一个单行文本框、一个按钮
        hbox3 = QHBoxLayout()
        self.lineMsg = QLineEdit()
        self.btnSend = QPushButton("发送信息")
        hbox3.addWidget(self.lineMsg)
        hbox3.addWidget(self.btnSend)
        #创建一个多行纯文本框
        self.text = QPlainTextEdit()
        #创建一个标签控件
        self.labelSocket = QLabel("Socket 状态：")
        hbox4 = QHBoxLayout()
        hbox4.addWidget(self.labelSocket)
        #设置主窗口的布局
        vbox = QVBoxLayout(self)
        vbox.addLayout(hbox1)
        vbox.addLayout(hbox2)
        vbox.addLayout(hbox3)
        vbox.addWidget(self.text)
        vbox.addLayout(hbox4)
        localIP = self.get_localIP()
        self.setWindowTitle('本地 IP 地址：'+ localIP)
        #创建套接字对象
        self.tcpClient = QTcpSocket()
        self.btnStart.clicked.connect(self.btn_start)
        self.tcpClient.connected.connect(self.do_connected)
        self.tcpClient.disconnected.connect(self.do_disconnected)
        self.tcpClient.stateChanged.connect(self.do_socketStateChanged)
        self.tcpClient.readyRead.connect(self.do_socketReadyRead)
        self.btnSend.clicked.connect(self.btn_send)
        self.btnEnd.clicked.connect(self.btn_end)
        btnClear.clicked.connect(self.text.clear)
        btnExit.clicked.connect(self.close)

    def get_localIP(self):
        name = QHostInfo.localHostName()
        hostInfo = QHostInfo.fromName(name)
        ipList = hostInfo.addresses()
        for item in ipList:
            if item.protocol() == QAbstractSocket.NetworkLayerProtocol.IPv4Protocol:
                localIP = item.toString()
                return localIP
```

```
    #开始连接
    def btn_start(self):
      address = QHostAddress(self.lineIP.text())
      port = self.spinPort.value()
      self.tcpClient.connectToHost(address,port)

    def do_connected(self):
      self.text.appendPlainText("**已连接到服务器**")
      self.text.appendPlainText("**peer address" + self.tcpClient.peerAddress().toString())
      self.text.appendPlainText("**peer port:" + str(self.tcpClient.peerPort()))
      self.btnStart.setEnabled(False)
      self.btnEnd.setEnabled(True)

    def do_disconnected(self):
      self.text.appendPlainText("**已断开与服务器的连接")
      self.btnStart.setEnabled(True)
      self.btnEnd.setEnabled(False)

    def do_socketReadyRead(self):
      if self.tcpClient.isReadable():
          self.text.appendPlainText("[In]" + self.tcpClient.readLine())

    def btn_send(self):
      msg = self.lineMsg.text()
      if msg == None:
          return
      self.text.appendPlainText("[Out] " + msg)
      self.lineMsg.clear()
      self.lineMsg.setFocus()
      ByteArray = QByteArray(msg.encode("utf-8"))
      self.tcpClient.write(ByteArray)

    def do_socketStateChanged(self,state):
      if str(state) == 'SocketState.UnconnectedState':
          self.labelSocket.setText("Socket 状态:UnconnectedState")
          return
      elif str(state) == 'SocketState.HostLookupState':
          self.labelSocket.setText("Socket 状态:HostLookupState")
          return
      elif str(state) == 'SocketState.ConnectingState':
          self.labelSocket.setText("Socket 状态:ConnectingState")
          return
      elif str(state) == 'SocketState.ConnectedState':
          self.labelSocket.setText("Socket 状态:ConnectedState")
          return
      elif str(state) == 'SocketState.BoundState':
          self.labelSocket.setText("Socket 状态:BoundState")
          return
      elif str(state) == 'SocketState.ClosingState':
          self.labelSocket.setText("Socket 状态:ClosingState")
```

```
                return
            elif str(state) == 'SocketState.ListeningState':
                self.labelSocket.setText("Socket 状态: ListeningState")
                return

    def btn_end(self):
        if str(self.tcpClient.state()) == 'SocketState.ConnectedState':
            self.tcpClient.disconnectFromHost()
        self.btnStart.setEnabled(True)
        self.btnEnd.setEnabled(False)


if __name__ == "__main__":
    app = QApplication(sys.argv)
    win = Window()
    win.show()
    sys.exit(app.exec())
```

运行结果如图 8-9 所示。

图 8-9　代码 demo6.py 的运行结果

8.3　UDP 通信

UDP(User Datagram Protocol)表示用户数据报协议,这是一种轻量的不可靠的面向数据报的无连接的传输协议。UDP 协议被用于对可靠性要求不高的传输程序中。在 PySide6 中,可以使用 QUdpSocket 类创建 UDP 通信程序。

与 TCP 通信不同,UDP 通信不区分客户端和服务器端,UDP 通信程序都是客户端程序,主要使用 QUdpSocket 类进行通信,如图 8-10 所示。

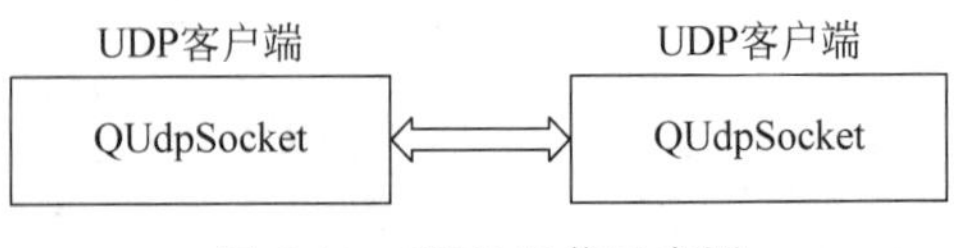

图 8-10　UDP 通信示意图

8.3.1 QUdpSocket 类

在 PySide6 中，主要使用 QUdpSocket 类进行 UDP 通信。与 QTcpSocket 类相同，QUdpSocket 类也是 QAbstractSocket 类的子类，其继承关系如图 8-7 所示。QTcpSocket 类使用连续的数据流传输数据，而 QUdpSocket 类主要使用数据报传输数据。

QUdpSocket 类位于 QtNetwork 子模块下，其构造函数如下：

```
QUdpSocket(parent:QObject = None)
```

其中，parent 类表示 QObject 类及其子类创建的实例对象。

1. QUdpSocket 类的常用方法

QUdpSocket 类不仅继承了 QAbstractSocket 类的方法、信号，还有独有的方法。QUdpSocket 类独有的方法见表 8-11。

表 8-11 QUdpSocket 类的独有方法

方法及参数类型	说明	返回值的类型
bind(addr:SpecialAddress, port:int=0, mode:QAbstractSocket.BindFlag= QAbstractSocket.DefaultForPlatform)	为 UDP 通信绑定一个端口	bool
hasPendingDatagrams()	当至少有一个数据报需要读取时，其返回值为 True	bool
joinMulticastGroup(groupAddress:QHostAddress)	加入一个多播组	bool
joinMulticastGroup(groupAddress:QHostAddress, iface:QNetworkInterface)	在指定的网络接口下加入一个多播组	bool
setMulticastInterface(iface:QNetworkInterface)	设置组播数据报的网络接口	None
leaveMulticastGroup(groupAddress:QHostAddress)	离开一个多播组	bool
leaveMulticastGroup(groupAddress:QHostAddress, iface:QNetworkInterface)	离开指定网络接口的多播组	bool
multicastInterface()	返回多播数据报的网络接口	QNetworkInterface
pendingDatagramSize()	返回第 1 个待读取的数据报的大小	int
readDatagram(maxlen:int)	读取一个数据报，若成功，则返回该数据报的内容、地址、端口号	(data, QHostAddress, port)
receiveDatagram(maxSize:int=−1)	接收不大于 maxSize 字节的数据报，并在 QNetworkDatagram 对象中返回它，以及发送方的主机地址和端口	QNetworkDatagram

续表

方法及参数类型	说　明	返回值的类型
writeDatagram(datagram:QByteArray,host:QHostAddress,port:int)	向指定地址和端口的 UDP 客户端发送数据报,若成功,则返回发送的字节数	int
writeDatagram(datagram:QNetworkDatagram)	向指定地址和端口的 UDP 客户端发送数据报,若成功,则返回发送的字节数	int

2. 单播、广播、组播

使用 UDP 发送消息分为单播、广播、组播共 3 种模式,如图 8-11 所示。

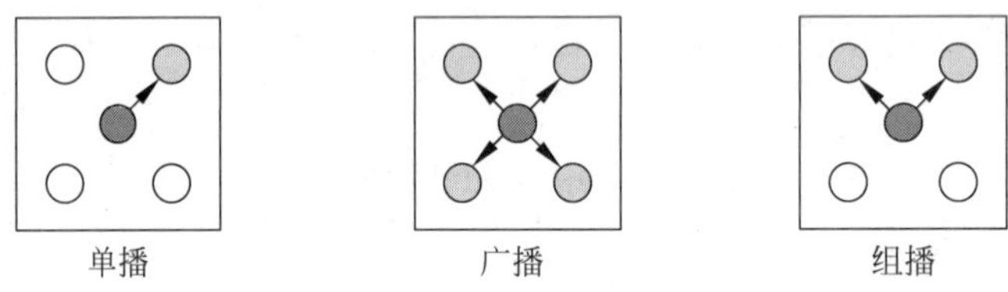

图 8-11　UDP 客户端通信的 3 种模式

单播(Unicast)表示一个 UDP 客户端发出的数据报被传送到一个 UDP 客户端(指定地址、指定端口),是一对一的数据传输。

广播(Broadcast)表示一个 UDP 客户端发出的数据报被传送到同一网络范围内的所有 UDP 客户端。QUdpSocket 类支持 IPv4 广播,广播经常用于实现网络发现的协议。

组播(Multicast)也称为多播,表示一个 UDP 客户端加入一个由组播 IP 地址指定的多播组,该多播组中的一个 IP 地址接受组播的主机发送的数据报。任何一个成员向组播地址发送数据报,该组播的成员都可以接收到数据报,类似于 QQ 群的功能。

使用广播和组播模式,UDP 可以实现一些比较灵活的通信功能。UDP 通信在数据传输准确性上不及 TCP 通信,但 UDP 通信更灵活,一般的即时通信软件是基于 UDP 进行通信的。

8.3.2　单播、广播程序设计

在 PySide6 中,创建 UDP 客户端,并与其他 UDP 客户端实现数据通信的步骤如下:

(1) 使用 QUdpSocket 类创建 QUdpSocket 对象,然后使用 QUdpSocket 对象的 bind()方法绑定指定的端口。

(2) 如果要发送信息,则无论是单播模式还是多播模式都使用 QUdpSocket 对象的 writeDatagram()方法。如果要接受信息,则无论是单播模式还是多播模式都使用 QUdpSocket 对象的 readDatagram()方法。

【实例 8-7】 使用 QUdpSocket 类创建 UDP 客户端程序,使用该程序可与其他 UDP 客户端建立连接,并传输数据,代码如下:

```
# === 第 8 章 代码 demo7.py === #
import sys
from PySide6.QtWidgets import (QApplication,QWidget,QPushButton,
     QVBoxLayout,QHBoxLayout,QPlainTextEdit,QLineEdit,QLabel,QSpinBox)
from PySide6.QtNetwork import (QHostInfo,QAbstractSocket,
   QUdpSocket,QHostAddress)
from PySide6.QtCore import QByteArray

class Window(QWidget):
    def __init__(self,parent = None):
        super().__init__(parent)
        self.setGeometry(550,200,580,280)
        #创建水平布局对象,添加 4 个按钮
        self.btnBind = QPushButton("绑定端口")
        self.btnEnd = QPushButton("解除绑定")
        btnClear = QPushButton("清空文本框")
        btnExit = QPushButton("退出")
        hbox1 = QHBoxLayout()
        hbox1.addWidget(self.btnBind)
        hbox1.addWidget(self.btnEnd)
        hbox1.addWidget(btnClear)
        hbox1.addWidget(btnExit)
        #创建 3 个标签、1 个单行文本框、2 个数字输入控件
        labelPort = QLabel("绑定端口：")
        self.port = QSpinBox()
        self.port.setRange(1200,99999)
        labelTarget = QLabel("目标地址：")
        self.lineTarget = QLineEdit()
        self.lineTarget.setText("127.0.0.1")
        labelTargetPort = QLabel("目标端口：")
        self.targetPort = QSpinBox()
        self.targetPort.setRange(1200,99999)
        hbox2 = QHBoxLayout()
        hbox2.addWidget(labelPort)
        hbox2.addWidget(self.port)
        hbox2.addWidget(labelTarget)
        hbox2.addWidget(self.lineTarget)
        hbox2.addWidget(labelTargetPort)
        hbox2.addWidget(self.targetPort)
        #创建一个单行文本框、两个按钮
        hbox3 = QHBoxLayout()
        self.lineMsg = QLineEdit()
        self.btnUnicast = QPushButton("发送信息")
        self.btnBroadcast = QPushButton("广播信息")
        hbox3.addWidget(self.lineMsg)
        hbox3.addWidget(self.btnUnicast)
        hbox3.addWidget(self.btnBroadcast)
        #创建一个多行纯文本框
        self.text = QPlainTextEdit()
        #创建 1 个标签控件
        self.labelSocket = QLabel("Socket 状态：")
```

```
        hbox4 = QHBoxLayout()
        hbox4.addWidget(self.labelSocket)
        #设置主窗口的布局
        vbox = QVBoxLayout(self)
        vbox.addLayout(hbox1)
        vbox.addLayout(hbox2)
        vbox.addLayout(hbox3)
        vbox.addWidget(self.text)
        vbox.addLayout(hbox4)
        localIP = self.get_localIP()
        self.setWindowTitle('本地 IP 地址：' + localIP)
        #创建套接字对象
        self.udpSocket = QUdpSocket()
        #使用信号/槽
        self.udpSocket.stateChanged.connect(self.do_socketStateChanged)
        self.do_socketStateChanged(self.udpSocket.state())        #调用一次槽函数
        self.btnBind.clicked.connect(self.btn_bind)
        self.btnUnicast.clicked.connect(self.btn_unicast)
        self.btnBroadcast.clicked.connect(self.btn_broadcast)
        self.udpSocket.readyRead.connect(self.do_socketReadyRead)
        self.btnEnd.clicked.connect(self.btn_end)
        btnClear.clicked.connect(self.text.clear)
        btnExit.clicked.connect(self.close)

    def get_localIP(self):
        name = QHostInfo.localHostName()
        hostInfo = QHostInfo.fromName(name)
        ipList = hostInfo.addresses()
        for item in ipList:
            if item.protocol() == QAbstractSocket.NetworkLayerProtocol.IPv4Protocol:
                localIP = item.toString()
                return localIP

    def do_socketStateChanged(self,state):
        if str(state) == 'SocketState.UnconnectedState':
            self.labelSocket.setText("Socket 状态：UnconnectedState")
            return
        elif str(state) == 'SocketState.HostLookupState':
            self.labelSocket.setText("Socket 状态：HostLookupState")
            return
        elif str(state) == 'SocketState.ConnectingState':
            self.labelSocket.setText("Socket 状态：ConnectingState")
            return
        elif str(state) == 'SocketState.ConnectedState':
            self.labelSocket.setText("Socket 状态：ConnectedState")
            return
        elif str(state) == 'SocketState.BoundState':
            self.labelSocket.setText("Socket 状态：BoundState")
            return
        elif str(state) == 'SocketState.ClosingState':
            self.labelSocket.setText("Socket 状态：ClosingState")
            return
```

```
        elif str(state) == 'SocketState.ListeningState':
            self.labelSocket.setText("Socket 状态: ListeningState")
            return

    def btn_bind(self):
        port1 = self.port.value()
        if self.udpSocket.bind(port1):
            self.text.appendPlainText(" ** 已成功绑定")
            port2 = self.udpSocket.localPort()
            self.text.appendPlainText("绑定端口: " + str(port2))
            self.btnBind.setEnabled(False)
            self.btnEnd.setEnabled(True)
            self.btnUnicast.setEnabled(True)
            self.btnBroadcast.setEnabled(True)
        else:
            self.text.appendPlainText(" ** 绑定失败")

    def btn_unicast(self):
        targetIP = self.lineTarget.text()
        targetAddress = QHostAddress(targetIP)
        targetPort = self.targetPort.value()
        msg = self.lineMsg.text()
        if msg == None:
            return
        ByteArray = QByteArray(msg.encode("utf-8"))
        self.udpSocket.writeDatagram(ByteArray, targetAddress, targetPort)
        self.text.appendPlainText("[out]" + msg)
        self.lineMsg.clear()
        self.lineMsg.setFocus()

    def do_socketReadyRead(self):
        if self.udpSocket.hasPendingDatagrams():
            # datagram = QByteArray()
            length = self.udpSocket.pendingDatagramSize()
            (datagram, peerAddr, peerPort) = self.udpSocket.readDatagram(length)
            msg = datagram.data()          # 获取字节串
            msg = msg.decode()             # 将字节串转换为字符串
            peer = "[From " + peerAddr.toString() + ":" + str(peerPort) + "]"
            self.text.appendPlainText(peer + msg)

    def btn_broadcast(self):
        targetPort = self.targetPort.value()
        msg = self.lineMsg.text()
        ByteArray = QByteArray(msg.encode("utf-8"))
        self.udpSocket.writeDatagram(ByteArray, QHostAddress.Broadcast, targetPort)
        self.text.appendPlainText("[broadcast]" + msg)
        self.lineMsg.clear()
        self.lineMsg.setFocus()

    def btn_end(self):
        self.udpSocket.abort()
```

```
        self.btnBind.setEnabled(True)
        self.btnEnd.setEnabled(False)
        self.btnUnicast.setEnabled(False)
        self.btnBroadcast.setEnabled(False)
        self.text.appendPlainText("**已解除绑定")


if __name__ == "__main__":
    app = QApplication(sys.argv)
    win = Window()
    win.show()
    sys.exit(app.exec())
```

运行结果如图 8-12 和图 8-13 所示。

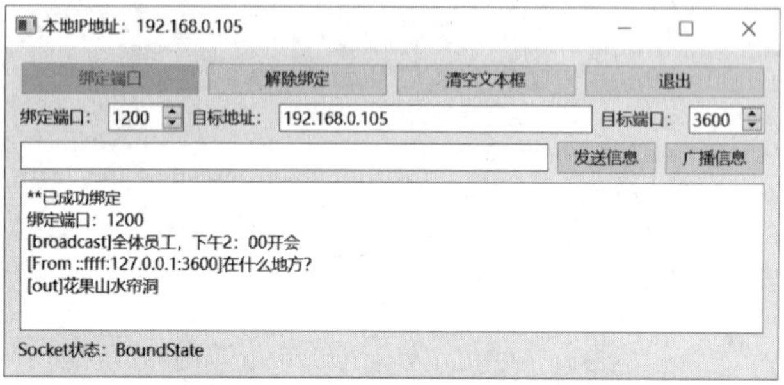

图 8-12　代码 demo7.py 的运行结果(绑定端口 1200)

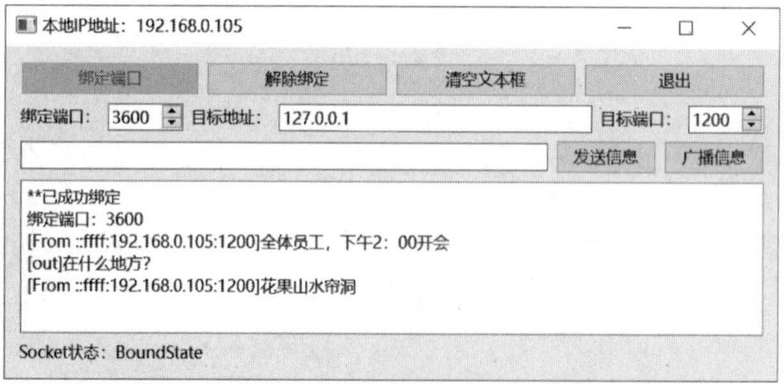

图 8-13　代码 demo7.py 的运行结果(绑定端口 3600)

8.3.3　UDP 组播程序设计

UDP 组播是主机之间“一对一组”的通信模式。首先多个主机客户端要加入由一个组播地址定义的多播组,然后任何一个客户端向组播地址和端口发送 UDP 数据报,多播组内的所有客户端都可以接收到 UDP 数据报,其功能类似于 QQ 群。

组播报文的目标地址使用 D 类 IP 地址,D 类地址不能出现在 IP 报文的源 IP 字段中。所有的信息接收者都要加入一个组。当加入组后,流向组播地址的数据报立即开始向接收者传输信息,组内的所有成员都能接收到数据报。组内的成员是动态变化的,主机可以在任何时刻加入和离开组。

使用 UDP 组播必须使用一个组播地址。组播地址是 D 类的 IP 地址，有特定的地址段。多播组既可以是永久的，也可以是临时的。如果多播组地址是官方分配的，则该多播组为永久多播组。永久多播组的 IP 地址保持不变，组内的成员可以发生任意变化，甚至有 0 个组成员。临时多播组主要使用那些没有被永久多播组使用的 IP 地址，关于组播 IP 地址，有以下约定：

(1) 224.0.0.0～224.0.0.255 表示预留的组播地址(永久组地址)，地址 224.0.0.0 保留不分配，其他地址供路由协议使用。

(2) 224.0.1.0～224.0.1.255 表示公用组播地址，可用于 Internet。

(3) 224.0.2.0～238.255.255.255 表示用户可用的组播地址(临时组地址)，全网范围有效。

(4) 239.0.0.0～239.255.255.255 表示本地管理组播地址，仅在特定的本地范围有效。

如果要在家庭或办公室局域网内测试 UDP 组播功能，则可以使用的组播地址范围为 239.0.0.0～239.255.255.255。

在 PySide6 中，创建 UDP 客户端，并与其他 UDP 客户端实现数据通信的步骤如下：

(1) 使用 QUdpSocket 类创建 QUdpSocket 对象，然后使用 QUdpSocket 对象的 bind()方法加入多播组。

(2) 如果要发送信息，则都使用 QUdpSocket 对象的 writeDatagram()方法。如果要接受信息，则使用 QUdpSocket 对象的 readDatagram()方法。

【实例 8-8】 使用 QUdpSocket 类创建 UDP 组播客户端程序，使用该程序可与其他 UDP 组播客户端建立连接，并传输数据，代码如下：

```
# === 第 8 章 代码 demo8.py === #
import sys
from PySide6.QtWidgets import (QApplication,QWidget,QPushButton,
     QVBoxLayout,QHBoxLayout,QPlainTextEdit,QLineEdit,QLabel,QSpinBox)
from PySide6.QtNetwork import (QHostInfo,QAbstractSocket,
    QUdpSocket,QHostAddress)
from PySide6.QtCore import QByteArray

class Window(QWidget):
    def __init__(self,parent = None):
        super().__init__(parent)
        self.setGeometry(550,200,580,280)
        #创建水平布局对象,添加 4 个按钮
        self.btnStart = QPushButton("加入组播")
        self.btnEnd = QPushButton("退出组播")
        btnClear = QPushButton("清空文本框")
        btnExit = QPushButton("退出")
        hbox1 = QHBoxLayout()
```

```
        hbox1.addWidget(self.btnStart)
        hbox1.addWidget(self.btnEnd)
        hbox1.addWidget(btnClear)
        hbox1.addWidget(btnExit)
        #创建两个标签、一个单行文本框、一个数字输入控件
        labelPort = QLabel("组播端口：")
        self.port = QSpinBox()
        self.port.setRange(33331,99999)
        labelIP = QLabel("组播 IP 地址：")
        self.lineIP = QLineEdit()
        self.lineIP.setText("224.0.1.21")
        hbox2 = QHBoxLayout()
        hbox2.addWidget(labelPort)
        hbox2.addWidget(self.port)
        hbox2.addWidget(labelIP)
        hbox2.addWidget(self.lineIP)
        #创建一个单行文本框、两个按钮
        hbox3 = QHBoxLayout()
        self.lineMsg = QLineEdit()
        self.btnMulticast = QPushButton("组播信息")
        hbox3.addWidget(self.lineMsg)
        hbox3.addWidget(self.btnMulticast)
        #创建一个多行纯文本框
        self.text = QPlainTextEdit()
        #创建一个标签控件
        self.labelSocket = QLabel("Socket 状态：")
        hbox4 = QHBoxLayout()
        hbox4.addWidget(self.labelSocket)
        #设置主窗口的布局
        vbox = QVBoxLayout(self)
        vbox.addLayout(hbox1)
        vbox.addLayout(hbox2)
        vbox.addLayout(hbox3)
        vbox.addWidget(self.text)
        vbox.addLayout(hbox4)
        localIP = self.get_localIP()
        self.setWindowTitle('本地 IP 地址：' + localIP)
        #创建套接字对象
        self.udpSocket = QUdpSocket()
        self.udpSocket.setSocketOption(QAbstractSocket.MulticastTtlOption,1)
        #使用信号/槽
        self.udpSocket.stateChanged.connect(self.do_socketStateChanged)
        self.do_socketStateChanged(self.udpSocket.state())      #调用一次槽函数
        self.btnStart.clicked.connect(self.btn_start)
        self.udpSocket.readyRead.connect(self.do_socketReadyRead)
        self.btnMulticast.clicked.connect(self.btn_multicast)
        self.btnEnd.clicked.connect(self.btn_end)
        btnClear.clicked.connect(self.text.clear)
        btnExit.clicked.connect(self.close)

    #获取本机 IP 地址
    def get_localIP(self):
        name = QHostInfo.localHostName()
```

```
        hostInfo = QHostInfo.fromName(name)
        ipList = hostInfo.addresses()
        for item in ipList:
            if item.protocol() == QAbstractSocket.NetworkLayerProtocol.IPv4Protocol:
                localIP = item.toString()
                return localIP
    #Socket 状态改变
    def do_socketStateChanged(self,state):
        if str(state) == 'SocketState.UnconnectedState':
            self.labelSocket.setText("Socket 状态: UnconnectedState")
            return
        elif str(state) == 'SocketState.HostLookupState':
            self.labelSocket.setText("Socket 状态: HostLookupState")
            return
        elif str(state) == 'SocketState.ConnectingState':
            self.labelSocket.setText("Socket 状态: ConnectingState")
            return
        elif str(state) == 'SocketState.ConnectedState':
            self.labelSocket.setText("Socket 状态: ConnectedState")
            return
        elif str(state) == 'SocketState.BoundState':
            self.labelSocket.setText("Socket 状态: BoundState")
            return
        elif str(state) == 'SocketState.ClosingState':
            self.labelSocket.setText("Socket 状态: ClosingState")
            return
        elif str(state) == 'SocketState.ListeningState':
            self.labelSocket.setText("Socket 状态: ListeningState")
            return
    #加入组播按钮
    def btn_start(self):
        IP = self.lineIP.text()
        self.groupAddress = QHostAddress(IP)
        groupPort = self.port.value()
        isConnected = self.udpSocket.bind(QHostAddress.AnyIPv4,groupPort,QUdpSocket.
ShareAddress)
        if isConnected:
            self.udpSocket.joinMulticastGroup(self.groupAddress)
            self.text.appendPlainText("**加入组播成功")
            self.text.appendPlainText("**组播 IP 地址: " + IP)
            self.text.appendPlainText("**绑定端口: " + str(groupPort))
            self.btnStart.setEnabled(False)
            self.btnEnd.setEnabled(True)
            self.port.setEnabled(False)
            self.lineIP.setEnabled(False)
            self.btnMulticast.setEnabled(True)
        else:
            self.text.appendPlainText("**绑定端口失败")
    #读取、显示传送的信息
    def do_socketReadyRead(self):
        if self.udpSocket.hasPendingDatagrams():
            length = self.udpSocket.pendingDatagramSize()
```

```
            (datagram,peerAddr,peerPort) = self.udpSocket.readDatagram(length)
            msg = datagram.data()          #获取字节串
            msg = msg.decode()             #将字节串转换为字符串
            peer = "[From " + peerAddr.toString() + ":" + str(peerPort) + "]"
            self.text.appendPlainText(peer + msg)
    #组播信息
    def btn_multicast(self):
        groupPort = self.port.value()
        msg = self.lineMsg.text()
        if msg == None:
            return
        ByteArray = QByteArray(msg.encode("utf-8"))
        self.udpSocket.writeDatagram(ByteArray,self.groupAddress,groupPort)
        self.text.appendPlainText("[multicast]" + msg)
        self.lineMsg.clear()
        self.lineMsg.setFocus()
    #退出组播
    def btn_end(self):
        addr = self.groupAddress
        self.udpSocket.leaveMulticastGroup(addr)
        self.udpSocket.abort()
        self.btnStart.setEnabled(True)
        self.btnEnd.setEnabled(False)
        self.port.setEnabled(True)
        self.lineIP.setEnabled(True)
        self.btnMulticast.setEnabled(False)
        self.text.appendPlainText("**已退出组播,解除端口绑定")


if __name__ == "__main__":
    app = QApplication(sys.argv)
    win = Window()
    win.show()
    sys.exit(app.exec())
```

运行结果如图 8-14 和图 8-15 所示。

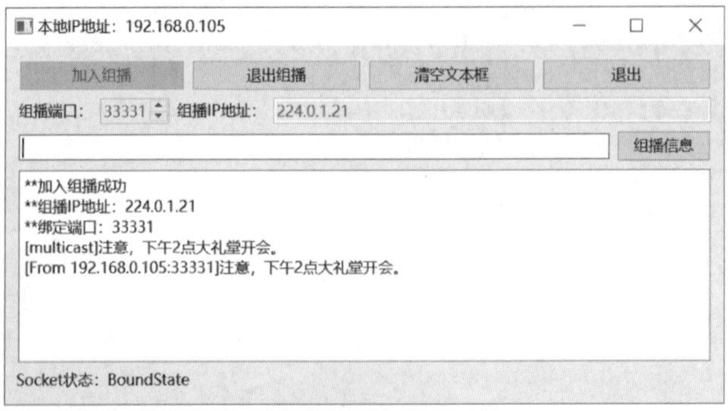

图 8-14　代码 demo8.py 的运行结果(1)

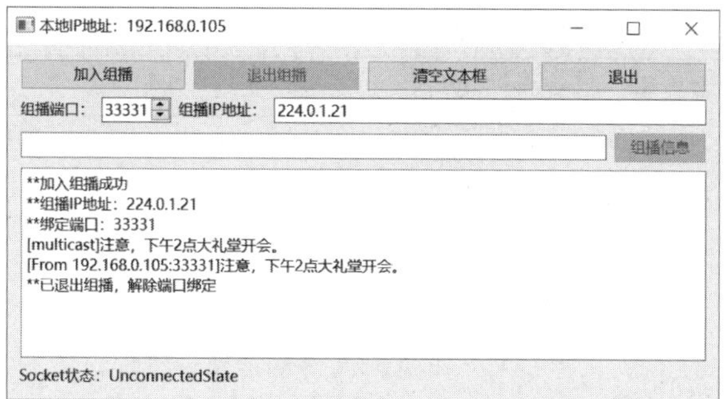

图 8-15 代码 demo8.py 的运行结果(2)

8.4 基于 HTTP 的通信

在 PySide6 中，子模块 QtNetwork 提供了一些类，以便实现网络协议中的高层网络协议，例如 HTTP、FTP。这些类为 QNetworkRequest 类、QNetworkAccessManager 类、QNetworkReply 类。本节将介绍这些类的用法。

8.4.1 HTTP 请求类 QNetworkRequest

在 PySide6 中，可以使用 QNetworkRequest 类向指定的 URL 发送网络协议请求，也可以保存网络协议的请求信息，目前支持 HTTP、FTP、从 URL 下载文件、向 URL 上传文件。

QNetworkRequest 类位于 QtNetwork 子模块下，其构造函数如下：

```
QNetworkRequest(other:QNetworkRequest)
QNetworkRequest(url:QUrl)
```

其中，other 表示 QNetwork 类创建的实例对象；url 表示 QUrl 类创建的实例对象。

QNetworkRequest 类的常用方法见表 8-12。

表 8-12 QNetworkRequest 类的常用方法

方法及参数类型	说　明	返回值的类型
attribute(code:Attribute,defaultValue:object=None)	返回与代码 code 关联的属性。如果未设置该属性，则返回 defaultValue	object
decompressedSafetyCheckThreshold()	返回存档检查的阈值	int
setDecompressedSafetyCheckThreshold(int)	设置存档检查的阈值	None
hasRawHeader(headerName:QByteArray)	如果此网络请求中存在原始报头 headerName，则返回值为 True	bool
setRawHeader(headerName:QByteArray,value:QByteArray)	设置原始报头 headerName 的值	None
header(header:KnownHeaders)	返回已知网络报头的值(如果在此请求中存在)	object

续表

方法及参数类型	说　明	返回值的类型
http2Configuration()	返回 QNetworkAccessManager,用于此请求及其底层 HTTP/2 连接的参数	QHttp2Configuration
setHttp2Configuration(configuration:QHttp2Configuration)	设置 HTTP/2 连接的参数	None
maximumRedirectsAllowed()	返回网络请求允许重定向的最大数量	int
setMaximumRedirectsAllowed(max:int)	设置允许重定向的最大数量	None
originationObject()	返回发起此网络请求的对象的引用	QObject
setOriginatingObject(object:QObject)	设置发起此网络请求的对象的引用	None
peerVerifyName()	返回证书验证设置的主机名,即 setPeerVerifyName()设置的。在默认情况下,它返回一个空字符串	str
setPeerVerifyName()	设置证书验证的主机名	str
priority()	返回该网络请求的优先级	Priority
setPriority(priority:Priority)	设置网络请求的优先级	None
rawHeader(headerName:QByteArray)	返回 headerName 的原始形式	QByteArray
rawHeaderList()	返回在该网络请求中设置的所有原始标头的列表	List[]
setAttribute(code:Attribute,value:object)	将与 code 相关联的属性设置为 value	None
setHeader(header:KnownHeaders,value:object)	设置表头的值	None
sslConfiguration()	获取该网络请求的 SSL 配置	QSslConfiguration
setSslConfiguration(configuration:QSslConfiguration)	设置该网络请求的 SSL 配置	None
transferTimeout()	获取传输超时(毫秒)	int
setTransferTimeout(timeout:int)	设置传输超时(毫秒)	None
url()	获取网络请求的 URL	QUrl
setUrl(url:QUrl)	设置网络请求的 URL	None
swap(other:QNetWorkRequest)	将该网络请求与其他网络请求交换	None

8.4.2 HTTP 网络操作类 QNetworkAccessManager

在 PySide6 中,QNetworkAccessManager 类可用于协调网络,当使用 QNetworkRequest 类发起网络请求后,QNetworkAccessManager 类负责发送网络请求、创建网络响应。QNetworkAccessManager 类的继承关系如图 8-16 所示。

图 8-16　QNetworkAccessManager 类的继承关系图

QNetworkAccessManager 类位于 PySide6 的 QtNetwork 子模块下，其构造函数如下：

```
QNetworkAccessManager(parent:QObject = None)
```

其中，parent 表示 QObject 类及其子类创建的实例对象。

QNetworkAccessManager 类的常用方法见表 8-13。

表 8-13　QNetworkAccessManager 类的常用方法

方法及参数类型	说　明	返回值的类型
addStrictTransportSecurityHosts(knownHosts)	在 HSTS 缓存中添加 HTTP 严格传输安全策略	None
autoDeleteReplies()	如果当前配置为自动删除 QNetworkReplies，则返回值为 True	True
cache()	返回网络数据的缓存	QAbstractNetworkCache
clearAccessCache()	刷新身份验证数据和网络连接的内部缓存	None
clearConnectionCache()	刷新网络连接的内部缓存	None
connectToHost(hostName:str,port:int=80)	向指定端口的主机发送网络请求	None
connectToHostEncrypted(hostName:str, port:int=443, sslConfiguration = QSslConfiguration.defaultConfiguration())	使用 sslConfiguration 配置向指定端口的主机发送网络请求	None
connectToHostEncrypted(hostName:str, port:int,sslConfiguration:QSslConfiguration, peerName:str)	这是一个重载函数，使用 sslConfiguration 配置向指定端口的主机发送网络请求	None
CookieJar()	返回 QNetworkCookieJar 对象，用于存储从网络获得的 Cookie 信息	QNetworkCookieJar
setCookieJar(CookieJar:QNetworkCookieJar)	设置 QNetworkCookieJar 对象	None
deleteResource(request:QNetworkRequest)	发送一个删除资源的请求	QNetworkReply
enableStrictTransportSecurityStore(enable:bool,storeDir:str= "")	如果 enabled 为 True，则内部 HSTS 缓存将使用持久存储读取和写入 HSTS 策略	None
isStrictTransportsSecurityStoreEnabled()	如果 HSTS 缓存使用永久存储来加载和存储 HSTS 策略，则返回值为 True	bool
isStrictTransportsSecurity()	如果启用了 HTTP 严格传输安全策略（HSTS），则返回值为 True	bool

续表

方法及参数类型	说　明	返回值的类型
get(request:QNetworkRequest)	发送网络请求,并返回一个新的 QNetworkReply 对象	QNetworkReply
head(request:QNetworkRequest)	发送网络请求,并返回包含 headers 信息的 QNetworkReply 对象	QNetworkReply
post(request: QNetworkRequest, multiPart: QHTTPMultiPart)	将消息的内容发送到指定的目的地	QNetworkReply
post(request:QNetworkRequest,data:QIODevice)	将消息的内容发送到指定的目的地	QNetworkReply
post(request:QNetworkRequest,data:QByteArray)	将消息的内容发送到指定的目的地	QNetworkReply
proxy()	获取网络代理	QNetworkProxy
setProxy(proxy:QNetworkProxy)	设置网络代理	None
proxyFactory()	返回请求的代理工厂	QNetworkProxyFactory
setProxyFactory(factory:QNetworkProxyFactory)	设置代理工厂	None
put(request:QNetworkRequest, multiPart:QHttpMultiPart)	将指定的消息内容发送到指定的目的地	QNetworkReply
put(request:QNetworkRequest, multiPart:QIODevice)	将指定的消息内容发送到指定的目的地	QNetworkReply
put(request:QNetworkRequest, multiPart:QByteArray)	将指定的消息内容发送到指定的目的地	QNetworkReply
redirectPolicy()	返回创建新请求时使用的重定向策略	RedirectPolicy
setRedirectPolicy(policy:RedirectPolicy)	设置重定向策略	None
sendCustomRequest(request:QNetworRequest,verb:QByteArray,mulitPart:QHttpMultiPart)	将自定义请求发送到 URL 标识的服务器	QNetworkReply
sendCustomRequest(request:QNetworRequest,verb:QByteArray,data:QIODevice)	将自定义请求发送到 URL 标识的服务器	QNetworkReply
sendCustomRequest(request:QNetworRequest,verb:QByteArray,data:QByteArray)	将指定的消息内容发送到指定的目的地	QNetworkReply
setAutoDeleteReplies(autoDelete:bool)	设置是否自动删除 QNetworkReplies	None
setCache(cache:QAbstractNetworkCache)	将管理器的网络缓存设置为缓存。缓存中有管理器调度的所有请求	None

续表

方法及参数类型	说　明	返回值的类型
setStrictTransportsSecurityEnabled (enabled: bool)	如果 enabled 为 True，则遵循 HTTP 严格传输安全策略(HSTS, RFC6797)	None
transferTimeout()	获取传输超时(毫秒)	int
setTransferTimeout(timeout:int)	设置传输超时(毫秒)	None
strictTransportsSecurityHosts()	返回 HTTP 严格传输安全策略的列表	List
createRequest(op:Operation,request: QNetworkRequest,outgoingData:QIODevice)	返回一个新的 QNetworkReply 对象来处理操作和请求	QNetworkReply
supportedSchemes()	列出访问管理器支持的所有 URL 模式	List
[slot]supportedSchemesImplementation()	槽函数，列出访问管理器支持的所有 URL 模式	List

QNetworkAccessManager 类的信号见表 8-14。

表 8-14　QNetworkAccessManager 类的信号

信号及参数类型	说　明
authenticationRequired (reply: QNetworkReply, authenticator: QAuthenticator)	当服务器响应请求的内容之前要求身份验证时发送信号
encrypted(reply:QNetworkReply)	当 SSL/TLS 会话成功完成初始握手时发送信号
finished(reply:QNetworkReply)	当网络响应完成时发送信号
preSharedKeyAuthenticationRequired (reply: QNetworkReply, authenticator:QSslPreSharedKeyAuthenticator)	如果 SSL/TLS 握手协商 PSK 密码套件，并需要 PSK 身份验证，则发送信号
proxyAuthenticationRequired (proxy: NetworkProxy, authenticator: QAuthenticator)	当代理请求身份验证并且 QNetworkAccessManager 找不到有效的缓存凭据时，发送信号
sslError(reply:QNetworkReply,errors)	如果 SSL/TLS 会话在设置过程中遇到错误，包括证书验证错误，则发送信号

8.4.3　HTTP 响应类 QNetworkReply

在 PySide6 中，使用 QNetworkReply 类表示网络请求的响应，当使用 QNetworkAccessManager 类的 post()、get()、put()等方法发起网络请求后，返回的网络响应为 QNetworkReply 对象。QNetworkReply 类的继承关系如图 8-17 所示。

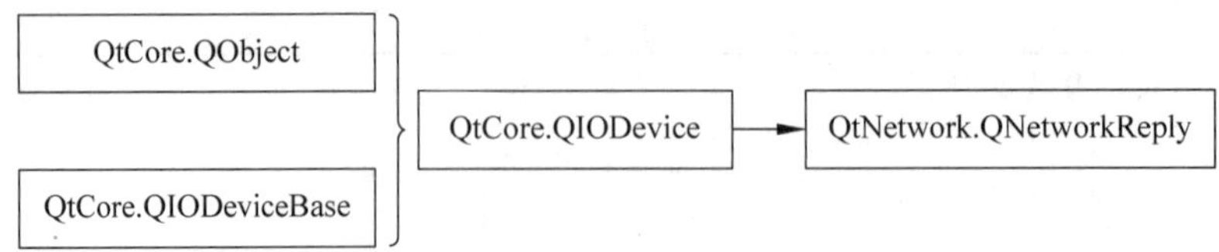

图 8-17 QNetworkReply 类的继承关系

QNetworkReply 类位于 PySide6 的 QtNetwork 子模块下，其构造函数如下：

```
QNetworkReply(parent:QObject = None)
```

其中，parent 表示 QObject 类及其子类创建的实例对象。

QNetworkReply 类的常用方法见表 8-15。

表 8-15 QNetworkReply 类的常用方法

方法及参数类型	说　明	返回值的类型
attribute(code:Attribute)	返回与 code 关联的属性	object
setAttribute(code:Attribute,value:object)	设置与 code 关联的属性	None
error()	返回在处理此请求时发现的错误	NetworkError
hasRawHeader(headerName:QByteArray)	如果名称为 headerName 的原始报头是由远程服务器发送的，则返回值为 True	bool
header(header:KnownHeader)	返回已知报头 header 的值	object
ignoreSslErrors()	如果调用此函数，则将忽略与网络连接相关的 SSL 错误，包括证书验证错误	None
ignoreSslErrors(errors)	如果调用这个函数，则参数 errors 中给出的 SSL 错误将被忽略	None
ignoreSslErrorsImplementation(arg1)	该方法是为了覆盖 ignoreSslErrors()的行为	None
isFinished()	如果响应完成或中止，则返回值为 True	bool
setFinished(arg1:bool)	设置是否完成响应	None
isRunning()	如果请求仍在处理中，则返回值为 True	bool
manager()	返回用于创建该对象的 QNetworkAccessManager 对象	QNetworkAccess-Manager
operation()	返回提交的操作	Operation
rawHeader(headerName:QByteArray)	返回服务器发送的报头为 headerName 的原始内容	QByteArray
setRawHeader(headerName:QByteArray,value:QByteArray)	设置指定报头的原始内容	None

续表

方法及参数类型	说　明	返回值的类型
rawHeaderList()	返回服务器发送的报头字段列表	List
setHeader(header:KnownHeaders,value:object)	设置已知报头的值	None
rawHeaderPairs()	返回原始报文对的列表	List
readBufferSize()	返回缓存区的大小(字节)	int
setReadBufferSize(size:int)	设置缓存区的大小	None
request()	返回针对该响应发布的网络请求	QNetworkRequest
setError(errorCode:NetworkError,errorString:str)	将错误条件设置为 errorCode	None
setRequest(request:QNetworkRequest)	设置与该对象关联的网络请求	None
setSslConfiguration(configuration:QSslConfiguration)	设置与该对象关联的网络连接的SSL 配置	None
setSslConfigurationImplementation(arg1:QSslConfiguration)	提供该方法是为了重写 setSslConfiguration()的行为	None
setUrl(url:QUrl)	设置正在处理的 URL	None
url()	返回下载或上传文件的 URL	QUrl
abort()	立即中止操作并关闭所有仍然打开的网络连接	None
sslConfiguration()	返回与该对象关联的 SSL 配置	QSslConfiguration
sslConfigurationImplementation(arg1:QSslConfiguration)	提供该方法是为了重写 sslConfiguration()的行为	None

QNetworkReply 类的信号见表 8-16。

表 8-16　QNetworkReply 类的信号

信号及参数类型	说　明
downloadProgress(BytesReceived:int,BytesTotal:int)	发出该信号是为了指示该网络请求的下载部分的进度
encrypted()	当 SSL/TLS 会话成功完成初始握手时发送信号
errorOccured(arg1:NetworkError)	当检测到响应处理过程中出现错误时发送信号
finished()	当响应完成时发送信号
metaDataChanged()	当响应中的元数据发生更改时发送信号
preSharedKeyAuthenticationRequired(authenticator:authenticator)	当 SSL/TLS 握手协商 PSK 密码套件需要 PSK 身份验证时发送信号
redirectAllowed()	当允许重新定向时发送信号
redirected(url:QUrl)	如果请求中没有设置 ManualRedirectPolicy,并且服务器响应了 3xx 状态(特别是 301、302、303、305、307 或 308 状态码),并且在 location 头中有一个有效的 URL,则发送信号

续表

信号及参数类型	说明
requestSent()	当发送1次或多次请求时发送信号
socketStartedConnecting()	当套接字连接时,并在发送请求之前,会发送0次或更多次信号
sslErrors(errors)	如果SSL/TLS会话在设置过程中遇到错误,包括证书验证错误,则发送信号
uploadProgress(BytesSent:int,BytesTotal:int)	发送这个信号是为了指示这个网络请求的上传部分的进度

8.4.4 典型应用

【实例 8-9】 使用 QNetworkRequest 类、QNetworkAccessManager 类、QNetworkReply 类创建一个可根据 URL 下载文件的窗口程序,要求可显示下载进度,代码如下:

```
# === 第 8 章 代码 demo9.py === #
import sys
from PySide6.QtWidgets import (QApplication,QWidget,QPushButton,
    QVBoxLayout,QHBoxLayout,QProgressBar,QLineEdit,QLabel,QMessageBox)
from PySide6.QtNetwork import (QNetworkRequest,QNetworkReply,QNetworkAccessManager)
from PySide6.QtCore import QByteArray,QDir,QUrl,QFile,QIODevice

class Window(QWidget):
    def __init__(self,parent = None):
        super().__init__(parent)
        self.setGeometry(550,200,580,200)
        self.setWindowTitle('QNetworkRequest、QNetworkAccessManager、QNetworkReply')
        #创建水平布局对象,添加标签、单行文本框、按钮
        self.labelUrl = QLabel("URL:")
        self.lineUrl = QLineEdit()
        self.btnDownload = QPushButton("下载")
        hbox1 = QHBoxLayout()
        hbox1.addWidget(self.labelUrl)
        hbox1.addWidget(self.lineUrl)
        hbox1.addWidget(self.btnDownload)
        #创建水平布局对象,添加标签、单行文本框、按钮
        self.labelDir = QLabel("下载文件保存路径: ")
        self.lineDir = QLineEdit()
        self.btnDir = QPushButton("默认路径")
        hbox2 = QHBoxLayout()
        hbox2.addWidget(self.labelDir)
        hbox2.addWidget(self.lineDir)
        hbox2.addWidget(self.btnDir)
        #创建水平布局对象,添加标签、滚动条
        self.labelProgess = QLabel("文件下载进度: ")
        self.progressBar = QProgressBar()
```

```
        hbox3 = QHBoxLayout()
        hbox3.addWidget(self.labelProgess)
        hbox3.addWidget(self.progressBar)
        #设置主窗口的布局
        vbox = QVBoxLayout(self)
        vbox.addLayout(hbox1)
        vbox.addLayout(hbox2)
        vbox.addLayout(hbox3)
        #创建网络操作对象
        self.networkManager = QNetworkAccessManager()
        #使用信号/槽
        self.btnDir.clicked.connect(self.btn_dir)
        self.btnDownload.clicked.connect(self.btn_download)
    #单击"默认路径"按钮
    def btn_dir(self):
        curPath = QDir.currentPath()
        curDir = QDir(curPath)
        curDir.mkdir("temp")
        self.lineDir.setText(curPath + "\\temp\\")
    #单击"下载"按钮
    def btn_download(self):
        strUrl = self.lineUrl.text()
        if strUrl == "":
            return
        newUrl = QUrl.fromUserInput(strUrl)
        if newUrl.isValid() == False:
            QMessageBox.information(self,"错误","该地址为无效 URL 网址")
            return
        tempDir = self.lineDir.text()
        if tempDir == "":
            QMessageBox.information(self,"错误","请输入下载文件的路径")
            return
        fullFileName = tempDir + newUrl.fileName()
        if QFile.exists(fullFileName):
            QFile.remove(fullFileName)
        self.newFile = QFile(fullFileName)
        if self.newFile.open(QIODevice.WriteOnly) == False:
            QMessageBox.information(self,"错误","临时文件打开错误")
            return
        self.btnDownload.setEnabled(False)
        #发送网络请求,创建网络效应
        self.reply = self.networkManager.get(QNetworkRequest(newUrl))
        self.reply.readyRead.connect(self.do_readyRead)
        self.reply.downloadProgress.connect(self.do_downloadProgress)
        self.reply.finished.connect(self.do_finished)
    #下载到本地
    def do_readyRead(self):
        self.newFile.write(self.reply.readAll())
    #滚动条显示进度
    def do_downloadProgress(self,BytesRead,totalBytes):
        self.progressBar.setMaximum(totalBytes)
        self.progressBar.setValue(BytesRead)
```

```
    #下载完成
    def do_finished(self):
        self.btnDownload.setEnabled(True)


if __name__ == "__main__":
    app = QApplication(sys.argv)
    win = Window()
    win.show()
    sys.exit(app.exec())
```

运行结果如图 8-18 所示。

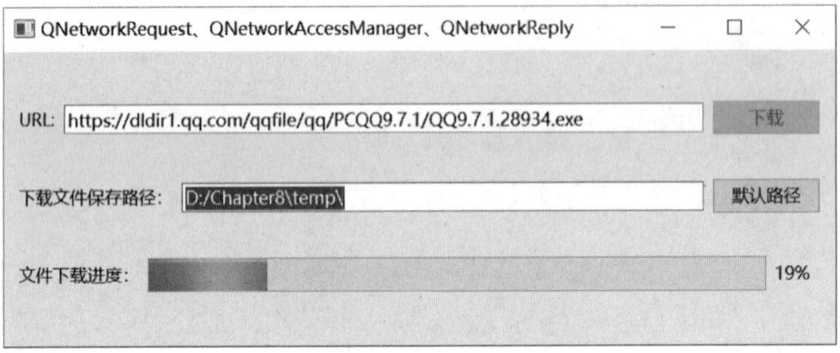

图 8-18 代码 demo9.py 的运行结果

8.5 小结

本章首先介绍了主机信息查询类,包括主机信息类 QHostInfo、网络接口类 QNetworkInterface;其次介绍了 TCP 通信类,包括 QTcpServer 类、QTcpSocket 类,以及这两个类的应用实例;然后介绍了 UDP 通信类,主要介绍了 QUdpSocket 类,以及 UDP 通信的单播、广播、组播的应用实例;最后介绍了基于 HTTP 的通信类,包括 HTTP 请求类 QNetworkRequest、网络操作类 QNetworkAccessManager、HTTP 响应类 QNetworkReply。

第 9 章 多 媒 体

在 PySide6 中，有可以处理声频和视频的多媒体模块。PySide6 提供了完整的多媒体功能，可以播放多种格式的声频文件、视频文件，可以通过话筒录音，可以通过摄像头拍照、摄像。

9.1 多媒体模块概述

在 PySide6 中，多媒体模块主要包括 QtMultimedia 子模块和 QtMultimediaWidgets 子模块。QtMultimedia 子模块提供了处理声频和视频的类，QtMultimediaWidgets 子模块提供了与多媒体相关的控件。

PySide6 的多媒体模块在不同的平台上使用不同的后端，后端只与操作系统有关，而且后端对开发者是隐藏的。Linux 平台上的后端为 GStreamer，Windows 平台的后端为 WMF，macOS 和 iOS 的后端为 AVFoundation，Android 平台的后端为安卓多媒体 API。

1. QtMultimedia 子模块

在 PySide6 中，QtMultimedia 子模块提供了处理声频和视频的类，这些类见表 9-1。

表 9-1 QtMultimedia 子模块提供的类

类	说　明
QMediaPlayer	播放声频或视频文件，可以是本地文件，也可以是网络上的文件
QMediaCaptureSession	抓取声频和视频的管理器
QCamera	访问连接到系统的摄像头
QAudioInput	访问连接到系统上的声频输入设备，例如话筒
QAudioOutput	访问连接到系统的声频输出设备，例如音箱、耳机
QImageCapture	使用摄像头抓取静态图片
QMediaRecorder	在抓取过程中录制声频或视频
QMediaDevices	提供了系统中可用的声频输入设备(话筒)、声频输出设备(音箱、耳机)、视频输入设备(摄像头)的信息
QMediaFormat	描述声频、视频的编码格式，以及声频、视频的文件格式
QAudioSource	通过声频输入设备采集原始声频数据

续表

类	说　明
QAudioSink	将原始的声频数据发送到声频输出设备
QVideoSink	访问和修改视频中的单帧数据

2. QtMultimediaWidgets 子模块

在 PySide6 中,QtMultimediaWidgets 子模块提供了显示视频的控件类,这些类见表 9-2。

表 9-2　QtMultimediaWidgets 子模块提供的类

类	说　明
QVideoWidget	提供了显示视频的界面控件
QGraphicsVideo	提供了显示视频的图形项(基于图形/视图架构)

18min

9.2 播放声频

在 PySide6 中,可以使用 QMediaPlayer、QAudioOutput 类播放压缩的声频文件,例如 MP3 文件、WMA 文件;可以使用 QSoundEffect 类播放低延迟的音效文件,例如无压缩的 WAV 文件。这 3 个类的继承关系如图 9-1 所示。

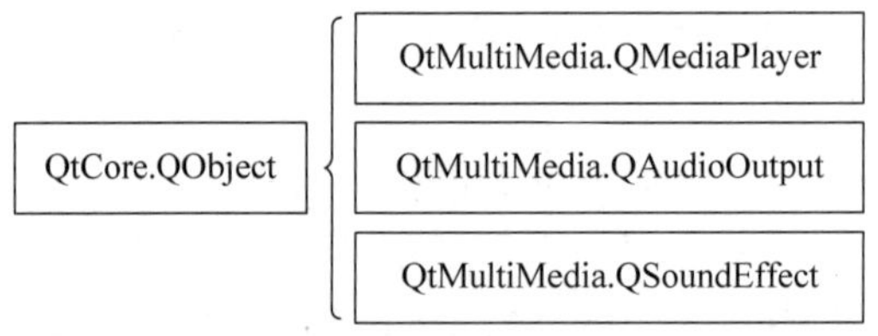

图 9-1　QMediaPlayer、QAudioOutput、QSoundEffect 类的继承关系图

9.2.1 QMediaPlayer 类

在 PySide6 中,使用 QMediaPlayer 类既可以播放本地声频文件,也可以播放网络文件。QMediaPlayer 类的构造函数如下:

```
QMediaPlayer(parent:QObject = None)
```

其中,parent 表示 QObject 类及其子类创建的实例对象。

1. QMediaPlayer 类的方法和信号

QMediaPlayer 类的常用方法见表 9-3。

表 9-3　QMediaPlayer 类的常用方法

方法及参数类型	说　明	返回值的类型
[slot]pause()	暂停播放	None
[slot]play()	开始播放	None

续表

方法及参数类型	说　明	返回值的类型
[slot]setPlaybackRate(rate:float)	设置播放速率	None
[slot]setPosition(position:int)	设置当前播放位置(毫秒)	None
[slot]setSource(source:QUrl)	设置媒体文件来源(本地文件、网络文件)	None
[slot]setSourceDevice(device:QIODevice,sourceUrl:QUrl)	设置声频或视频源	None
[slot]stop()	停止播放,并将播放位置重置到开始位置	None
activeAudioTrack()	获取当前活动的声频轨道	int
setActiveAudioTrack(index:int)	设置当前活动的声频轨道	None
activeSubtitleTrack()	获取当前活动的字幕轨道	int
setActiveSubtitleTrack(index:int)	设置当前活动的字幕轨道	None
activeVideoTrack()	返回当前活动的视频轨道	int
setActiveVideoTrack(index:int)	设置当前活动的视频轨道	None
audioOutput()	获取声频输出设备	QAudioOutput
setAudioOutput(output:QAudioOutput)	设置声频输出设备	None
bufferProgress()	在缓冲数据时返回 0~1 的数字	float
bufferedTimeRange()	返回描述当前缓冲数据的 QMediaTimeRange 对象	QMediaTimeRange
duration()	返回当前媒体文件的持续时间(毫秒)	int
error()	返回当前错误状态	Error
errorString()	获取描述当前错误的字符串	str
hasAudio()	获取是否包含声频	bool
hasVideo()	获取是否包含视频	bool
isAvailable()	如果媒体播放器在此平台上受支持,则返回值为 True	bool
isPlaying()	获取是否处于播放状态	bool
isSeekable()	如果媒体文件是可搜索的,则返回值为 True	bool
loops()	获取在播放器停止之前播放媒体文件的次数	int
setLoops(loops:int)	设置播放媒体文件的次数	None
mediaStatus()	获取当前媒体流的状态	MediaStatus
metaData()	返回媒体播放器播放的当前媒体的元数据	QMediaMetaData
playbackRate()	返回当前播放速率	float
playbackState()	返回当前播放状态	PlaybackState
position	返回正在播放的媒体文件中的当前位置(毫秒)	int
videoOutput()	获取视频输出设备	QObject
setVideoOutput(arg1:QObject)	设置视频输出设备	None

续表

方法及参数类型	说　明	返回值的类型
setVideoSink(sink:QVedioSink)	设置单帧数据来检索视频数据	None
source()	获取当前活动媒体源	QUrl
sourceDevice()	返回媒体数据的流源	QIODevice
subtitleTracks()	列出媒体中可用的字幕轨道集	List
videoSink()	获取视频中的单帧数据对象	QVideoSink

QMediaPlayer 类的信号见表 9-4。

表 9-4　QMediaPlayer 类的信号

信号及参数类型	说　明
activeTracksChanged()	当声频轨道发生改变时发送信号
audioOutputChanged()	当声频输出设备发生改变时发送信号
bufferProgressChanged(progress:float)	当本地缓冲区的填充量发生改变时发送信号
durationChanged(duration:int)	当媒体文件的持续时间发生变化时发送信号
errorOccurred(error:Error,errorString:str)	当发生错误时发送信号
hasAudioChanged(available:bool)	当声频内容的可用性发生改变时发送信号
hasVideoChanged(videoAvailable:bool)	当视频内容的可用性发生改变时发送信号
loopsChanged()	当循环次数发生改变时发送信号
mediaStatusChanged(status:MediaStatus)	当媒体文件状态发生改变时发送信号
metaDataChanged()	当媒体文件的元数据发生改变时发送信号
playbackRateChanged(rate:float)	当播放速率发生改变时发送信号
playbackStateChanged(newState:PlaybackState)	当播放状态发生改变时发送信号
playingChanged(playing:bool)	当暂停或开始播放时发送信号
positionChanged(position:int)	当播放位置发生改变时发送信号
seekableChanged(seekable:bool)	当可定位播放状态发生改变时发送信号
sourceChanged(media:QUrl)	当播放媒体来源发生改变时发送信号
videoOutputChanged()	当视频输出设备发生改变时发送信号

2. QMediaMetaData 类的方法

在表 9-5 中,使用 QMediaPlay 类的 metaData()方法可获取 QMediaMetaData 对象,用于表示当前媒体文件的元数据。

QMediaMetaData 的常用方法见表 9-5。

表 9-5　QMediaMetaData 类的常用方法

方法及参数类型	说　明	返回值的类型
[static]KeyType(key:Key)	返回用于存储指定键的数据的元类型	QMetaType
[static]metaDataKeyToString(Key)	返回键的字符串表示形式,用于向用户显示元数据	str
clear()	清除对象中的所有数据	None
insert(k:Key,value:object)	根据键插入值	None

续表

方法及参数类型	说　明	返回值的类型
isEmpty()	获取是否为空	bool
keys()	获取所有的键	List
remove(k:Key)	移除指定键的值	None
stringValue(k:Key)	获取字符串格式的键	str
value(k:Key)	获取指定键的值	object

QMediaMetaData.Key 的枚举值见表 9-6。

表 9-6　QMediaMetaData.Key 的枚举值

枚　举　值	说　明	与该键对应值的类型
QMediaMetaData.Title	媒体文件的标题	str
QMediaMetaData.Author	媒体文件的作者	List
QMediaMetaData.Description	媒体文件的描述	str
QMediaMetaData.FileFormat	媒体文件的格式	QMediaFormat.FileFormat
QMediaMetaData.Duration	媒体文件的持续时间(毫秒)	int
QMediaMetaData.AudioBitRate	声频流的比特率	int
QMediaMetaData.AudioCodec	声频流的编码格式	QMediaFormat.AudioCodec
QMediaMetaData.FrameRate	视频的帧率	float
QMediaMetaData.VideoBitRate	视频的比特率	int
QMediaMetaData.AlbumTitle	专辑标题	str
QMediaMetaData.ThumbnailImage	嵌入的专辑缩略图	QImage
QMediaMetaData.Date	媒体文件的日期	QDateTime
QMediaMetaData.Publisher	媒体文件的发行者	str
QMediaMetaData.url	媒体文件的 URL 网址	QUrl

【实例 9-1】 创建一个窗口,该窗口包含一个按压按钮、一个多行纯文本输入框。当单击按钮时会弹出文件对话框。如果选中一个多媒体文件,则会获取并显示该文件的元数据,代码如下:

```
# === 第 9 章 代码 demo1.py === #
import sys
from PySide6.QtWidgets import (QApplication,QWidget,QPushButton,
    QPlainTextEdit,QVBoxLayout,QFileDialog)
from PySide6.QtMultimedia import QMediaPlayer
from PySide6.QtCore import QUrl

class Window(QWidget):
   def __init__(self,parent = None):
      super().__init__(parent)
      self.setGeometry(200,200,580,230)
      self.setWindowTitle("QMediaPlayer、QMediaMetaData")
      self.player = QMediaPlayer()
      self.btnOpen = QPushButton("打开文件")
```

```
        self.text = QPlainTextEdit()
        vbox = QVBoxLayout(self)
        vbox.addWidget(self.btnOpen)
        vbox.addWidget(self.text)
        self.btnOpen.clicked.connect(self.btn_open)

    def btn_open(self):
        filename,fil = QFileDialog.getOpenFileName(self,"打开声频文件")
        if filename == '':
            return
        self.text.clear()
        player = QMediaPlayer()
        player.setSource(QUrl.fromLocalFile(filename))
        meta = player.metaData()
        str1 = '媒体文件的持续时间为 ' + str(meta.value(QMediaMetaData.Duration)) + '毫秒'
        self.text.appendPlainText(str1)
        str2 = '媒体文件的标题为 ' + meta.value(QMediaMetaData.Title)
        self.text.appendPlainText(str2)
        str3 = '声频比特率为 ' + str(meta.value(QMediaMetaData.AudioBitRate))
        self.text.appendPlainText(str3)
        str4 = '声频编码为 ' + str(meta.value(QMediaMetaData.AudioCodec))
        self.text.appendPlainText(str4)
        str5 = '媒体文件格式为 ' + str(meta.value(QMediaMetaData.FileFormat))
        self.text.appendPlainText(str5)


if __name__ == "__main__":
    app = QApplication(sys.argv)
    win = Window()
    win.show()
    sys.exit(app.exec())
```

运行结果如图 9-2 所示。

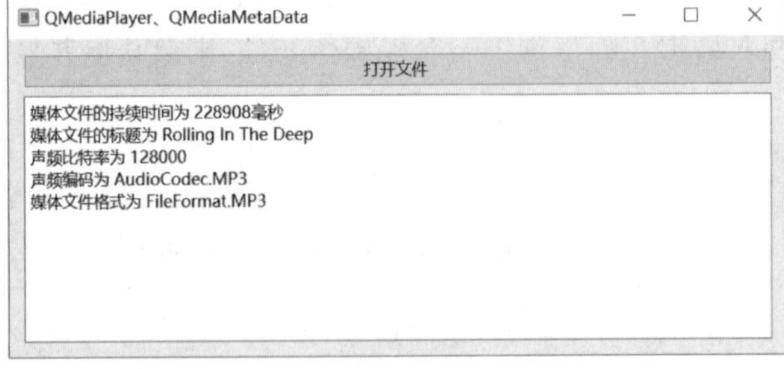

图 9-2　代码 demo1.py 的运行结果

注意：由于每个多媒体文件包含的元数据都不同，所以选择的某个多媒体文件的某种元数据为空。

9.2.2 QAudioOutput 类

在 PySider6 中，使用 QAudioOutput 类表示声频输出设备。QAudioOutput 类位于 QtMultimedia 子模块下，其构造函数如下：

```
QAudioOutput(parent:QObject = None)
QAudioOutput(device:QAudioDevice,parent:QObject = None)
```

其中，parent 表示 QObject 类及其子类创建的实例对象；device 表示 QAudioDevice 类创建的实例对象。

QAudioOutput 类的常用方法见表 9-7。

表 9-7 QAudioOutput 类的常用方法

方法及参数类型	说　　明	返回值的类型
[slot]setDevice(device:QAudioDevice)	设置连接的声频设备	None
[slot]setMuted(muted:bool)	设置是否为静音	None
[slot]setVolume(volume)	设置当前音量	None
device()	返回连接的声频设备	QAudioDevice
isMuted()	获取是否为静音	bool
volume()	获取当前音量	float

QAudioOutput 类的信号见表 9-8。

表 9-8 QAudioOutput 类的信号

信号及参数类型	说　　明
deviceChanged()	当连接的声频设备发生改变时发送信号
mutedChanged(muted:bool)	当静音状态发生改变时发送信号
volumeChanged(volume:float)	当音量发生改变时发送信号

9.2.3 创建 MP3 声频播放器

【实例 9-2】 创建一个 MP3 声频播放器，使用该播放器可以打开、播放 MP3 格式的声频文件，代码如下：

```
# === 第 9 章 代码 demo2.py === #
import sys
from PySide6.QtWidgets import (QApplication,QWidget,QPushButton,
    QVBoxLayout,QHBoxLayout,QFileDialog,QStyle,QSlider,QLabel)
from PySide6.QtMultimedia import QMediaPlayer,QAudioOutput
from PySide6.QtCore import QUrl,Qt

class Window(QWidget):
    def __init__(self,parent = None):
        super().__init__(parent)
        self.setGeometry(200,200,580,150)
```

```
        self.setWindowTitle("QMediaPlayer、QAudioOutput")
        self.player = QMediaPlayer()
        self.audioOutput = QAudioOutput()
        self.player.setAudioOutput(self.audioOutput)
        #创建标签控件
        self.labelSource = QLabel("文件来源：")
        #创建水平布局对象,添加按钮控件、滑块控件、标签控件
        self.btnOpen = QPushButton("打开文件")
        self.btnPlay = QPushButton()
        self.btnPlay.setEnabled(False)
        self.btnPlay.setIcon(self.style().standardIcon(QStyle.SP_MediaPlay))  #设置按钮的图标
        self.slider = QSlider(Qt.Horizontal)
        self.slider.setRange(0,0)
        self.labelTime = QLabel()
        hbox = QHBoxLayout()
        hbox.addWidget(self.btnOpen)
        hbox.addWidget(self.btnPlay)
        hbox.addWidget(self.slider)
        hbox.addWidget(self.labelTime)
        #创建垂直布局对象,并添加其他布局、控件
        vbox = QVBoxLayout(self)
        vbox.addWidget(self.labelSource)
        vbox.addLayout(hbox)
        #使用信号/槽
        self.btnOpen.clicked.connect(self.btn_open)
        self.btnPlay.clicked.connect(self.btn_play)
        self.player.playingChanged.connect(self.playing_changed)
        self.player.positionChanged.connect(self.position_changed)
        self.player.durationChanged.connect(self.duration_changed)
        self.slider.sliderMoved.connect(self.set_position)
    #打开文件按钮
    def btn_open(self):
        filename,fil = QFileDialog.getOpenFileName(self,"打开声频文件")
        if filename!= '':
            self.player.setSource(QUrl.fromLocalFile(filename))
            self.btnPlay.setEnabled(True)
            self.labelSource.setText("文件来源：" + filename)
    #播放或暂停按钮
    def btn_play(self):
        if self.player.isPlaying() == False:
            self.player.play()
        else:
            self.player.pause()
    #当播放状态发生改变时,更改播放或暂停按钮的图标
    def playing_changed(self,playing):
        if playing == True:
            self.btnPlay.setIcon(self.style().standardIcon(QStyle.SP_MediaPause))
        else:
            self.btnPlay.setIcon(self.style().standardIcon(QStyle.SP_MediaPlay))
    #当滑块的位置改变时连接的槽函数
    def position_changed(self,position):
        self.slider.setSliderPosition(position)
```

```
        secs = position/1000
        mins = int(secs/60)
        secs = int(secs % 60)
        self.positionTime = f"{mins}:{secs}"
        self.labelTime.setText(self.positionTime + "/" + self.durationTime)
    #当声频文件的持续时间发生改变时连接的槽函数
    def duration_changed(self,duration):
        self.slider.setMaximum(duration)
        secs = duration/1000
        mins = int(secs/60)
        secs = int(secs % 60)
        self.durationTime = f"{mins}:{secs}"
    #当滑块的位置发生改变时连接的槽函数
    def set_position(self,position):
        self.slider.setSliderPosition(position)
        self.player.setPosition(position)


if __name__ == "__main__":
    app = QApplication(sys.argv)
    win = Window()
    win.show()
    sys.exit(app.exec())
```

运行结果如图 9-3 所示。

图 9-3　代码 demo2.py 的运行结果

9.2.4　QSoundEffect 类

在 PySider6 中，使用 QSoundEffect 类可以播放低延迟的声频文件，例如无压缩的 WAV 文件。QSoundEffect 类位于 QtMultimedia 子模块下，其构造函数如下：

```
QSoundEffect(parent:QObject)
QSoundEffect(device:QAudioDevice,parent:QObject = None)
```

其中，parent 表示 QObject 类及其子类创建的实例对象；device 表示 QAudioDevice 类创建的实例对象。

QSoundEffect 类的常用方法见表 9-9。

表 9-9 QSoundEffect 类的常用方法

方法及参数类型	说明	返回值的类型
[static]supportedMimeType()	获取支持的 mime 类型	List[str]
[slot]play()	开始播放	None
[slot]stop	停止播放	None
audioDevice()	获取连接的声频设备	QAudioDevice
setAudioDevice(QAudioDevice)	设置连接的声频设备	None
isLoaded()	返回是否已经加载声源	bool
isPlaying()	返回是否正在播放	bool
isMuted()	获取是否为静音	bool
setMuted(muted:bool)	设置是否为静音	None
loopCount()	获取播放的总次数	int
setLoopCount(loopCount:int)	设置播放的总次数	None
loopsRemaining()	获取剩余的播放次数	int
setSource(url:QUrl)	设置媒体文件源	None
source()	获取媒体文件源	QUrl
setVolume(volume:float)	设置音量	None
volume()	获取音量	float
state()	获取播放状态	QSoundEffect.Status

QSoundEffect 类的信号见表 9-10。

表 9-10 QSoundEffect 类的信号

信号及参数类型	说明
audioDeviceChanged()	当连接的声频设备发生改变时发送信号
loadedChanged()	当加载状态发生改变时发送信号
loopCountChanged()	当播放总次数发生改变时发送信号
loopsRemainingChanged()	当剩余的播放次数发生改变时发送信号
mutedChanged()	当静音状态发生改变时发送信号
playingChanged()	当播放的状态发生改变时发送信号
sourceChanged()	当媒体文件源发生改变时发送信号
statusChanged()	当媒体播放的状态发生改变时发送信号
volumeChanged()	当音量发生改变时发送信号

9.2.5 创建 WAV 声频播放器

【实例 9-3】 创建一个 WAV 声频播放器，使用该播放器可以打开、播放 WAV 格式的声频文件，并可以调节音量，代码如下：

```
# === 第 9 章 代码 demo3.py === #
import sys
from PySide6.QtWidgets import (QApplication,QWidget,QPushButton,
```

```
    QVBoxLayout,QHBoxLayout,QFileDialog,QStyle,QSlider,QLabel)
from PySide6.QtMultimedia import QSoundEffect
from PySide6.QtCore import QUrl,Qt

class Window(QWidget):
    def __init__(self,parent = None):
        super().__init__(parent)
        self.setGeometry(200,200,580,150)
        self.setWindowTitle("QSoundEffect")
        self.sound = QSoundEffect()
        self.labelSource = QLabel("文件来源: ")
        #创建水平布局对象,添加按钮控件、标签控件、滑块控件
        self.btnOpen = QPushButton("打开文件")
        self.btnPlay = QPushButton()
        self.btnPlay.setEnabled(False)
        self.btnPlay.setIcon(self.style().standardIcon(QStyle.SP_MediaPlay))
        self.labelVolume = QLabel("音量大小: ")
        self.slider = QSlider(Qt.Horizontal)
        self.slider.setRange(0,100)
        self.slider.setSliderPosition(50)
        self.sound.setVolume(50)
        hbox = QHBoxLayout()
        hbox.addWidget(self.btnOpen)
        hbox.addWidget(self.btnPlay)
        hbox.addWidget(self.labelVolume)
        hbox.addWidget(self.slider)
        #创建垂直布局对象,并添加其他布局、控件
        vbox = QVBoxLayout(self)
        vbox.addWidget(self.labelSource)
        vbox.addLayout(hbox)
        #使用信号/槽
        self.btnOpen.clicked.connect(self.btn_open)
        self.btnPlay.clicked.connect(self.btn_play)
        self.sound.playingChanged.connect(self.playing_changed)
        self.slider.sliderMoved.connect(self.set_position)
    #打开文件按钮
    def btn_open(self):
        filename,fil = QFileDialog.getOpenFileName(self,"打开声频文件")
        if filename!= '':
            self.sound.setSource(QUrl.fromLocalFile(filename))
            self.btnPlay.setEnabled(True)
            self.labelSource.setText("文件来源: " + filename)
    #播放或停止按钮
    def btn_play(self):
        if self.sound.isPlaying() == False:
            self.sound.play()
        else:
            self.sound.stop()
    #当播放状态发生改变时,更改播放或暂停按钮的图标
    def playing_changed(self):
        if self.sound.isPlaying() == True:
```

```
            self.btnPlay.setIcon(self.style().standardIcon(QStyle.SP_MediaStop))
        else:
            self.btnPlay.setIcon(self.style().standardIcon(QStyle.SP_MediaPlay))
    #当滑块的位置发生改变时连接的槽函数
    def set_position(self,position):
        pos = position/100
        self.sound.setVolume(pos)


if __name__ == "__main__":
    app = QApplication(sys.argv)
    win = Window()
    win.show()
    sys.exit(app.exec())
```

运行结果如图 9-4 所示。

图 9-4 代码 demo3.py 的运行结果

9.3 录制声频

在 PySide6 中，可以使用 QMediaCaptureSession 类和 QMediaRecorder 类创建录制声频的程序。媒体捕获器类 QMediaCaptureSession 可以抓取声频和视频内容，该类是声频数据和视频数据的集散地，可以接受 QAudioInput 类和 QCamera 类传递的声频和视频，然后转发给 QMediaRecorder 类录制声频和视频。媒体录制类 QMediaRecorder 用于编码和保存抓取的声频内容或视频内容。QMediaCaptureSession 类和 QMediaRecorder 类的继承关系如图 9-5 所示。

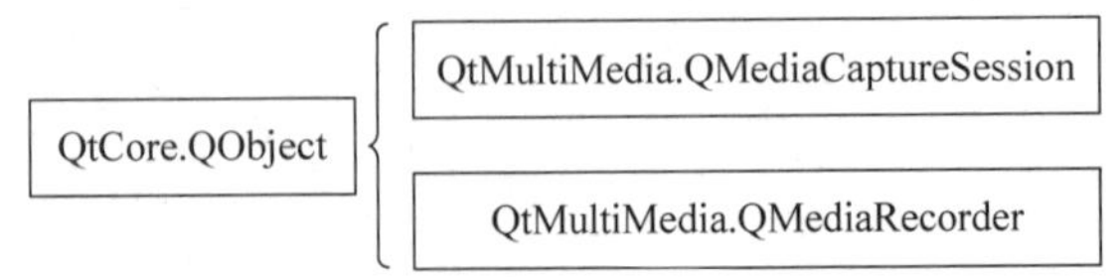

图 9-5 QMediaCaptureSession 类和 QMediaRecorder 类的继承关系图

9.3.1 媒体捕获器类 QMediaCaptureSession

在 PySide6 中，使用 QMediaCaptureSession 类可以抓取声频内容或视频内容。

QMediaCaptureSession 类位于 QtMultimedia 子模块下，其构造函数如下：

```
QMediaCaptureSession(parent:QObject = None)
```

其中，parent 表示 QObject 类及其子类创建的实例对象。

QMediaCaptureSession 类的常用方法见表 9-11。

表 9-11　QMediaCaptureSession 类的常用方法

方法及参数类型	说　明	返回值的类型
audioInput()	获取声频输入设备	QAudioInput
setAudioInput(input:QAudioInput)	设置声频输入设备	None
audioOutput()	获取声频输出设备	QAudioOutput
setAudioOutput(output:QAudioOutput)	设置声频输出设备	None
camera()	获取摄像头	QCamera
setCamera(camera:QCamera)	设置摄像头	None
recorder()	获取媒体录制器	QMediaRecorder
setRecorder(recorder:QMediaRecorder)	设置媒体录制器	None
imageCapture()	获取照相机	QImageCapture
setImageCapture(imageCapture:QImageCapure)	设置照相机	None
videoOutput()	获取视频输出设备	QObject
setVideoOutput(output:QObject)	设置视频输出设备	None
videoSink()	获取视频数据的接收器	QVideoSink
setVideoSink(sink:QVideoSink)	设置视频数据的接收器	None

QMediaCapture 类的信号见表 9-12。

表 9-12　QMediaCapture 类的信号

信号及参数类型	说　明
audioInputChanged()	当声频输入设备发生改变时发送信号
audioOutputChanged()	当声频输出设备发生改变时发送信号
cameraChanged()	当摄像头发生改变时发送信号
imageCaptureChanged()	当照相机发生改变时发送信号
recorderChanged()	当媒体录制器发生改变时发送信号
videoOutputChanged()	当视频输出设备发生改变时发送信号

9.3.2　媒体录制类 QMediaRecorder

19min

在 PySide6 中，使用 QMediaRecorder 类可以通过声频输入设备录制声频，并且编码、保存录制的声频数据。QMediaRecorder 类位于 QtMultimedia 子模块下，其构造函数如下：

```
QMediaRecorder(parent:QObject = None)
```

其中，parent 表示 QObject 类及其子类创建的实例对象。

QMediaRecorder 类的常用方法见表 9-13。

表 9-13 QMediaRecorder 类的常用方法

方法及参数类型	说　明	返回值的类型
[slot]pause()	暂停录制	None
[slot]record()	开始录制	None
[slot]stop()	停止录制	None
actualLocation()	获取实际的输出位置	QUrl
addMetaData(metadata:QMediaMetaData)	向录制的媒体文件中添加元数据	None
audioBitRate()	获取声频比特率	int
setAudioBitRate(bitRate:int)	设置声频比特率	None
audioChannelCount()	获取声频通道数量	int
setAudioChannelCount(channels:int)	设置声频通道数量	None
audioSampleRate()	获取声频采样率	int
setAudioSampleRate(sampleRate:int)	设置声频采样率	None
captureSession()	获取关联的媒体捕获器	QMediaCaptureSession
duration()	获取媒体文件持续的时间	int
encodingMode()	获取编码模式	EncodingMode
setEncodingMode(arg1:EncodingMode)	设置编码模式	None
error()	获取错误类型	QMediaRecorder. Error
errorString()	获取描述当前错误的字符串	str
isAvailabe()	获取是否可用	bool
mediaFormat()	获取媒体文件的格式	QMediaFormat
setMediaFormat(format:Union[QMediaFormat, QMediaFormat. FileFormat])	设置录制的媒体文件格式	None
metaData()	获取媒体文件的元数据	QMediaMetaData
setMetaData(metaData:QMediaMetaData)	设置媒体文件的元数据	None
outputLocation()	获取媒体文件的目标位置	QUrl
setOutputLocation(location:QUrl)	设置媒体文件的目标位置	None
quality()	获取媒体文件的品质	Quality
setQuality(quality:Quality)	设置媒体文件的品质	None
recorderState()	获取录制状态	RecorderState
videoBitRate()	获取视频的比特率	int
setVideoBitRate(bitRate:int)	设置视频的比特率	None
videoFrameRate()	获取视频的帧速	int
setVideoFrameRate(frameRate:int)	设置视频的帧速	None
videoResolution()	获取视频的分辨率	QSize
setVideoResoluton(arg1:QSize)	设置视频的分辨率	None
setVideoResoluton(width:int,height:int)	设置视频的分辨率	None

QMediaRecorder 类的信号见表 9-14。

表 9-14 QMediaRecorder 类的信号

信号及参数类型	说　明
actualLocationChanged(location:QUrl)	当媒体文件的输出位置发生改变时发送信号
audioBitRateChanged()	当声频文件的比特率发生改变时发送信号
audioChannelCountChanged()	当声频通道数量发生改变时发送信号
audioSampleRateChanged()	当声频采样率发生改变时发送信号
durationChanged(duration:int)	当媒体文件的持续时间发生改变时发送信号
encoderSettingsChanged()	当编码模式发生改变时发送信号
errorChanged()	当错误状态发生改变时发送信号
errorOccurred(error:Error,errorString)	当发生错误时发送信号
mediaFormatChanged()	当媒体文件的格式发生改变时发送信号
metaDataChanged()	当媒体文件的元数据发生改变时发送信号
qualityChanged()	当媒体文件的品质发生改变时发送信号
recorderStateChanged(state:RecorderState)	当录制状态发生改变时发送信号
videoBitRateChanged()	当视频比特率发生改变时发送信号
videoFrameRateChanged()	当视频帧速发生改变时发送信号
videoResolutionChanged()	当视频分辨率发生改变时发送信号

9.3.3 创建声频录制器

【实例 9-4】 创建一个声频录制器，使用该录制器可以录制 WMA 等格式的声频文件，并可以显示录制的时长，代码如下：

```
# === 第 9 章 代码 demo4.py === #
import sys
from PySide6.QtWidgets import (QApplication,QWidget,QPushButton,
     QVBoxLayout,QHBoxLayout,QStyle,QLineEdit,QLabel)
from PySide6.QtMultimedia import (QMediaCaptureSession,QAudioInput,
   QMediaRecorder,QMediaDevices,QMediaFormat)
from PySide6.QtCore import QUrl,Qt,QFile

class Window(QWidget):
    def __init__(self,parent = None):
        super().__init__(parent)
        self.setGeometry(200,200,580,150)
        self.setWindowTitle("QMediaCaptureSession、QMediaRecorder")
        #创建、设置 QMediaCaptureSession 对象
        self.session = QMediaCaptureSession()
        self.recorder = QMediaRecorder()
        audioInput = QAudioInput(self)
        #audioInput.setDevice(QMediaDevices.defaultAudioInput())
        self.session.setAudioInput(audioInput)
        self.session.setRecorder(self.recorder)
        #创建水平布局对象,添加 4 个按钮控件
```

```
        hbox1 = QHBoxLayout()
        self.btnRecord = QPushButton('录音')
        self.btnRecord.setIcon(self.style().standardIcon(QStyle.SP_MediaPlay))
        self.btnPause = QPushButton("暂停")
        self.btnPause.setIcon(self.style().standardIcon(QStyle.SP_MediaPause))
        self.btnStop = QPushButton("停止")
        self.btnStop.setIcon(self.style().standardIcon(QStyle.SP_MediaStop))
        self.btnExit = QPushButton("退出")
        self.btnExit.setIcon(self.style().standardIcon(QStyle.SP_DialogCloseButton))
        hbox1.addWidget(self.btnRecord)
        hbox1.addWidget(self.btnPause)
        hbox1.addWidget(self.btnStop)
        hbox1.addWidget(self.btnExit)
        #创建水平布局对象,添加 2 个标签控件、1 个单行文本输入框
        hbox2 = QHBoxLayout()
        self.labelTip = QLabel("输出文件：")
        self.linePath = QLineEdit()
        self.labelTime = QLabel("已录制 0s")
        hbox2.addWidget(self.labelTip)
        hbox2.addWidget(self.linePath)
        hbox2.addWidget(self.labelTime)
        #创建垂直布局对象,并添加其他布局、控件
        vbox = QVBoxLayout(self)
        vbox.addLayout(hbox1)
        vbox.addLayout(hbox2)
        #使用信号/槽
        self.btnRecord.clicked.connect(self.btn_record)
        self.btnStop.clicked.connect(self.btn_stop)
        self.recorder.durationChanged.connect(self.duration_changed)
        self.btnPause.clicked.connect(self.btn_pause)
        self.btnExit.clicked.connect(self.close)
    #开始录制
    def btn_record(self):
        pathName = self.linePath.text()
        if pathName == '':
            return
        if QFile.exists(pathName):
            QFile.remove(pathName)
        #设置输出文件
        self.recorder.setOutputLocation(QUrl.fromLocalFile(pathName))
        format1 = QMediaFormat(QMediaFormat.WMA)
        format1.setAudioCodec(QMediaFormat.AudioCodec.WMA)
        self.recorder.setMediaFormat(format1)          #设置媒体文件格式
        self.recorder.setAudioSampleRate(16000)        #设置声频采样频率
        self.recorder.setAudioChannelCount(1)          #设置声频通道数
        self.recorder.setAudioBitRate(32000)           #设置声频比特率
        self.recorder.setQuality(QMediaRecorder.HighQuality)
        #设置编码模式
        self.recorder.setEncodingMode(QMediaRecorder.ConstantBitRateEncoding)
        self.recorder.record()
        print(self.recorder.recorderState())           #打印录制状态
        self.btnRecord.setEnabled(False)
```

```
    #停止录制
    def btn_stop(self):
        self.recorder.stop()
        self.btnRecord.setEnabled(True)
    #显示录制文件的持续时间
    def duration_changed(self,duration):
        time1 = int(duration/1000)
        str1 = f"已录制{time1}秒"
        self.labelTime.setText(str1)
    #暂停录制
    def btn_pause(self):
        state = self.recorder.recorderState()
        if str(state) == 'RecorderState.RecordingState':
            self.recorder.pause()
            self.btnRecord.setEnabled(True)


if __name__ == "__main__":
    app = QApplication(sys.argv)
    win = Window()
    win.show()
    sys.exit(app.exec())
```

运行结果如图 9-6 所示。

图 9-6　代码 demo4.py 的运行结果

注意：如果在创建声频录制器程序时出现异常，则可以使用 QMediaRecorder 类的 errorString() 方法找出异常原因；同样可以使用 recorderState() 方法获取录制状态。QMediaFormat 类的介绍可参考 9.5.5 节。

9.4　播放视频

在 PySide6 中，使用 QMediaPlayer 不仅可以播放声频文件，也可以播放视频文件。如果使用 QMediaPlayer 类播放视频文件，则需要使用 QVideoWidget 类显示视频帧，或者使用 QGraphicsVideoItem 类显示视频帧。本节介绍 QVideoWidget 类和 QGraphicsVideoItem 类的用法。

9.4.1 使用 QVideoWidget 类播放视频

在 PySide6 中,使用 QVideoWidegt 类可以显示视频画面。QVideoWidget 类的继承关系如图 9-7 所示。

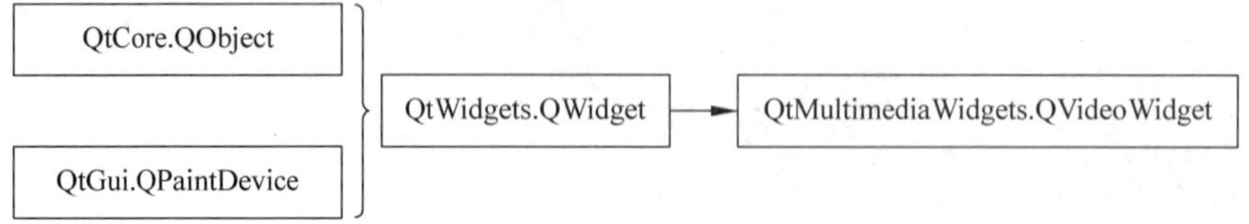

图 9-7 QVideoWidget 类的继承关系图

QVideoWidget 类位于 QtMultimediaWidgets 子模块下,其构造函数如下:

```
QVideoWidget(parent:QWidget = None)
```

其中,parent 表示 QWidget 类及其子类创建的实例对象。

QVideoWidget 类的常用方法见表 9-15。

表 9-15 QVideoWidget 类的常用方法

方法及参数类型	说　　明	返回值的类型
[slot]setAspectRadioMode(mode: QtAspectRadioMode)	设置视频宽高比的缩放模式	None
[slot]setFullScreen(fullScreen:bool)	是否设置全屏显示	None
aspectRatioMode()	获取视频的宽高比的缩放模式	Qt. AspectRadioMode
isFullScreen()	获取是否全屏显示	bool
videoSink()	获取视频中的单帧数据对象	QVideoSink

QVideoWidget 类的信号见表 9-16。

表 9-16 QVideoWidget 类的信号

信号及参数类型	说　　明
aspectRatioModeChanged(mode:AspectRatioMode)	当视频宽高比的缩放模式发生改变时发送信号
fullScreenChanged(fullScreen:bool)	当视频的全屏状态发生改变时发送信号

【实例 9-5】 使用 QVideoWidget 类、QMediaPlayer 类创建一个视频播放器,使用该播放器可播放 MP4、WMV 等格式的视频文件,代码如下:

```
# === 第 9 章 代码 demo5.py === #
import sys
from PySide6.QtWidgets import (QApplication,QWidget,QPushButton,
    QVBoxLayout,QHBoxLayout,QFileDialog,QSlider,QStyle,
    QLabel)
from PySide6.QtMultimedia import QMediaPlayer,QAudioOutput
from PySide6.QtMultimediaWidgets import QVideoWidget
from PySide6.QtCore import QUrl,Qt
```

```
class Window(QWidget):
    def __init__(self,parent = None):
        super().__init__(parent)
        self.setGeometry(200,200,580,280)
        self.setWindowTitle("QVideoWidget、QMediaPlayer")
        self.player = QMediaPlayer()
        self.audioOutput = QAudioOutput()
        self.player.setAudioOutput(self.audioOutput)      #设置声频输出设备
        videoWidget = QVideoWidget()
        self.player.setVideoOutput(videoWidget)           #设置显示视频帧的控件
        #创建水平布局对象,添加 4 个按钮、1 个标签、1 个滑块控件
        hbox = QHBoxLayout()
        self.btnOpen = QPushButton()
        self.btnOpen.setIcon(self.style().standardIcon(QStyle.SP_DialogOpenButton))
        self.btnPlay = QPushButton()
        self.btnPlay.setIcon(self.style().standardIcon(QStyle.SP_MediaPlay))
        self.btnPause = QPushButton()
        self.btnPause.setIcon(self.style().standardIcon(QStyle.SP_MediaPause))
        self.btnStop = QPushButton()
        self.btnStop.setIcon(self.style().standardIcon(QStyle.SP_MediaStop))
        self.slider = QSlider(Qt.Horizontal)
        self.labelTime = QLabel()
        self.slider.setRange(0,0)
        hbox.addWidget(self.btnOpen)
        hbox.addWidget(self.btnPlay)
        hbox.addWidget(self.btnPause)
        hbox.addWidget(self.btnStop)
        hbox.addWidget(self.labelTime)
        hbox.addWidget(self.slider)
        #创建垂直布局对象,并添加其他布局、控件
        vbox = QVBoxLayout(self)
        vbox.addWidget(videoWidget)
        vbox.addLayout(hbox)
        #使用信号/槽
        self.btnOpen.clicked.connect(self.btn_open)
        self.btnPlay.clicked.connect(self.btn_play)
        self.player.positionChanged.connect(self.position_changed)
        self.player.durationChanged.connect(self.duration_changed)
        self.slider.sliderMoved.connect(self.set_position)
        self.btnPause.clicked.connect(self.btn_pause)
        self.btnStop.clicked.connect(self.btn_stop)
    #打开视频文件
    def btn_open(self):
        filename,fil = QFileDialog.getOpenFileName(self,"打开视频文件")
        print(filename)
        if filename!= '':
            self.player.setSource(QUrl.fromLocalFile(filename))
            duration = self.player.duration()
            secs = duration/1000
            mins = int(secs/60)
            secs = int(secs % 60)
            self.durationTime = f"{mins}:{secs}"
```

```
            print(self.player.errorString())
            print(self.player.error())
    #播放视频
    def btn_play(self):
        if self.player.isPlaying() == False:
            self.player.play()
        else:
            self.player.pause()
    #暂停播放
    def btn_pause(self):
        if self.player.isPlaying() == True:
            self.player.pause()
    #停止播放
    def btn_stop(self):
        self.player.stop()
        self.slider.setSliderPosition(0)
    #当视频播放位置发生改变时连接的槽函数
    def position_changed(self,position):
        self.slider.setSliderPosition(position)
        secs = position/1000
        mins = int(secs/60)
        secs = int(secs % 60)
        self.positionTime = f"{mins}:{secs}"
        self.labelTime.setText(self.positionTime + "/" + self.durationTime)
    #当视频的持续时间发生改变时连接的槽函数
    def duration_changed(self,duration):
        self.slider.setMaximum(duration)
    #当拖动滑块时连接的槽函数
    def set_position(self,position):
        self.slider.setSliderPosition(position)
        self.player.setPosition(position)


if __name__ == "__main__":
    app = QApplication(sys.argv)
    win = Window()
    win.show()
    sys.exit(app.exec())
```

运行结果如图 9-8 所示。

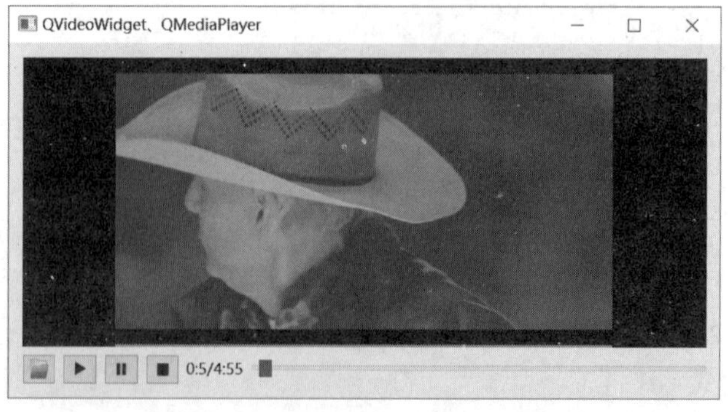

图 9-8　代码 demo5.py 的运行结果

9.4.2 使用 QGraphicsVideoItem 类播放视频

在 PySide6 中，使用 QGraphicsVideoItem 类可以显示视频画面。QGraphicsVideoItem 类是适用于 Graphics/View 框架的视频输出控件。当使用 QGraphicsVideoItem 类显示视频时，可以在显示场景中和其他图形项组合显示，也可以实现放大、缩小、拖放、旋转等功能(继承自 QGraphicsItem 类)。

QGraphicsVideoItem 类的继承关系如图 9-9 所示。

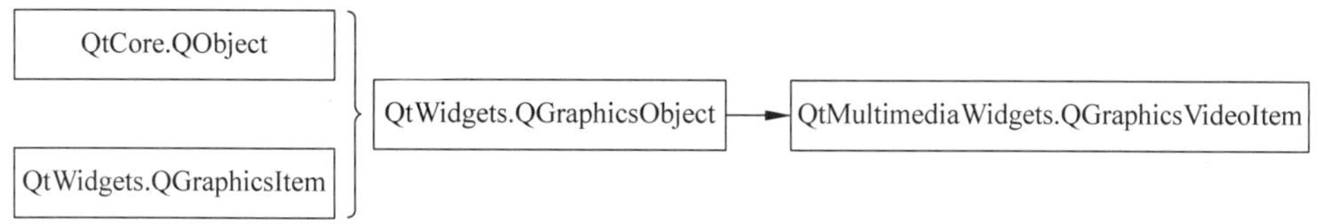

图 9-9 QGraphicsVideoItem 类的继承关系图

QGraphicsVideoItem 类位于 QtMultimediaWidgets 子模块下，其构造函数如下：

```
QGraphicsVideoItem(parent:QGraphicsItem = None)
```

其中，parent 表示 QGraphicsItem 类及其子类创建的实例对象。

QGraphicsVideoItem 类的常用方法见表 9-17。

表 9-17 QGraphicsVideoItem 的常用方法

方法及参数类型	说　明	返回值的类型
aspectRatioMode()	获取视频宽高比的缩放模式	Qt. AspectRadioMode
setAspectRatioMode(mode:QtAspectRatioMode)	设置视频宽高比的缩放模式	None
nativeSize()	视频的原尺寸	QSizeF
offset()	获取视频项的偏移量	QPointF
setOffset(offset:QPointF)	设置视频项的偏移量	None
setSize(size:QSizeF)	设置视频项的宽和高	None
size()	获取视频项的宽和高	QSizeF
videoSink()	获取视频接收器	QVideoSink
boundingRect()	获取边界矩形	QRectF

QGraphicsVideoItem 类的独有信号只有一个 nativeSizeChanged(size:QSizeF)，当视频的原尺寸发生改变时发送信号。

【实例 9-6】 使用 QGraphicsVideoItem 类、QMediaPlayer 类创建一个视频播放器，使用该播放器可播放 MP4、WMV 等格式的视频文件。要求具有放大和缩小视频画面的功能，代码如下：

```
# === 第 9 章 代码 demo6.py === #
import sys
from PySide6.QtWidgets import (QApplication,QWidget,QPushButton,
```

```
    QVBoxLayout,QHBoxLayout,QFileDialog,QSlider,QStyle,
    QLabel,QGraphicsView,QGraphicsScene,QGraphicsItem)
from PySide6.QtMultimedia import QMediaPlayer,QAudioOutput
from PySide6.QtMultimediaWidgets import QGraphicsVideoItem
from PySide6.QtCore import QUrl,Qt,QSizeF
from PySide6.QtGui import QIcon

class Window(QWidget):
    def __init__(self,parent = None):
        super().__init__(parent)
        self.setGeometry(200,200,580,280)
        self.setWindowTitle("QGraphicsVideoItem、QMediaPlayer")
        #创建 QMediaPlayer 对象,设置声频输出设备
        self.player = QMediaPlayer()
        self.audioOutput = QAudioOutput()
        self.player.setAudioOutput(self.audioOutput)       #设置声频输出设备
        #创建视图控件、场景控件
        self.videoView = QGraphicsView()
        self.scene = QGraphicsScene(self)
        self.videoView.setScene(self.scene)
        #创建视频项对象
        self.videoItem = QGraphicsVideoItem()
        self.videoItem.setSize(QSizeF(360,230))
        self.videoItem.setFlags(QGraphicsItem.ItemIsMovable|QGraphicsItem.ItemIsSelectable)
        self.scene.addItem(self.videoItem)                 #向场景中加入视频项
        self.player.setVideoOutput(self.videoItem)         #设置显示视频帧的控件
        #创建水平布局对象,添加 6 个按钮、1 个标签、1 个滑块控件
        hbox = QHBoxLayout()
        self.btnOpen = QPushButton()
        self.btnOpen.setIcon(self.style().standardIcon(QStyle.SP_DialogOpenButton))
        self.btnPlay = QPushButton()
        self.btnPlay.setIcon(self.style().standardIcon(QStyle.SP_MediaPlay))
        self.btnPause = QPushButton()
        self.btnPause.setIcon(self.style().standardIcon(QStyle.SP_MediaPause))
        self.btnStop = QPushButton()
        self.btnStop.setIcon(self.style().standardIcon(QStyle.SP_MediaStop))
        self.btnZoomIn = QPushButton()
        self.btnZoomIn.setIcon(QIcon("./放大.png"))
        self.btnZoomOut = QPushButton()
        self.btnZoomOut.setIcon(QIcon("./缩小.png"))
        self.slider = QSlider(Qt.Horizontal)
        self.labelTime = QLabel()
        self.slider.setRange(0,0)
        hbox.addWidget(self.btnOpen)
        hbox.addWidget(self.btnPlay)
        hbox.addWidget(self.btnPause)
        hbox.addWidget(self.btnStop)
        hbox.addWidget(self.btnZoomIn)
        hbox.addWidget(self.btnZoomOut)
        hbox.addWidget(self.labelTime)
        hbox.addWidget(self.slider)
        #创建垂直布局对象,并添加其他布局、控件
```

```
        vbox = QVBoxLayout(self)
        vbox.addWidget(self.videoView)
        vbox.addLayout(hbox)
        #使用信号/槽
        self.btnOpen.clicked.connect(self.btn_open)
        self.btnPlay.clicked.connect(self.btn_play)
        self.player.positionChanged.connect(self.position_changed)
        self.player.durationChanged.connect(self.duration_changed)
        self.slider.sliderMoved.connect(self.set_position)
        self.btnPause.clicked.connect(self.btn_pause)
        self.btnStop.clicked.connect(self.btn_stop)
        self.btnZoomIn.clicked.connect(self.btn_zoomIn)
        self.btnZoomOut.clicked.connect(self.btn_zoomOut)
    #打开视频文件
    def btn_open(self):
        filename,fil = QFileDialog.getOpenFileName(self,"打开视频文件")
        print(filename)
        if filename!= '':
            self.player.setSource(QUrl.fromLocalFile(filename))
            duration = self.player.duration()
            secs = duration/1000
            mins = int(secs/60)
            secs = int(secs % 60)
            self.durationTime = f"{mins}:{secs}"
            print(self.player.errorString())
            print(self.player.error())
    #播放视频
    def btn_play(self):
        if self.player.isPlaying() == False:
            self.player.play()
        else:
            self.player.pause()
    #暂停播放
    def btn_pause(self):
        if self.player.isPlaying() == True:
            self.player.pause()
    #停止播放
    def btn_stop(self):
        self.player.stop()
        self.slider.setSliderPosition(0)
    #当视频播放位置发生改变时连接的槽函数
    def position_changed(self,position):
        self.slider.setSliderPosition(position)
        secs = position/1000
        mins = int(secs/60)
        secs = int(secs % 60)
        self.positionTime = f"{mins}:{secs}"
        self.labelTime.setText(self.positionTime + "/" + self.durationTime)
    #当视频的持续时间发生改变时连接的槽函数
    def duration_changed(self,duration):
        self.slider.setMaximum(duration)
    #当拖动滑块时连接的槽函数
```

```
    def set_position(self,position):
        self.slider.setSliderPosition(position)
        self.player.setPosition(position)
    #放大功能
    def btn_zoomIn(self):
        factor = self.videoItem.scale()
        self.videoItem.setScale(factor + 0.1)
    #缩小功能
    def btn_zoomOut(self):
        factor = self.videoItem.scale()
        self.videoItem.setScale(factor - 0.1)


if __name__ == "__main__":
    app = QApplication(sys.argv)
    win = Window()
    win.show()
    sys.exit(app.exec())
```

运行结果如图 9-10 所示。

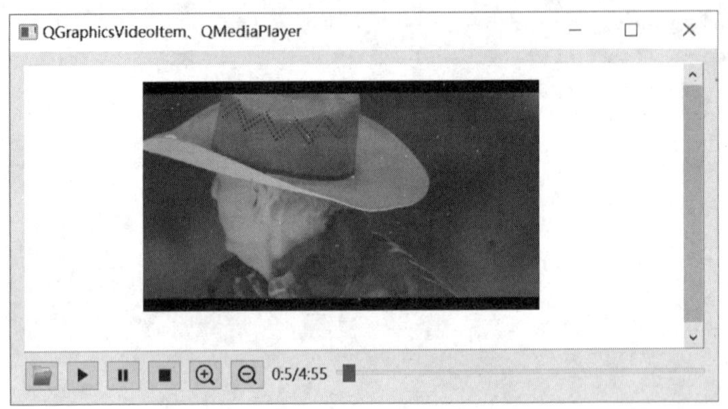

图 9-10　代码 demo6.py 的运行结果

注意：在代码 demo6.py 文件中有场景对象，开发者可向场景中添加其他图形项。

9.5　应用摄像头

如果开发者要使用计算机的摄像头进行录像和拍照，则需要使用 QMediaCaptureSession 类、QMediaRecorder 类、QCameraDevice 类、QCamera 类、QImageCapture 类。已在前面的章节介绍了媒体捕获器类 QMediaCaptureSession 和媒体录制器类 QMediaRecorder 的用法。本节将介绍 QCameraDevice 类、QCamera 类、QImageCapture 类、QMediaFormat 类的用法，以及其实例。

9.5.1 摄像头设备类 QCameraDevice

在 PySide6 中，使用 QCameraDevice 类可以设置一个摄像头作为视频输入设备。QCameraDevice 类位于 QtMultimedia 子模块下，其构造函数如下：

```
QCameraDevice()
QCameraDevice(other:QCameraDevice)
```

其中，other 表示 QCamera 类创建的实例对象。

1. QCameraDevice 类的常用方法

QCameraDevice 类的常用方法见表 9-18。

表 9-18 QCameraDevice 类的常用方法

方法及参数类型	说　明	返回值的类型
description()	获取描述摄像头的字符串	str
id()	获取摄像头的 ID	QByteArray
isDefault()	获取是否为系统默认的摄像头	bool
isNull()	获取设备是否有效	bool
photoResolutions()	获取支持的拍照分辨率列表	List[QSize]
position()	获取摄像头的位置	QCameraDevice. Position
videoFormats()	获取支持的视频格式列表	List[QCameraFormat]

在表 9-18 中，QCameraDevice. Position 的枚举值为 QCameraDevice. BackFace（后置摄像头）、QCameraDevice. FromFace（前置摄像头）、QCameraDevice. UnspecifiedPosition（位置不确定）。

2. QMediaDevices 类的方法和信号

在 PySide6 中，使用 QMediaDevices 类可获取系统中多媒体输入和输出设备的信息。QMediaDevices 的继承关系如图 9-11 所示。

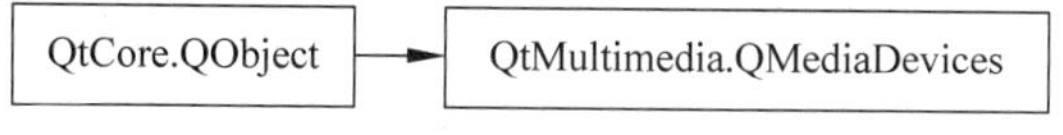

图 9-11 QMedisDevices 类的继承关系图

QMediaDevices 类位于 QtMultimedia 子模块下，其构造函数如下：

```
QMediaDevices(parent:QObject = None)
```

其中，other 表示 QObject 类创建的实例对象。

QMediaDevices 类的常用方法见表 9-19。

表 9-19 QMediaDevices 类的常用方法

方法及参数类型	说　明	返回值的类型
[static]audioInputs()	获取系统的声频输入设备列表	List[QAudioDevice]
[static]audioOutputs()	获取系统的声频输出设备列表	List[QAudioDevice]

续表

方法及参数类型	说　　明	返回值的类型
[static]defaultAudioInput()	获取系统默认的声频输入设备	QAudioDevice
[static]defaultAudioOutput()	获取系统默认的声频输出设备	QAudioDevice
[static]defaultVideoInput()	获取系统默认的视频输入设备	QCameraDevice
[static]videoInputs()	获取系统的视频输入设备列表	List[QCameraDevice]

QMediaDevices 类的信号见表 9-20。

表 9-20　QMediaDevices 类的信号

信号及参数类型	说　　明
audioInputsChanged()	当声频输入设备发生改变时发送信号
audioOutputsChanged()	当声频输出设备发生改变时发送信号
videoInputsChanged()	当视频输入设备发生改变时发送信号

【实例 9-7】 创建一个包含 3 个按钮、1 个多行纯文本输入框的窗口程序。使用这 3 个按钮分别显示系统的摄像头对象、声频输入设备对象、视频输出设备对象,代码如下:

```
# === 第 9 章 代码 demo7.py === #
import sys
from PySide6.QtWidgets import (QApplication,QWidget,QPushButton,
    QPlainTextEdit,QVBoxLayout,QHBoxLayout)
from PySide6.QtMultimedia import QMediaDevices

class Window(QWidget):
    def __init__(self,parent = None):
        super().__init__(parent)
        self.setGeometry(200,200,580,230)
        self.setWindowTitle("QMediaDevices")
        #创建水平布局对象,添加 3 个按钮
        hbox = QHBoxLayout()
        self.btnCamera = QPushButton("获取摄像头")
        self.btnInputs = QPushButton("获取声频输入设备")
        self.btnOutputs = QPushButton("获取视频输出设备")
        hbox.addWidget(self.btnCamera)
        hbox.addWidget(self.btnInputs)
        hbox.addWidget(self.btnOutputs)
        #创建纯文本输入框控件
        self.text = QPlainTextEdit()
        #创建窗口的布局对象
        vbox = QVBoxLayout(self)
        vbox.addLayout(hbox)
        vbox.addWidget(self.text)
        self.btnCamera.clicked.connect(self.btn_camera)
        self.btnInputs.clicked.connect(self.btn_inputs)
        self.btnOutputs.clicked.connect(self.btn_outputs)

    def btn_camera(self):
        cameraList = QMediaDevices.videoInputs()
```

```
        for camera in cameraList:
            self.text.appendPlainText(str(camera))

    def btn_inputs(self):
        inputList = QMediaDevices.audioInputs()
        for item in inputList:
            self.text.appendPlainText(str(item))

    def btn_outputs(self):
        outputList = QMediaDevices.audioOutputs()
        for item in outputList:
            self.text.appendPlainText(str(item))


if __name__ == "__main__":
    app = QApplication(sys.argv)
    win = Window()
    win.show()
    sys.exit(app.exec())
```

运行结果如图 9-12 所示。

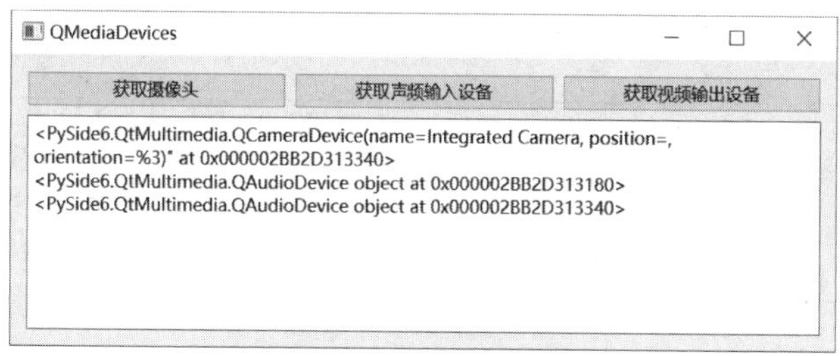

图 9-12 代码 demo7. py 的运行结果

9.5.2 摄像头控制接口类 QCamera

在 PySide6 中，使用 QCamera 类可以设置摄像头的控制接口，包括调焦、曝光补偿、色温调节等功能（如果摄像头支持这些功能）。如果使用 QCamera 类设置摄像头的控制接口，则首先要设置一个具体的摄像头对象（QCameraDevice）。

QCamera 类的继承关系如图 9-13 所示。

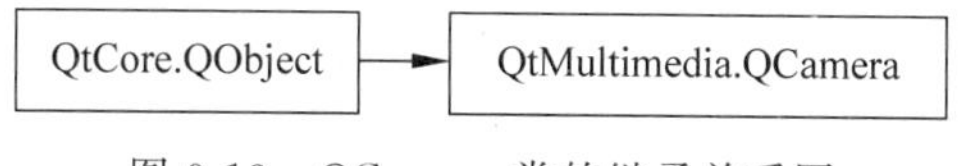

图 9-13 QCamera 类的继承关系图

QCamera 类位于 QtMultimedia 子模块下，其构造函数如下：

```
QCamera(parent:QObject = None)
QCamera(cameraDevice:QCameraDevice, parent:QObject = None)
QCamera(positon:Position, parent:QObject = None)
```

其中，parent 表示 QObject 类及其子类创建的实例对象；cameraDevice 表示 QCameraDevice 类创建的实例对象。

QCamera 类的常用方法见表 9-21。

表 9-21 QCamera 类的常用方法

方法及参数类型	说明	返回值的类型
[slot]setActive(active:bool)	设置是否为活跃状态	None
[slot]setAutoExposureTime()	设置自动计算曝光时间	None
[slot]setAutoIsoSensitivity()	根据曝光值开启自动选择 ISO 感光度	None
[slot]setColorTemperatur(colorTemperature:int)	设置色温	None
[slot]setExposureCompensation(ev:float)	设置曝光补偿	None
[slot]setExposureMode(mode:ExposureMode)	设置曝光模式	None
[slot]setFlashMode(mode:FlashMode)	设置快闪模式	None
[slot]setManualExposureTime(seconds:float)	设置自定义曝光时间	None
[slot]setManualIsoSensitivity(iso:int)	设置自定义 ISO 感光度	None
[slot]setTorchMode(mode:TorchMode)	设置辅助光源模式	None
[slot]setWhiteBalanceMode(mode:QCamera.WhiteBalanceMode)	设置白光平衡模式	None
[slot]start()	启动摄像头，与 SetActive(True)相同	None
[slot]stop()	停止摄像头，与 SetActive(False)相同	None
[slot]zoomTo(zoom:float,rate:float)	根据速率设置缩放系数	None
cameraDevice()	获取摄像头设备	QCameraDevice
setCameraDevice(cameraDevice:QCameraDevice)	设置摄像头设备	None
cameraFormat()	获取摄像头当前的格式	QCameraFormat
setCameraFormat(format:QCameraFormat)	设置当前的格式	None
captureSession()	获取关联的媒体捕获器	QMediaCaptureSession
colorTemperature()	获取色温	int
setColorTemperature(colorTemperature:int)	设置色温	None
error()	获取发生的错误类型	QCamera.Error
errorString()	获取描述错误的字符串	str
exposureCompensation()	获取曝光补偿	float
setExposureCompensation(ev:float)	设置曝光补偿	None
exposureMode()	获取曝光模式	QCamera.ExposureMode
setExposureMode(mode:ExposureMode)	设置曝光模式	None
exposureTime()	获取曝光时间(秒)	int
flashMode()	获取快闪模式	QCamera.FlashMode
focusDistance()	获取焦距	float
setFocusDistance(d:float)	设置焦距	None

续表

方法及参数类型	说　明	返回值的类型
focusMode()	获取对焦模式	QCamera.FocusMode
setFocusMode(mode:FocusMode)	设置对焦模式	None
focusPoint()	获取焦点	QPointF
isActive()	获取摄像头是否处于活跃状态	bool
isAvailable()	获取摄像头是否有效	bool
isExposureModeSupported(mode:ExposureMode)	获取是否支持指定的曝光模式	bool
isFlashModeSupported(mode:FlashMode)	获取是否支持指定的快闪模式	bool
isFlashReady()	获取是否可以使用快闪模式	bool
isFocusModeSupported(mode:FocusMode)	获取是否支持指定的对焦模式	bool
isTorchModeSupported(mode:TorchMode)	获取是否支持指定的辅助光源模式	bool
isWhiteBalanceModeSupported(mode:WhiteBalanceMode)	获取是否支持指定的白光平衡模式	bool
isoSensitivity()	获取传感器ISO的感光度	int
manualExposureTime()	获取自定义曝光时间(秒),如果相机使用自动曝光时间,则返回−1	int
manualIsoSensitivity()	获取自定义设置的ISO感光度	int
maximumExposureTime()	获取最大曝光时间(秒)	int
maximumIsoSensitivity()	获取最大的ISO感光度	int
maximumZoomFactor()	获取最大缩放系数	float
minimumExposureTime()	获取最小曝光时间(秒)	float
minimumIsoSensitivity()	获取最小的ISO感光度	int
minimumZoomFactor()	获取最小的缩放系数	float
customFocusPoint()	获取自定义焦点在相对帧坐标中的位置:QPointF(0,0)指向左顶部帧点,QPointF(0.5,0.5)指向帧中心	QPointF
setCustomFocusPoint(point:QPointF)	设置自定义焦点的位置	None
zoomFactor()	获取当前的缩放系数	float
setZoomFactor(factor:float)	设置缩放系数	None

续表

方法及参数类型	说　明	返回值的类型
supportedFeatures()	返回该摄像头支持的特性	QCamera. Features
torchMode()	获取辅助光源模式	QCamera. TorchMode
whiteBalanceMode()	获取白光平衡模式	QCamera. WhiteBalanceMode

在表 9-21 中,QCamera. Torch 的枚举值为 QCamera. TorchOff、QCamera. TorchOn、QCamera. TorchAudo。

在表 9-21 中,QCamera. ExposureMode 的枚举值见表 9-22。

表 9-22　QCamera. ExposureMode 的枚举值

枚　举　值	说　明	枚　举　值	说　明
QCamera. ExposureAudo	自动	QCamera. ExposureNightPortrait	夜晚人物
QCamera. ExposureManual	手动	QCamera. ExposureTheatre	剧院
QCamera. ExposurePortrait	人物	QCamera. ExposureSunset	傍晚
QCamera. ExposureNight	夜晚	QCamera. ExposureSteadyPhoto	固定
QCamera. ExposureSports	运动	QCamera. ExposureFireworks	火景
QCamera. ExposureShow	雪景	QCamera. ExposureParty	宴会
QCamera. ExposureBeach	海景	QCamera. ExposureCandlelight	烛光
QCamera. ExposureAction	动作	QCamera. ExposureBarcode	条码
QCamera. ExposureLandscape	风景		

在表 9-21 中,QCamera. FocusMode 的枚举值见表 9-23。

表 9-23　QCamera. FocusMode 的枚举值

枚　举　值	说　明
QCamera. FocusModeAuto	连续自动的对焦模式
QCamera. FocusModeAutoNear	对近处物体连续自动的对焦模式
QCamera. FocusModeAutoFar	对远处物体连续自动的对焦模式
QCamera. FocusModeHyperfocal	对超过焦距距离范围的物体采用最大景深值
QCamera. FocusModeInfinity	对无限远的对焦模式
QCamera. FocusModeManual	手动或固定的对焦模式

在表 9-21 中,QCamera. WhiteBalanceMode 的枚举值见表 9-24。

表 9-24　QCamera. WhiteBalanceMode 的枚举值

枚　举　值	说　明	枚　举　值	说　明
QCamera. WhiteBalanceAuto	自动	QCamera. WhiteBalanceSunlight	阳光
QCamera. WhiteBalanceManual	手动	QCamera. WhiteBalanceCloudy	云
QCamera. WhiteBalanceShade	阴影	QCamera. WhiteBalanceFlash	快闪
QCamera. WhiteBalanceTungsten	钨灯	QCamera. WhiteBalanceSunset	日落
QCamera. WhiteBalanceFluorescent	荧光灯		

在表 9-21 中，QCamera. Feasures 的枚举值见表 9-25。

表 9-25 QCamera. Features 的枚举值

枚 举 值	说 明
QCamera. Feature. ColorTemperature	支持色温
QCamera. Feature. ExposureCompensation	支持曝光补偿
QCamera. Feature. IsoSensitivity	支持自定义光敏感值，即支持自定义 ISO 感光度
QCamera. Feature. ManualExposureTime	支持自定义曝光时间
QCamera. Feature. CustomFocusPoint	支持自定义焦点
QCamera. Feature. FocusDistance	支持自定义焦距

QCamera 类的信号见表 9-26。

表 9-26 QCamera 类的信号

信号及参数类型	说 明
activeChanged(arg1:bool)	当活动状态发生改变时发送信号
brightnessChanged()	当亮度发生改变时发送信号
cameraDeviceChanged()	当具体的摄像头发生改变时发送信号
cameraFormatChanged()	当格式发生改变时发送信号
colorTemperatureChanged()	当色温发生改变时发送信号
contrastChanged()	当对比度发生改变时发送信号
customFocusPointChanged()	当自定义焦点的位置发生改变时发送信号
errorChanged()	当错误状态发生改变时发送信号
errorOccurred(error:Error,errorString:str)	当发生错误时发送信号
exposureCompensationChanged(arg1:float)	当曝光补偿发生改变时发送信号
exposureModeChanged()	当曝光模式发生改变时发送信号
exposureTimeChanged(speed:float)	当曝光时间发生改变时发送信号
flashModeChanged()	当快闪模式发生改变时发送信号
flashReady(arg1:bool)	当可以进行快闪时发送信号
focusDistanceChanged(arg1:float)	当焦距发生改变时发送信号
focusModeChanged()	当对焦模式发生改变时发送信号
focusPointChanged()	当自动对焦系统的焦点发生改变时发送信号
hueChanged()	当色度发生改变时发送信号
isoSensitivityChanged(arg1:int)	当 ISO 感光度发生改变时发送信号
manualExposureTimeChanged(speed:float)	当自定义曝光时间发生改变时发送信号
manualIsoSensitivityChanged(arg1:int)	当自定义 ISO 感光度发生改变时发送信号
maxiumnZoomFactorChanged(arg1:float)	当最大缩放系数发生改变时发送信号
minimumZoomFactorChanged(arg1:float)	当最小缩放系数发生改变时发送信号
saturationChanged()	当饱和度发生改变时发送信号
supportedFeaturesChanged()	当支持的特征发生改变时发送信号
torchModeChanged()	当辅助光源模式发生改变时发送信号
whiteBalanceModeChanged()	当白光平衡模式发生改变时发送信号
zoomFactorChanged(arg1:float)	当缩放系数发生改变时发送信号

【实例 9-8】 创建一个包含 1 个按钮、1 个多行纯文本输入框的窗口程序。单击按钮可获得摄像头的特性,代码如下:

```
# === 第 9 章 代码 demo8.py === #
import sys
from PySide6.QtWidgets import (QApplication,QWidget,QPushButton,
    QPlainTextEdit,QVBoxLayout)
from PySide6.QtMultimedia import QMediaDevices,QCamera

class Window(QWidget):
    def __init__(self,parent = None):
        super().__init__(parent)
        self.setGeometry(200,200,580,260)
        self.setWindowTitle("QMediaDevices、QCamera")
        self.btnGet = QPushButton("获取摄像头的特性")
        self.text = QPlainTextEdit()
        vbox = QVBoxLayout(self)
        vbox.addWidget(self.btnGet)
        vbox.addWidget(self.text)
        self.btnGet.clicked.connect(self.btn_get)

    def btn_get(self):
        devices = QMediaDevices.videoInputs()
        camera = QCamera(devices[0])
        str1 = "摄像机的特性: " + str(camera.supportedFeatures())
        str2 = "摄像机的闪光点模式: " + str(camera.flashMode())
        str3 = "摄像机的曝光模式: " + str(camera.exposureMode())
        str4 = "摄像机的曝光补偿: " + str(camera.exposureCompensation())
        str5 = "摄像机的色温: " + str(camera.colorTemperature())
        str6 = "摄像机的对焦模式: " + str(camera.focusMode())
        str7 = "摄像机的活跃状态: " + str(camera.isActive())
        self.text.appendPlainText(str1)
        self.text.appendPlainText(str2)
        self.text.appendPlainText(str3)
        self.text.appendPlainText(str4)
        self.text.appendPlainText(str5)
        self.text.appendPlainText(str6)
        self.text.appendPlainText(str7)


if __name__ == "__main__":
    app = QApplication(sys.argv)
    win = Window()
    win.show()
    sys.exit(app.exec())
```

运行结果如图 9-14 所示。

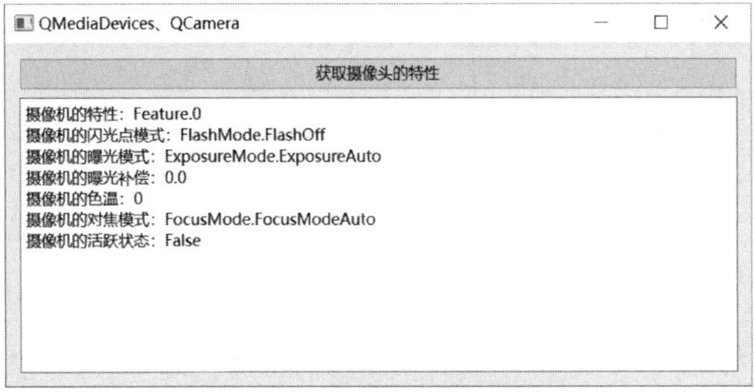

图 9-14 代码 demo8.py 的运行结果

9.5.3 摄像头拍照类 QImageCapture

在 PySide6 中，使用 QImageCapture 类可以通过摄像头拍摄照片，并设置照片的分辨率、格式、编码的质量。QImageCapture 类的继承关系如图 9-15 所示。

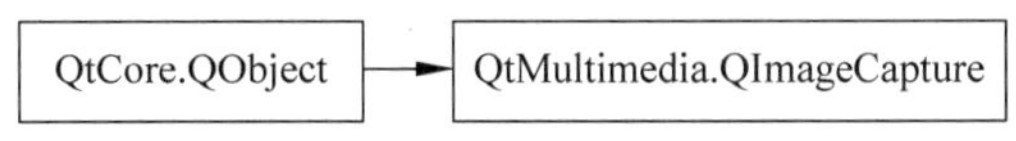

图 9-15 QImageCapture 类的继承关系图

QImageCapture 类位于 QtMultimedia 子模块下，其构造函数如下：

```
QImageCapture(parent:QObject = None)
```

其中，parent 表示 QObject 类及其子类创建的实例对象。

QImageCapture 类的常用方法见表 9-27。

表 9-27 QImageCapture 类的常用方法

方法及参数类型	说　明	返回值的类型
[static]fileFormatDescription(c:FileFormat)	获取指定文件格式的描述信息	str
[static]fileFormatName(c:FileFormat)	获取指定格式的名称	str
[static]supportedFormats()	获取支持的文件格式列表	List[QImageCapture.FileFormat]
[slot]capture()	捕获图像并保存为 QImage 文件。该操作在大多数情况下是异步的，后面跟着信号 imageExposed()、imageCaptured()或 error()	int
[slot]captureToFile(location:str)	捕获图像并保存图像文件	int
addMetaData(metaData:QMediaMetaData)	向拍摄的照片中添加元数据	None
captureSession()	获取相机关联的媒体捕获器	QMediaCaptureSession

续表

方法及参数类型	说　　明	返回值的类型
error()	获取错误状态	Error
errorString()	获取描述错误的字符串	str
fileFormat()	获取照片的格式	QImageCapture.FileFormat
isAvailabel()	获取相机是否可用	bool
isReadyForCapture()	获取相机是否准备好拍摄照片	bool
metaData()	获取元数据	QMediaMetaData
quality()	获取照片的品质	Quality
resolution()	获取照片的分辨率	QSize
setFileFormat(format: QImageCapture.QFileFormat)	设置照片的格式	None
setMetaData(metaData: QMediaMetaData)	替换照片的元数据	None
setQuality(quality:Quality)	设置照片的品质	None
setResolution(arg1:QSize)	设置照片的分辨率	None
setResolution(width:int,height:int)	设置照片的分辨率	None

在表 9-27 中,QImageCapture.FileFormat 的枚举值为 QImageCapture.UnspecifiedFormat、QImageCapture.JPEG(扩展名为.jpg 或.jpeg)、QImageCapture.PNG、QImageCapture.WebP、QImageCapture.Tiff。

QCameraImage 类的信号见表 9-28。

表 9-28　QCameraImage 类的信号

信号及参数类型	说　　明
errorChanged()	当错误状态发生改变时发送信号
errorOccurred(id:int,error:Error,errorString:str)	当发生错误时发送信号
fileFormatChanged()	当文件格式发生改变时发送信号
imageAvailable(id:int,frame:QVideoFrame)	当可以捕获图像时发送信号
imageCaptured(id:int,preview:QImage)	当捕获到图像时发送信号
imageExposed(id:int)	当图像曝光时发送信号
imageMetadataAvailable(id:int,metaData:QMediaMetaData)	当带有 id 标识的图像具有元数据时发送信号
imageSaved(id,fileName)	当保存图像时发送信号
metaDataChanged()	当元数据被更改时发送信号
qualityChanged()	当照片品质被更改时发送信息
readyForCaptureChanged(ready:bool)	当相机的准备状态发生改变时发送信号
resolutionChange()	当照片的分辨率发生改变时发送信号

9.5.4 应用摄像头拍照

【实例 9-9】 创建一个窗口程序。使用该窗口可以打开摄像头、关闭摄像头，以及使用摄像头拍摄照片，代码如下：

```
# === 第 9 章 代码 demo9.py === #
import sys
from PySide6.QtWidgets import (QApplication,QWidget,QPushButton,
    QVBoxLayout,QHBoxLayout,QLabel)
from PySide6.QtMultimedia import (QMediaRecorder,QCamera,
   QMediaCaptureSession,QMediaDevices,QImageCapture)
from PySide6.QtMultimediaWidgets import QVideoWidget

class Window(QWidget):
    def __init__(self,parent = None):
        super().__init__(parent)
        self.setGeometry(200,200,580,300)
        self.setWindowTitle("QCamera、QImageCapture")
        #创建媒体捕获器对象
        session = QMediaCaptureSession(self)
        #创建显示视频的控件
        videoWidget = QVideoWidget()
        session.setVideoOutput(videoWidget)          #设置显示视频的控件

        devices = QMediaDevices.videoInputs()
        self.camera = QCamera(devices[0])
        session.setCamera(self.camera)               #设置摄像头

        self.imageCapture = QImageCapture(self)      #创建摄像头拍照对象
        self.imageCapture.setQuality(QImageCapture.HighQuality)
        session.setImageCapture(self.imageCapture)

        #创建水平布局对象,添加 4 个按钮
        hbox1 = QHBoxLayout()
        self.btnStart = QPushButton("开启摄像头")
        self.btnClose = QPushButton("关闭摄像头")
        self.btnCapture = QPushButton("拍摄照片")
        self.btnExit = QPushButton("退出")
        hbox1.addWidget(self.btnStart)
        hbox1.addWidget(self.btnClose)
        hbox1.addWidget(self.btnCapture)
        hbox1.addWidget(self.btnExit)
        #创建底部的标签控件
        self.labelTip = QLabel()
        self.labelTip.setFixedHeight(10)
        #创建垂直布局对象,并添加其他布局、控件
        vbox = QVBoxLayout(self)
        vbox.addLayout(hbox1)
        vbox.addWidget(videoWidget)
        vbox.addWidget(self.labelTip)
        #使用信号/槽
```

```
        self.btnStart.clicked.connect(self.btn_start)
        self.btnClose.clicked.connect(self.btn_close)
        self.btnCapture.clicked.connect(self.btn_capture)
        self.imageCapture.imageSaved.connect(self.do_imageSaved)
        self.btnExit.clicked.connect(self.close)
    #打开摄像头
    def btn_start(self):
        self.camera.start()
    #关闭摄像头
    def btn_close(self):
        self.camera.stop()
    #拍摄照片
    def btn_capture(self):
        if self.imageCapture.isReadyForCapture() == True:
            self.imageCapture.captureToFile()
    #保存图片时连接的槽函数
    def do_imageSaved(self,id,fileName):
        str1 = "保存的图片为" + fileName
        self.labelTip.setText(str1)


if __name__ == "__main__":
    app = QApplication(sys.argv)
    win = Window()
    win.show()
    sys.exit(app.exec())
```

运行结果如图 9-16 所示。

图 9-16　代码 demo9.py 的运行结果

9.5.5　媒体格式类 QMediaFormat

在 PySide6 中,使用 QMediaFormat 类可以设置录制的多媒体文件的格式,包括声频文件和视频文件。

QMediaFormat 类位于 QtMultimedia 子模块下,其构造函数如下:

```
QMediaFormat(format:QMediaFormat.FileFormat = QMediaFormat.UnspecifiedFormat)
QMediaFormat(other:QMediaFormat)
```

其中，other 表示 QMediaFormat 类及创建的实例对象。

QMediaFormat 类的常用方法见表 9-29。

表 9-29 QMediaFormat 类的常用方法

方法及参数类型	说 明	返回值的类型
[static]fileFormatDescription(QMediaFormat.FileFormat)	获取文件格式信息	str
[static]fileFormatName(QMediaFormat.FileFormat)	获取文件格式名称	str
[static]audioCodecDescription(QMediaFormat.AudioCodec)	获取声频格式信息	str
[static]videoCodecDescription(QMediaFormat.VideoCodec)	获取视频格式信息	str
[static]audioCodecName(QMediaFormat.AudioCodec)	获取声频格式名称	str
[static]videoCodecName(QMediaFormat.VideoCodec)	获取视频格式名称	str
setFileFormat(f:QMediaFormat.FileFormat)	设置文件格式	None
fileFormat()	获取文件格式	QMediaFormat.FileFormat
setAudioCodec(codec:QMediaFormat.AudioCodec)	设置声频编码格式	None
audioCodec()	获取声频编码格式	QMediaFormat.AudioCodec
setVideoCodec(codec:QMediaFormat.AudioCodec)	设置视频编码格式	None
videoCodec()	获取视频编码格式	QMediaFormat.VideoCodec
supportedFileFormats(QMediaFormat.ConversionMode)	获取支持的文件格式	List[QMediaFormat.FileFormat]
supportedAudioCodec(QMediaFormat.ConversionMode)	获取支持的声频编码列表	List[QMediaFormat.AudioCodec]
supportedVideoCodec(QMediaFormat.ConversionMode)	获取支持的视频编码格式	List[QMediaFormat.AudioCodec]
isSupported(mode: QMediaFormat.ConversionMode)	获取是否可以对某种格式进行编码或解码	bool

在表 9-29 中，QMediaFormat.FileFormat 的枚举值见表 9-30。

表 9-30 QMediaFormat.FileFormat 的枚举值

枚 举 值	枚 举 值	枚 举 值
QMediaFormat.WMA	QMediaFormat.Wave	QMediaFormat.QuickTime
QMediaFormat.AAC	QMediaFormat.Ogg	QMediaFormat.WebM
QMediaFormat.Matroska	QMediaFormat.MPEG4	QMediaFormat.Mpeg2Audio
QMediaFormat.WMV	QMediaFormat.AVI	QMediaFormat.FLAC
QMediaFormat.MP3		

在表 9-29 中,QMediaFormat.AudioCodec 的枚举值见表 9-31。

表 9-31 QMediaFormat.AudioCodec 的枚举值

枚 举 值	枚 举 值	枚 举 值
QMediaFormat.AudioCodec.WMA	QMediaFormat.AudioCodec.DolbyTrueHD	QMediaFormat.AudioCodec.Unspecified
QMediaFormat.AudioCodec.AC3	QMediaFormat.AudioCodec.EAC3	QMediaFormat.AudioCodec.Vobis
QMediaFormat.AudioCodec.AAC	QMediaFormat.AudioCodec.MP3	QMediaFormat.AudioCodec.FLAC
QMediaFormat.AudioCodec.ALAC	QMediaFormat.AudioCodec.Wave	QMediaFormat.AudioCodec.Opus

在表 9-29 中,QMediaFormat.VideoCodec 的枚举值见表 9-32。

表 9-32 QMediaFormat.VideoCodec 的枚举值

枚 举 值	枚 举 值	枚 举 值
QMediaFormat.VideoCodec.Theora	QMediaFormat.VideoCodec.Unspecified	QMediaFormat.VideoCodec.MotionJPEG
QMediaFormat.VideoCodec.MPEG2	QMediaFormat.VideoCodec.H265	QMediaFormat.VideoCodec.WMV
QMediaFormat.VideoCodec.MPEG1	QMediaFormat.VideoCodec.H264	QMediaFormat.VideoCodec.VP8
QMediaFormat.VideoCodec.MPEG4	QMediaFormat.VideoCodec.AVI	QMediaFormat.VideoCodec.VP9

9.5.6 应用摄像头录像

【实例 9-10】 创建一个窗口程序。使用该窗口可以打开摄像头、关闭摄像头,以及使用摄像头录像,代码如下:

```
# === 第 9 章 代码 demo10.py === #
import sys
from PySide6.QtWidgets import (QApplication,QWidget,QPushButton,
    QVBoxLayout,QHBoxLayout,QLineEdit,QLabel)
from PySide6.QtMultimedia import (QMediaRecorder,QAudioInput,
   QMediaCaptureSession,QCamera,QMediaDevices,QMediaRecorder,
   QMediaFormat)
from PySide6.QtMultimediaWidgets import QVideoWidget
from PySide6.QtCore import QUrl,QFile

class Window(QWidget):
    def __init__(self,parent = None):
        super().__init__(parent)
        self.setGeometry(200,200,580,300)
        self.setWindowTitle("QCamera、QMediaRecorder")
        #创建媒体捕获对象
        session = QMediaCaptureSession(self)
        #创建显示视频的控件
        videoWidget = QVideoWidget()
        session.setVideoOutput(videoWidget)          #设置显示视频的控件

        self.audioInput = QAudioInput(self)
        session.setAudioInput(self.audioInput)       #设置声频输出设备
```

```
        devices = QMediaDevices.videoInputs()
        self.camera = QCamera(devices[0])
        session.setCamera(self.camera)                    #设置摄像头

        self.recorder = QMediaRecorder(self)              #创建 QMediaRecorder 对象,用于录像
        self.recorder.setQuality(QMediaRecorder.HighQuality)
        session.setRecorder(self.recorder)

        #创建水平布局对象,添加 3 个按钮
        hbox1 = QHBoxLayout()
        self.btnStart = QPushButton("开启摄像头")
        self.btnClose = QPushButton("关闭摄像头")
        self.btnExit = QPushButton("退出")
        hbox1.addWidget(self.btnStart)
        hbox1.addWidget(self.btnClose)
        self.btnClose.setEnabled(False)
        hbox1.addWidget(self.btnExit)
        #创建水平布局对象,添加标签、单行文本输入框、两个按钮
        hbox2 = QHBoxLayout()
        self.labetTitle = QLabel("保存的文件:")
        self.line = QLineEdit()
        self.btnStartRecord = QPushButton("开始录像")
        self.btnStartRecord.setEnabled(False)
        self.btnStopRecord = QPushButton("停止录像")
        self.btnStopRecord.setEnabled(False)
        hbox2.addWidget(self.labetTitle)
        hbox2.addWidget(self.line)
        hbox2.addWidget(self.btnStartRecord)
        hbox2.addWidget(self.btnStopRecord)
        #创建底部的标签控件
        self.labelTip = QLabel()
        self.labelTip.setFixedHeight(10)
        #创建垂直布局对象,并添加其他布局、控件
        vbox = QVBoxLayout(self)
        vbox.addLayout(hbox1)
        vbox.addLayout(hbox2)
        vbox.addWidget(videoWidget)
        vbox.addWidget(self.labelTip)
        #使用信号/槽
        self.btnStart.clicked.connect(self.btn_start)
        self.btnClose.clicked.connect(self.btn_close)
        self.btnExit.clicked.connect(self.close)
        self.btnStartRecord.clicked.connect(self.start_record)
        self.recorder.durationChanged.connect(self.do_durationChanged)
        self.btnStopRecord.clicked.connect(self.stop_record)
    #打开摄像头
    def btn_start(self):
        self.camera.start()
        self.btnClose.setEnabled(True)
        self.btnStartRecord.setEnabled(True)
        self.btnStopRecord.setEnabled(True)
    #关闭摄像头
```

```
def btn_close(self):
    self.stop_record()
        self.camera.stop()
        self.btnClose.setEnabled(False)
        self.btnStartRecord.setEnabled(False)
        self.btnStopRecord.setEnabled(False)
    #开始录制
    def start_record(self):
        pathName = self.line.text()
        if pathName == "":
            return
        if QFile.exists(pathName):
            QFile.remove(pathName)
        mediaFormat = QMediaFormat()              #设置录制的格式
        mediaFormat.setVideoCodec(QMediaFormat.VideoCodec.MPEG4)
        mediaFormat.setFileFormat(QMediaFormat.MPEG4)
        self.recorder.setOutputLocation(QUrl.fromLocalFile(pathName))
        self.recorder.record()
        print(self.recorder.error())
    #停止录制
    def stop_record(self):
        if self.recorder.recorderState() == QMediaRecorder.RecordingState:
            self.recorder.stop()
    #当录制的时间发生变化时连接的槽函数
    def do_durationChanged(self,duration):
        time = duration/1000
        str1 = f"录制时间:{time}秒"
        self.labelTip.setText(str1)


if __name__ == "__main__":
    app = QApplication(sys.argv)
    win = Window()
    win.show()
    sys.exit(app.exec())
```

运行结果如图 10-17 所示。

图 9-17　代码 demo10.py 的运行结果

9.6 小结

本章首先介绍了 PySide6 的多媒体模块及其功能。多媒体模块包括 QtMultimedia 子模块、QtMultimediaWidgets 子模块；其次介绍了使用 QMediaPlayer 类、QAudioOutput 类、QSoundEffect 类创建声频播放器的方法，以及使用 QMediaCaptureSession 类、QMediaRecorder 类创建声频录制器的方法；然后分别介绍了使用 QVideoWidget 类、QGraphicsVideoItem 类创建视频播放器的方法；最后介绍了应用摄像头的方法，包括使用 QCamera 类、QImageCamera 类拍摄照片的方法，以及使用 QCamera 类、QMediaRecorder 类拍摄录制的方法。

第 10 章 应用打印机

在 PySide6 中，有可以应用打印机的 QtPrintSupport 子模块。应用 QtPrintSupport 子模块提供的方法可以识别系统中已经安装的打印机，可以驱动打印机进行工作，也可以对打印机进行预览。打印文件时经常会用到 PDF 格式的文档，PySide6 也提供了将 QPainetr 绘制的图像、文字转换成 PDF 文档的方法。

15min

10.1 打印机信息与打印机

在 PySide6 中，可以使用 QPrinterInfo 类获取本机连接的打印机的信息；可以使用 QPrinter 类将 QPainter 绘制的图形、文字用打印机输出，并打印到纸张上。

10.1.1 打印机信息类 QPrinterInfo

如果计算机连接了一台可以使用的打印机，则可以使用 QPrinterInfo 类获取打印机的参数。QPrinterInfo 类位于 QtPrintSupport 子模块下，其构造函数如下：

```
QPrinterInfo()
QPrinterInfo(other:QPrinterInfo)
QPrinterInfo(printer:QPrinter)
```

其中，other 表示 QPrinterInfo 类创建的实例对象；printer 表示 QPrinter 类创建的实例对象。

QPrinterInfo 类的常用方法见表 10-1。

表 10-1 QPrinterInfo 类的常用方法

方法及参数类型	说　明	返回值的类型
[static]availablePrinterNames()	获取可用的打印机名称列表	List[str]
[static]availablePrinters()	获取可用的打印机列表	List[QPrinterInfo]
[static]defaultPrinter()	获取当前默认的打印机信息	QPrinterInfo
[static]defaultPrinterNames()	获取当前默认的打印机名称	str
[static]printerInfo(printerName:str)	根据打印机名称获取打印机	QPrinterInfo

续表

方法及参数类型	说　明	返回值的类型
isDefault()	获取是否为默认的打印机	bool
isNull()	获取是否不包含打印机信息	bool
isRemote()	获取是否为远程网络打印机	bool
defaultColorMode()	获取打印机默认的颜色模式	QPrinter.ColorMode
defaultDuplexMode()	获取打印机默认的双面打印模式	QPrinter.DuplexMode
description()	获取打印机的描述信息	str
location()	获取打印机的位置信息	str
makeAndModel()	获取打印机的制造商和型号	str
defaultPageSize()	获取默认的打印纸张尺寸	QPageSize
maximumPhysicalPageSize()	获取支持的最大打印纸尺寸	QPageSize
minimumPhysicalPageSize()	获取支持的最小打印纸尺寸	QPageSize
printerName()	获取打印机的名称	str
state()	获取打印机的状态	QPrinter.PrinterState
suppotedColorModes()	获取打印机支持的颜色模式	List[QPrinter.ColorMode]
supportedDuplexModes()	获取打印机支持的双面模式	List[QPrinter.DuplexMode]
supportedPageSize()	获取打印机支持的打印纸尺寸	List[QPageSize]
supportedResolutions()	获取打印机支持的打印质量	List[int]
supportsCustomPageSize()	获取打印机是否支持自定义打印纸张尺寸	bool

【实例 10-1】 创建包含 1 个按压按钮、1 个多行纯文本输入框的窗口程序，单击按钮可获取本机连接的打印机，代码如下：

```
# === 第 10 章 代码 demo1.py === #
import sys
from PySide6.QtWidgets import (QApplication,QWidget,QPushButton,
    QPlainTextEdit,QVBoxLayout)
from PySide6.QtPrintSupport import QPrinterInfo

class Window(QWidget):
   def __init__(self,parent = None):
      super().__init__(parent)
      self.setGeometry(200,200,580,230)
      self.setWindowTitle("QPrinterInfo")
      self.btnShow = QPushButton("显示打印机信息")
      self.text = QPlainTextEdit()
      vbox = QVBoxLayout(self)
      vbox.addWidget(self.btnShow)
      vbox.addWidget(self.text)
      self.btnShow.clicked.connect(self.btn_show)

    def btn_show(self):
      printerNames = QPrinterInfo.availablePrinterNames()
      for item in printerNames:
```

```
            self.text.appendPlainText(str(item))


if __name__ == "__main__":
    app = QApplication(sys.argv)
    win = Window()
    win.show()
    sys.exit(app.exec())
```

运行结果如图 10-1 所示。

图 10-1 代码 demo1.py 的运行结果

10.1.2 打印机类 QPrinter

在 PySide6 中,QPrinter 类表示绘图设备、打印的纸张,使用 QPainter 类可以在 QPrinter 对象上绘制图形、文字等内容。QPrinter 的继承关系如图 10-2 所示。

图 10-2 QPrinter 类的继承关系图

QPrinter 类位于 QtPrintSupport 子模块下,其构造函数如下:

```
QPrinter(mode:QPrinter.PrinterMode = QPrinter.ScreenResultion)
QPrinter(printer:QPrinterInfo, mode:QPrinter.PrinterMode = QPrinter.ScreenResultion)
```

其中,mode 表示打印模式,参数值为 QPrinter. PrinterMode 的枚举值;printer 表示 QPrinterInfo 类创建的实例对象。

QPrinter 类的常用方法见表 10-2。

表 10-2 QPrinter 类的常用方法

方法及参数类型	说　明	返回值的类型
printerName()	获取打印机名称	str
setPrinterName(name:str)	设置打印机名称	None
outputFileName()	获取打印文件名	str
setOutputFileName(name:str)	设置打印文件名	None

续表

方法及参数类型	说　　明	返回值的类型
fullPage()	获取是否为整页模式	bool
setFullPage(bool)	设置是否为整页模式	None
setPageMargins(margins:Union[QMarginF,QMargins],units:QPageLayout.Unit=QPageLayout.Millimeter)	设置打印页边距	bool
copyCount()	获取打印页数	int
setCopyCount(int)	设置打印页数	None
collateCopies()	获取是否校对打印	bool
setCollateCopies(collate:bool)	设置是否校对打印	None
setFromTo(fromPage:int,toPage:int)	设置打印页数的范围	None
fromPage()	获取打印范围的起始页	int
toPage()	获取打印范围的结束页	int
pageOrder()	获取打印顺序	QPrinter.PageOrder
setPageOrder(QPrinter.PageOrder)	设置打印顺序	None
resolution()	获取打印精度	int
setResolution(int)	设置打印精度	None
setPageOrientation(QPageLayout.Orientation)	设置打印方向	bool
newPage()	生成新页	bool
abort()	取消正在打印的文档	bool
isValid()	获取打印机是否有效	bool
paperRect(QPrinter.Unit)	获取纸张范围	QRectF
printRange()	获取打印范围的模式	QPrinter.PrintRange
setPrintRange(range:QPrinter.PrintRange)	设置打印范围的模式	None
printerState()	获取打印状态	QPrinter.PrinterState
colorMode()	获取颜色模式	QPrinter.ColorMode
setColorMode(QPrinter.ColorMode)	设置颜色模式	None
docName()	获取文档名	str
setDocName(str)	设置打印的文档名	None
duplex()	获取双面模式	QPrinter.DuplexMode
setDuplex(duplex:QPrinter.DuplexMode)	设置双面模式	None
fontEmbeddingEnabled()	获取是否启用内置字体	bool
setFontEmbeddingEnabled(enable:bool)	设置是否启用内置字体	None
setPageSize(Union[QPageSize,QPageSize.PageSizeId,QSize])	设置打印纸张的尺寸	bool
pageRect(QPrinter.Unit)	获取打印区域	QRectF
setPaperSource(QPrinter.PaperSource)	设置纸张来源	None
paperSource()	获取纸张来源	QPrinter.PaperSource
supportedPaperSources()	获取支持的纸张来源列表	List[QPrinter.PaperSource]
setPdfVersion(QPagedPaintDevice.PdfVersion)	设置 PDF 文档的版本	None

续表

方法及参数类型	说　　明	返回值的类型
setPageRanges(ranges:QPageRange)	设置选中的页数	None
pageRange()	获取选中的页数对象	QPageRanges
setPageLayout(pageLayout:QPageLayout)	设置页面布局	bool
pageLayout()	获取页面布局对象	QPageLayout
supportedResolutions()	获取打印机支持的分辨率列表	List[int]
supportedMultipleCopies()	获取是否支持多份打印	bool

在表 10-2 中，QPageLayout. Orientation 的枚举值为 QPageLayout. Portrait（纵向）、QPageLayout. Landscape(横向)。QPrinter. PageOrder 的枚举值为 QPrinter. FirstPageFirst（正向顺序）、QPrinter. LastPageFirst(反向顺序)。

在表 10-2 中，使用 setPageMargins(margins，Unit)可以设置打印页边距，Unit 的取值为 QPageLayout. Millimeter、QPageLayout. Point（= inch/72）、QPageLayout. Inch、QPageLayout. Pica（= inch/6）、QPageLayout. Didot（= 0. 375mm）、QPageLayout. Cicero（=4. 5mm）、QPageLayout. DevicePixel。

在表 10-2 中，使用 paperRect（QPrinter. Unit）方法获取纸张的矩形区域，使用 pageRect(QPrinter. Unit)方法获取打印区的矩形区域。QPrinter. Unit 的取值为 QPrinter. Millimeter、QPrinter. Point、QPrinter. Inch、QPrinter. Pica、QPrinter. Diot、QPrinter. Cicero、QPrinter. DevicePixel。

在表 10-2 中，使用 setPrintRange(range:QPrinter. PrintRange)方法设置打印范围的模式。QPrinter. PrintRange 的枚举值为 QPrinter. Allpages（打印所有页）、QPrinter. Selection（打印选中的页）、QPrinter. PageRange（打印指定范围的页）、QPrinter. CurrentPage(打印当前页)。

在表 10-2 中，使用 setMode(mode:QPageLayout. Mode)设置布局模式，QPageLayout. Mode 的枚举值为 QPageLayout. StandardMode（打印范围包含页边距）、QPageLayout. FullPageMode(打印范围不包含页边距)。

在表 10-2 中，QPrinter. PaperSource 的枚举值见表 10-3。

表 10-3　QPrinter. PaperSource 的枚举值

枚　举　值	枚　举　值	枚　举　值
QPrinter. Auto	QPrinter. Lower	QPrinter. Upper
QPrinter. Cassette	QPrinter. MaxPageSource	QPrinter. CustomSource
QPrinter. Envelope	QPrinter. Middle	QPrinter. LastPaperSource
QPrinter. EnvelopeManual	QPrinter. Manual	QPrinter. LargeFormat
QPrinter. FromSource	QPrinter. Tractor	QPrinter. SmallFormat
QPrinter. LargeCapacity	QPrinter. OnlyOne	

在表 10-2 中，QPageSize. PageSizeId 的枚举值见表 10-4。

表 10-4 QPageSize. PageSizeId 的枚举值

枚举值	尺寸/(mm×mm)	枚举值	尺寸/(mm×mm)
QPageSize. Letter	215.9×279.4	QPageSize. B2	500×707
QPageSize. Legal	215.9×355.6	QPageSize. B3	353×500
QPageSize. Executive	190.5×254	QPageSize. B4	250×353
QPageSize. A0	841×1189	QPageSize. B5	176×250
QPageSize. A1	594×841	QPageSize. B6	125×176
QPageSize. A2	420×594	QPageSize. B7	88×125
QPageSize. A3	297×420	QPageSize. B8	62×88
QPageSize. A4	210×297	QPageSize. B9	44×62
QPageSize. A5	148×210	QPageSize. B10	31×44
QPageSize. A6	105×148	QPageSize. C5E	163×229
QPageSize. A7	74×105	QPageSize. Co10E	105×241
QPageSize. A8	52×74	QPageSize. DLE	110×220
QPageSize. A9	37×52	QPageSize. Folio	210×330
QPageSize. B0	1000×1414	QPageSize. Ledger	431.8×279.5
QPageSize. B1	707×1000	QPageSize. Tabloid	279.4×431.8

【实例 10-2】 创建一个窗口程序，使用该窗口程序可以选择打印机，设置打印份数，选择打印到文件。单击按钮后开始打印，并在每页上打印一个矩形，代码如下：

```
# === 第 10 章 代码 demo2.py === #
import sys
from PySide6.QtWidgets import (QApplication,QWidget,QComboBox,
QPushButton,QCheckBox,QLineEdit,QSpinBox,QFormLayout)
from PySide6.QtPrintSupport import QPrinter,QPrinterInfo
from PySide6.QtGui import QPen,QPainter,QPageSize,QPageLayout

class Window(QWidget):
    def __init__(self, parent = None):
        super().__init__(parent)
        self.setGeometry(200,200,580,230)
        self.setWindowTitle("QPrinter")
        #创建下拉列表,并添加选项
        self.comboBox = QComboBox()
        printerNames = QPrinterInfo.availablePrinterNames()
        self.comboBox.addItems(printerNames)
        self.comboBox.setCurrentText(QPrinterInfo.defaultPrinterName())
        #创建数字输入框
        self.spinNum =  QSpinBox()
        self.spinNum.setRange(1,100)
        #创建复选框
        self.checkBox  =  QCheckBox('输出到文件')
        #创建单行输入框
        self.lineFile =  QLineEdit()
```

```
        self.lineFile.setText('D:/test.pdf')
        self.lineFile.setEnabled(self.checkBox.isChecked())
        #创建按钮
        self.btnPrinter = QPushButton('打印')
        #将主窗口的布局设置为表单布局
        formLayout = QFormLayout(self)
        formLayout.addRow("请选择打印机：", self.comboBox)
        formLayout.addRow("请设置打印份数：", self.spinNum)
        formLayout.addRow(self.checkBox, self.lineFile)
        formLayout.addRow(self.btnPrinter)
        #创建打印机对象
        self.printer = QPrinter(QPrinterInfo.defaultPrinter())
        #使用信号/槽
        self.comboBox.currentTextChanged.connect(self.do_currentText)
        self.checkBox.clicked.connect(self.do_clicked)
        self.btnPrinter.clicked.connect(self.btn_printer)

    def do_currentText(self,text):
        printInfo = QPrinterInfo.printerInfo(text)
        self.printer = QPrinter(printInfo)                          #创建打印机对象
        self.printer.setPageOrientation(QPageLayout.Portrait)       #设置打印顺序
        self.printer.setFullPage(False)                             #设置是否为整页模式
        self.printer.setPageSize(QPageSize.A4)                      #设置打印纸张的尺寸
        self.printer.setColorMode(QPrinter.GrayScale)               #设置颜色模式

    def do_clicked(self,checked):
            self.lineFile.setEnabled(checked)

    def btn_printer(self):
        self.printer.setOutputFileName(None)
        if self.checkBox.isChecked() == True:
            self.printer.setOutputFileName(self.lineFile.text())    #设置打印到文件中
        if self.printer.isValid():
            self.painter = QPainter()
            if self.painter.begin(self.printer):                    #绘图设备为打印机的纸张
                pen = QPen()                                        #创建钢笔
                pen.setWidth(3)                                     #设置线条宽度
                self.painter.setPen(pen)                            #设置钢笔
                num = self.spinNum.value()
                for i in range(1,num + 1):
                    self.painter.drawRect(80,30,300,100)            #绘制矩形
                    print(f"正在提交第{i}页,共{num}页。")
                    if i != num:
                        self.printer.newPage()
                self.painter.end()


if __name__ == "__main__":
    app = QApplication(sys.argv)
    win = Window()
    win.show()
    sys.exit(app.exec())
```

运行结果如图 10-3 所示。

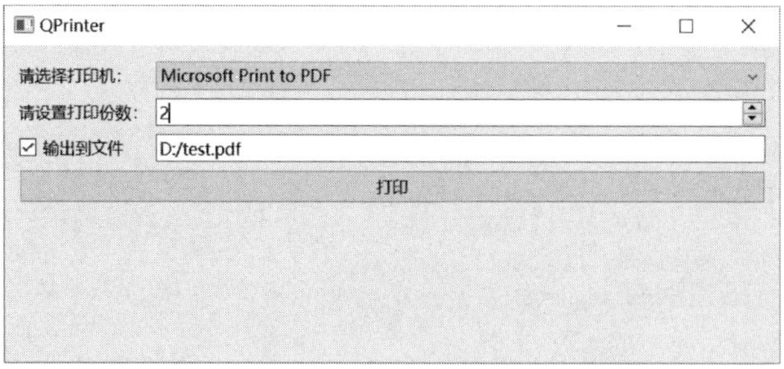

图 10-3 代码 demo2. py 的运行结果

10.1.3 打印窗口界面

在 PySide6 中,可以使用 QWidget 类的 render()方法将窗口界面或控件区域打印到纸张或文件中,render()的格式如下:

```
render(target:QPainter,targetOffset:QPoint, sourceRegion:Union[QRegion,
QBitmap,QPolygon,QRect] = default(QRegion),renderFlags =
QWidget.DrawWindowBackground|QWidget.DrawChildren)
```

其中,target 表示绘图设备,即 QPainter 类及其子类创建的实例对象;targetOffset 表示在纸张或文件中的偏移量;sourceRegion 表示窗口或控件的区域;renderFlags 表示 QWidget. RenderFlag 枚举值的组合。

QWidget. RenderFlag 的枚举值为 QWidget. DrawWindowBackground(打印背景)、QWidget. DrawChildren(打印子控件)、QWidget. IgnoreMask(忽略 mask()方法)。

【实例 10-3】 创建一个窗口程序,使用该窗口程序可以选择打印机,设置打印份数,以及选择打印到文件。单击按钮后开始打印,并将窗口界面打印出来,代码如下:

```
# === 第 10 章 代码 demo3.py === #
import sys
from PySide6.QtWidgets import (QApplication,QWidget,QComboBox,
QPushButton,QCheckBox,QLineEdit,QSpinBox,QFormLayout)
from PySide6.QtPrintSupport import QPrinter,QPrinterInfo
from PySide6.QtGui import QPen,QPainter,QPageSize,QPageLayout
from PySide6.QtCore import QPoint

class Window(QWidget):
    def __init__(self, parent = None):
        super().__init__(parent)
        self.setGeometry(200,200,580,230)
        self.setWindowTitle("QPrinter")
        #创建下拉列表,并添加选项
        self.comboBox = QComboBox()
        printerNames = QPrinterInfo.availablePrinterNames()
        self.comboBox.addItems(printerNames)
```

```
        self.comboBox.setCurrentText(QPrinterInfo.defaultPrinterName())
        #创建数字输入框
        self.spinNum = QSpinBox()
        self.spinNum.setRange(1,100)
        #创建复选框
        self.checkBox = QCheckBox('输出到文件')
        #创建单行输入框
        self.lineFile = QLineEdit()
        self.lineFile.setText('D:/test11.pdf')
        self.lineFile.setEnabled(self.checkBox.isChecked())
        #创建按钮
        self.btnPrinter = QPushButton('打印')
        #将主窗口的布局设置为表单布局
        formLayout = QFormLayout(self)
        formLayout.addRow("请选择打印机：", self.comboBox)
        formLayout.addRow("请设置打印份数：", self.spinNum)
        formLayout.addRow(self.checkBox, self.lineFile)
        formLayout.addRow(self.btnPrinter)
        #创建打印机对象
        self.printer = QPrinter(QPrinterInfo.defaultPrinter())
        #使用信号/槽
        self.comboBox.currentTextChanged.connect(self.do_currentText)
        self.checkBox.clicked.connect(self.do_clicked)
        self.btnPrinter.clicked.connect(self.btn_printer)

    def do_currentText(self,text):
        printInfo = QPrinterInfo.printerInfo(text)
        self.printer = QPrinter(printInfo)                              #打印机
        self.printer.setPageOrientation(QPageLayout.Portrait)
        self.printer.setFullPage(False)
        self.printer.setPageSize(QPageSize.A4)
        self.printer.setColorMode(QPrinter.GrayScale)

    def do_clicked(self,checked):
            self.lineFile.setEnabled(checked)

    def btn_printer(self):
        self.printer.setOutputFileName(None)
        if self.checkBox.isChecked() == True:
            self.printer.setOutputFileName(self.lineFile.text()) #设置打印到文件中
        if self.printer.isValid():
            self.painter = QPainter()
            if self.painter.begin(self.printer):                       #绘图设备为打印机的纸张
              self.render(self.painter, QPoint(100, 0))
              self.painter.end()


if __name__ == "__main__":
    app = QApplication(sys.argv)
    win = Window()
    win.show()
    sys.exit(app.exec())
```

运行代码 demo3.py，单击“打印”后的打印结果如图 10-4 所示。

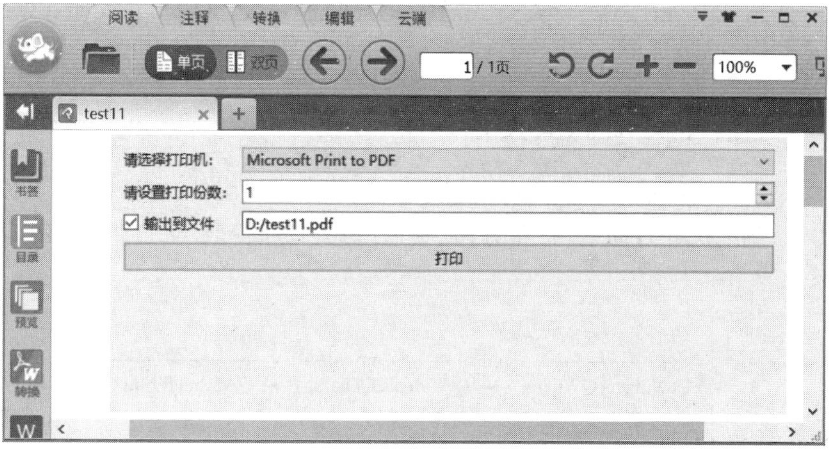

图 10-4　代码 demo3.py 的运行结果

10.1.4　打印控件内容

在 PySide6 中，可以向多行文本控件(QTextEdit)中输入图像、文本、表格等内容。如果要把控件中的内容打印出来，则需要使用该控件提供的打印函数。能够打印控件内容的控件及其打印方法见表 10-5。

表 10-5　能够打印控件内容的控件及其打印方法

控　　件	打 印 方 法	打印设备
QTextEdit	print_(printer:QPrinter)	QPrinter
QTextLine	draw(painter:QPainter,position:Union[QPointF,QPoint])	QPrinter
QTextLayout	draw(p: QPainter, pos: Union[QPointF, QPoint], selections: Sequence[QTextLayout.FormatRange], clip: Union[QRectF, QRect] = Default(QRectF))	QPrinter
QGraphicsView	render(painter: QPainter, target: Union[QRectF, QRect] = Default(QRectF), source: QRect = Default(QRect), aspectRatioMode: Qt.AspectRatioMode=Qt.KeepAspectRatio)	QPrinter
QWebEngineView	print(printer:QPrinter)	QPrinter
QSvgWidget	render(painter: QPainter, targetOffset: QPoint, sourceRegion: Union[QRegion,QBitmap,QPolygon,QRect]=default(QRegion),renderFlags=QWidget.DrawWindowBackground|QWidget.DrawChildren)	QPrinter

10.2　打印对话框、打印预览对话框、打印预览控件

在 PySide6 中，可以使用打印机类 QPrinter 进行打印，也可以使用打印对话框类 QPrintDialog 进行设置、打印。如果要查看打印预览，则可以使用打印预览对话框类 QPrintPreviewDialog 或

打印预览控件类 QPrintPreviewWidget。

本节将介绍 QPrintDialog 类、QPrintPreviewDialog 类、QPrintPreviewWidget 类的用法。

7min

10.2.1 打印对话框类 QPrintDialog

在 PySide6 中,使用 QPrintDialog 类创建打印对话框。在打印对话框中,可以设置打印机的各种参数,例如选择打印机、打印方向、颜色模式、打印份数、页边距。QPrintDialog 类的继承关系如图 10-5 所示。

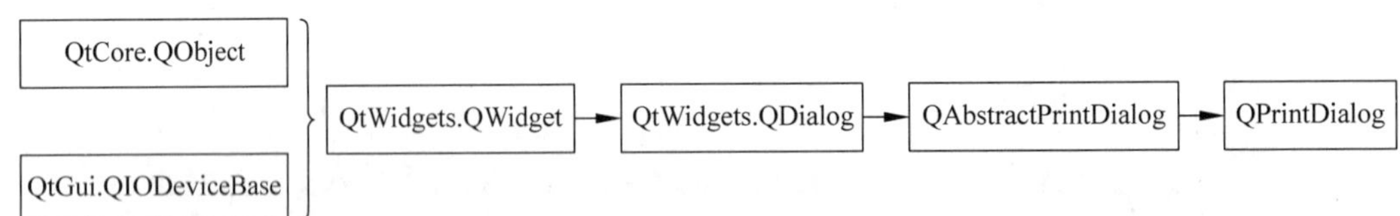

图 10-5 QPrintDialog 类的继承关系图

QPrintDialog 类位于 QtPrintSupport 子模块下,其构造函数如下:

```
QPrintDialog(parent:QWidget = None)
QPrintDialog(printer:QPrinter,parent:QWidget = None)
```

其中,parent 表示父窗口,参数值为 QWidget 类的实例对象;printer 表示打印机,参数值为 QPrinter 类创建的实例对象,如果没有提供 QPrinter 对象,则使用系统默认的打印机。

QPrintDialog 类的常用方法见表 10-6。

表 10-6 QPrintDialog 类的常用方法

方法及参数类型	说　明	返回值的类型
exec()	模式显示对话框	int
printer()	获取打印机	QPrinter
setVisible(visible:bool)	显示打印对话框	None
setOption(option:PrintDialogOption,on:bool=True)	设置可选项	None
setOptions(options:PrintDialogOptions)	设置多个可选项	None
testOption(option:PrintDialogOption)	测试是否设置了某种选项	bool
setPrintRange(range:PrintRange)	设置打印范围选项	None
setFromTo(fromPage:int,toPage:int)	设置打印页数范围	None
setMinMax(min:int,max:int)	设置打印页数的最小值和最大值	None

QPrintDialog 类只有一个信号 accepted(printer:QPrinter):当在打印对话框中单击"打印"按钮时发送信号,参数为 QPrinter 对象。

【实例 10-4】 创建一个窗口程序。该窗口包含一个按钮，若单击该按钮，则显示打印对话框，代码如下：

```
# === 第 10 章 代码 demo4.py === #
import sys
from PySide6.QtWidgets import (QApplication,QWidget,QPushButton,QVBoxLayout)
from PySide6.QtPrintSupport import QPrinter,QPrintDialog
from PySide6.QtGui import QPen,QPainter

class Window(QWidget):
    def __init__(self, parent = None):
        super().__init__(parent)
        self.setGeometry(200,200,580,230)
        self.setWindowTitle("QPrintDialog")
        #创建按钮
        self.btnPrinter = QPushButton('显示打印对话框',self)
        vbox = QVBoxLayout(self)
        vbox.addWidget(self.btnPrinter)
        #创建打印对话框对象
        self.printDialog = QPrintDialog(self)
        #使用信号/槽
        self.btnPrinter.clicked.connect(self.btn_printer)
        self.printDialog.accepted.connect(self.printDialog_accepted)

    def btn_printer(self):
        self.printDialog.exec()

    def printDialog_accepted(self,printer):
        if printer.isValid():
            painter = QPainter()
            if painter.begin(printer):
                pen = QPen()                              #钢笔
                pen.setWidth(3)                           #线条宽度
                painter.setPen(pen)                       #设置钢笔
                painter.drawRect(80,30,300,100)           #绘制矩形
                painter.end()


if __name__ == "__main__":
    app = QApplication(sys.argv)
    win = Window()
    win.show()
    sys.exit(app.exec())
```

运行结果如图 10-6 所示。

图 10-6　代码 demo4.py 的运行结果

10.2.2　打印预览对话框类 QPrintPreviewDialog

在 PySide6 中，使用 QPrintPreviewDialog 类创建打印预览对话框，并可查看打印预览效果。QPrintPreviewDialog 类的继承关系如图 10-7 所示。

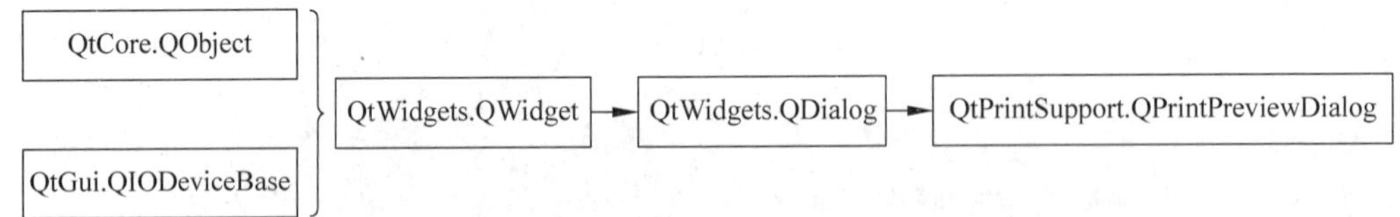

图 10-7　QPrintPreviewDialog 类的继承关系图

QPrintPreviewDialog 类位于 QtPrintSupport 子模块下，其构造函数如下：

```
QPrintPreviewDialog(parent:QWidget = None, flags:Qt.WindowFlags = Default(Qt.WindowFlags))
QPrintPreviewDialog(printer:QPrinter, parent:QWidget = None, flags:Qt.WindowFlags = Default
(Qt.WindowFlags))
```

其中，parent 表示父窗口，参数值为 QWidget 类的实例对象；printer 表示打印机，参数值为 QPrinter 类创建的实例对象，如果没有提供 QPrinter 对象，则使用系统默认的打印机。

QPrintPreviewDialog 类的常用方法见表 10-7。

表 10-7　QPrintPreviewDialog 类的常用方法

方法及参数类型	说　明	返回值的类型
exec()	模式显示对话框	int
setVisible(visible:bool)	显示打印对话框	None
printer()	获取打印机	QPrinter

QPrintPreviewDialog 类有一个信号 paintRequested(printer:QPrinter)：当显示对话框之前发送信号。

【实例 10-5】 创建一个窗口程序。该窗口包含 1 个菜单栏，菜单栏上有"打印预览"选项。如果选择"打印预览"选项，则显示打印预览对话框，代码如下：

```
# === 第 10 章 代码 demo5.py === #
import sys
from PySide6.QtWidgets import (QApplication,QWidget,QTextEdit,QMenuBar,QVBoxLayout)
from PySide6.QtPrintSupport import (QPrintPreviewDialog,QPrintDialog,
   QPrinter,QPrinterInfo)
from PySide6.QtCore import Qt

class Window(QWidget):
   def __init__(self, parent = None):
      super().__init__(parent)
      self.setWindowTitle("QPrintPreviewDialog")
      self.showMaximized()                      #最大化显示
      #创建菜单栏,并添加菜单、动作
      menuBar = QMenuBar()
      fileMenu = menuBar.addMenu("文件(&F)")
      openAction = fileMenu.addAction("显示内容")
      previewAction = fileMenu.addAction("打印预览")
      printAction = fileMenu.addAction("打印")
      fileMenu.addSeparator()
      exitAction = fileMenu.addAction("退出")
      #创建多行文本控件
      self.textEdit = QTextEdit()
      #创建垂直布局对象,并添加控件
      vbox = QVBoxLayout(self)
      vbox.addWidget(menuBar)
      vbox.addWidget(self.textEdit)
      #创建默认的打印机
      self.printer = QPrinter(QPrinterInfo.defaultPrinter())
      #使用信号/槽
      openAction.triggered.connect(self.openAction_triggered)
      previewAction.triggered.connect(self.previewAction_triggered)
      printAction.triggered.connect(self.printAction_triggered)
      exitAction.triggered.connect(self.close)

   #向多行文本框中添加文本
   def openAction_triggered(self):
      font = self.textEdit.font()
      font.setPointSize(30)
      font.setFamily('楷体')
      self.textEdit.setFont(font)
      for i in range(2):
         self.textEdit.append("温故而知新,可以为师矣。")
         self.textEdit.append("学而时习之,不亦说乎!")
         self.textEdit.append("学而不思则罔,思而不学则殆。")
         self.textEdit.append("逝者如斯夫,不舍昼夜")
         self.textEdit.append("知之为知之,不知为不知,是知也。")
```

```
            self.textEdit.append("吾十有五而志于学,三十而立,四十而不惑,五十而知天命,六十而耳顺,七十而从心所欲不逾矩")
            self.textEdit.append("知人者智,自知者明。胜人者有力,自胜者强。知足者富。强行者有志")
    #显示打印预览对话框
    def previewAction_triggered(self):
        previewDialog = QPrintPreviewDialog(self.printer, self, flags =
                 Qt.WindowMinimizeButtonHint | Qt.WindowMaximizeButtonHint |Qt.WindowCloseButtonHint)
        #使用信号/槽
        previewDialog.paintRequested.connect(self.preview_paintRequested)
        previewDialog.exec()
        self.printer = previewDialog.printer()
    #与信号连接的槽函数
    def preview_paintRequested(self,printer):
        self.textEdit.print_(printer)                          #打印多行文本框的内容
    #显示打印对话框
    def printAction_triggered(self):
        printDialog = QPrintDialog(self.printer)
        printDialog.accepted.connect(self.printDialog_accepted)  #使用信号/槽
        printDialog.exec()
    #与信号连接的槽函数
    def printDialog_accepted(self,printer):
        self.textEdit.print_(printer)                          #打印多行文本框中的内容


if __name__ == "__main__":
    app = QApplication(sys.argv)
    win = Window()
    win.show()
    sys.exit(app.exec())
```

运行结果如图 10-8 所示。

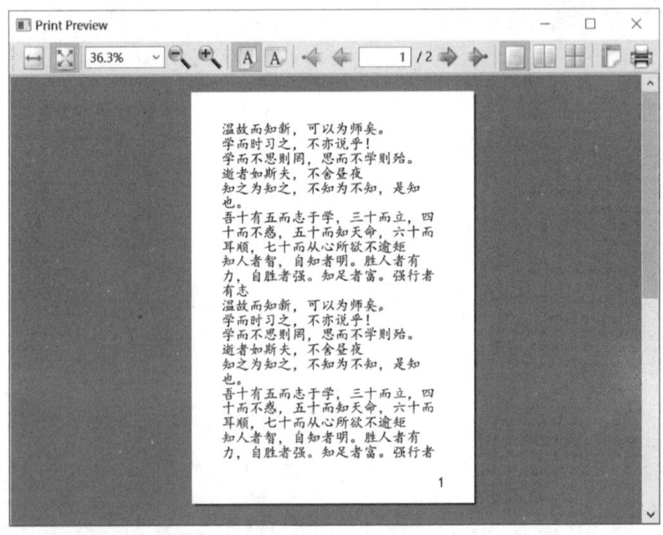

图 10-8　代码 demo5.py 的运行结果

注意：如果要在打印预览对话框中执行打印操作，则可以单击对话框中的打印机图标按钮，该图标按钮在对话框的右上角。

10.2.3　打印预览控件类 QPrintPreviewWidget

在 PySide6 中，使用 QPrintPreviewWidget 类创建打印预览控件。10.2.2 节介绍的打印预览对话框类 QPrintPreviewDialog 类实际上包含了一个打印预览控件。QPrintPreviewWidget 类的继承关系如图 10-9 所示。

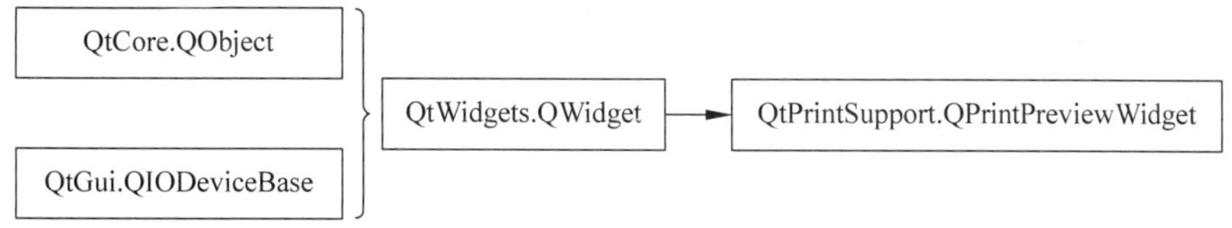

图 10-9　QPrintPreviewWidget 类的继承关系

QPrintPreviewWidget 类位于 QtPrintSupport 子模块下，其构造函数如下：

```
QPrintPreviewWidget(parent:QWidget = None, flags:Qt.WindowFlags = Default(Qt.WindowFlags))
QPrintPreviewWidget(printer:QPrinter, parent:QWidget = None, flags:Qt.WindowFlags = Default
(Qt.WindowFlags))
```

其中，parent 表示父窗口，参数值为 QWidget 类的实例对象；printer 表示打印机，参数值为 QPrinter 类创建的实例对象，如果没有提供 QPrinter 对象，则使用系统默认的打印机。

QPrintPreviewWidget 类的常用方法见表 10-8。

表 10-8　QPrintPreviewWidget 类的常用方法

方法及参数类型	说　明	返回值的类型
[slot]updatePreview()	更新预览，发送 paintRequested(printer)信号	None
[slot]print_()	使用管理的 QPrinter 对象进行打印	None
[slot]setCurrentPage(pageNumber:int)	设置当前预览的页码	None
[slot]setOrientation(orientation:QPageLayout.Orientation)	设置预览方向	None
[slot]setLandscapeOrientation()	设置横向预览	None
[slot]setPortraitOrientation()	设置纵向预览	None
[slot]setViewMode(viewMode:QPrintPreviewWidget.ViewMode)	设置视图模式	None
[slot]setSinglePageViewMode()	以单页视图模式预览	None
[slot]setFacingPagesViewMode()	以左右两页的视图模式预览	None
[slot]setAllPagesViewMode()	以显示所有页的视图模式预览	None

续表

方法及参数类型	说　明	返回值的类型
[slot]setZoomMode(zoomMode:QPrintPreviewWidget.ZoomModel)	设置缩放模式	None
[slot]fitToWidth()	以最大宽度方式显示当前页	None
[slot]fitInView()	以最大适合方式显示当前页	None
[slot]setZoomFactor(zoomFactor:float)	设置缩放系数	None
[slot]zoomIn(zoom:float=1.1)	缩小显示	None
[slot]zoomOut(zoom:float=1.1)	放大显示	None
cuttentPage()	获取当前预览的页码	int
orientation()	获取当前预览的方向	QPageLayout.Orientation
pageCount()	获取页数	int
viewMode()	获取当前的视图模式	QPrintPreviewWidget.ViewMode
zoomFactor()	获取当前视图的缩放系数	float
zoomMode()	获取当前的缩放模式	QPrintPreviewWidget.ZoomMode

在表10-8中，QPrintPreviewWidget.ViewMode的枚举值为QPrintPreviewWidget.SinglePageView（显示单页）、QPrintPreviewWidget.FacingPagesView（显示双页）、QPrintPreviewWidget.AllPagesView(显示全部页)。

在表10-8中，QPrintPreviewWidget.ZoomMode的枚举值为QPrintPreviewWidget.CustomZoom、QPrintPreviewWidget.FitToWidth、QPrintPreviewWidget.FitInView。

QPrintPreviewWidget类的信号见表10-9。

表10-9　QPrintPreviewWidget类的信号

信号及参数类型	说　明
paintRequested(printer:QPrinter)	当显示打印预览控件或更新预览控件时发送信号
previewChanged()	当打印预览控件的内部状态发生改变时发送信号

8min

10.3　PDF文档生成器

在PySide6中，如果要将QPainter绘制的图形、文字转换成PDF文档，则需要使用PDF文档生成器类QPdfWriter。QPdfWriter类的继承关系如图10-10所示。

QPdfWriter类位于PySide6的QtGui子模块下，其构造函数如下：

```
QPdfWriter(filename:str)
QPdfWriter(device:QIODevice)
```

其中，filename表示路径和文件名；device表示QIODevice类及其子类创建的实例对象。

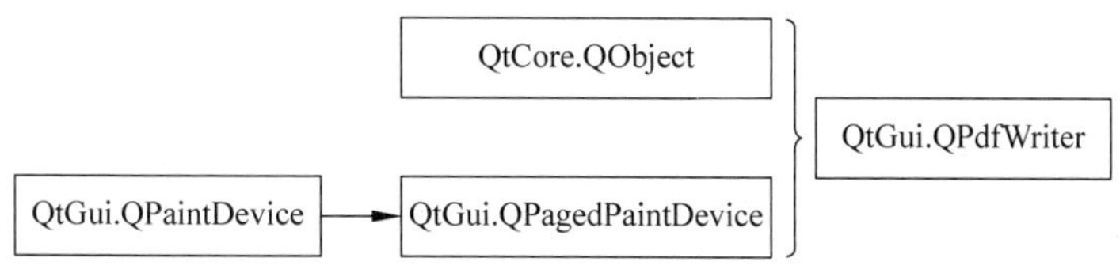

图 10-10 QPdfWriter 类的继承关系

QPdfWriter 类的常用方法见表 10-10。

表 10-10 QPdfWriter 类的常用方法

方法及参数类型	说 明	返回值的类型
addFileAttachment(fileName: str, data: QByteArray, mimeType:str=None)	向 PDF 文档中添加数据,data 包含要嵌入 PDF 文档中的原始文件数据	bool
setCreator(creator:str)	设置 PDF 文档的创建者	None
creator()	获取 PDF 文档的创建者	str
setPdfVersion(version:QPagedPaintDevice. PdfVersion)	设置版本号	None
setResolution(resolution:int)	设置分辨率(单位为 dpi)	None
resolution()	获取分辨率	int
setTitle(title:str)	设置 PDF 文档的标题	None
title()	获取 PDF 文档的标题	str
setPageLayout(pageLayout:QPageLayout)	设置布局	None
pageLayout()	获取布局	QPageLayout
setPageMargins(margins:Union[QMarginsF, QMargins],units:QPageLayout. Unit=QPageLayout. Millimeter)	设置页边距	bool
setPageOrientation(QPageLayout. Orientation)	设置文档方向	bool
setPageRanges(range:QPageRanges)	设置页数范围	None
pageRanges()	获取页数范围	QPageRanges
setPageSize(pageSize:Union[QPageSize,QSize, QPageSize. PageSizedId])	设置页面尺寸	bool

【实例 10-6】 创建一个窗口程序。该窗口包含 1 个按压按钮,如果单击该按钮,则创建两页 PDF,并绘制矩形和文字,代码如下:

```
# === 第 10 章 代码 demo6.py === #
import sys
from PySide6.QtWidgets import (QApplication,QWidget,QPushButton,QVBoxLayout)
from PySide6.QtGui import QPainter,QPageSize,QPdfWriter,QPen

class Window(QWidget):
    def __init__(self, parent = None):
        super().__init__(parent)
        self.setGeometry(200,200,580,230)
```

```
        self.setWindowTitle("QPdfWriter")
        #创建按钮控件
        btn = QPushButton('创建 PDF 文档',self)
        #创建垂直布局对象,并添加控件
        vbox = QVBoxLayout(self)
        vbox.addWidget(btn)
        #使用信号/槽
        btn.clicked.connect(self.btn_clicked)

    def btn_clicked(self):
        pdfWriter = QPdfWriter("D:/Chapter10/test.pdf")      #创建 PDF 文档生成器,设置文件名
        pageSize = QPageSize(QPageSize.A4)                   #纸张尺寸
        pdfWriter.setPageSize(pageSize)                      #设置纸张尺寸
        pdfWriter.setPdfVersion(QPdfWriter.PdfVersion_1_6)   #设置版本号
        painter = QPainter()
        if painter.begin(pdfWriter):
            pen = QPen()                                     #钢笔
            pen.setWidth(3)                                  #线条宽度
            painter.setPen(pen)                              #设置钢笔
            pageCopies = 2                                   #页数
            for i in range(1,pageCopies + 1):
                painter.drawRect(90,30,3000,1000)            #绘制矩形
                painter.drawText(50,30,"空山新雨后,天气晚来秋。")  #绘制文字
                print(f"正在打印第{i}页,共{pageCopies}页。")
                if i != pageCopies:
                    pdfWriter.newPage()
            painter.end()


if __name__ == "__main__":
    app = QApplication(sys.argv)
    win = Window()
    win.show()
    sys.exit(app.exec())
```

运行结果如图 10-11 所示。

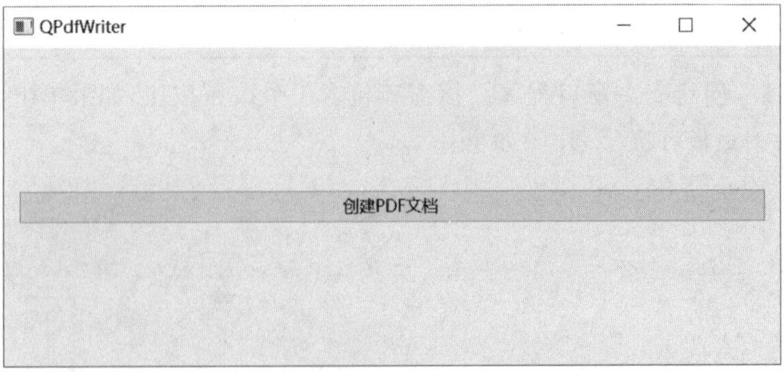

图 10-11　代码 demo6.py 的运行结果

10.4 小结

本章首先介绍了 QPrinterInfo 类和 QPrinter 类。使用 QPrinterInfo 类可以获取本机连接的打印机的信息。使用 QPrinter 类可以使用 QPrinter 类将 QPainter 绘制的图形、文字用打印机输出,并打印到纸张上。

然后介绍了 QPrintDialog 类和 QPrintPreviewDialog 类。使用 QPrintDialog 类可创建打印对话框,使用 QPrintPreviewDialog 类可创建打印预览对话框。

最后介绍了 QPdfWriter 类。使用 QPdfWriter 类可以将 QPainter 绘制的图形、文字转换成 PDF 文档。

第 11 章

QML 与 QtQuick

在 PySide6 中，可以使用 QtQuick 创建窗口界面。QtQuick 使用一种名称为 QML 的声明式语言，QML 用于创建应用程序的表示层，不再需要额外的原型。QML 被应用在屏幕设备上，使用 QML 可以创建流畅的界面，使手势交互变得简单。

3min

11.1 QML 与 QtQuick 简介

PySide6 的本质是 Qt 6 for Python，即 Qt 6 的 Python 版本。Qt 6 包含两种用户界面技术：QtWidgets 和 QtQuick。QtWidgets 用于创建复杂的桌面应用程序，前面的章节主要介绍了 QtWidgets 技术。QtQuick 用于创建触摸屏界面，可创建流程的动态的界面。

QtQuick 最早出现在 Qt 4.7 版本，被作为一种全新的用户界面引入，其目的是适用于现代化的移动触摸屏界面。经过不断地发展和优化，直到 Qt 5 版本，QtQuick 才真正地发展壮大，能够与 QtWidgets 不相上下。QtWidgets 可使用 C++/Python 进行开发，而 QtQuick 使用一种称为 QML 的声明式语言构建用户界面，并使用 JavaScript 实现逻辑。

11.1.1 QML 简介

QML 的全称为 Qt Meta-Object Language，即 Qt 元对象语言。QML 是一种可以创建用户界面的声明式语言。QML 主要使用一些可视控件及这些控件之间的交互、关联来创建程序界面。

开发者可使用 QML 创建高性能、流畅的应用程序。QML 的语法与 JSON 的声明式语法类似，并提供了必要的 JavaScript 语句和动态属性绑定的支持。使用 QML 创建的程序代码具有极高的可读性。

QML 语言和引擎架构由 QtQML 模块提供。QtQML 模块为 QML 语言开发程序提供了一个框架和引擎架构，并提供了接口，该接口允许开发者以自定义类型或继承 JavaScript、C++、Python 代码的方式扩展 QML 语言。

11.1.2 QtQuick 简介

QtQuick 是提供 QML 控件类型和功能的标准库，并且提供了可视化、交互、Model/View、粒子特效、渲染特效等功能。在 QML 文件中,可通过 import 语句引入 QtQuick 模块提供的所有功能。QtQuick 模块提供了创建程序界面所需要的所有基本类型,即 QtQuick 模块提供了可视容器,以及各种可视化控件,并能创建 Model/View 及生成动画效果。

从 Qt 5.7 版本开始,QtQuick 提供了一组界面控件,使用这些控件可以更简单地创建程序界面,这些控件被包含在 QtQuick.Controls 模块中,例如各种窗口控件、对话框。

11.1.3 QtQuick 和 QtWidgets 的窗口界面对比

QtWidgets 用于创建复杂的桌面应用程序,QtQuick 用于创建触摸屏界面。使用 QtQuick 和 QtWidgets 创建的窗口界面的对比见表 11-1。

表 11-1 使用 QtQuick 与 QtWidgets 创建的窗口界面的对比

对比内容	QtQuick QtQuick.controls	QtWidgets	说明
原生外观	√	√	QtWidgets 和 QtQuick.Controls 在目标平台上都支持原生外观
自定义样式	√	√	QtWidgets 可以通过 QSS 样式表来自定义样式,QtQuick.controls 具有可定义样式的选择
流程的动画 UI	√	×	QtWidgets 不能很好地通过缩放实现动画;QtQuick 可以通过声明的方式实现自然的动画
触摸屏支持	√	×	QtWidgets 通常使用鼠标进行交互,QtQuick 可实现触摸屏交互
标准行业控件	×	√	QtWidgets 提供了构建标准行业类型的应用程序所需要的控件和功能
Model/View 编程	√	√	QtQuick 提供了方便的视图(View),而 QtWidgets 提供了更方便和完整的 Model/View 框架
快速 UI 开发	√	√	QtWidgets 和 QtQuick 在目标平台上都可以进行快速 UI 开发
硬件图形加速	√	×	QtQuick 具有完整的硬件加速功能,而 QtWidgets 通过软件进行渲染
图形效果	√	√	QtWidgets 和 QtQuick 在目标平台上都可以实现图形效果
富文本处理	√	√	QtWidgets 和 QtQuick 在目标平台上都可以进行富文本处理,但 QtWidgets 提供了更加全面的支持

11.2 应用 QML

7min

在 PySide6 中,开发者可以引入 QML 语言创建的代码文件(扩展名为.qml)。本节将编写简单的 QML 代码,并使用 Python 语言运行 QML 代码。

11.2.1 使用 Python 调用 QML 文件

【实例 11-1】 使用 QML 创建一个简单的窗口程序,并在 Python 中引入 QML 程序文件。

编写的 QML 代码如下:

```
/* 第 11 章 代码 demo1.qml */
import QtQuick
import QtQuick.Controls

Window{
    width:580
    height:230
    visible:true
    title:"使用 QML 创建窗口程序"
    }
```

编写的 Python 代码如下:

```
# === 第 11 章 代码 demo1.py === #
import sys
from PySide6.QtGui import QGuiApplication
from PySide6.QtQml import QQmlApplicationEngine

if __name__ == "__main__":
    app = QGuiApplication(sys.argv)              #创建 GUI 应用程序对象
    engine = QQmlApplicationEngine()             #创建 QML 引擎对象
    engine.load("demo1.qml")                     #加载 QML 文件
    if not engine.rootObjects():
        sys.exit(-1)
    sys.exit(app.exec())
```

运行结果如图 11-1 所示。

图 11-1 代码 demo1.py 的运行结果

从代码 demo1.qml 中可得知 QML 代码使用了类 JSON 语法,创建了一个对象 Window,Window 的属性值被包含在花括号中的"名称:值"对中。QML 代码就是一个 QML 对象数,下面的实例将在 QML 代码中创建两个对象。

【**实例 11-2**】 使用 QML 创建一个包含按钮的窗口程序，如果单击该按钮，则关闭窗口程序。

编写的 QML 代码如下：

```
/* 第 11 章 代码 demo2.qml */
import QtQuick
import QtQuick.Controls

Window{
    width:580
    height:230
    visible:true
    title:"Hello world"
    Button{
            text:"单击我"
            id:myButton
            y:60
            x:60
            onClicked:close()
    }
    }
```

编写的 Python 代码如下：

```
# === 第 11 章 代码 demo2.py === #
import sys
from PySide6.QtGui import QGuiApplication
from PySide6.QtQml import QQmlApplicationEngine

if __name__ == "__main__":
   app = QGuiApplication(sys.argv)          #创建 GUI 应用程序对象
   engine = QQmlApplicationEngine()         #创建 QML 引擎对象
   engine.load("demo2.qml")                 #加载 QML 文件
   if not engine.rootObjects():
      sys.exit(-1)
   sys.exit(app.exec())
```

运行结果如图 11-2 所示。

图 11-2 代码 demo2.py 的运行结果

11.2.2 QML的事件处理

QML的事件处理通常有两种方式：第1种方式将QML文件和Python代码相结合，第2种方式使用QML中的动态属性。

【实例 11-3】 使用QML创建包含一个按钮的窗口程序，如果单击该按钮，则在控制台窗口中打印文字。要求使用Python代码的方式实现打印文字。

编写的QML代码如下：

```
/* 第 11 章 代码 demo3.qml */
import QtQuick
import QtQuick.Controls

Window{
    width:500
    height:200
    visible:true
    title:"事件处理"

    Button{
            text:"单击我"
            id:myButton
            y:60
            x:60
            width:80
            height:40
            onClicked:{window.hello()}
    }
    }
```

编写的Python代码如下：

```
# === 第 11 章 代码 demo3.py === #
import sys
from PySide6.QtGui import QGuiApplication
from PySide6.QtCore import QObject,Slot
from PySide6.QtQml import QQmlApplicationEngine

class Widnow(QObject):
   def __init__(self):
      super().__init__()

   @Slot()
   def hello(self):
      print("Hello")


if __name__ == "__main__":
   app = QGuiApplication(sys.argv)
   engine = QQmlApplicationEngine()
```

```
window = Widnow()
#将 Python 对象 window 显示给 QML 文件
engine.rootContext().setContextProperty('window',window)
engine.load("demo3.qml")
if not engine.rootObjects():
    sys.exit(-1)
sys.exit(app.exec())
```

运行结果如图 11-3 所示。

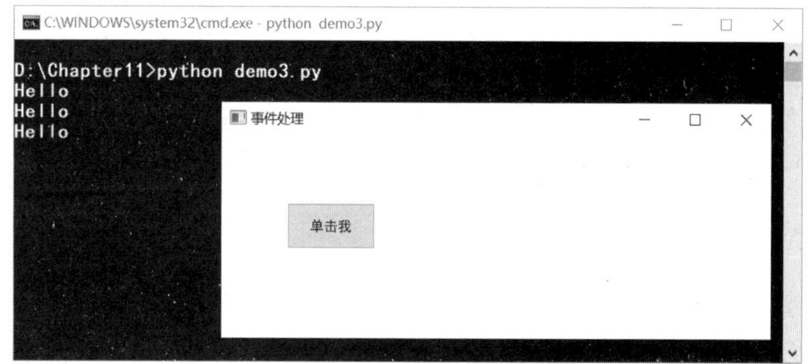

图 11-3 代码 demo3.py 的运行结果

注意：在代码 demo3.qml 中，如果要使用动态属性打印输出文字，则可使用 onClicked: console.log("Hello ")。

【实例 11-4】 使用 QML 创建包含一个按钮、一个标签的窗口程序。如果单击该按钮，则更改标签中的文字。要求使用 QML 的动态属性。

编写的 QML 代码如下：

```
/* 第 11 章 代码 demo4.qml */
import QtQuick
import QtQuick.Controls

Window{
    width:500
    height:220
    visible:true
    title:"事件处理"

    Column{
            spacing:30
            anchors.centerIn:parent

            Label{
                    id:myLabel
                    text:"这是一个标签"
                    font.pixelSize:22
```

```
                font.italic:true
                font.bold:true
                font.underline:true
            }

            Button{
                text:"单击我"
                width:100
                height:40

                onClicked:{
                    myLabel.text = "千山鸟飞绝,万径人踪灭。"
                }
            }
    }
}
```

编写的 Python 代码如下：

```
# === 第 11 章 代码 demo4.py === #
import sys
from PySide6.QtGui import QGuiApplication
from PySide6.QtQml import QQmlApplicationEngine

if __name__ == "__main__":
    app = QGuiApplication(sys.argv)             #创建 GUI 应用程序对象
    engine = QQmlApplicationEngine()            #创建 QML 引擎对象
    engine.load("demo4.qml")                    #加载 QML 文件
    if not engine.rootObjects():
        sys.exit(-1)
    sys.exit(app.exec())
```

运行结果如图 11-4 所示。

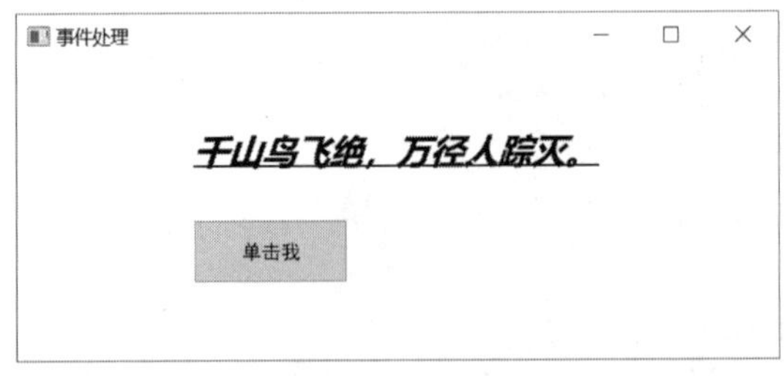

图 11-4　代码 demo4.py 的运行结果

11.3　小结

本章首先介绍了 QML 与 QtQuick，并对比了使用 QtQuick 和 QtWidgets 创建程序窗口的不同之处；其次介绍了在 Python 中引入 QML 文件的方法，以及 QML 的处理事件的方法。

第 五 部 分

第 12 章

用 PySide6 创建实用程序

学习任何一门学科或技能时，有没有一种可以快速提高的方法？这个还真有，就是经常应用这门学科和技能解决实际问题，给学习者带来实际的价值和成就感。本章将使用 PySide6 来创建实用的应用程序。

12.1 创建一个自动生成密码的程序

本节将采用窗口界面与业务逻辑分离的方法创建一个实用程序。由于本节实例中使用的都是 Python 的标准模块，因此不需要安装其他模块。

【实例 12-1】 创建一个自动生成密码的窗口程序。该程序包含两个标签控件、两个单行文本输入框、4 个复选框、一个按压按钮。用户可根据不同网站生成不同的密码，而且会自动保存生成的密码。操作步骤如下：

（1）使用 Qt Designer 设计窗口，该窗口包含一个标签控件、两个单行文本输入框、4 个复选框、一个按压按钮，如图 12-1 所示。

图 12-1　设计的主窗口界面

（2）按快捷键 Ctrl+R 可查看预览窗口。预览窗口及各个控件的对象名字如图 12-2 所示。

（3）关闭预览窗口，将窗口的标题修改为生成密码，按快捷键 Ctrl+S 将设计的窗口界面保存在 D 盘的 Chapter12 文件夹下并命名为 demo1. ui，然后在 Windows 命令行窗口将 demo1. ui 文件转换为 demo1. py，操作过程如图 12-3 所示。

图 12-2　预览窗口及控件对象的名称

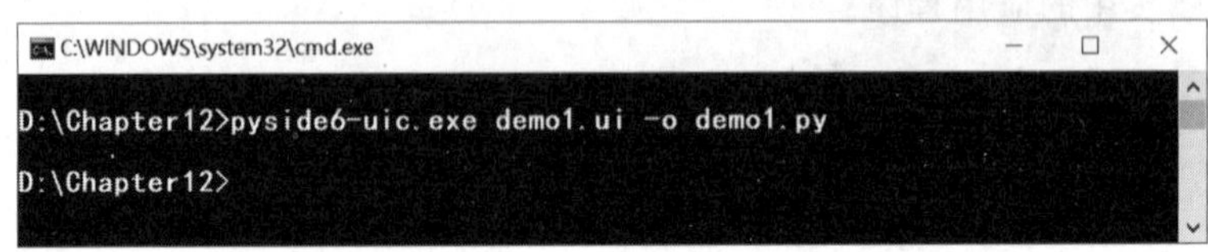

图 12-3　将 demo1. ui 文件转换为 demo1. py

（4）编写业务逻辑代码，代码如下：

```
# === 第 12 章 代码 demo1_main.py === #
import sys
from PySide6.QtWidgets import QApplication,QWidget,QMessageBox
from demo1 import Ui_Form
import string
import random

class Window(Ui_Form,QWidget):              #多重继承
    def __init__(self):
        super().__init__()
        self.setupUi(self)
        #使用信号/槽
        self.pushButton.clicked.connect(self.pushButton_clicked)

    def pushButton_clicked(self):
        website = self.lineEdit_website.text()
        if website == "":
            QMessageBox.warning(self,"信息提示","请输入网站名称!")
            return
        words = []
        if self.checkBox_upper.isChecked():
            words.append(string.ascii_uppercase * 2)
        if self.checkBox_lower.isChecked():
            words.append(string.ascii_lowercase * 2)
        if self.checkBox_number.isChecked():
            words.append(string.digits * 2)
```

```
        if self.checkBox_punc.isChecked():
            words.append(string.punctuation * 2)
        if not words:
            words = (string.ascii_uppercase
                     + string.ascii_lowercase
                     + string.digits
                     + string.punctuation)
        else:
            words = "".join(words)
        words = random.sample(list(words),18)        #随机生成 18 位的密码
        password = "".join(words)
        self.lineEdit_code.setText(password)
        #将网站和密码写入密码本
        with open("密码本.txt","a",encoding = "utf8") as f:
            f.write(f"{website}\t{password}\n")
        QMessageBox.information(self,"信息提示","生成密码成功!")


if __name__ == '__main__':
    app = QApplication(sys.argv)
    win = Window()
    win.show()
    sys.exit(app.exec())
```

运行结果如图 12-4 所示。

图 12-4　代码 demo1_main.py 的运行结果

(5) 使用 PyInstaller 模块将 demo1_main.py 打包成扩展名为.exe 的可执行文件,在 Windows 命令行窗口的操作过程如图 12-5 所示。

```
C:\WINDOWS\system32\cmd.exe
D:\Chapter12>pyinstaller -F -w demo1_main.py
4061 INFO: PyInstaller: 5.10.1
4061 INFO: Python: 3.10.11
4092 INFO: Platform: Windows-10-10.0.19045-SP0
4092 INFO: wrote D:\Chapter12\demo1_main.spec
4108 INFO: UPX is not available.
4108 INFO: Extending PYTHONPATH with paths
['D:\\Chapter12']
4842 INFO: checking Analysis
4842 INFO: Building Analysis because Analysis-00.toc is non existent
4842 INFO: Initializing module dependency graph...
```

图 12-5　将 demo1_main.py 打包成可执行文件

(6) 查看并运行可执行文件，如图 12-6 和图 12-7 所示。

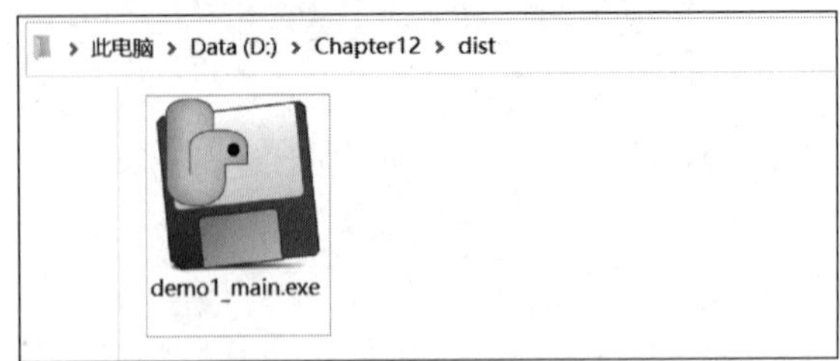

图 12-6　生成的可执行文件 demo1_main. exe

图 12-7　可执行文件 demo1_main. exe 的运行结果

12.2　创建对 PDF 文档与 Word 文档进行格式转换的程序

由于本节实例中使用的都是 Python 的第三方模块：comtypes 模块、pdf2docs 模块，因此要安装这两个模块。

在 Python 中，可以使用 comtypes 模块将 Word 文档转换为 PDF 文档。安装 comtypes 模块需要在 Windows 命令行窗口中输入的命令如下：

```
pip install comtypes -i https://pypi.tuna.tsinghua.edu.cn/simple
```

然后按 Enter 键即可安装 comtypes 模块，如图 12-8 所示。

在 Python 中，可以使用 pdf2docx 模块将 PDF 文档转换为 Word 文档。安装 pdf2docx 模块需要在 Windows 命令行窗口中输入的命令如下：

```
pip install pdf2docx -i https://pypi.tuna.tsinghua.edu.cn/simple
```

然后按 Enter 键即可安装 pdf2docx 模块，如图 12-9 和图 12-10 所示。

注意：通过图 12-10 可以得知在安装 pdf2docx 模块的过程中，也安装了 PyMuPDF、opencv-python 等模块。如果读者在安装过程中出了问题，则可能是没有预先安装 PyMuPDF 等模块。

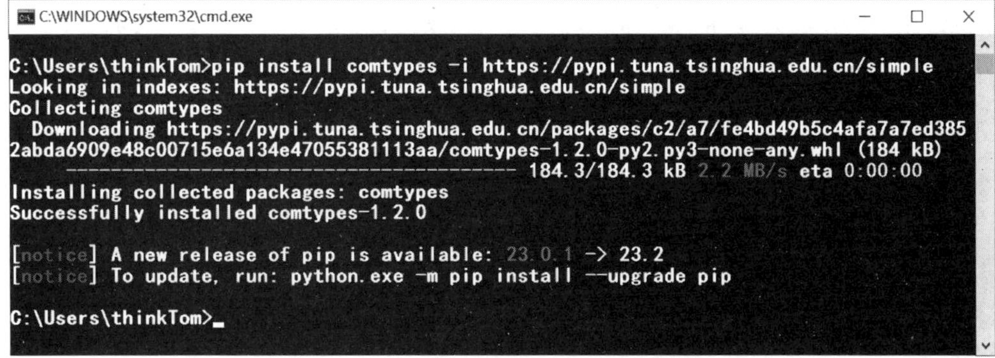

```
C:\WINDOWS\system32\cmd.exe
C:\Users\thinkTom>pip install comtypes -i https://pypi.tuna.tsinghua.edu.cn/simple
Looking in indexes: https://pypi.tuna.tsinghua.edu.cn/simple
Collecting comtypes
  Downloading https://pypi.tuna.tsinghua.edu.cn/packages/c2/a7/fe4bd49b5c4afa7a7ed385
2abda6909e48c00715e6a134e47055381113aa/comtypes-1.2.0-py2.py3-none-any.whl (184 kB)
     ---------------------------------------- 184.3/184.3 kB 2.2 MB/s eta 0:00:00
Installing collected packages: comtypes
Successfully installed comtypes-1.2.0

[notice] A new release of pip is available: 23.0.1 -> 23.2
[notice] To update, run: python.exe -m pip install --upgrade pip

C:\Users\thinkTom>_
```

图 12-8　安装 comtypes 模块

```
C:\WINDOWS\system32\cmd.exe
C:\Users\thinkTom>pip install pdf2docx -i https://pypi.tuna.tsinghua.edu.cn/simple
Looking in indexes: https://pypi.tuna.tsinghua.edu.cn/simple
Collecting pdf2docx
  Using cached https://pypi.tuna.tsinghua.edu.cn/packages/a2/58/fbb61776641b2aae1d408d1e
e712e026040ae62b949857348504dde4cecb/pdf2docx-0.5.6-py3-none-any.whl (148 kB)
Requirement already satisfied: numpy>=1.17.2 in d:\program files\python\lib\site-package
s (from pdf2docx) (1.25.0)
Collecting opencv-python>=4.5
  Downloading https://pypi.tuna.tsinghua.edu.cn/packages/a6/08/583e1d8d589e80a702815f58d
aa317bd469a32c7dc339394e2a0dc14318b/opencv_python-4.8.0.74-cp37-abi3-win_amd64.whl (38.1
 MB)
     ---------------------------------------- 38.1/38.1 MB 8.7 MB/s eta 0:00:00
Collecting fire>=0.3.0
  Using cached https://pypi.tuna.tsinghua.edu.cn/packages/94/ed/3b9a10605163f48517931083
aee8364d4d6d3bb1aa9b75eb0a4a5e9fbfc1/fire-0.5.0.tar.gz (88 kB)
  Preparing metadata (setup.py) ... done
```

图 12-9　安装 pdf2docx 模块(1)

```
C:\WINDOWS\system32\cmd.exe
Installing collected packages: termcolor, six, PyMuPDF, opencv-python, lxml, fonttools,
python-docx, fire, pdf2docx
  DEPRECATION: python-docx is being installed using the legacy 'setup.py install' method
, because it does not have a 'pyproject.toml' and the 'wheel' package is not installed.
pip 23.1 will enforce this behaviour change. A possible replacement is to enable the '--
use-pep517' option. Discussion can be found at https://github.com/pypa/pip/issues/8559
  Running setup.py install for python-docx ... done
  DEPRECATION: fire is being installed using the legacy 'setup.py install' method, becau
se it does not have a 'pyproject.toml' and the 'wheel' package is not installed. pip 23.
1 will enforce this behaviour change. A possible replacement is to enable the '--use-pep
517' option. Discussion can be found at https://github.com/pypa/pip/issues/8559
  Running setup.py install for fire ... done
Successfully installed PyMuPDF-1.22.5 fire-0.5.0 fonttools-4.41.0 lxml-4.9.3 opencv-pyth
on-4.8.0.74 pdf2docx-0.5.6 python-docx-0.8.11 six-1.16.0 termcolor-2.3.0

[notice] A new release of pip is available: 23.0.1 -> 23.2
[notice] To update, run: python.exe -m pip install --upgrade pip

C:\Users\thinkTom>_
```

图 12-10　安装 pdf2docx 模块(2)

【实例 12-2】 创建一个窗口程序，该窗口包含两个标签控件、两个单行文本输入框、两个按压按钮，其中一个按钮可根据文本输入框中的路径和文件名，将 Word 文档转换为 PDF 文档；另一个按钮可根据文本输入框中的路径和文件名，将 PDF 文档转换为 Word 文档，代码如下：

```
# === 第 12 章 代码 demo2.py === #
import sys
from PySide6.QtWidgets import (QApplication,QWidget,QMessageBox,
    QHBoxLayout,QVBoxLayout,QLabel,QLineEdit,QPushButton)
from comtypes.client import CreateObject
from pdf2docx import Converter

class Window(QWidget):
    def __init__(self):
            super().__init__()
            self.setGeometry(200,200,580,230)
            self.setWindowTitle("Word 文档与 PDF 文档的转换")
            #创建水平布局对象,添加标签控件和单行文本输入框
            hbox1 = QHBoxLayout()
            self.labelWord = QLabel("请输入 Word 文档的路径名: ")
            self.lineWord = QLineEdit()
            hbox1.addWidget(self.labelWord)
            hbox1.addWidget(self.lineWord)
            #创建按压按钮
            btnToPdf = QPushButton("Word 文档转换成 PDF 文档")
            #创建水平布局对象,添加标签控件和单行文本输入框
            hbox2 = QHBoxLayout()
            self.labelPdf = QLabel("请输入 PDF 文档的路径名: ")
            self.linePdf = QLineEdit()
            hbox2.addWidget(self.labelPdf)
            hbox2.addWidget(self.linePdf)
            #创建按压按钮
            btnToWord = QPushButton("PDF 文档转换成 Word 文档")
            #创建窗口的布局,并添加其他布局对象、控件
            vbox = QVBoxLayout(self)
            vbox.addLayout(hbox1)
            vbox.addWidget(btnToPdf)
            vbox.addLayout(hbox2)
            vbox.addWidget(btnToWord)
            #使用信号/槽
            btnToPdf.clicked.connect(self.to_Pdf)
            btnToWord.clicked.connect(self.to_Word)

    def to_Pdf(self):
            pathWord = self.lineWord.text()
            if pathWord == "":
                    QMessageBox.warning(self,"信息提示","请输入 Word 文档的路径名!")
                    return
            if pathWord[-5:]!= ".docx":
                    QMessageBox.warning(self,"信息提示","文件格式有错误!")
                    return
```

```
            word = CreateObject('Word.Application')        #创建 Word 应用程序对象
            doc = word.Documents.Open(pathWord)            #创建 Document 对象
            pathPdf = pathWord[0: - 5]                     #截取文件名
            doc.SaveAs(pathPdf,FileFormat = 17)            #转换为 PDF 格式
            doc.close()
            word.Quit()
            QMessageBox.information(self,"信息提示","转换成功!")
            self.lineWord.clear()

    def to_Word(self):
            pathPdf = self.linePdf.text()
            if pathPdf == "":
                    QMessageBox.warning(self,"信息提示","请输入 PDF 文档的路径名!")
                    return
            if pathPdf[ - 4:]!= ".pdf":
                    QMessageBox.warning(self,"信息提示","文件格式有错误!")
                    return
            pathDocx = pathPdf[0: - 4] + ".docx"
            cv = Converter(pathPdf)                        #创建 Converter 对象
            cv.convert(pathDocx)                           #将 PDF 文档转换成 Word 文档
            cv.close()
            QMessageBox.information(self,"信息提示","转换成功!")
            self.linePdf.clear()


if __name__ == '__main__':
    app = QApplication(sys.argv)
    win = Window()
    win.show()
    sys.exit(app.exec())
```

运行结果如图 12-11 所示。

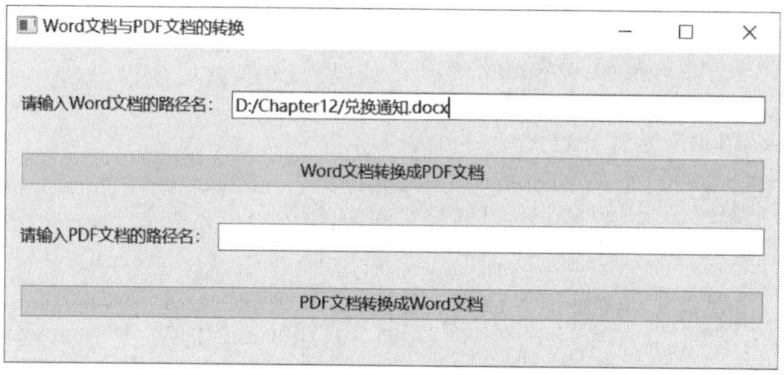

Word文档与PDF文档的转换

请输入Word文档的路径名：D:/Chapter12/兑换通知.docx

Word文档转换成PDF文档

请输入PDF文档的路径名：

PDF文档转换成Word文档

图 12-11　代码 demo2.py 的运行结果

12.3 创建将网页转换为 PDF 文档的程序

在 PySide6 中，有很多功能强大的类，例如 QWebEngineView 类、QWebEnginePage 类。开发者使用这些类可以创建实用的程序。

【实例 12-3】 使用 PySide6 创建一个窗口程序。该窗口包含两个标签控件、一个单行文本输入框、一个按压按钮、一个 QWebEngineView 控件。先向单行文本框中输入网址，然后单击按钮便可打开网页，并将该网页保存为 PDF 文档。PDF 文档的名字为网址. pdf，代码如下：

```
# === 第 12 章 代码 demo3.py === #
import sys
from PySide6.QtWidgets import (QApplication,QWidget,QMessageBox,
    QHBoxLayout,QVBoxLayout,QLabel,QLineEdit,QPushButton)
from PySide6.QtCore import QUrl,QMarginsF
from PySide6.QtWebEngineWidgets import QWebEngineView
from PySide6.QtGui import QPageSize,QPageLayout
import time

class Window(QWidget):
    def __init__(self):
            super().__init__()
            self.setGeometry(200,200,580,280)
            self.setWindowTitle("将网页转换成 PDF 文档")
            #创建水平布局对象,添加标签控件和单行文本输入框
            hbox = QHBoxLayout()
            self.label = QLabel("请输入网址")
            self.line = QLineEdit()
            hbox.addWidget(self.label)
            hbox.addWidget(self.line)
            #创建按压按钮
            btnToPdf = QPushButton("打开网页并转换成 PDF 文档")
            self.webView = QWebEngineView()          #创建 QWebEngineView 控件
            self.labelTip = QLabel("提示：")          #创建标签控件
            self.labelTip.setFixedHeight(15)
            #创建窗口的布局,并添加其他布局对象、控件
            vbox = QVBoxLayout(self)
            vbox.addLayout(hbox)
            vbox.addWidget(btnToPdf)
            vbox.addWidget(self.webView)
            vbox.addWidget(self.labelTip)
            #使用信号/槽
            btnToPdf.clicked.connect(self.html_Pdf)

    #单击按钮
    def html_Pdf(self):
            text = self.line.text()
            if not text:
                    QMessageBox.warning(self,"信息提示","请输入网页链接地址!")
                    return
            url = QUrl.fromUserInput(text)
            self.pathPdf = text + ".pdf"
            if url.isValid == False:
                    QMessageBox.warning(self,"信息提示","此网址为无效的!")
                    return
            else:
```

```
                self.webView.load(url)
                self.webView.loadFinished.connect(self.to_Pdf)
    #与信号关联的槽函数
    def to_Pdf(self,ok):
        layout = QPageLayout(QPageSize(QPageSize.A4),
                QPageLayout.Portrait,
                QMarginsF(0,0,0,0))         #设置 PDF 文档的页面布局
        time.sleep(2)                       #如果打印的网页比较大,则等待指定的时间
        if ok == True:
                page = self.webView.page()
                page.printToPdf(f"D:/Chapter12/{self.pathPdf}",layout)
                page.pdfPrintingFinished.connect(self.pdf_finished)
    #与信号关联的槽函数
    def pdf_finished(self,filePath,success):
        if success == True:
                self.labelTip.setText(f"提示:转换成功,保存路径为{filePath}。")


if __name__ == '__main__':
    app = QApplication(sys.argv)
    win = Window()
    win.show()
    sys.exit(app.exec())
```

运行结果如图 12-12。

图 12-12 代码 demo3.py 的运行结果

12.4 小结

本章主要介绍了使用 PySide6 创建实用程序。第 1 个程序主要使用了窗口界面与业务逻辑相分离的编程方法,第 2 个程序使用了 Python 的第三方模块,第 3 个程序主要使用了 QWebEngineView 类的方法,这样就可以创建将网页转换为 PDF 文档的程序。

附录 A

根据可执行文件制作程序安装包

在实际应用中，可以根据可执行文件制作程序安装包，这需要使用安装包制作软件。目前市面上比较流行的安装包制作软件见表 A-1。

表 A-1　比较流行的安装包制作软件

软件名称	足够成熟	自定义界面	脚本源码	二次开发	简易使用	数据统计	自动升级	防解压
Inno Setup	√	×	√	√	×	×	×	×
NSIS	√	×	√	√	×	×	×	×
Advanced Installer	√	√	√	√	×	×	√	×
HofoSetup	√	√	×	×	√	×	×	√
Setup Factory	√	×	×	×	×	×	×	×
Tarma InstallMate	√	×	×	×	×	×	×	×
NSetup	√	√	√	√	√	√	√	√
兮米安装包制作	√	√	×	×	√	×	×	×
小兵安装包制作工具	√	×	×	×	√	×	×	×

开发者可根据自己的需求选择安装包制作软件。选择安装包制作软件时要查看最新的更新日期，因为软件产品要持续更新迭代，而且操作系统（例如 Windows）经常更新。如果安装包制作软件不持续更新，则可能导致软件制作出的安装包有兼容性问题，并且没有一些新功能。

下面以 Inno Setup 为例，讲解根据可执行文件制作软件安装包的流程。如果读者选择使用 Inno Setup 中文版，则可自行下载中文版 Inno Setup 软件。使用 Inno Setup 制作软件安装包的操作过程如下：

（1）登录网址 https://jrsoftware.org/isinfo.php 下载 Inno Setup 软件安装包，下载网址如图 A-1 和图 A-2 所示。

（2）双击下载的安装包文件，安装 Inno Setup。安装完成后，打开 Inno Setup 软件，如图 A-3 所示。

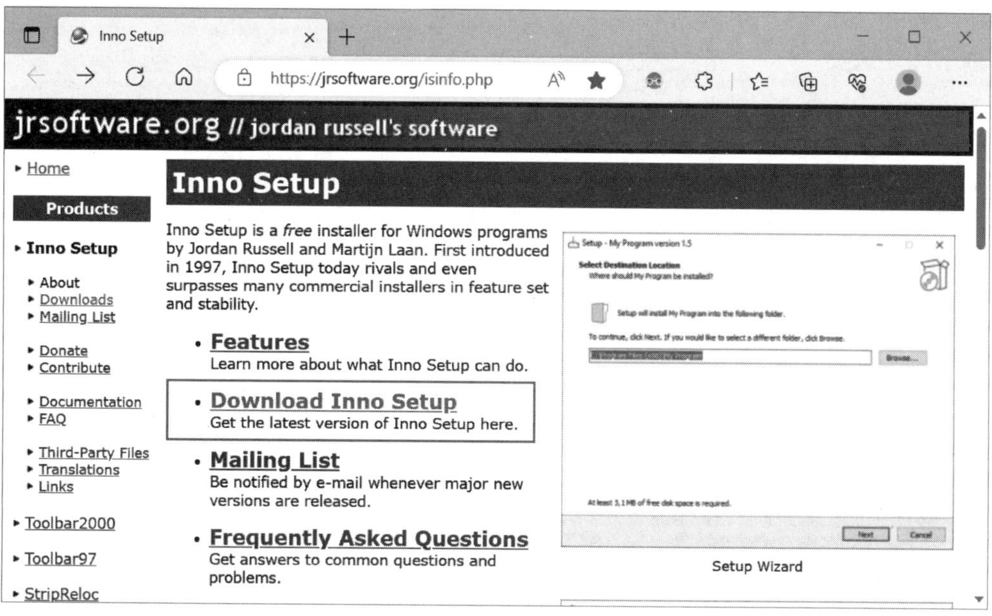

图 A-1　下载网址(1)

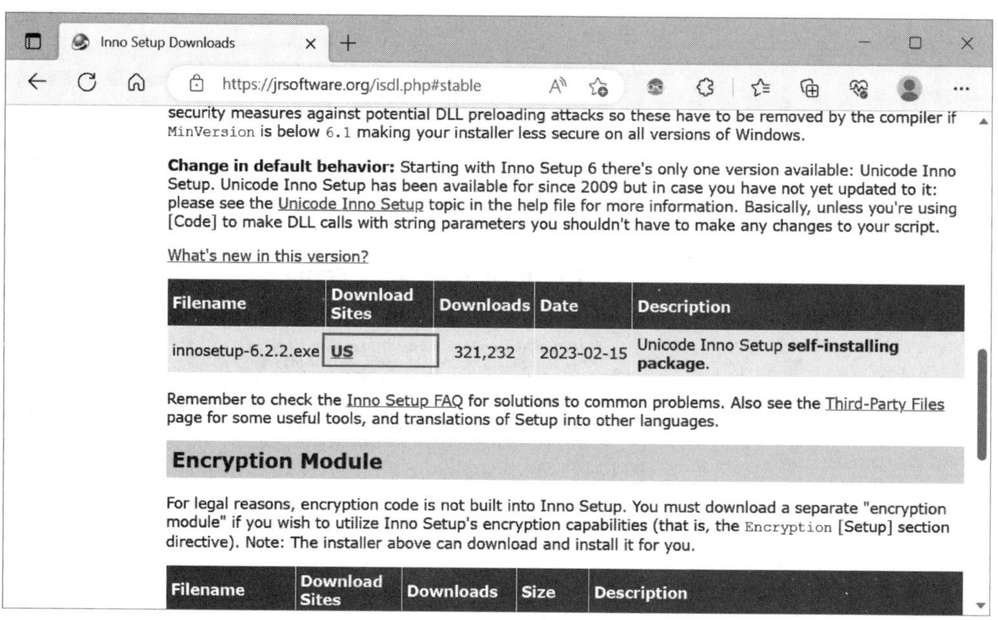

图 A-2　下载网址(2)

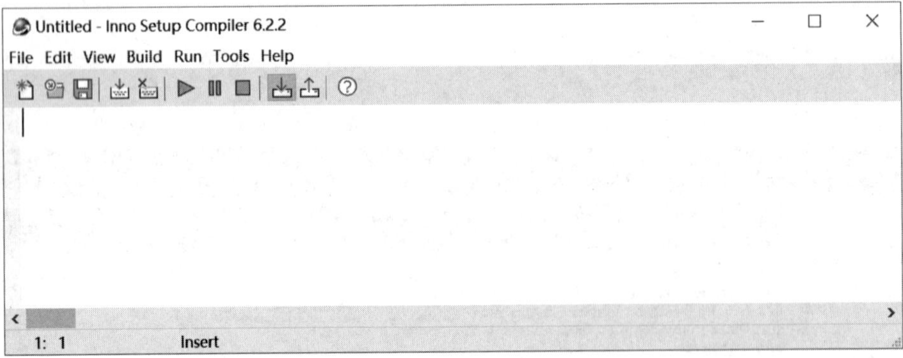

图 A-3　Inno Setup 的窗口

(3) 单击 File,在弹出的菜单中选择 New,此时会弹出 Inno Setup 脚本向导对话框,如图 A-4 和图 A-5 所示。

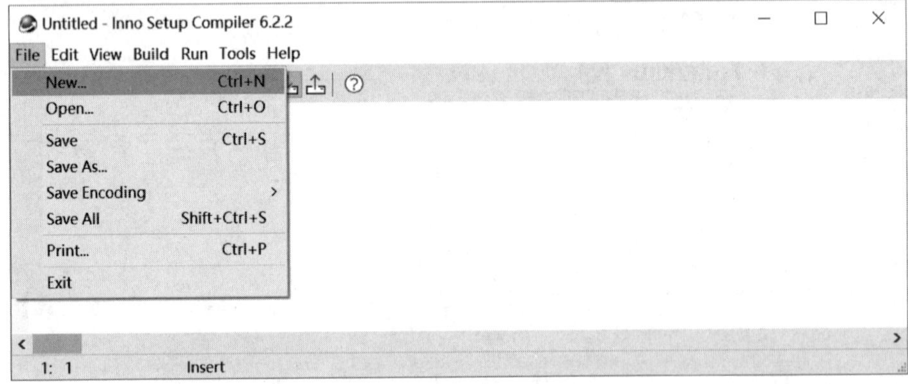

图 A-4　单击 File

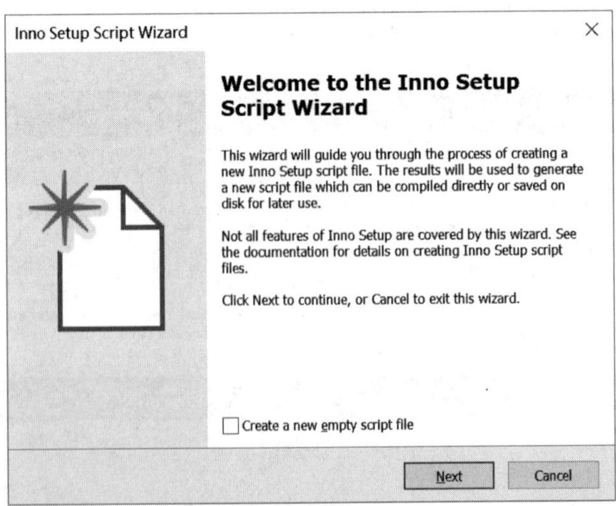

图 A-5　Inno Setup 脚本向导对话框

(4) 单击 Next 按钮后会弹出应用信息对话框。在该对话框中,填写软件名称和版本等信息,如图 A-6 所示。

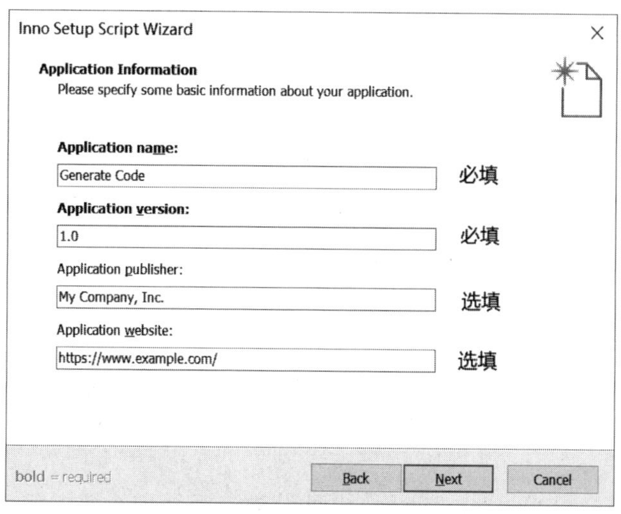

图 A-6 应用信息对话框

(5) 单击 Next 按钮后会进入应用文件夹对话框,保持默认状态,然后单击 Next 按钮,便可进入应用文件对话框。在应用文件对话框中,单击 Browser 按钮添加可执行文件 demo1_main.exe(位于 D 盘 Appendix 文件夹下的 dist 文件夹下),然后单击 Add folder 按钮添加封装文件夹,如图 A-7 所示。

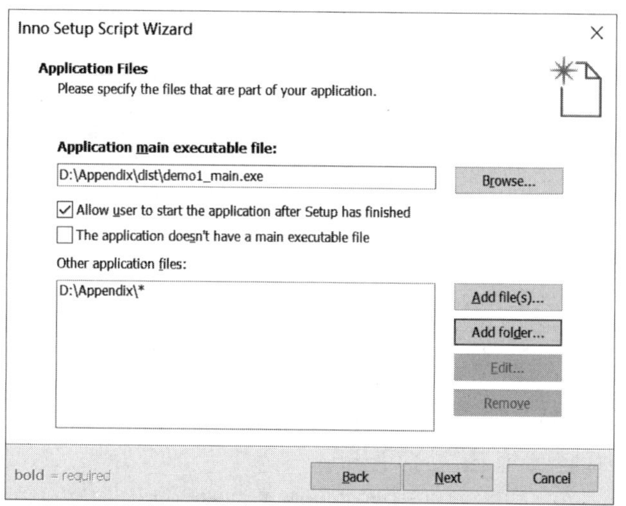

图 A-7 应用文件对话框

(6) 单击 Next 按钮后进入 Application File Associate 对话框。保持默认状态,单击 Next 按钮后进入 Application Shortcuts 应用对话框,如图 A-8 所示。

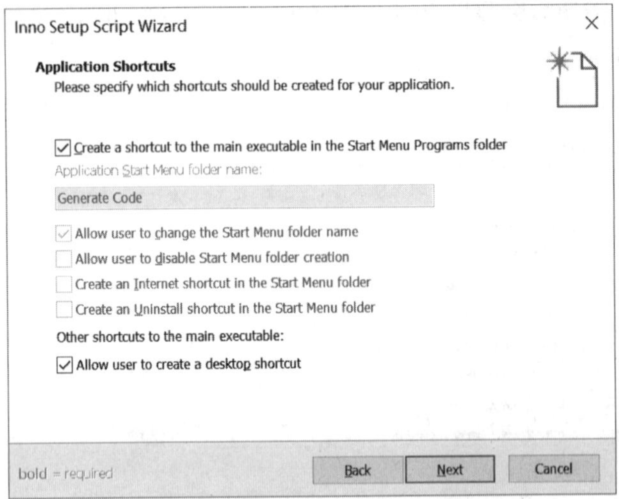

图 A-8 Application Shortcuts 对话框

(7) 在 Application Shortcuts 对话框中可设置是否添加快捷方式。保持默认状态,单击 Next 按钮后进入 Application Documentation 对话框,如图 A-9 所示。

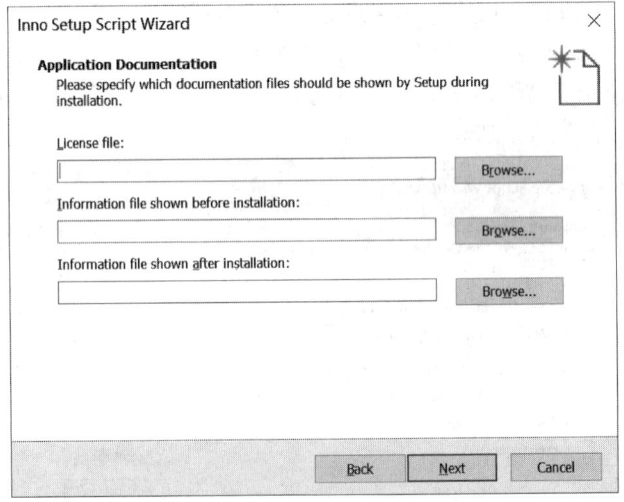

图 A-9 Application Documentation 对话框

(8) 在 Application Documentation 对话框中输入框可以为空,单击 Next 按钮后进入 Setup Install Mode 对话框,如图 A-10 所示。

(9) 在 Setup Install Mode 对话框中可以选择安装模式。保持默认状态,单击 Next 按钮后进入 Setup Languages 对话框,如图 A-11 所示。

(10) 在 Setup Languages 对话框中可以选择安装语言。保持默认状态,单击 Next 按钮后进入 Compile Setting 对话框。在该对话框中可设置自定义编译设置,如图 A-12 所示。

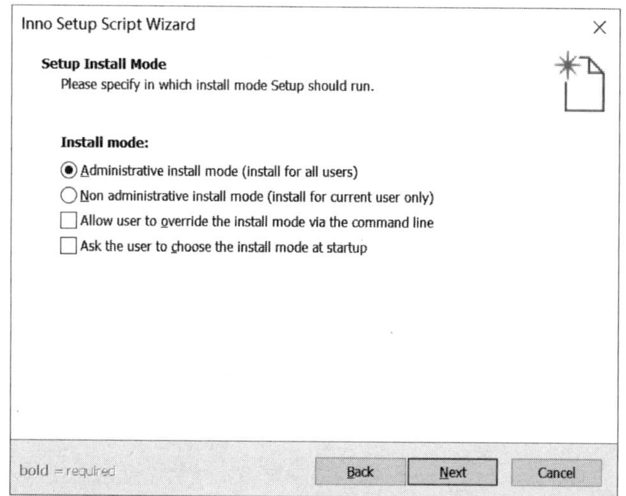

图 A-10 Setup Install Mode 对话框

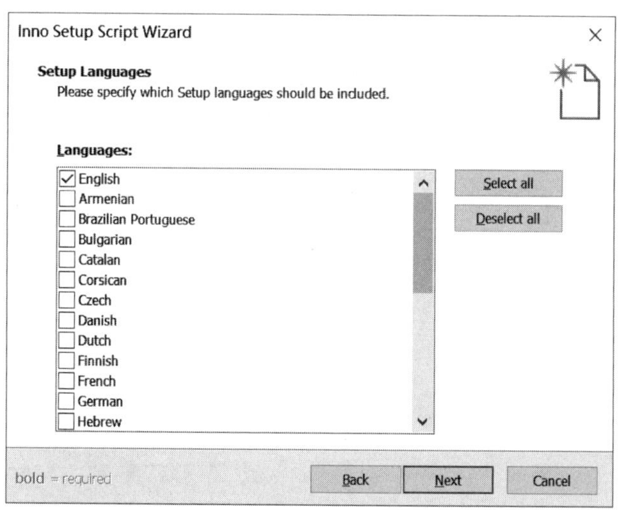

图 A-11 Setup Languages 对话框

(11) 单击 Next 按钮后进入 Inno Setup Preprocessor 对话框。保持默认状态,单击 Next 按钮后进入完成安装向导对话框,如图 A-13 所示。

(12) 单击 Finish 按钮后会弹出是否编译对话框,如图 A-14 所示。

(13) 单击"是"按钮后会弹出是否保存脚本对话框,如图 A-15 所示。

(14) 单击"是"按钮后会弹出保存文件对话框,将脚本文件命名为 MyScript,并保存在 D 盘的 Appendix 文件夹下,如图 A-16 所示。

(15) 单击"保存"按钮后便开始编译,如图 A-17 所示。

(16) 编译完成后,可在 D 盘的 Appendix 文件夹下查看程序安装包 mysetup. exe 和脚本文件,如图 A-18 所示。

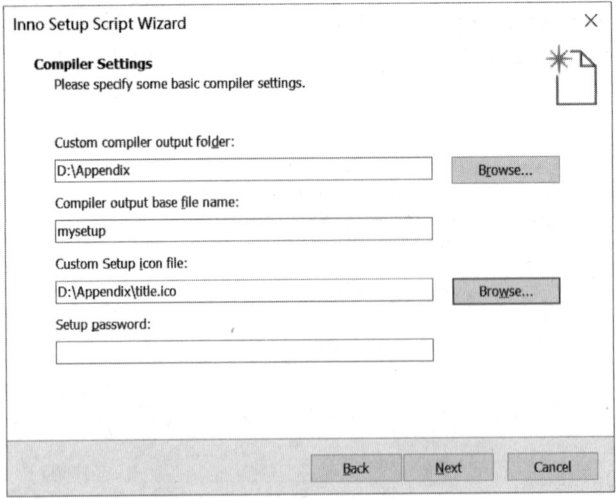

图 A-12 Compiler Settings 对话框

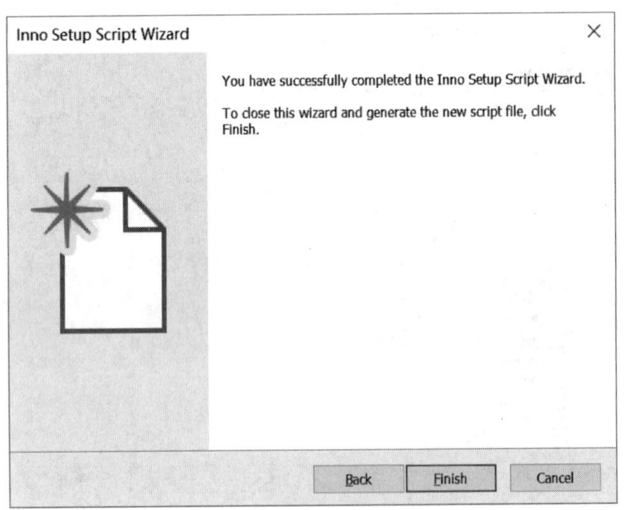

图 A-13 完成安装向导对话框

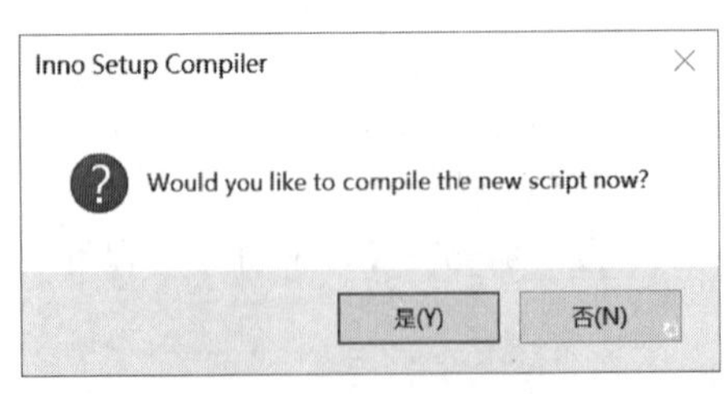

图 A-14 是否编译对话框

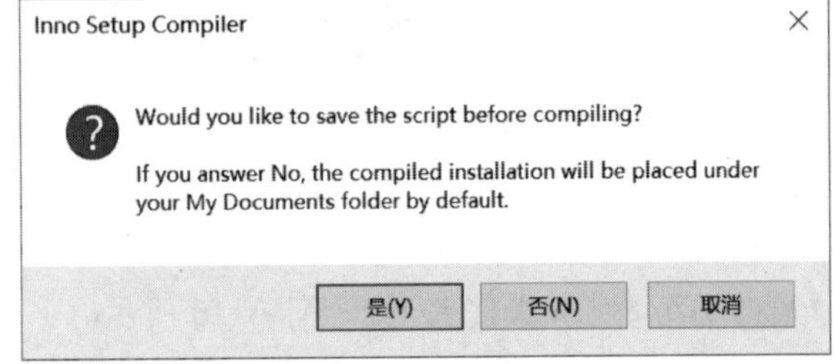

图 A-15 是否保存脚本对话框

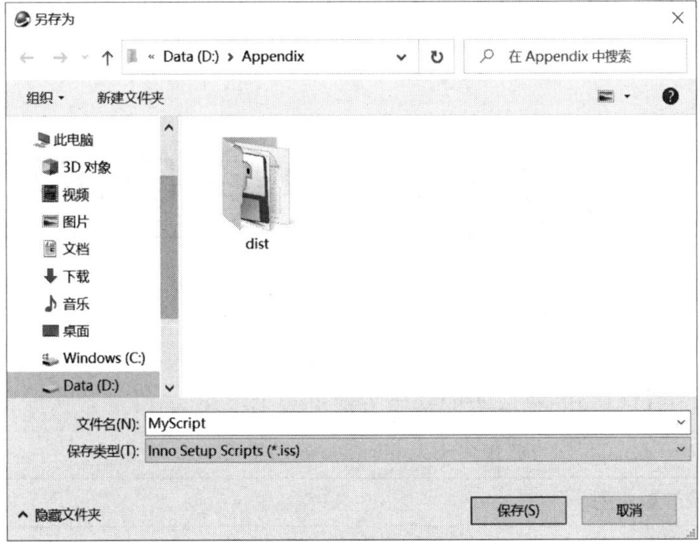

图 A-16 文件对话框

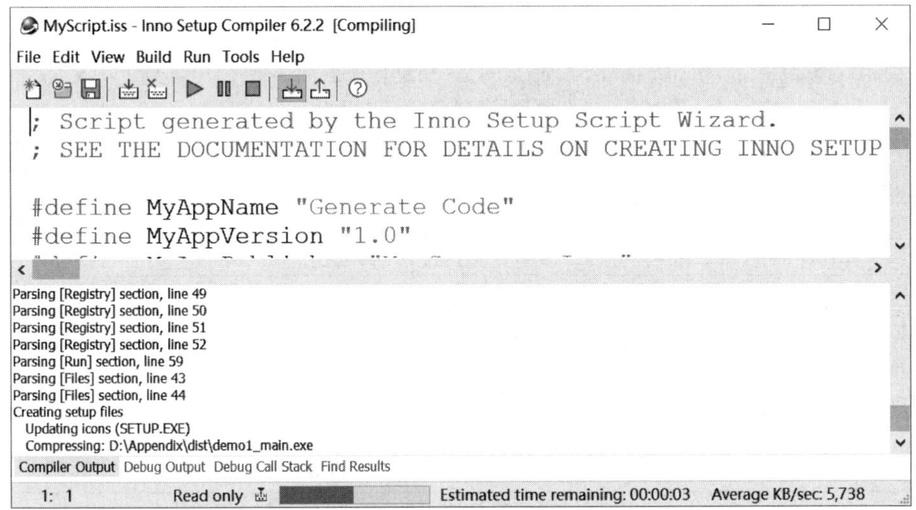

图 A-17 编译的窗口

图 A-18 程序安装包和脚本文件

附录 B

QApplication 类的常用方法

在 PySide6 中，QApplication 类的常用方法见表 B-1。

表 B-1 QApplication 类的常用方法

方法及参数类型	说　明	返回值的类型
[static]activeModalWidget()	获取活跃的模式对话框	QWidget
[static]activePopupWidget()	获取活跃的菜单	QWidget
[static]activeWindow()	获取能接受键盘输入的顶层窗口	QWidget
[static]alert(QWidget,duration:int=0)	使非活跃的窗口发出预警，并指定持续的时间(毫秒)。如果持续时间为 0，则一直发出预警，直到窗口变成活跃窗口	None
[static]allWidgets()	获取所有窗口和控件列表	List[QWidget]
[static]beep()	发出铃响	None
[static]closeAllWindows()	关闭所有窗口	None
[static]setCursorFlashTime(int)	设置光标闪烁时间(毫秒)	None
[static]cursorFlashTime()	获取光标闪烁时间(毫秒)	int
[static]exec()	进入消息循环，直到遇到 exit()命令	int
[static]quit()	退出程序	None
[static]exit(retcode:int=0)	退出程序，返回值为 retcode	None
[static]setQuitOnLastWindowClosed(bool)	当最后一个窗口关闭时，设置程序是否退出，参数的默认值为 True	None
[static]setDoubleClickInterval(int)	设置鼠标双击时间间隔(毫秒)，以此来区分双击和两次单击	None
[static]doubleClickInterval()	获取鼠标双击时间间隔(毫秒)	int
[static]focusWidget()	获取接受键盘输入焦点的控件	QWidget
[static]setFont(QFont)	设置程序默认字体	None
[static]font()	获取程序默认字体	QFont
[static]setEffectEnabled(Qt.UIEffect, enable=True)	设置界面特效，Qt.UIEffect 的枚举值为 Qt.UI_AnimateMenu、Qt.UI_FadeMenu、Qt.UI_AnimateCombo、Qt.UI_AnimateTooltip、Qt.UI_FadeTooltip、Qt.UI_AnimateToolBox	None

续表

方法及参数类型	说　明	返回值的类型
[static]isEffectEnabled(Qt. UIEffect)	获取窗口界面是否有某种特效	bool
[static]setKeyboardInputInterval(int)	设置区分键盘两次输入的时间间隔	None
[static]keyboardInputInterval()	获取区分键盘两次输入的时间间隔	int
[static]setPalette(Union[QPalette,QColor,Qt. GlobalColor])	设置程序默认的调色板或颜色	None
[static]palette()	获取程序默认的调色板	QPalette
[static]palette(QWidget)	获取指定控件的调色板	QPalette
[static]setStartDragDistance(int)	当拖曳动作开始时，设置光标的移动距离(像素)，默认值为10	None
[static]startDragDistance()	当拖曳动作开始时，获取光标的移动距离(像素)	int
[static]setStartDragTime(ms:int)	设置鼠标被按下到拖曳动作开始的时间(毫秒)，默认值为500	None
[static]startDragTime()	获取鼠标被按下到拖曳动作开始的时间(毫秒)	int
[static]setStyle(QStyle)	设置程序的风格	None
[static]style()	获取程序的风格	QStyle
[static]setWheelScrollLines(int)	当转动滚轮时，设置界面控件移动的行数，默认值为3	None
[static]topLevelAt(QPoint)	获取指定位置的顶层窗口	QWidget
[static]topLevelAt(x:int,y:int)	获取指定位置的顶层窗口	QWidget
[static]topLevelWidgets()	获取顶层窗口列表	List[QWidget]
[static]widgetAt(QPoint)	获取指定位置的窗口	QWidget
[static]widgetAt(x:int,y:int)	获取指定位置的窗口	QWidget
[static]setApplicationDisplayName(str)	设置程序中所有窗口标题栏上显示的名称	None
[static]setLayoutDirection(Qt. LayoutDirection)	设置程序中控件的布局方向，Qt. LayoutDirection的枚举值为Qt. LeftToRight、Qt. RightToLeft、Qt. LayoutDirectionAuto	None
[static]setOverrideCursor(Union[QCursor,Qt. CursorShapte,QPixmap])	设置应用程序当前的光标	None
[static]overrideCursor()	获取当前的光标	QCursor
[static]restoreOverrideCursor()	恢复setOverrideCursor()之前的光标设置，可以恢复多次	None
[static]setWindowIcon(Union[QIcon,QPixmap])	为整个应用程序设置图标	None
[static]windowIcon()	获取图标	QIcon
[static]setApplicationName(str)	设置应用程序名称	None
[static]setApplicationVersion(str)	设置应用程序的版本	None

续表

方法及参数类型	说　　明	返回值的类型
[static] translate(context: Bytes, key: Bytes, disambiguation: Bytes = None, n: int=-1)	字符串解码,本地化字符串	str
[static] postEvent(receiver: QObject, QEvent, priority=Qt.EventPriority)	将事件放入消息队列的尾端,然后立即返回,不保证事件立即得到处理	None
[static] sendEvent(receiver: QObject, QEvent)	使用 notify()方法将事件直接派发给接收者进行处理,返回事件处理情况	bool
[static]sendPostedEvents(receiver: QObject=None, event_type: int=0)	在事件队列中,对 postEvent()方法放入的事件立即进行分发	None
[static]sync()	处理事件使程序与窗口系统同步	None
[slot]setAutoSipEnabled(bool)	对于可接受键盘输入的控件,设置是否自动弹出软件输入面板(Software Input Panel),仅对要输入面板的系统起作用	None
[slot]setStyleSheet(sheet: str)	设置样式表	None
autoSipEnabled()	获取是否自动弹出软件输入面板	bool
styleSheet()	获取样式表	str
notify()	把事件信号发送给接收者,返回接收者的event()函数的处理结果	bool
event()	重写该方法,处理事件	bool

图书推荐

书名	作者
深度探索 Vue.js——原理剖析与实战应用	张云鹏
剑指大前端全栈工程师	贾志杰、史广、赵东彦
Flink 原理深入与编程实战——Scala+Java(微课视频版)	辛立伟
Spark 原理深入与编程实战(微课视频版)	辛立伟、张帆、张会娟
PySpark 原理深入与编程实战(微课视频版)	辛立伟、辛雨桐
HarmonyOS 移动应用开发(ArkTS 版)	刘安战、余雨萍、陈争艳 等
HarmonyOS 应用开发实战(JavaScript 版)	徐礼文
HarmonyOS 原子化服务卡片原理与实战	李洋
鸿蒙操作系统开发入门经典	徐礼文
鸿蒙应用程序开发	董昱
鸿蒙操作系统应用开发实践	陈美汝、郑森文、武延军、吴敬征
HarmonyOS 移动应用开发	刘安战、余雨萍、李勇军 等
HarmonyOS App 开发从 0 到 1	张诏添、李凯杰
HarmonyOS 从入门到精通 40 例	戈帅
JavaScript 基础语法详解	张旭乾
华为方舟编译器之美——基于开源代码的架构分析与实现	史宁宁
Android Runtime 源码解析	史宁宁
鲲鹏架构入门与实战	张磊
鲲鹏开发套件应用快速入门	张磊
华为 HCIA 路由与交换技术实战	江礼教
华为 HCIP 路由与交换技术实战	江礼教
openEuler 操作系统管理入门	陈争艳、刘安战、贾玉祥 等
恶意代码逆向分析基础详解	刘晓阳
深度探索 Go 语言——对象模型与 runtime 的原理、特性及应用	封幼林
深入理解 Go 语言	刘丹冰
Spring Boot 3.0 开发实战	李西明、陈立为
深度探索 Flutter——企业应用开发实战	赵龙
Flutter 组件精讲与实战	赵龙
Flutter 组件详解与实战	[加]王浩然(Bradley Wang)
Flutter 跨平台移动开发实战	董运成
Dart 语言实战——基于 Flutter 框架的程序开发(第 2 版)	亢少军
Dart 语言实战——基于 Angular 框架的 Web 开发	刘仕文
IntelliJ IDEA 软件开发与应用	乔国辉
Vue+Spring Boot 前后端分离开发实战	贾志杰
Vue.js 快速入门与深入实战	杨世文
Vue.js 企业开发实战	千锋教育高教产品研发部
Python 从入门到全栈开发	钱超
Python 全栈开发——基础入门	夏正东
Python 全栈开发——高阶编程	夏正东
Python 全栈开发——数据分析	夏正东
Python 编程与科学计算(微课视频版)	李志远、黄化人、姚明菊 等
Python 游戏编程项目开发实战	李志远
量子人工智能	金贤敏、胡俊杰
Python 人工智能——原理、实践及应用	杨博雄 主编,于营、肖衡、潘玉霞、高华玲、梁志勇 副主编

续表

书　　名	作　　者
Python 预测分析与机器学习	王沁晨
Python 数据分析实战——从 Excel 轻松入门 Pandas	曾贤志
Python 概率统计	李爽
Python 数据分析从 0 到 1	邓立文、俞心宇、牛瑶
FFmpeg 入门详解——音视频原理及应用	梅会东
FFmpeg 入门详解——SDK 二次开发与直播美颜原理及应用	梅会东
FFmpeg 入门详解——流媒体直播原理及应用	梅会东
FFmpeg 入门详解——命令行与音视频特效原理及应用	梅会东
Python Web 数据分析可视化——基于 Django 框架的开发实战	韩伟、赵盼
Python 玩转数学问题——轻松学习 NumPy、SciPy 和 Matplotlib	张骞
Pandas 通关实战	黄福星
深入浅出 Power Query M 语言	黄福星
深入浅出 DAX——Excel Power Pivot 和 Power BI 高效数据分析	黄福星
云原生开发实践	高尚衡
云计算管理配置与实战	杨昌家
虚拟化 KVM 极速入门	陈涛
虚拟化 KVM 进阶实践	陈涛
边缘计算	方娟、陆帅冰
物联网——嵌入式开发实战	连志安
动手学推荐系统——基于 PyTorch 的算法实现(微课视频版)	於方仁
人工智能算法——原理、技巧及应用	韩龙、张娜、汝洪芳
跟我一起学机器学习	王成、黄晓辉
深度强化学习理论与实践	龙强、章胜
自然语言处理——原理、方法与应用	王志立、雷鹏斌、吴宇凡
TensorFlow 计算机视觉原理与实战	欧阳鹏程、任浩然
计算机视觉——基于 OpenCV 与 TensorFlow 的深度学习方法	余海林、翟中华
深度学习——理论、方法与 PyTorch 实践	翟中华、孟翔宇
HuggingFace 自然语言处理详解——基于 BERT 中文模型的任务实战	李福林
Java+OpenCV 高效入门	姚利民
AR Foundation 增强现实开发实战(ARKit 版)	汪祥春
AR Foundation 增强现实开发实战(ARCore 版)	汪祥春
ARKit 原生开发入门精粹——RealityKit + Swift + SwiftUI	汪祥春
HoloLens 2 开发入门精要——基于 Unity 和 MRTK	汪祥春
巧学易用单片机——从零基础入门到项目实战	王良升
Altium Designer 20 PCB 设计实战(视频微课版)	白军杰
Cadence 高速 PCB 设计——基于手机高阶板的案例分析与实现	李卫国、张彬、林超文
Octave 程序设计	于红博
Octave GUI 开发实战	于红博
ANSYS 19.0 实例详解	李大勇、周宝
ANSYS Workbench 结构有限元分析详解	汤晖
AutoCAD 2022 快速入门、进阶与精通	邵为龙
SolidWorks 2021 快速入门与深入实战	邵为龙
UG NX 1926 快速入门与深入实战	邵为龙
Autodesk Inventor 2022 快速入门与深入实战(微课视频版)	邵为龙
全栈 UI 自动化测试实战	胡胜强、单镜石、李睿
pytest 框架与自动化测试应用	房荔枝、梁丽丽